U0806065

省部级示范性高等职业院校重点专业建设规划教材

工 程 力 学

主　编　高剑飞
副主编　曾云峰　何　飞
主　审　申继红　田明武

黄河水利出版社
·郑州·

内容提要

本书是省部级示范性高等职业院校重点专业建设规划教材，是为适应现代高职教育培养应用型、技能型人才的需求，结合示范建设对专业改革发展的要求，按照教育部颁布的工程力学课程标准编写完成的。全书共分16章，内容包括：刚体静力学基础、平面力系的合成与平衡、材料力学基础、轴向拉伸和压缩、扭转、弯曲内力、梁的弯曲应力、组合变形、压杆稳定、平面体系的几何组成分析、静定结构的内力计算、静定结构的位移计算、力法、位移法、力矩分配法、静定结构的影响线等内容。

本书为高职高专水利水电建筑工程、水利工程、水利工程监理、水利工程施工等专业的通用教材，也可作为其他土建类专业的教材或教学参考书，同时也可作为水利水电工程和建筑工程技术人员的参考用书。

图书在版编目(CIP)数据

工程力学/高剑飞主编.—郑州：黄河水利出版社，2014.9
省部级示范性高等职业院校重点专业建设规划教材
ISBN 978-7-5509-0912-0

Ⅰ.①工… Ⅱ.①高… Ⅲ.①工程力学-高等职业教育-教材 Ⅳ.①TB12

中国版本图书馆CIP数据核字(2014)第211112号

组稿编辑：王路平　电话：0371-66022212　E-mail：hhslwlp@163.com

出 版 社：黄河水利出版社

地址：河南省郑州市顺河路黄委会综合楼14层　邮政编码：450003

发行单位：黄河水利出版社

发行部电话：0371-66026940、66020550、66028024、66022620(传真)

E-mail：hhslcbs@126.com

承印单位：河南承创印务有限公司

开本：787 mm×1 092 mm　1/16

印张：17

字数：390千字　印数：1—3 000

版次：2014年9月第1版　印次：2014年9月第1次印刷

定价：38.00元

前　言

本书是根据国家“十二五”教育发展规划纲要及《中共中央 国务院关于加快水利改革发展的决定》(2011 中央 1 号文件)、《国家中长期教育改革和发展规划纲要》(2010～2020 年)、《教育部关于全面提高高等职业教育教学质量的若干意见》(教高〔2006〕16 号)、《教育部关于推进高等职业教育改革创新引领职业教育科学发展的若干意见》(教职成〔2011〕12 号)等文件精神,按照现代水利职业教育要求,在总结水利类高等职业教育多年教学改革经验的基础上,在全国水利水电高职教研会指导下,结合示范建设对专业改革发展的要求编写的教材。

本套教材以学生能力培养为主线,融“教、学、练、做”为一体,体现实用性、实践性和创新性的特色,是一套紧密联系生产实际的高职高专教育精品规划教材。

本书贯彻高等职业教育改革精神,力求做到层次分明,结构合理,叙述简练,示例典型,少理论,多应用,以便于读者理解和接受。结合我国新时期高职高专人才培养模式需要,按照项目化教学课程体系的要求,编写了基于项目化教学要求的特色教材。全书内容由静力学、材料力学和结构力学三大部分的相关实用性内容组成,各章开篇指明学习目标,章后附有思考题和习题,有助于读者掌握有关力学知识。

本书由四川水利职业技术学院承担编写工作,编写人员及编写分工如下:左雅楠编写项目 1、2,夏春兰编写项目 3、4、5,高剑飞编写项目 6、7、8、14、15、16、附录,何飞编写项目 9,曾云峰编写项目 10、11、12、13。四川腾耀建筑工程有限公司黄建勋提出了很好的意见和建议。本书由高剑飞担任主编,并负责全书统稿;由曾云峰、何飞担任副主编;由申继红、田明武担任主审。

本书在编写过程中,学习和借鉴了很多参考书,同时得到相关兄弟院校的大力支持,在此表示衷心的感谢!

对书中存在的不足之处,恳请广大读者批评指正,多提宝贵意见。

编　者

2014 年 6 月

目 录

前 言

绪 论 ……………………………………………………………… (1)

项目1 刚体静力学基础 ……………………………………… (3)

任务1 静力学基本概念及公理 ………………………………… (3)

任务2 力矩和力偶、力的平移定理 …………………………… (6)

任务3 约束与约束反力 ………………………………………… (10)

任务4 物体的受力分析与受力图 ……………………………… (13)

思考题 ……………………………………………………………… (15)

习 题 ……………………………………………………………… (16)

项目2 平面力系的合成与平衡 ……………………………… (18)

任务1 平面力系的合成 ………………………………………… (18)

任务2 平面力系的平衡 ………………………………………… (23)

任务3 物体系统的平衡 ………………………………………… (29)

任务4 考虑摩擦时物体的平衡 ………………………………… (33)

思考题 ……………………………………………………………… (36)

习 题 ……………………………………………………………… (36)

项目3 材料力学基础 ………………………………………… (39)

任务1 变形固体的性质及其基本假设 ………………………… (39)

任务2 杆件变形的基本形式 …………………………………… (40)

项目4 轴向拉伸和压缩 ……………………………………… (42)

任务1 拉(压)杆的内力 ………………………………………… (42)

任务2 拉(压)杆的应力 ………………………………………… (45)

任务3 拉(压)杆的变形 ………………………………………… (49)

任务4 材料在拉伸和压缩时的力学性能 ……………………… (52)

任务5 拉(压)杆的强度 ………………………………………… (60)

任务6 连接件的实用计算 ……………………………………… (64)

思考题 ……………………………………………………………… (67)

习 题 ……………………………………………………………… (68)

项目5 扭 转 ………………………………………………… (71)

任务1 扭矩和扭矩图 …………………………………………… (71)

任务2 圆轴扭转时横截面上的应力及强度计算 ……………… (74)

任务3 圆轴扭转时的变形及刚度计算 ………………………… (79)

思考题 ……………………………………………………………… (82)

习　题 …………………………………………………………………… (82)
项目6　弯曲内力 …………………………………………………………… (84)
任务1　梁的内力 ……………………………………………………………… (84)
任务2　用内力方程作梁的内力图 …………………………………………… (90)
任务3　用荷载、剪力、弯矩之间的微分关系作梁的内力图 ………………… (95)
任务4　用叠加法作梁的弯矩图 ……………………………………………… (99)
思考题 ………………………………………………………………………… (101)
习　题 ………………………………………………………………………… (101)
项目7　梁的弯曲应力 ……………………………………………………… (104)
任务1　梁的正应力 …………………………………………………………… (104)
任务2　梁的正应力强度条件 ………………………………………………… (108)
任务3　提高梁弯曲强度的措施 ……………………………………………… (113)
任务4　梁的切应力强度计算 ………………………………………………… (115)
思考题 ………………………………………………………………………… (118)
习　题 ………………………………………………………………………… (119)
项目8　组合变形 …………………………………………………………… (121)
任务1　概　述 ………………………………………………………………… (121)
任务2　斜弯曲 ………………………………………………………………… (122)
任务3　偏心压缩(拉伸) ……………………………………………………… (125)
思考题 ………………………………………………………………………… (130)
习　题 ………………………………………………………………………… (130)
项目9　压杆稳定 …………………………………………………………… (132)
任务1　压杆稳定的概念 ……………………………………………………… (132)
任务2　两端铰支中心压杆的欧拉公式 ……………………………………… (134)
任务3　不同约束条件下压杆的欧拉公式 …………………………………… (135)
任务4　临界应力与欧拉公式应用范围 ……………………………………… (137)
任务5　压杆的稳定校核 ……………………………………………………… (142)
任务6　提高压杆稳定性的措施 ……………………………………………… (144)
思考题 ………………………………………………………………………… (146)
习　题 ………………………………………………………………………… (146)
项目10　平面体系的几何组成分析 ………………………………………… (148)
任务1　概念与几何不变体系的简单组成规则 ……………………………… (148)
任务2　结构的几何组成分析示例 …………………………………………… (153)
思考题 ………………………………………………………………………… (154)
习　题 ………………………………………………………………………… (154)
项目11　静定结构的内力计算 ……………………………………………… (156)
任务1　静定结构的分类和特征 ……………………………………………… (156)
任务2　平面多跨静定梁的内力计算 ………………………………………… (158)

任务3　静定平面刚架的内力计算……（161）
任务4　三铰拱……（164）
任务5　静定平面桁架的内力计算……（170）
思考题……（173）
习　题……（174）
项目12　静定结构的位移计算……（176）
任务1　概念与原理……（176）
任务2　静定结构由于荷载引起的位移计算……（180）
任务3　图乘法……（182）
任务4　静定结构由于支座移动和温度变化产生的位移计算……（184）
任务5　互等定理……（187）
思考题……（188）
习　题……（189）
项目13　力　法……（192）
任务1　超静定结构的概念……（192）
任务2　力法的基本原理……（193）
任务3　力法的典型方程……（194）
任务4　对称性的利用……（199）
任务5　超静定结构的位移计算和最后内力图的校核……（203）
任务6　等截面单跨超静定梁的杆端内力……（204）
思考题……（207）
习　题……（207）
项目14　位移法……（210）
任务1　概　述……（210）
任务2　等截面直杆的转角位移方程……（213）
任务3　用位移法计算超静定结构……（215）
思考题……（219）
习　题……（219）
项目15　力矩分配法……（221）
任务1　概　述……（221）
任务2　力矩分配法的基本原理……（221）
任务3　力矩分配法的应用……（225）
思考题……（233）
习　题……（233）
项目16　静定结构的影响线……（235）
任务1　影响线的概念……（235）
任务2　静力法作单跨静定梁的影响线……（236）
任务3　影响线的应用……（241）

任务4　简支梁的内力包络图和绝对最大弯矩……………………………………(246)
思考题 ………………………………………………………………………………(248)
习　题 ………………………………………………………………………………(248)
附录　型钢规格和截面特性 ……………………………………………………(250)
附表1　热轧等边角钢截面特性…………………………………………………(250)
附表2　热轧不等边角钢截面特性………………………………………………(253)
附表3　热轧普通工字钢截面特性………………………………………………(257)
附表4　热轧普通槽钢截面特性…………………………………………………(259)
参考文献 ………………………………………………………………………(261)

绪 论

1 工程力学的研究对象

房屋、桥梁、隧洞、水坝、厂房等用建筑材料构建而成的物体,称为建筑物。凡是有人类活动的地方就会有建筑物存在。建筑物从开始建造的时候就承受着各种力的作用。例如一幢房屋中,基础承受柱子的压力,柱子承受梁的压力,梁承受楼板的压力,楼板承受楼面设备及人群压力。在工程力学和实际工程中,常将这些作用在建筑物上的力称为荷载。将建筑物中承受荷载或传递荷载而起骨架作用的物体或体系称为结构,例如:一幢高楼、一座桥梁、一座水坝等。组成结构的单个物体称为构件,例如:梁、板、墙、基础等都是组成结构的常见构件。一座建筑物通常由许多构件组成,如图 0-1 所示。当我们对建筑物进行结构设计时,一般的做法是先对结构进行整体布置,然后将结构分解为基本构件,再对各构件进行设计计算。工程力学的研究对象就是组成结构的构件和构件体系。

2 工程力学的主要内容

作为一个工程结构或构件,确保能正常工作,安全可靠地承担预定任务,都必须满足强度、刚度和稳定性等方面的要求。而强度、刚度和稳定性的要求,综合反映一个结构或构件的承载能力。

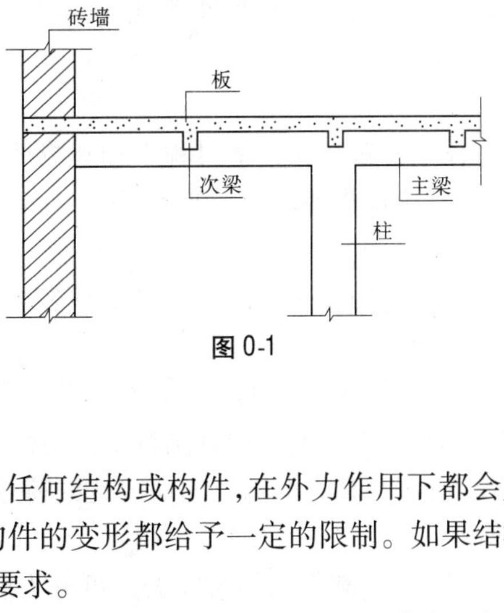

图 0-1

(1)强度。指结构或构件抵抗破坏的能力。结构或构件能安全地承受荷载而不被破坏,即认为满足强度要求。

(2)刚度。指结构或构件抵抗变形的能力。任何结构或构件,在外力作用下都会产生变形。工程中,根据用途不同,对各种结构或构件的变形都给予一定的限制。如果结构和构件的变形在限制的范围内,即认为满足刚度要求。

(3)稳定性。指结构或构件保持原有平衡状态的能力。例如:受压的细长直杆,在压力较小时,它可以保持原有的直线平衡状态,当压力增大到一定数值时,压杆突然变弯而丧失承载能力,这种现象称为失去稳定,简称失稳。构件失稳会产生严重后果,会导致整个建筑物倒塌。因此,结构和构件必须满足稳定性的要求。

上述三个方面的要求在结构或构件设计时都应同时考虑,但对于某些结构或构件而言,有时只考虑其中某一个主要方面的要求,有的是以强度为主,有的是以刚度为主,还有的则以稳定性为主。一般来说,只要主要方面的要求满足了,其他次要方面的要求也会自然满足。

工程力学教材的主要内容包含以下几个部分：

(1)刚体静力学基础理论：其中包括物体的受力分析、力系的合成与平衡等。

(2)杆件的承载能力计算：其中包括各类变形杆件的内力与应力分析和强度、刚度及稳定计算。

(3)静定结构的内力和位移计算：其中包括各类静定杆系结构的内力与位移的分析计算方法，也是解算超静定结构的基础。

(4)超静定结构的内力和位移计算：其中包括用力法、位移法和力矩分配法计算各类超静定杆系结构。

3 工程力学的主要任务

为了满足强度、刚度和稳定性的要求，一般来说，只要选择较好的材料及较粗大的构件即可，但这样做必然造成优材劣用和大材小用，带来不必要的浪费。在实际工程中，安全和经济就形成了矛盾的两个方面。工程力学的任务之一是合理地解决这对矛盾，为设计既安全可靠又经济的工程结构和构件提供基本理论和计算方法；其次，在建筑物施工过程中，也需要工程力学知识，弄清结构和构件的受力情况，才能保证安全施工。例如：空心板应当怎样堆放，起吊构件的吊点应当选在哪里，拱圈封拱时间能不能选择在冬天或夏天，楼房施工中，砖头等建筑材料能不能大量且集中堆放在楼板上等；此外，施工过程中出现的各种事故的分析和处理，也离不开工程力学知识。

4 荷载

任何建筑物在建造过程中和建成后使用过程中都要承受各种力的作用，如人和设备的重力、建筑物各部件的自重等，在工程中习惯将这些主动作用在建筑物上的力称为荷载。

结构或构件受到的荷载是多种多样的，为便于分析，将荷载按不同方式分为如下几种类型：

(1)按荷载作用的性质可分为静荷载和动荷载。

由零逐渐缓慢增加到结构上的荷载称为静荷载，在静荷载作用下结构不产生明显的加速度；大小和方向随时间而改变的荷载称为动荷载，如地震力、冲击力、惯性力等都为动荷载。

(2)按荷载作用的时间长短可分为恒荷载和活荷载。

永久作用在结构上且大小、方向不变的荷载称为恒荷载，如结构的自重、固定设备重等都为恒荷载；暂时作用在结构上的荷载称为活荷载，如人群荷载、车辆荷载、风荷载等都为活荷载。

(3)按荷载作用的范围大小可分为集中荷载和分布荷载。

如果荷载的作用范围与结构的尺寸相比很小，可以将荷载看成是集中地作用在一点上，称为集中荷载，例如柱子对梁的支承力等；作用范围不能忽略的荷载，称为分布荷载，根据作用范围不同，又可分为体分布、面分布和线分布荷载，如结构的自重、风荷载、雪荷载等。

项目1 刚体静力学基础

【能力目标】 能对结构或构件进行受力分析,绘制受力图。
【知识目标】 掌握静力学概念和公理;掌握约束类型及对应约束反力特征;能对结构或构件进行受力分析。

任务1 静力学基本概念及公理

1 力的概念

力的概念是人类从生产实践中总结出来的。力是物体间相互的机械作用,这种作用使物体的运动状态和形状发生改变。如奔腾的水流能够推动水轮机转动,用手拉弹簧,弹簧就会伸长,使水轮机转动和弹簧变形的这种作用就是力。由力的定义可知,力不可能脱离物体而单独存在,也就是说,受力物体和施力物体是同时存在的。

力对物体的作用将产生两种不同的效果:一种是使物体运动状态发生改变,这种效应我们称之为力的运动效应或外效应;另一种是使物体的形状发生改变,这种效应我们称之为力的变形效应或者内效应。

力对物体的作用效应取决于以下三个要素:力的大小、方向和作用点。因此,力是一种定位矢量。通常用粗斜体字母来标记力矢量,如 $\boldsymbol{F}$,对应的细斜体字母 F 表示力的大小。在图中通常用有向线段来表示力,箭头表示力的方向,线段的起点或终点为力的作用点,如图1-1所示。力的单位是牛(N)或千牛(kN)。

力依据其作用形式,可分为体积力、表面力和集中力。体积力和表面力连续作用于物体的某一体积上或面积内,也称为分布力。例如,物体的重力是体积力,浸在水中的物体受的静水压力是表面力。而集中力作用于物体一点。

2 力系的概念、平衡的概念

作用于物体上的一群力称为力系。将力按其作用线所处位置可分为两大类:一类是平面力系,即各力的作用线均位于同一平面;另一类是空间力系,即各力的作用线不在同一个平面。本书着重研究平面力系的相关问题。如图1-2所示,即为一平面力系。

若对于同一物体,有两组不同力系对该物体的作用效果完全相同,则这两组力系称为等效力系。一个力系用其等效力系来代替,称为力系的等效替换。用一个最简单的力系等效替换一个复杂力系,称为力系的简化。若某力系与一个力等效,则此力称为该力系的合力,而该力系的各力称为此力的分力。

在工程中,把物体相对于地面静止或作匀速直线运动的状态称为平衡。

根据牛顿第一定律,物体如不受到力的作用则必然保持平衡。但客观世界中任何物体都不可避免地受到力的作用,物体上作用的力系只要满足一定的条件,即可使物体保持平衡,这种条件称为力系的平衡条件。满足平衡条件的力系称为平衡力系。

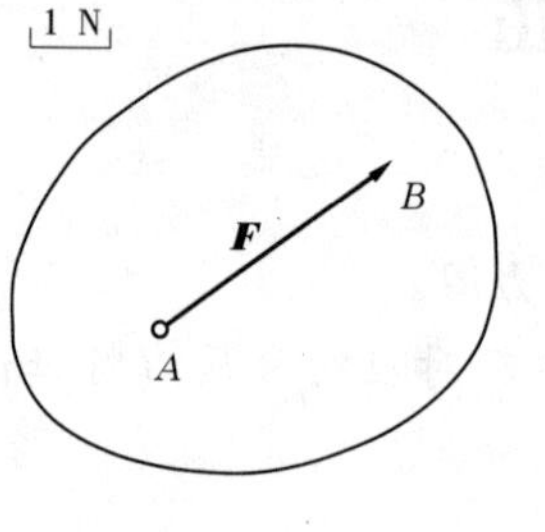

图 1-1

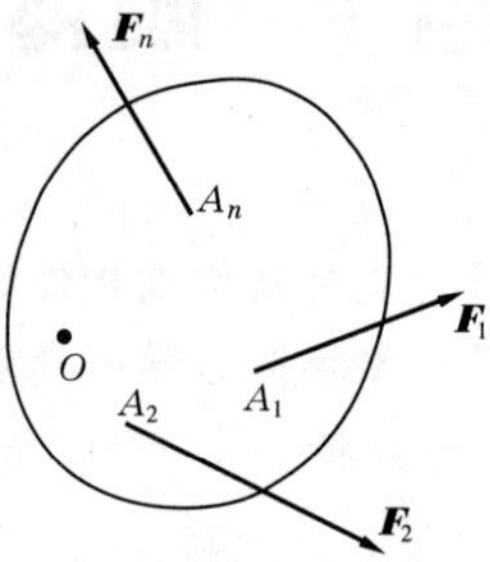

图 1-2

3 刚体的概念

刚体,是指在力的作用下不变形的物体,即在力的作用下其内部任意两点的距离永远保持不变的物体。这是一种理想化的力学模型,事实上,在受力状态下不变形的物体是不存在的。但是,当物体的变形很小,在所研究的问题中如果把它忽略不计,并不会对问题的性质带来本质的影响时,该物体就可近似看作刚体。刚体是在一定条件下研究物体受力和运动规律时的科学抽象,这种抽象不仅使问题大大简化,也能得出足够精确的结果,因此静力学又称为刚体静力学。但是,在需要研究力对物体的内部效应时,这种理想化的刚体模型就不适用,而应采用变形体模型。

4 静力学公理及其推论

静力学公理概括了力的基本性质,其正确性已由实践所证实,是刚体静力学的基础。

4.1 公理一 二力平衡公理

作用于同一刚体上的两个力,使刚体保持平衡的充分和必要条件是:这两个力大小相等、方向相反,且在同一直线上(或者说,这两个力等值、反向、共线)。

需注意:上述公理只适用于刚体。对于变形体,公理一给出的平衡条件并不充分。例如,柔绳受两个等值、反向、共线的拉力作用可以平衡,而受到两个等值、反向、共线的压力则显然不能平衡。

如图 1-3 所示,对只在两点各受一个集中力而平衡的刚体,工程上称为二力构件或二力杆。根据公理一,二力杆所受两力必沿作用点的连线。

4.2 公理二 加减平衡力系公理

在已知力系上增加或减去任意的平衡力系,新力系与原力系对刚体的作用效果相同。

公理二是研究力系等效替换的理论基础。

推论(力的可传性):作用在刚体上某点的力,可沿其作用线移至刚体上的任意一点,而不改变它对刚体的作用效应。

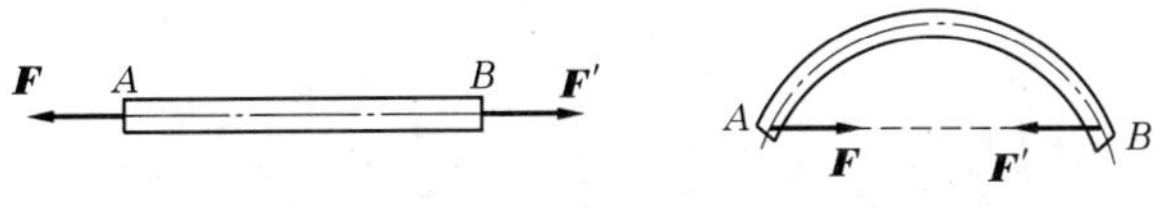

(a)　(b)

图 1-3

力的可传性原理告诉我们，力对刚体的作用效应与力的作用点在作用线上的位置无关，因此作用于刚体上的力的三要素可改为：力的大小、方向和作用线位置。

图 1-4 表示了力的可传性的证明思路，其中 $\boldsymbol{F}_2 = -\boldsymbol{F}_1 = \boldsymbol{F}$。显然，公理二及其推论也都只适用于刚体而不适用于变形体。对于变形体，力将产生内效应，当力沿作用线移动时，将改变它的内效应。

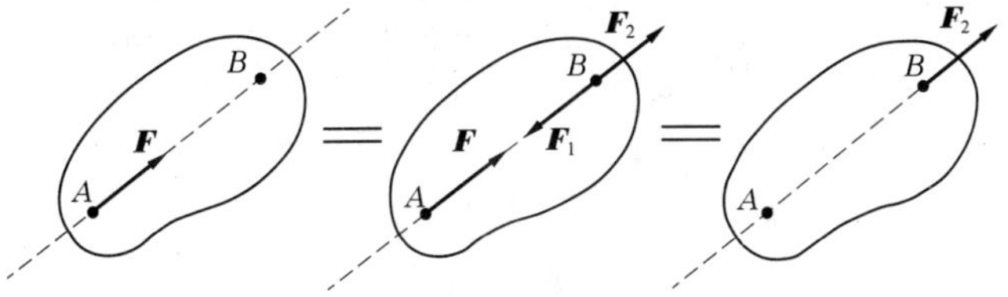

(a)　(b)　(c)

图 1-4

4.3　公理三　力的平行四边形公理

作用在物体上同一点的两个力，可以合成为一个合力。合力的作用点仍在该点，合力的大小和方向，由这两个力为邻边的平行四边形的对角线确定。

如图 1-5 所示，物体上 A 点作用着两个力 $\boldsymbol{F}_1$ 和 $\boldsymbol{F}_2$，其合力 $\boldsymbol{F}_R$ 也作用于点 A，表示为

$$\boldsymbol{F}_R = \boldsymbol{F}_1 + \boldsymbol{F}_2$$

力的分解是力的合成的逆运算，同样要遵循力的平行四边形法则。但将一个力按此法则进行分解，若无条件限制，则有无穷多个解，因为由一条对角线可确定无穷多个四边形，如图 1-6(a) 所示。因此，要将一个力分解成两个力，必须给出一些附加条件。通常情况下，是要求我们对一个力进行正交分解。

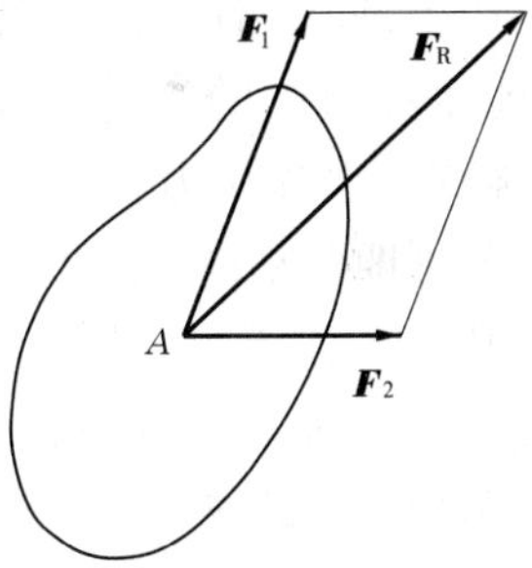

图 1-5

把一个力沿两个相互垂直的方向进行分解就称之为力的正交分解，如图 1-6(b) 所示，把已知力 $\boldsymbol{F}$ 沿 x 轴和 y 轴方向进行正交分解可得其分力 $\boldsymbol{F}_x$、$\boldsymbol{F}_y$。且：

$$\left.\begin{aligned}\boldsymbol{F}_x &= F\cos\alpha \\ \boldsymbol{F}_y &= F\sin\alpha\end{aligned}\right\}$$

推论(三力平衡汇交定理)：当刚体受同平面内互不平行的三个力作用而平衡时，此三力的作用线必然交汇于同一点。

图 1-7 是三力不平行时三力平衡汇交定理的证明思路。

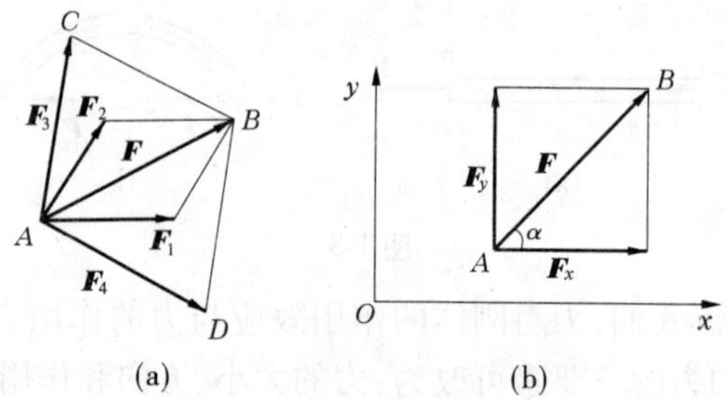

图 1-6

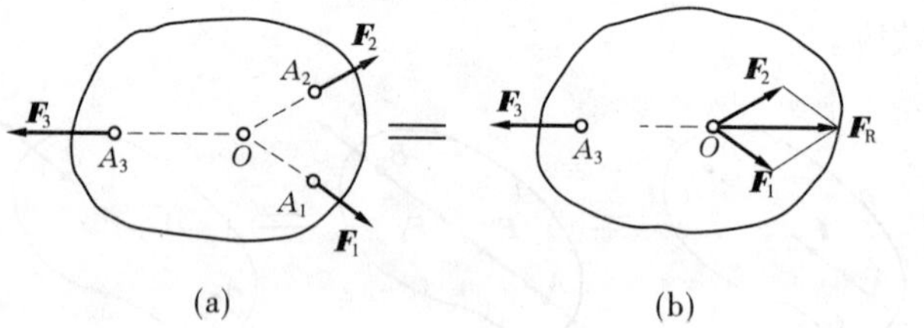

图 1-7

4.4　公理四　作用和反作用公理

两物体间相互作用的力，总是大小相等、方向相反，且沿同一直线，并分别作用在两个物体上。

公理四概括了物体间相互作用力之间的关系，力总是成对出现的，有作用力就必有反作用力，且总是同时产生，同时消失。如图 1-8 所示，物体放在地面上，地面对物体的支持力 $\boldsymbol{F}_N$ 和物体对地面的压力 $\boldsymbol{F}'_N$ 就是一对作用力和反作用力，它们等值、反向、共线。公理四对刚体和变形体都是适用的。

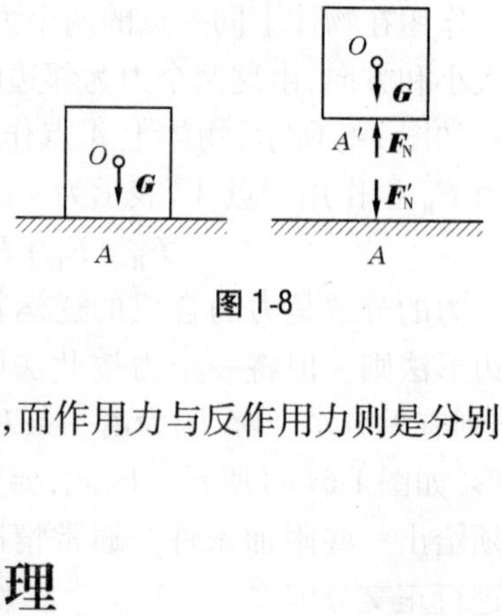

图 1-8

必须注意，二力平衡公理与作用力和反作用力公理是有区别的：二力平衡的两力是作用在同一刚体上的，而作用力与反作用力则是分别作用在两个不同的物体上。

任务 2　力矩和力偶、力的平移定理

1　力矩

1.1　力对点的矩

力对刚体的移动效应是用力矢来度量的，而力对刚体的转动效应则是用力矩来度量的。考察如图 1-9 所示情况。我们在扳手上的 A 点施加力 $\boldsymbol{F}$，使扳手和螺母一起绕螺母中心 O 点转动。力 $\boldsymbol{F}$ 使扳手绕 O 点的转动效应，不仅与力 $\boldsymbol{F}$ 的大小成正比，而且还与 O 点到力 $\boldsymbol{F}$ 的作用线之间的垂直距离成正比。我们还可发现，力的方向不同，扳手绕 O 点转动的方向也随之改变，即我们用扳手不但可以拧紧螺母，而且可以松开螺母。

总结可知,力使物体绕某点转动的效果,不仅与力的大小成正比,而且还与转动中心到该力作用线的垂直距离 d 成正比。这个垂直距离 d 称为力臂,转动中心称为矩心。力的大小与力臂的乘积并冠以相应的正负号称为力 $\boldsymbol{F}$ 对 O 点之矩,用公式表示为

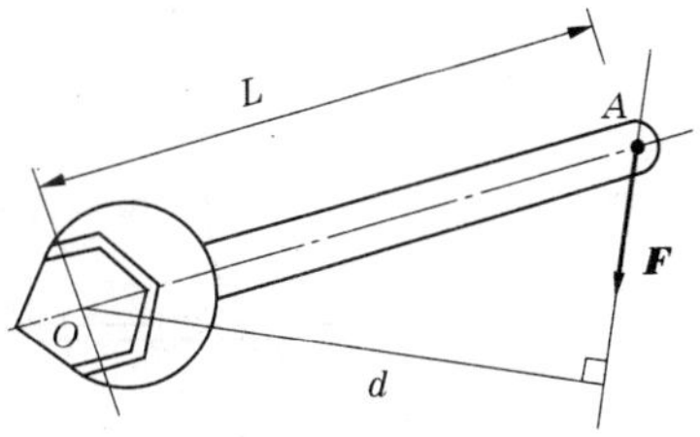

图 1-9

$$M_O(\boldsymbol{F}) = \pm F\mathrm{d} \tag{1-1}$$

式(1-1)的正负号表示在力矩平面内力使物体绕矩心转动的方向,一般规定:力使物体绕矩心逆时针旋转时取正;反之,取负。注意,力矩是一个代数量。

力矩的单位为 N · m 或 kN · m。

由力矩的定义可以得出如下结论:

(1)力对点之矩不仅与力的大小和方向有关,而且与矩心位置有关。

(2)当力的大小为零,或力的作用线通过矩心时,力矩恒等于零。

(3)当力沿其作用线滑动时,不改变力对指定点之矩。

1.2 合力矩定理

作用于同一点的 n 个力 $\boldsymbol{F}_1,\boldsymbol{F}_2,\cdots,\boldsymbol{F}_n$ 的合力为 $\boldsymbol{F}_R$,则该合力对某点之矩,等于其各个分力对同一点之矩的代数和,这就是合力矩定理。

证明:如图 1-10 所示,已知力 $\boldsymbol{F}_1,\boldsymbol{F}_2$ 是两个互相垂直的力,且作用于 A 点,其合力为 $\boldsymbol{F}_R$,在该平面汇交力系所在平面任取一点 O 作为矩心,以 O 为坐标原点,建立平面直角坐标系,并使 x 轴平行于 $\boldsymbol{F}_2$,y 轴平行于 $\boldsymbol{F}_1$。根据力对点之矩的定义可得

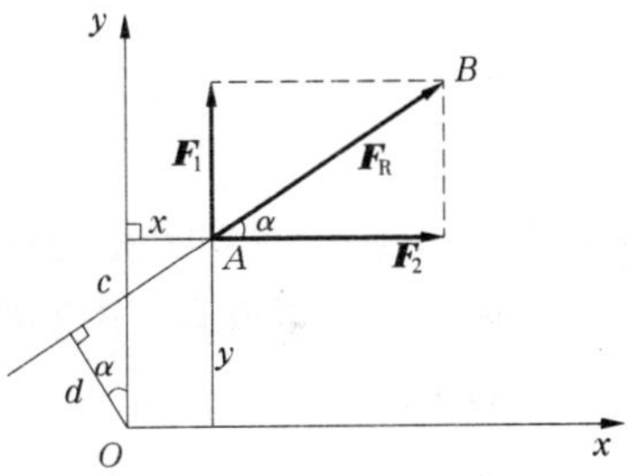

图 1-10

$$M_O(\boldsymbol{F}_1) = F_1 d_1 = F_1 x$$
$$M_O(\boldsymbol{F}_2) = -F_2 d_2 = -F_2 y$$
$$M_O(\boldsymbol{F}_R) = -\boldsymbol{F}_R d$$

由几何关系可得: $d = Oc\cos\alpha = (y - x\tan\alpha)\cos\alpha$

代入,可得

$$\begin{aligned} M_O(\boldsymbol{F}_R) &= -F_R d = -F_R(y - x\tan\alpha)\cos\alpha \\ &= -F_2(y - x\tan\alpha) \\ &= -F_2 y + F_1 x \\ &= M_O(\boldsymbol{F}_1) + M_O(\boldsymbol{F}_2) \end{aligned}$$

因此得到合力矩定理:平面力系的合力对平面内任一点的矩,等于力系中各分力对同一点力矩的代数和。用式子表示为

$$M_O(\boldsymbol{F}_R) = M_O(\boldsymbol{F}_1') + M_O(\boldsymbol{F}_2) + \cdots + M_O(\boldsymbol{F}_n) = \sum_{i=1}^{n} M_O(\boldsymbol{F}_i) \tag{1-2}$$

该定理提供了求力矩的另一种方法。

【例 1-1】 如图 1-11 所示,已知 $\boldsymbol{F} = 10$ N,求力 $\boldsymbol{F}$ 对 O 点的力矩。

解:本题有两种解法。

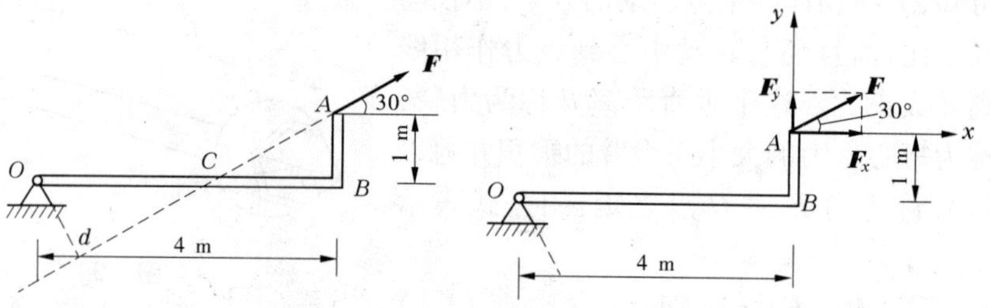

图 1-11

(1)直接法:由力矩的定义来求。

先求力臂 d,由几何关系可得

$$
\begin{aligned}
d &= OC \cdot \sin 30^\circ = (OB - BC) \times \sin 30^\circ \\
&= (OB - AB \cdot \cot 30^\circ) \times \sin 30 \\
&= (4 - 1 \times \cot 30^\circ) \times \sin 30^\circ \\
&= 1.134(\mathrm{m})
\end{aligned}
$$

$$M_O(\boldsymbol{F}) = F \cdot d = 10 \times 1.134 = 11.34(\mathrm{N \cdot m})$$

(2)间接法:用合力矩定理来求。

$$
\begin{aligned}
M_O(\boldsymbol{F}) &= M_O(\boldsymbol{F}_x) + M_O(\boldsymbol{F}_y) \\
&= -F_x \cdot 1 + F_y \cdot 4 \\
&= -10 \times \cos 30^\circ \times 1 + 10 \times \sin 30^\circ \times 4 \\
&= 11.34(\mathrm{N \cdot m})
\end{aligned}
$$

计算结果为正,说明力矩的转向为逆时针。

由上述计算可以发现,用直接法来算时,确定力臂很麻烦,如果用间接法来算,力臂的确定则很简单。

2 力偶

2.1 力偶的概念

作用在刚体上等值、反向而不共线的两个平行力,称为力偶。如图 1-12 所示,驾驶员用双手转动方向盘,钳工用丝锥攻螺纹,都是力偶作用于被转动物体的例子。力偶的作用效果是改变刚体的转动状态。

由力 $\boldsymbol{F}$ 和 $\boldsymbol{F}'$ 所构成的力偶记为($\boldsymbol{F}$,$\boldsymbol{F}'$)。力偶中两个力的作用线所确定的平面称为力偶的作用面,二力作用线之间的距离 d 称为力偶臂。力偶本身不能平衡,且两力投影之和为零,也不存在合力。因此,力偶和力一样,是组成力系的基本元素。

在实践中发现,组成力偶的力越大,力偶臂越长,则力偶使物体转动的效果越强;反之,则越弱。这说明力偶的转动效应不仅与组成力偶的力的大小有关,还与力偶臂的长短有关。与力矩类似,我们用力与力偶臂的乘积并冠以正负号(表示转向)来度量力偶对物体的转动效应,称为力偶矩,用符号 m 表示。即

$$m = \pm Fd$$

式中,当力偶使物体逆时针旋转时,取正;反之取负。

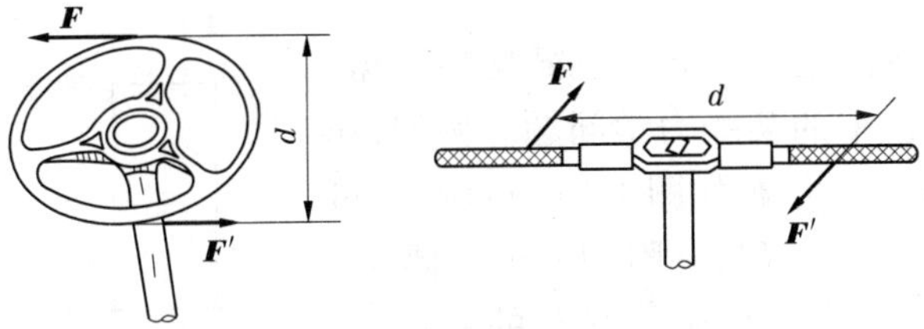

图1-12

力偶在其作用面内除可用两个力表示外，还可以用一个带箭头的弧线来表示，如图1-13所示，箭头代表力偶的转向，m 表示力偶矩的大小。

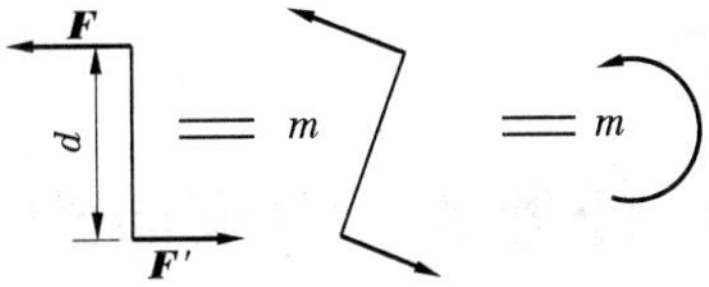

图1-13

力偶矩的单位与力矩相同，即为 N · m 和 kN · m。

2.2 力偶的基本性质

力和力偶是力学中的两个基本要素，与力相比，力偶具有以下不同的性质：

(1)力偶没有合力，故力偶不能用一个力来替代。

(2)力偶对其作用面内任一点的矩恒等于力偶矩本身，与矩心位置无关。

(3)在同一平面内的两个力偶，如果它们的力偶矩大小相等，转向相同，则这两个力偶等效。

3 力的平移定理

力的可传性原理表明，力可以沿其作用线移动到刚体上的任一点，而不改变力对刚体的作用效应，但若将其作用线位置平行移动，则会改变力对刚体的作用效果。

如图1-14(a)所示，力 $\boldsymbol{F}$ 作用于刚体上点 A，为了把它平移到刚体上的任一点 B 且不改变它对刚体的作用效果，可在点 B 加上一对与力 $\boldsymbol{F}$ 等值且平行的力 $\boldsymbol{F}'$ 与 $\boldsymbol{F}''$。由于 $\boldsymbol{F}'$ 与 $\boldsymbol{F}''$ 构成平衡力系，根据公理二，图1-14(b)所示力系与原力 $\boldsymbol{F}$ 等效。如果将 $\boldsymbol{F}'$ 看作 $\boldsymbol{F}$ 平移到点 B 的力，则 $\boldsymbol{F}$ 与 $\boldsymbol{F}''$ 构成一个附加力偶，如图1-14(c)所示。由图可知，附加力偶的力偶矩 $m = Fd = M_B(\boldsymbol{F})$

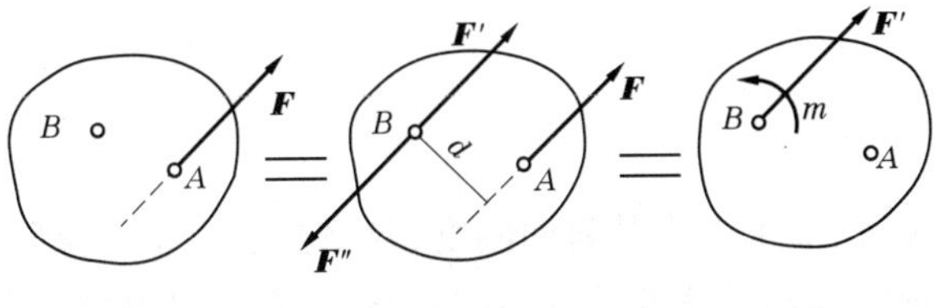

图1-14

由此得到力线平移定理：欲使作用于刚体上的力平移到刚体上指定点而不改变该力对刚体的作用效果，需附加一个力偶，该力偶的力偶矩等于原力对指定点之矩。

力的平移定理表明，一个力可以分解为同平面的一个力和一个力偶。所以也可以看成力的分解定理。反之，一个力和一个力偶也可以合成为一个力，即逆过程可以看成力的合成定理。

力的平移定理不仅是力系向一点简化的依据，也可以用来分析工程中的某些力学问题。例如，作用于短柱上 A 点的偏心力 $\boldsymbol{F}$ 如图 1-15(a)所示，可以平移到短柱轴线上成为 $\boldsymbol{F}'$，并附加一个力偶 m，如图 1-15(b)所示，这样并不改变力 $\boldsymbol{F}$ 的总效应。容易看出来，轴向力 $\boldsymbol{F}'$将使短柱压缩，而力偶将使柱弯曲。

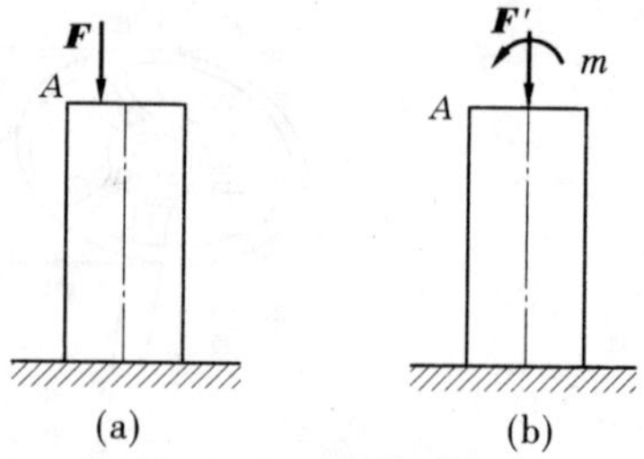

图 1-15

任务3　约束与约束反力

在空间中可以自由运动而获得任意位移的物体称为自由体，如飞行中的飞机、火箭等。位移受到某些限制的物体称为非自由体，如行驶中的火车受到铁轨的限制，行驶中的汽车受到道路的限制。非自由体在一定条件下也可处理成自由体。如放在光滑平面上的物体是非自由体，但若仅研究物体在光滑平面内的运动，则该物体即为自由体。

所谓约束，就是加在非自由体上使其位移受到一定限制的条件。约束一般是由非自由体与其周围物体相接触而构成的，因此也将这些周围物体称为约束。例如，钢轨是火车的约束，路面是汽车的约束。约束能阻挡非自由体某些方向的运动，因此必然会施加力在非自由体上，这些力称为约束反力或约束力，简称反力。约束力的方向与其所限制的非自由体的运动方向或趋势相反。约束力可以是集中力，也可以是分布力系，后者通常以该力系的主矢和主矩来表达。

在工程中，常把除约束力之外的力统称为主动力，主动力使物体产生运动或有运动的趋势。主动力也称为荷载或载荷，如重力、气体的压力等。这是因为主动力通常是彼此独立且能够事先给定的；而约束力则往往是未知的。刚体静力学问题往往表现为如何运用平衡条件，根据已知荷载去求未知的约束力，以此作为工程设计和校核的依据。

在实际中存在着各种各样的约束，工程中将一些常见的约束理想化，归纳为几种基本类型，并根据各种约束的特性定性地给出其约束力的情况。本书中，只介绍工程中常见的几种平面约束。

1　柔体约束

对绳索、链条和胶带，如不考虑其弯曲刚度，忽略其自重，则可简化为柔体约束。柔体不能受压，只能限制物体沿着柔体伸长方向的位移。因此，柔体的约束反力只能是拉力，作用在连接点或假想截面处，沿柔体中心线而背离被约束的物体，如图 1-16 所示。

需注意，对于柔体约束来说，约束中各处的拉力都是同样大小。

2　光滑接触面约束

若两物体的接触面上摩擦力可忽略不计，则接触面就简化为光滑接触面约束，如齿轮的齿面、车床的导轨等。它只能限制物体沿接触处的公法线方向往约束内部运动。因此，

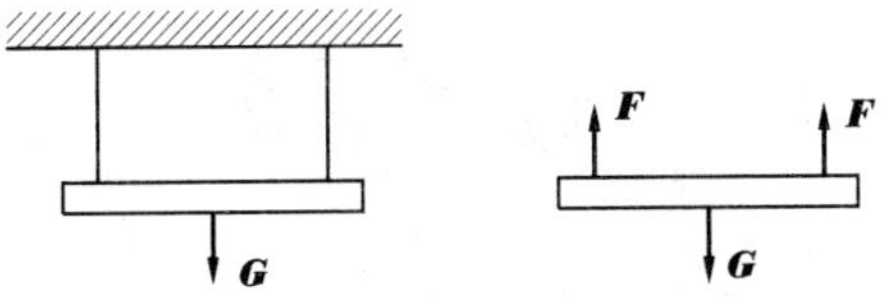

图 1-16

光滑接触面的约束反力只能是压力，沿接触处的公法线方向，作用于接触处，指向被约束物体，如图 1-17所示。

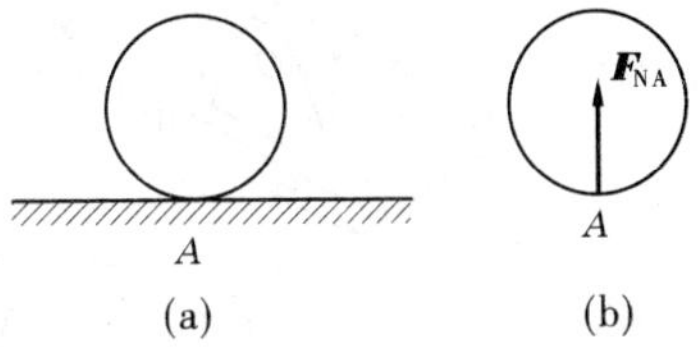

图 1-17

3　光滑圆柱铰链约束

如图 1-18(a)所示，两个构件通过圆柱销钉连接在一起，并假设接触面光滑，由此构成的约束称为光滑圆柱铰链约束，简称铰链。若只考虑了构件在销钉轴垂直平面内的运动形式，即所谓的平面圆柱铰链，则铰链上的各构件沿销钉径向的相对移动被限制，但可相互绕销钉轴转动。由于铰链中的销钉与圆柱孔是光滑曲面接触，因此约束力应在接触点与圆柱中心的连线方向上。但因为接触点的位置不可预知，约束力的方向也就无法预先确定。图 1-18(b)表示的铰链约束反力 $\boldsymbol{F}$ 的大小和方向都是未知的；图 1-18(c)是另一种常用的表示方法，用两个大小未知的正交分力 $\boldsymbol{F}_x$ 和 $\boldsymbol{F}_y$ 来表示铰链约束力。

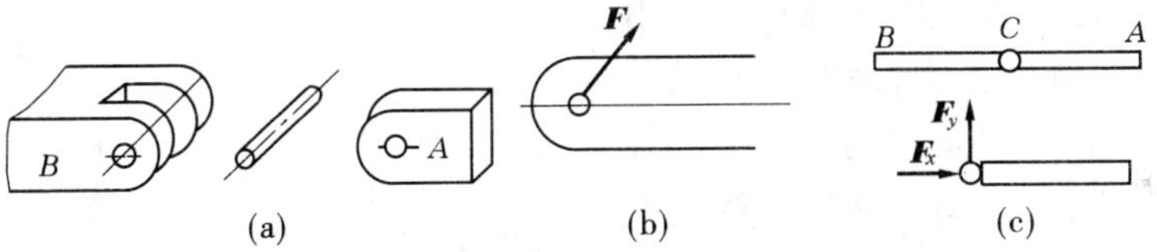

图 1-18

4　固定铰链支座

用光滑圆柱铰链把结构或构件与支座相连，并将支座固定在支撑物上，这样构成的支座，称为固定铰链支座，如图 1-19(a)所示。显然，固定铰链支座的约束反力特性与光滑圆柱铰链的反力特性完全一样，图 1-19(b)、(c)是固定铰链支座的计算简图及约束力表示。

5　可动铰链支座

在固定铰链支座的下面装上辊轴，就构成可动铰链支座或辊轴铰链支座，如图 1-20(a)所示，可动铰链支座只限制垂直于支承面方向的运动，因此约束反力过铰链中心而垂直于支承面，其指向待定。图 1-20(b)、(c)给出了可动铰链支座的计算简图及约束力表示。

6　链杆约束

链杆就是两端与其他物体用光滑铰链连接，杆中间不受力，且不计杆自重的刚杆。它

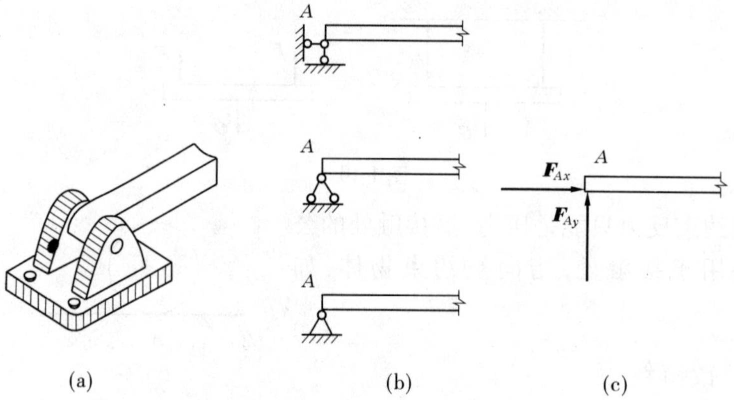

图 1-19

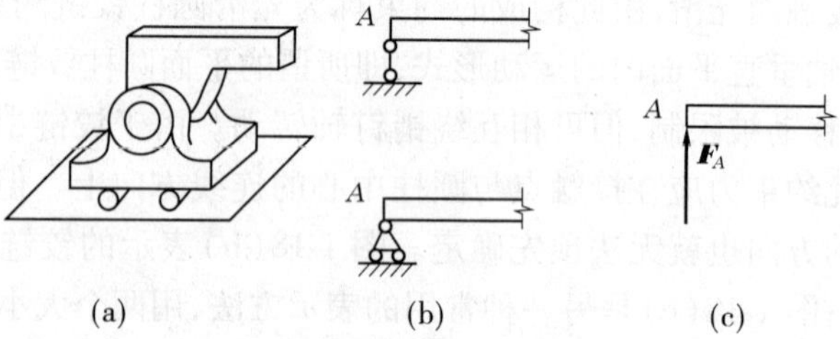

图 1-20

既可以是直杆，也可以是曲杆或折杆。由于链杆只在两铰链处受力，因此链杆又称为二力杆。如图 1-21(a)所示，图中杆件 *AB*、*CD* 均为二力杆，二力杆两端所受的两个力，大小相等，方向相反，作用线沿着两铰中心的连线，其指向待定，受力分析时，可先假定其受拉或者受压。杆件 *AB*、*CD* 受力如图 1-21(b)所示。

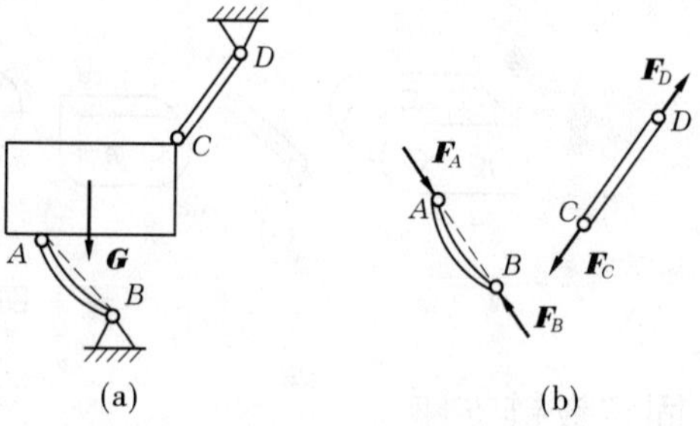

图 1-21

7　固定端支座

物体的一部分固嵌于另一物体的约束称为固定端支座。地面对深埋的电线杆、墙对悬臂梁构成固定端支座。

固定端支座的特点是既限制物体的移动又限制物体的转动。固定端支座约束反力分布较为复杂，但在平面问题中，可简化为阻止构件不能移动的两个正交分力 $\boldsymbol{F}_x$、$\boldsymbol{F}_y$ 和阻止构件不能转动的约束反力偶矩 m，指向和转向待定，如图 1-22 所示。

以上几种约束类型是我们在今后的学习中经常遇见的，也是工程中比较典型的平面约束形式，除此之外，还有其他一些约束类型，这里就不一一介绍了。

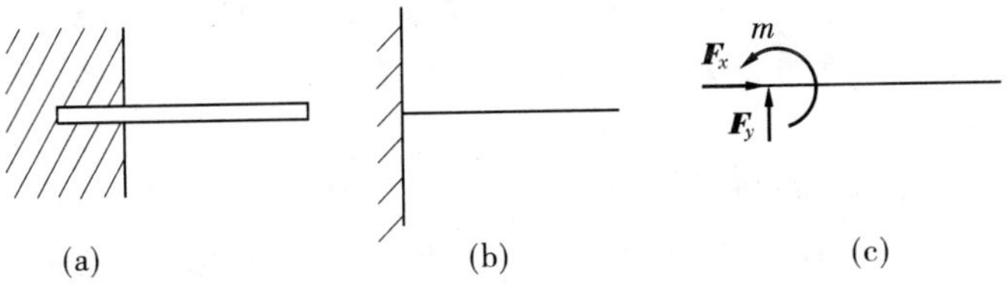

图 1-22

任务 4　物体的受力分析与受力图

物体的受力分析,就是要确定研究对象受了哪些力以及每个力的作用位置和方向。这是研究力学问题重要的一步。

对实际物体进行受力分析时,需要把它简化为力学模型,特别是要把实际的约束简化成某些基本类型。而合理的简化往往有赖于实际工作经验,需要在长期实践中总结提高。本书中所提供的物体,都是已简化的力学模型。

在进行受力分析时,常把要研究对象从周围物体中分离出来,单独画出简图,这样取出的物体称为分离体。在分离体上画出研究对象所受的全部主动力和约束力,即得到物体的受力图。通常,受力图的画法可概括为以下几个步骤:

(1)根据要求选取研究对象,画出分离体简图。

(2)画出分离体所受的全部主动力。

(3)在分离体上原来存在约束的地方,按照约束类型逐一画出约束力。

此外,在进行受力分析时,还需要注意以下几点:

(1)不能把分离体给予周围物体的反作用力也画到分离体本身的受力图上。

(2)不要画出分离体内任何两部分之间相互作用力。

(3)尽管作用于刚体上的力是滑动矢量,但在画受力图时,必须真实反映研究对象的实际受力情况,一般不应随便移动力的作用点位置,也不要对主动力进行静力等效替换。

下面举例说明物体受力分析和画受力图的方法。

【例 1-2】　如图 1-23(a)所示,简支梁 AB 的 A 端为固定铰链支座,B 端为链杆约束,梁在中点 C 受到主动力 $\boldsymbol{F}$ 的作用,试分析梁的受力情况。梁自重不计。

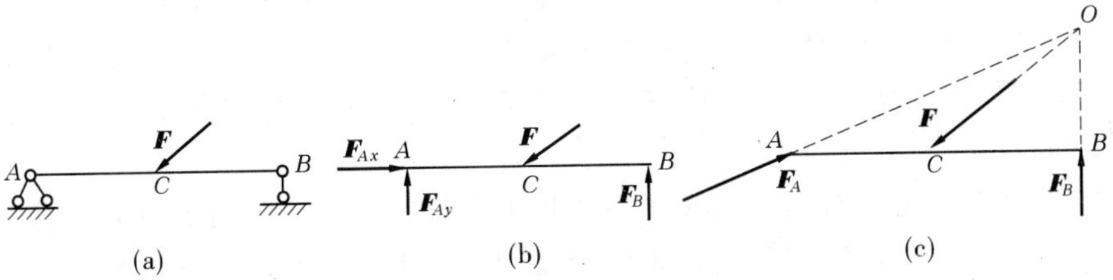

图 1-23

解:取梁为分离体。假定链杆约束 B 的约束力 $\boldsymbol{F}_B$ 铅垂向上,固定铰支座 A 的约束用两个大小未知的水平分力 $\boldsymbol{F}_{Ax}$ 和铅直分力 $\boldsymbol{F}_{Ay}$ 来表示,如图 1-23(b)所示。

由于梁只受三个力作用而平衡，A 端约束力 F_A 的方向可通过三力汇交定理来确定。如图 1-23(c) 所示，以 O 表示力 F 和 F_B 的作用线交点，当平衡时，约束力 F_A 的作用线必定通过这个交点 O。

【例 1-3】 如图 1-24(a) 所示三角形支架，杆件 AB 的 A 端为一固定铰，与杆件 CD 在 D 点通过圆柱铰链相连，CD 杆的 C 端为一固定铰。在杆件 AB 上作用有两个外力，不计杆件自重，试画出杆件 AB、CD 以及整体的受力图。

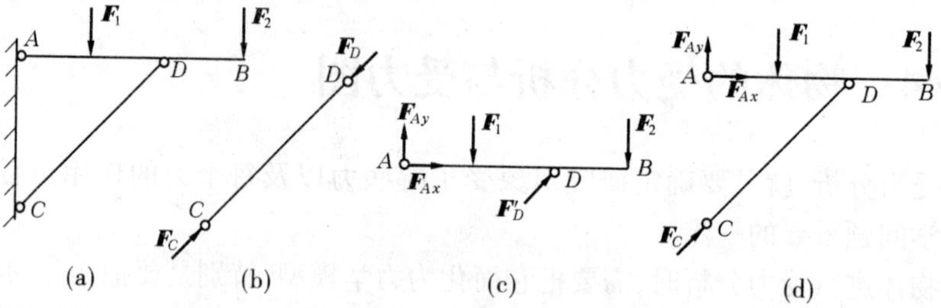

图 1-24

解：(1) 选择杆件 CD 为研究对象，如图 1-24(b) 所示。因不计杆件自重，杆件 CD 只有约束 C 和约束 D 处受力，故为二力杆。其所受外力 F_C 和 F_D 大小相等，方向相反，力的作用线为 CD 连线。力的方位未知，我们可假定其为受压杆。

(2) 再取杆件 AB 为研究对象，先把主动力 F_1 和 F_2 画出，再画约束反力。在铰链 D 处，杆件 AB 和杆件 CD 相连，故杆件 CD 所受力 F_D 和杆件 AB 所受力 F'_D 互为作用力和反作用力，应等值且反向共线。A 点为固定铰，其约束力方向不能确定，故我们用一对互相垂直的反力 F_{Ax} 和 F_{Ay} 来表示，如图 1-24(c) 所示。

(3) 最后再以整体为研究对象，受力图如图 1-24(d) 所示，注意保持整体和局部的一致性。

【例 1-4】 如图 1-25(a) 所示多跨梁，受力如图所示，自重不计，画出梁 AD、DE 以及整体的受力图。

解：(1) 选梁 AD 为研究对象。先画出 AD 梁上的主动力。而后分析梁 AD 与外界相连的约束有三个：A 为固定铰，B 为链杆，D 为铰链，按照约束类型，画出约束力，如图 1-25(b) 所示。

(2) 选梁 DE 为研究对象。先画出梁 DE 上的主动力。而后分析梁 DE 与外界相连的约束有两个：D 为铰链，C 为链杆，按照约束类型，画出约束力。注意作用在 D 点 F'_{Dx}、F'_{Dy} 和作用在梁 AD 上 D 点的 F_{Dx}、F_{Dy} 是一对作用力和反作用力，要保证它们反向共线。如图 1-25(c) 所示。

(3) 选整体为研究对象，画出其受力图如图 1-25(d) 所示。注意：因为 D 约束为研究对象内部约束，故其约束力不需画出，此外，要注意保持整体和局部的一致性。

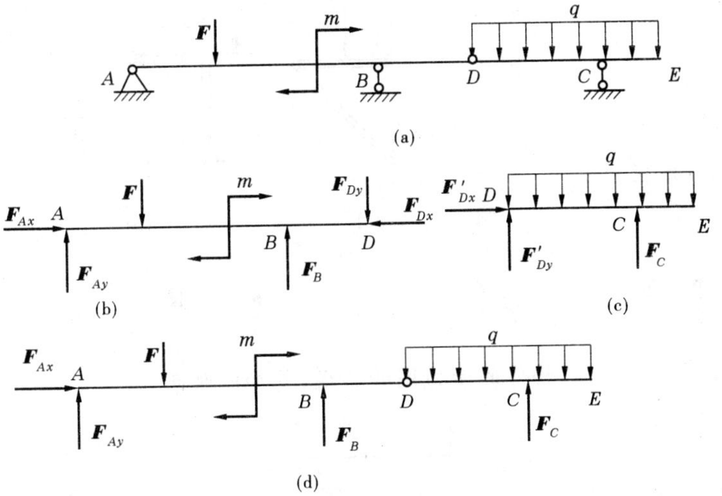

图 1-25

思考题

1-1　合力一定比分力大吗?

1-2　杆的两端用铰链连接,杆上没有荷载的曲杆和直杆都是二力杆吗?

1-3　刚体上的三力汇交于一点,该刚体一定平衡?

1-4　二力平衡公理和作用力与反作用力公理有何不同?

1-5　如图 1-26 所示,A、B 两物体叠放在桌面上。A 物体重 G_A,B 物体重 G_B。问 A、B 物体各受到哪些力的作用?这些力的反作用力各是什么?它们各作用在哪个物体上?

1-6　试在图 1-27 所示各杆的 A、B 两点各加一个力,使该杆处于平衡。

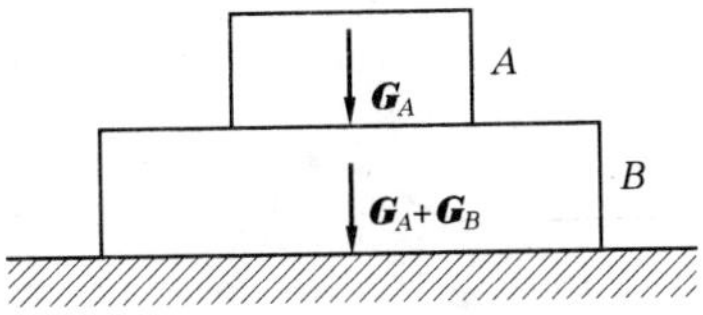

图 1-26

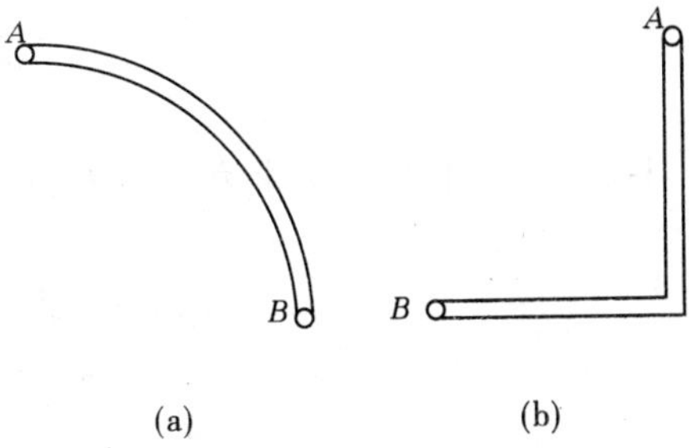

图 1-27

1-7　如图 1-28 所示,物体在 A 点受到力 $\boldsymbol{F}_1$,在 B 点受到力 $\boldsymbol{F}_2$ 作用,问 $\boldsymbol{F}_1$ 和 $\boldsymbol{F}_2$ 的合力的三要素是根据什么公理决定的?要使这物体平衡,必须加上怎样的力?

1-8　指出图 1-29 中哪些杆件是二力构件?

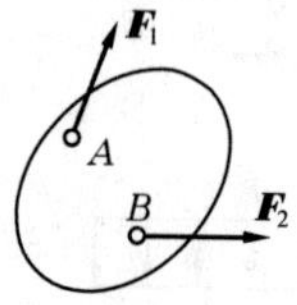

图 1-28

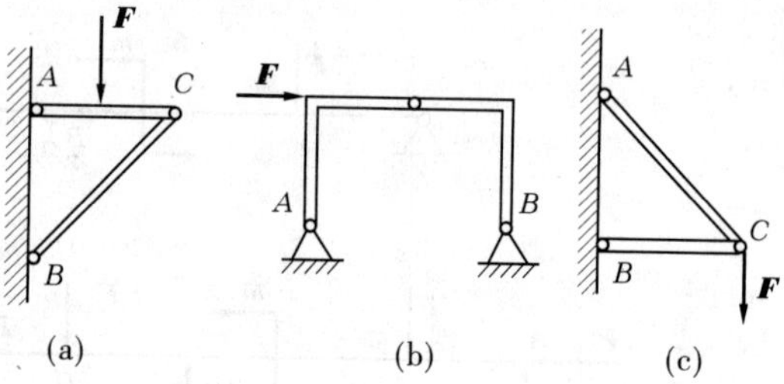

图 1-29

1-9　指出图 1-30 中各物体的受力图的错误，并加以改正。

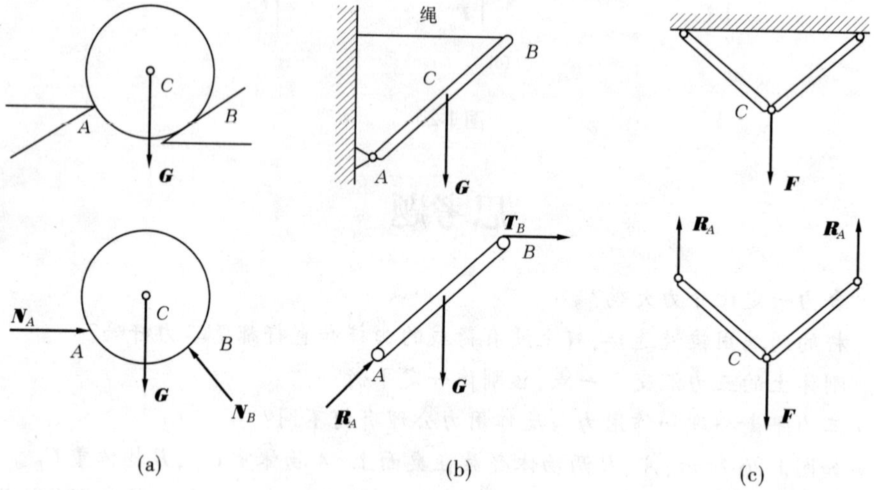

图 1-30

习　题

1-1　试计算图 1-31 中力 F 对 O 点的力矩。

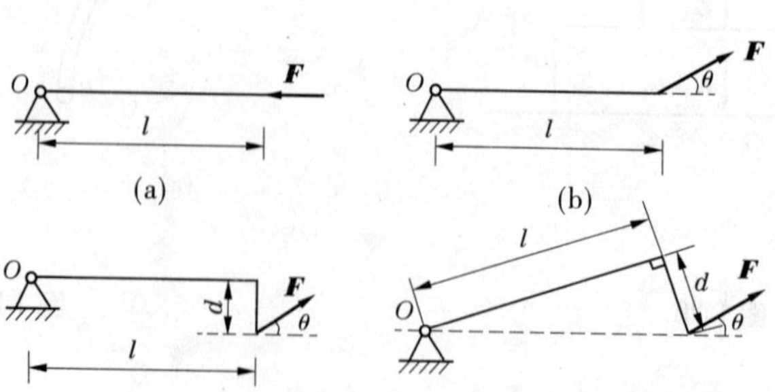

图 1-31

1-2　试分别画出图 1-32 中各物体的受力图。若题中未标明自重，则重力不计，接触面均光滑。

1-3　试画出图1-33中所示的物体系统中各物体以及整体的受力图，接触处不计摩擦。若题中未标明自重，则重力不计。

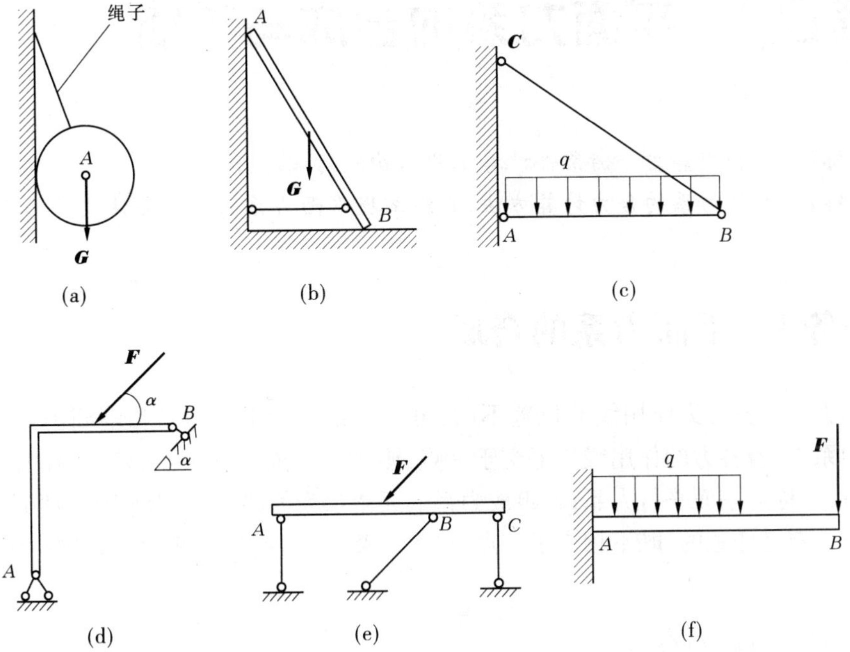

图1-32

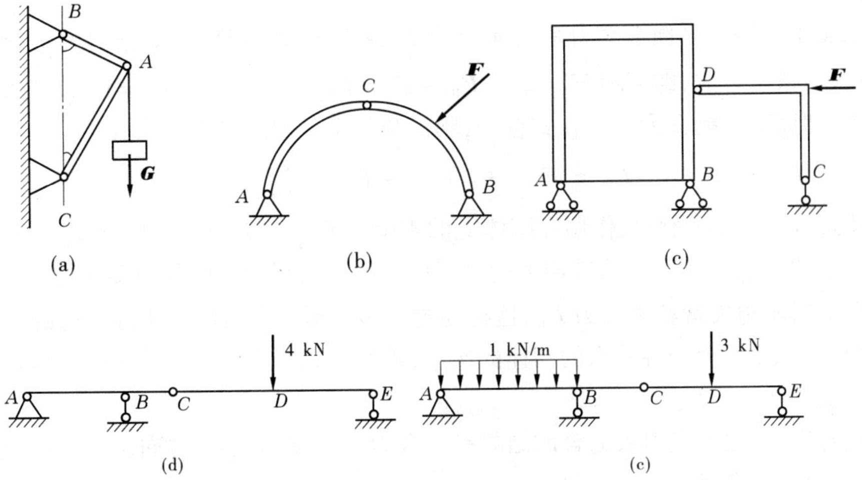

图1-33

项目2 平面力系的合成与平衡

【能力目标】 能利用静力平衡条件计算工程结构的约束反力。

【知识目标】 掌握力系的合力计算方法；熟练掌握平面力系的平衡条件及静力平衡条件的应用。

任务1 平面力系的合成

根据力系中各分力作用线的位置不同，可将力系分为平面力系和空间力系两大类。在平面力系中，若各力的作用线均汇交于一点，则称为平面汇交力系；若各力的作用线都相互平行，则称为平面平行力系；若组成力系的元素都为力偶，则称为平面力偶系；若力的作用线的分布是任意的，既不相交于一点，也不都相互平行，那这样的力系则称为平面一般力系。

1 平面汇交力系的合成

平面汇交力系的合成有两种方法，即几何法和解析法。

1.1 几何法

设汇交于A点的平面汇交力系由n个力$\boldsymbol{F}_1,\boldsymbol{F}_2,\cdots,\boldsymbol{F}_n$组成。根据力的平行四边形法则，将各力依次合成，即$\boldsymbol{F}_1+\boldsymbol{F}_2=\boldsymbol{F}_{R1}$，$\boldsymbol{F}_{R1}+\boldsymbol{F}_3=\boldsymbol{F}_{R2}$，$\cdots$，$\boldsymbol{F}_{Rn-2}+\boldsymbol{F}_n=\boldsymbol{F}_R$，$\boldsymbol{F}_R$为最后的合成结果，即原力系的合力。将各式合并，则汇交力系合力的矢量表达式为

$$\boldsymbol{F}_R=\boldsymbol{F}_1+\boldsymbol{F}_2+\cdots+\boldsymbol{F}_n=\sum\boldsymbol{F}_i$$

简化过程如图2-1所示，作用在刚体上的4个力$\boldsymbol{F}_1$、$\boldsymbol{F}_2$、$\boldsymbol{F}_3$和$\boldsymbol{F}_4$汇交于点O，为求出通过汇交点O的合力$\boldsymbol{F}_R$，连续应用力的平行四边形法则得到开口的力多边形$abcde$，最后力多边形的封闭边矢量就为合力$\boldsymbol{F}_R$，这种通过力多边形求合力的方法称为力的多边形法则。画力多边形时，改变各分力的相连的次序，将得到形状不同的力多边形，但最后求得的合力不变。

由此看出，平面汇交力系的合成结果是一合力，合力的大小和方向由各力的矢量和确定，作用线通过汇交点。

1.2 解析法

1.2.1 力在轴上的投影

如图2-2所示，力$\boldsymbol{F}$作用在A点上，在其作用平面建立平面直角坐标系。从力$\boldsymbol{F}$的两个端点A、B分别向x轴和y轴作垂线，可得垂足点a和点b，线段ab的长度冠以适当的

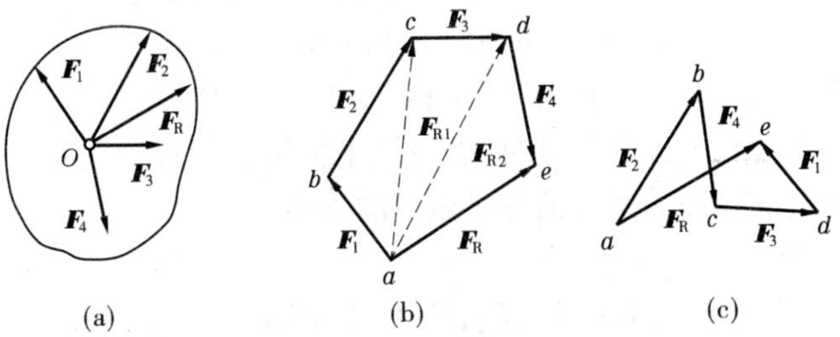

图 2-1

正负号就表示力 $\boldsymbol{F}$ 在 x 轴上的投影,用 X 表示。同样的方法也可以确定力 $\boldsymbol{F}$ 在 y 轴上的投影:线段 $a'b'$ 冠以适当的正负号,用 Y 来表示。

投影的正负号规定如下:力的指向与投影轴的正向一致,投影取正号,反之取负号。在图 2-2(a)中,力 $\boldsymbol{F}$ 在 x 轴和 y 轴上的投影都为正值,在图 2-2(b)中,力 $\boldsymbol{F}$ 在 x 轴和 y 轴的投影都为负值。

从图 2-2 中的几何关系,可得出力的投影的计算公式:

$$\left.\begin{aligned} X &= \pm F\cos\alpha \\ Y &= \pm F\sin\alpha \end{aligned}\right\} \qquad (2\text{-}1)$$

式中:α 表示力 $\boldsymbol{F}$ 与 x 轴所夹的锐角。

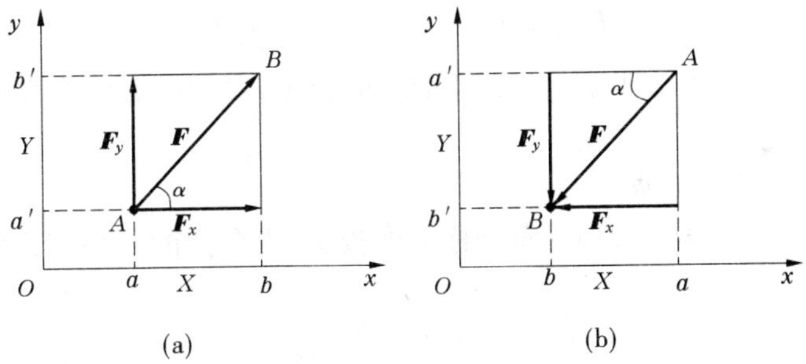

图 2-2

注意,力在任意相互平行的轴上的投影相同。

【例 2-1】 试分别求出图 2-3 中各力在 x 轴和 y 轴上的投影。已知:$F_1=100$ N,$F_2=50$ N,$F_3=80$ N,$F_4=140$ N,各力的方向如图 2-3 所示。

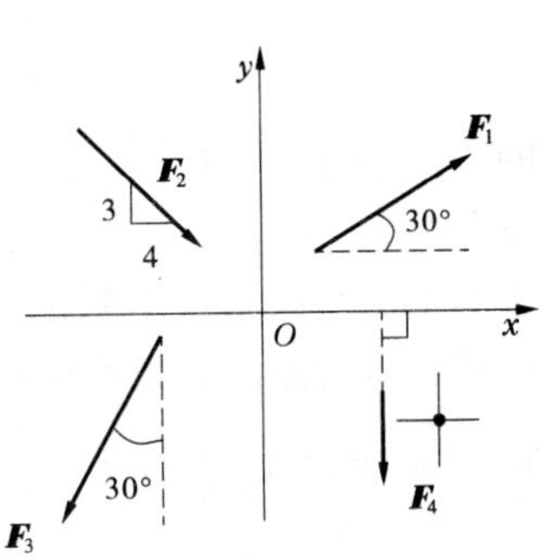

图 2-3

解:由式(2-1)可求出各力在 x 和 y 轴投影:

$$X_1 = F_1\cos 30° = 100 \times 0.866 = 86.6(\mathrm{N})$$

$$Y_1 = F_1\sin 30° = 100 \times 0.5 = 50(\mathrm{N})$$

$$X_2 = F_2 \times \frac{4}{5} = 50 \times \frac{4}{5} = 40(\mathrm{N})$$

$$Y_2 = -F_2 \times \frac{3}{5} = -50 \times \frac{3}{5} = -30(\mathrm{N})$$

$$X_3 = -F_3\cos 60° = -80 \times 0.5 = -40(\mathrm{N})$$

$$Y_3 = -F_3\sin60° = -80\times0.866 = -69.28(\mathrm{N})$$
$$X_4 = F_4\cos90° = 140\times0 = 0$$
$$Y_4 = -F_4\sin90° = -140\times1 = -140(\mathrm{N})$$

由该例题可知，当力与坐标轴垂直时，力在该坐标轴上的投影为零；当力与坐标轴平行时，力在该坐标轴上的投影的绝对值等于该力的大小。

1.2.2 合力投影定理

如图 2-4 所示，一平面汇交力系 $\boldsymbol{F}_1,\boldsymbol{F}_2,\boldsymbol{F}_3$ 作用于刚体上，按平面汇交力系合成的几何法，利用力的多边形法则求其合力 $\boldsymbol{F}_\mathrm{R}$，将力 $\boldsymbol{F}_1,\boldsymbol{F}_2,\boldsymbol{F}_3$ 及合力 $\boldsymbol{F}_\mathrm{R}$ 在 x 轴上投影，得：$X_1 = a_1b_1, X_2 = b_1c_1, X_3 = -c_1d_1, F_{\mathrm{R}x} = a_1d_1$。

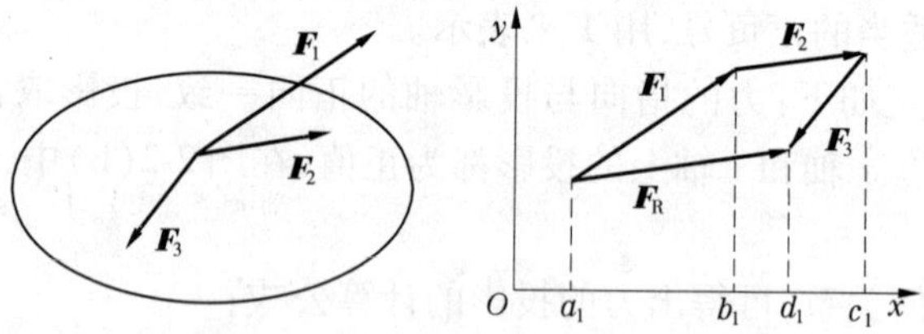

图 2-4

由图 2-4 中的几何关系可得：

$$a_1d_1 = a_1b_1 + b_1c_1 - c_1d_1$$

即
$$F_{\mathrm{R}x} = X_1 + X_2 + X_3 = \sum X \tag{2-2}$$

于是得出“合力投影定理”：合力在某轴上的投影，等于所有分力在同一轴上投影的代数和。

1.2.3 平面汇交力系的合成

如已知力系各力在所选定的直角坐标上的投影，则合力的大小和方向余弦分别由下列公式确定：

大小
$$F_\mathrm{R} = \sqrt{F_{\mathrm{R}x}^2 + F_{\mathrm{R}y}^2} = \sqrt{(\sum X)^2 + (\sum Y)^2} \tag{2-3}$$

方向
$$\tan\alpha = \left|\frac{F_{\mathrm{R}y}}{F_{\mathrm{R}x}}\right| = \left|\frac{\sum Y}{\sum X}\right| \tag{2-4}$$

式中：α 为合力与 x 轴所夹的锐角，合力的作用线通过力系的汇交点，指向由 $\sum X$、$\sum Y$ 的正负号决定，具体指向见图 2-5。

平面汇交力系简化结果是一个合力，这个力对物体的作用效应与原汇交力系等效。

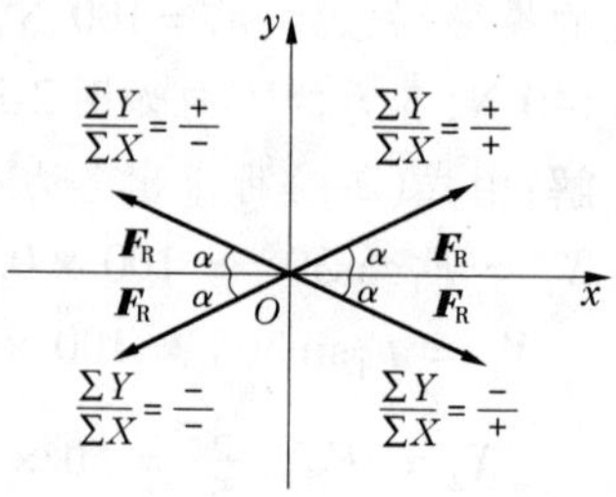

图 2-5

2 平面力偶系的合成

平面力偶系的简化就是将力偶系中所有力偶合成一个合力偶。我们应用力偶的等效性来研究平面力偶系的合成问题。

如图 2-6(a) 所示，设在同一个平面内的两个力偶 m_1、m_2，根据平面力偶等效的

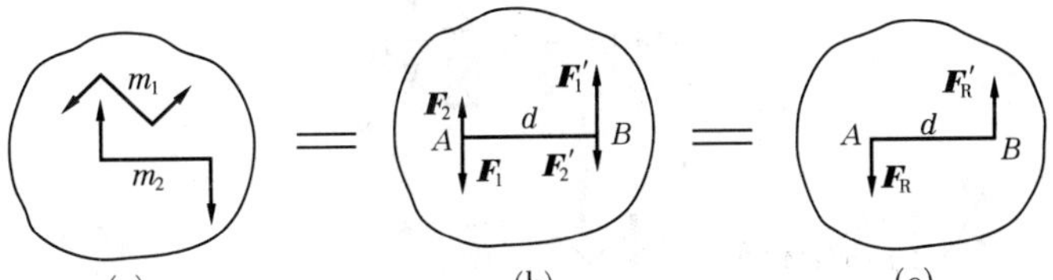

(a) (b) (c)

图 2-6

性质和推论，将上述力偶进行等效变换。任选一线段 $AB=d$ 作为公共力偶臂，变换后的等效力偶中各力的大小分别为：

$$F_1 = F'_1 = |m_1|/d, F_2 = F'_2 = |m_2|/d$$

如图 2-6(b)所示，再将图 2-6(b)中作用在 A 点和 B 点的力分别合成（设 $F_1 > F_2$）得

$$F_R = F_1 - F_2 \qquad F'_R = F'_1 - F'_2$$

由于 $\boldsymbol{F}_R$ 和 $\boldsymbol{F}'_R$ 大小相等，方向相反，平行且不共线，故组成了一对新力偶($\boldsymbol{F}_R$,$\boldsymbol{F}'_R$)，如图 2-6(c)所示，此力偶与原力偶系等效，称为原力偶系的合力偶，其力偶矩：

$$m = F_R d = (F_1 - F_2)d = m_1 + m_2$$

如果有 n 个力偶，仍可用上法合成。于是可得结论：平面力偶系可以合成为一个合力偶，其力偶矩等于各分力偶矩的代数和，即

$$m = m_1 + m_2 + \cdots + m_n = \sum_{i=1}^{n} m_i \tag{2-5}$$

3 平面一般力系的合成

平面一般力系没有相交于一点，因而不能像平面汇交力系那样直接利用力的多边形法则得到最终简化结果，但我们可以将各力的作用线向某点平移得到平面汇交力系以利用前面已得到的结果。

设在某刚体上作用有平面一般力系 $\boldsymbol{F}_1,\boldsymbol{F}_2,\cdots,\boldsymbol{F}_n$，如图 2-7 所示，在力系的作用平面内任选一点 O，并根据力的平移定理将力系中各力都平移到 O 点，于是就得到汇交于 O 点的平面汇交力系 $\boldsymbol{F}'_1,\boldsymbol{F}'_2,\cdots,\boldsymbol{F}'_n$ 和力偶矩为 $m_1,m_2,\cdots,m_n$ 的力偶所组成的附加平面力偶系。根据力线平移定理，可知：

$$F'_1 = F_1, F'_2 = F_2, \cdots, F'_n = F_n$$

$$m_1 = M_O(\boldsymbol{F}_1), m_2 = M_O(\boldsymbol{F}_2), \cdots, m_n = M_O(\boldsymbol{F}_n)$$

(1)作用在简化中心的新平面汇交力系 $\boldsymbol{F}'_1,\boldsymbol{F}'_2,\cdots,\boldsymbol{F}'_n$，可进一步合成为一个合力 $\boldsymbol{F}'_R$，根据平面汇交力系的合成，可得：$\boldsymbol{F}'_R = \boldsymbol{F}'_1 + \boldsymbol{F}'_2 + \cdots + \boldsymbol{F}'_n$。

矢量 $\boldsymbol{F}'_R$ 称为原力系的主矢，其大小和方向可由解析法计算：

$$F'_R = \sqrt{(\sum X')^2 + (\sum Y')^2} \qquad \tan\alpha = \left|\frac{\sum Y'}{\sum X'}\right|$$

因为 $F_1{}' = F_1, F_2{}' = F_2, \cdots, F'_n = F_n$

所以

$$F'_R = \sqrt{(\sum X)^2 + (\sum Y)^2} \tag{2-6}$$

$$\tan\alpha = \left|\frac{\sum Y}{\sum X}\right| \tag{2-7}$$

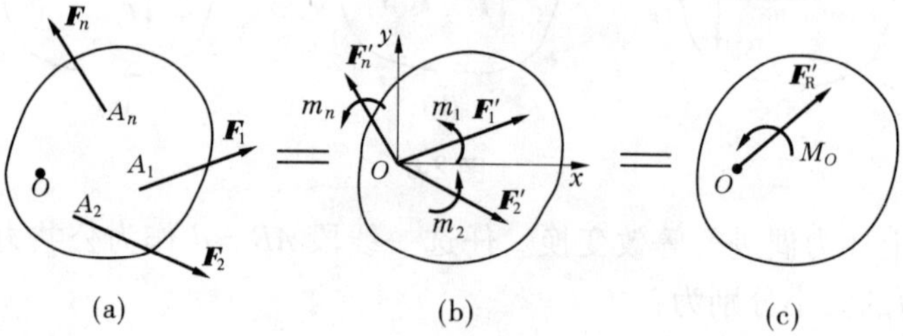

图 2-7

需注意以下两点：

①在计算主矢时，不必将力平移后再求投影，而可以通过计算原力系中各力在 x，y 轴上的投影直接算出主矢量 F_R' 的值。

②主矢与简化中心的位置无关。

(2)附加平面力偶系可以合成为一个力偶，其力偶矩 M_O 称为原力系的主矩。根据平面力偶系的合成结果，可得：

$$M_O = m_1 + m_2 + \cdots + m_n$$

因为 $\quad m_1 = M_O(\boldsymbol{F}_1), m_2 = M_O(\boldsymbol{F}_2), \cdots, m_n = M_O(\boldsymbol{F}_n)$

所以

$$M_O = M_O(\boldsymbol{F}_1) + M_O(\boldsymbol{F}_2) + \cdots + M_O(\boldsymbol{F}_n) = \sum_{i=1}^{n} M_O(\boldsymbol{F}_i) \tag{2-8}$$

需注意以下两点：

①主矩一般与简化中心的位置有关。改变简化中心的位置，各附加力偶的力偶臂将相应地改变。

②主矩必须标明它所对应的简化中心，例 M_A，M_B。

综上所述，平面一般力系向作用面内任一点简化，可得一个力和一个力偶。这个力的作用线通过简化中心，称为力系的主矢，它等于原力系中各力的矢量和；这个力偶作用于原力系的作用面内，其力偶矩称为原力系对简化中心的主矩，它等于原力系中各力对简化中心的力矩的代数和。

4 平面一般力系的合成结果讨论

简化结果主矢 F_R' 和主矩 M_O 分别为零或不为零时，可能出现以下几种情况：

(1) $F_R' = 0$，$M_O \neq 0$ 时，力系合成为一个力偶，即原力系和一个力偶等效。因为力偶对其所在平面内的任一点的矩都等于其力偶矩，与矩心无关，所以，此种情况下主矩与简化中心的位置无关，即力系的合成结果与简化中心无关。

(2) $F_R' \neq 0$，$M_O = 0$ 时，力系合成为一个合力，即原力系和一个力等效，简化中心恰取在合力作用线上。

(3) $F_R' \neq 0$，$M_O \neq 0$ 时，此简化不是最终的结果，根据力线平移定理的逆应用，还可进一步简化为一个合力。如图2-8(a)所示,将矩为 M_O 的力偶用两个力 $\boldsymbol{F}''_R$ 和 $\boldsymbol{F}_R$ 表示,且 $\boldsymbol{F}'_R=\boldsymbol{F}_R=-\boldsymbol{F}''_R$,如图2-8(b)所示。于是可将作用于点 O 的力 $\boldsymbol{F}'_R$ 和力偶($\boldsymbol{F}_R$,$\boldsymbol{F}''_R$)合成为一个作用在点 O' 的力 $\boldsymbol{F}_R$,如图2-8(c)所示。这个力 $\boldsymbol{F}_R$ 就是原力系的合力,合力矢等于主矢,合力的作用线在点 O 的哪一侧,需根据主矢和主矩的方向确定,合力作用线到点 O 的距离 d,可按下式算得

$$d=\frac{|M_O|}{F_R}$$

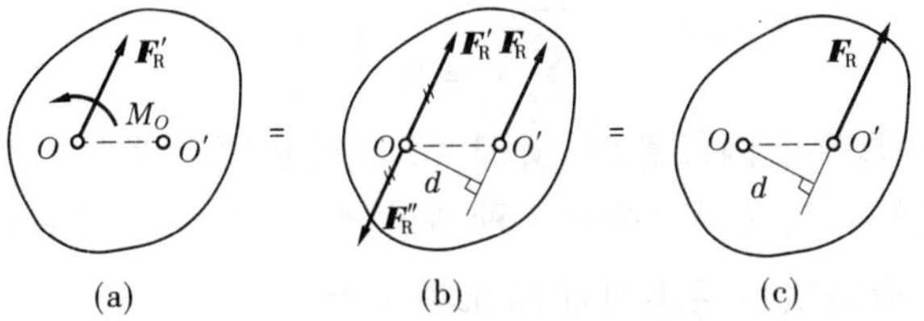

图2-8

(4)$F'_R=0$,$M_O=0$ 时,则原力系与零等效,即力系平衡。

任务2 平面力系的平衡

1 平面一般力系的平衡

1.1 平面一般力系的平衡条件和平衡方程

根据平面一般力系的合成结果,平面一般力系平衡的必要和充分条件是:力系的主矢和力系对其作用面内任一点的主矩都等于零,即

$$\left.\begin{aligned}F'_R&=0\\M_O&=0\end{aligned}\right\}$$

由式(2-6)和式(2-8)可知

$$F'_R=\sqrt{(\sum X)^2+(\sum Y)^2}=0 \qquad M_O=\sum M_O=0$$

从而得到平面一般力系的平衡方程的基本形式为

$$\left.\begin{aligned}\sum X&=0\\\sum Y&=0\\\sum M_O&=0\end{aligned}\right\} \tag{2-9}$$

由此,平面一般力系平衡的充要条件又可叙述为:力系中所有力在其作用面内不平行两坐标轴上投影的代数和都等于零,且所有力对平面内任一点力矩的代数和也等于零。

式(2-9)称为平面一般力系平衡方程的基本式,其中前两式称为投影平衡方程,第三式称为力矩平衡方程。这三个方程是彼此独立的,应用该方程组至多可求解三个未知量的平衡问题。

1.2 平面一般力系平衡方程的其他形式

平衡方程的基本形式并不是唯一的形式，还可以写成其他形式，它与基本形式的平衡方程是等效的，但往往应用起来会方便一些。

1.2.1 二力矩式

三个平衡方程中有两个力矩方程和一个投影方程

$$\left.\begin{aligned}\sum M_A &= 0\\ \sum M_B &= 0\\ \sum X &= 0\end{aligned}\right\}\tag{2-10}$$

其中点 A 和点 B 是平面内任意两点，但 AB 连线必须不垂直于投影轴 x 轴。这是因为平面一般力系向已知点简化只可能有3种结果：合力、合力偶或平衡。力系既然满足平衡方程 $\sum M_A = 0$，则表明力系不可能简化为一个力偶，只可能是作用线通过 A 点的一个合力或平衡。同理，如果力系又满足方程 $\sum M_B = 0$，则可以断定，该力系合成结果为经过 A、B 两点的一个合力或平衡。此时若力系又满足方程 $\sum X = 0$，而 AB 的连线不垂直于 x 轴，则力系不可能有合力，如图2-9所示。这就表明，只要满足以上三个方程，且 AB 不垂直于投影轴，则该平面力系必平衡。

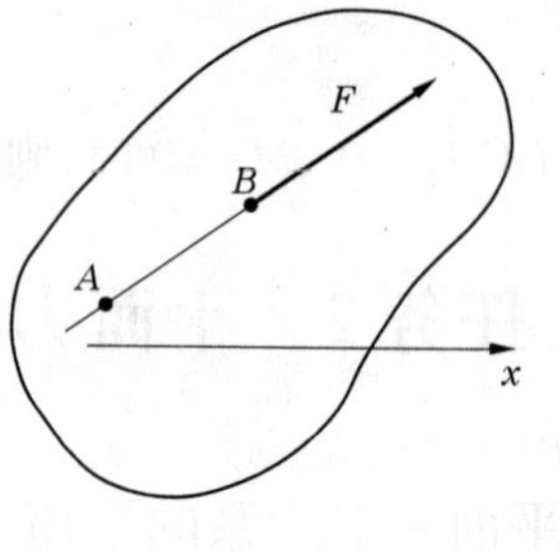

图 2-9

1.2.2 三力矩式

三个平衡方程全部为力矩平衡方程

$$\left.\begin{aligned}\sum M_A &= 0\\ \sum M_B &= 0\\ \sum M_C &= 0\end{aligned}\right\}\tag{2-11}$$

其中 A、B、C 三点不共线。若平面一般力系满足式中的三个力矩平衡方程，则力系如果有合力，其合力作用线就必须通过 A、B、C 三点，但此式的附加条件是 A、B、C 三点不共线，所以，此种情况下合力只能是零，力系必然平衡。

注意：三组平衡方程相互等效，每一组都是平面一般力系平衡的必要与充分条件，选用不同形式的平衡方程，有助于简化静力学的求解计算过程。对一个平衡的平面一般力系，只能建立三个独立的平衡方程，因此只能求解三个未知数。其他的平衡方程不再是独立的。

应用平面一般力系的平衡方程求解的步骤如下：

(1)选取研究对象。根据问题的具体条件，选取恰当的研究对象。

(2)画受力图。指向不定的力，任意假设其指向。如计算结果为正，表示假设指向和实际指向相同。如计算结果为负，表示假设指向和实际指向相反。

(3)确定投影坐标轴和矩心。根据具体情况确定平衡方程的形式，再选取恰当的坐标轴和矩心。为使计算简便,在应用投影方程时,投影轴尽可能与较多的未知力垂直,使每个方程里只包含一个未知量;应用力矩方程时,矩心一般取在两个未知力的交点。受力图中一定要画出所选择的坐标轴,而矩心在平衡方程的力矩方程中表示。

(4)建立平衡方程求解。根据所选择的坐标和矩心及平衡方程的形式,建立对应的平衡方程求解。受力图是建立平衡方程的唯一依据。力矩方程中 $\sum M_A = 0$ 的下标"A"一定是选择具体矩心的点的名称。

1.3 线性荷载的计算方法

在应用平面一般力系求解时,除集中荷载外,还有分布荷载。在前面章节中讨论过分布荷载的概念及分类,在这里只讨论线性荷载的计算方法。

力学分析中,线分布荷载都要转换为其等效集中荷载计算。等效集中荷载即为线分布荷载的合力,其大小等于线分布荷载图的面积,作用线过线分布荷载图形的形心,方向与线分布荷载的方向相同。

线荷载根据荷载集度 q 沿荷载分布长度的变化规律,又分为线性分布荷载和非线性分布荷载。如沿荷载分布长度,荷载集度 q 是线性变化的,称为线性分布荷载;反之则称为非线性分布荷载。在此只讨论线性分布荷载的计算。

线性分布荷载有两种基本形式:矩形分布荷载和三角形分布荷载。

1.3.1 矩形分布荷载

荷载分布长度内各点的荷载集度都相同时,分布荷载图为矩形,如图2-10(a)所示,该荷载称为矩形分布荷载,又称为均匀分布荷载,简称均布荷载。

根据等效集中荷载的计算方法,可知其等效集中力 Q 的大小等于荷载集度乘以荷载分布长度,即 $Q = qL$,作用在荷载分布长度 AB 的中点处,方向与分布荷载方向相同。

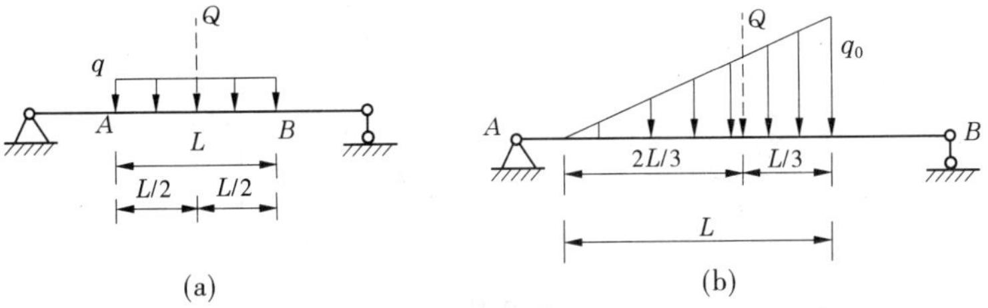

图2-10

1.3.2 三角形分布荷载

当荷载集度沿荷载分布长度呈线性变化,且一端荷载集度为零,分布荷载图为三角形,如图2-10(b)所示,该荷载称为三角形分布荷载。

根据等效集中荷载的计算方法,可知其等效集中力 Q 的大小等于三角形的面积,即:$Q = \dfrac{q_0 L}{2}$(q_0 为最大荷载集度),作用在距最大荷载集度1/3倍的荷载分布长度处,方向与分布荷载方向相同。

【例2-2】 如图2-11(a)所示悬臂梁 AB,梁自重不计,求固定端 A 处的约束反力。

解:(1)取研究对象。选 AB 梁为研究对象。

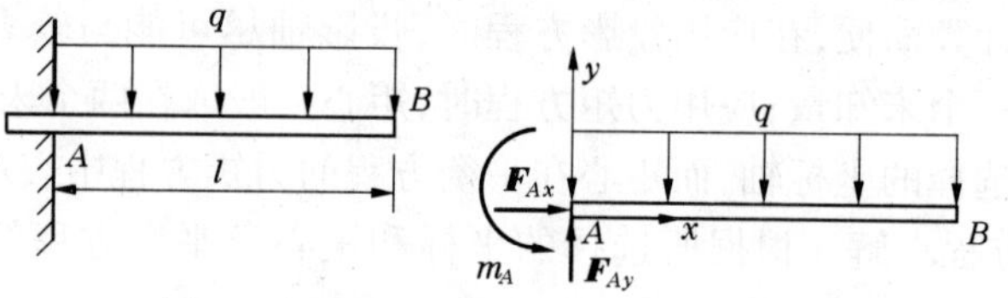

(a) (b)

图 2-11

(2)画受力图。反力指向均作任意假设,如图 2-11(b)所示。

(3)确定投影坐标轴和矩心。本题选用平衡方程的基本形式。矩心取在两未知力作用线的交点上,即求 m_A 时选 $\boldsymbol{F}_{Ax}$ 与 $\boldsymbol{F}_{Ay}$ 的交点 A 为矩心,求 $\boldsymbol{F}_{Ax}$ 与 $\boldsymbol{F}_{Ay}$ 时投影坐标轴尽可能与未知力作用线垂直,即取水平坐标轴 x 和铅垂坐标轴 y 为投影轴,如图 2-11(b)所示。

$$\sum X = 0, F_{Ax} = 0$$

$$\sum Y = 0, F_{Ay} - Q = 0, \text{得}: F_{Ay} = ql$$

$$\sum M_A = 0, m_A - Q \cdot \frac{l}{2} = 0, \text{得}: m_A = \frac{ql^2}{2}$$

平衡方程所得结果均为正值,说明图 2-11(b)中所假定的约束力方向均与实际方向相同。

【例 2-3】 如图 2-12(a)所示简支刚架处于平衡状态,已知 $F = 5$ kN, $q = 1$ kN/m, $m = 3$ kN · m,不计刚架的自重,求 A、B 支座的反力。

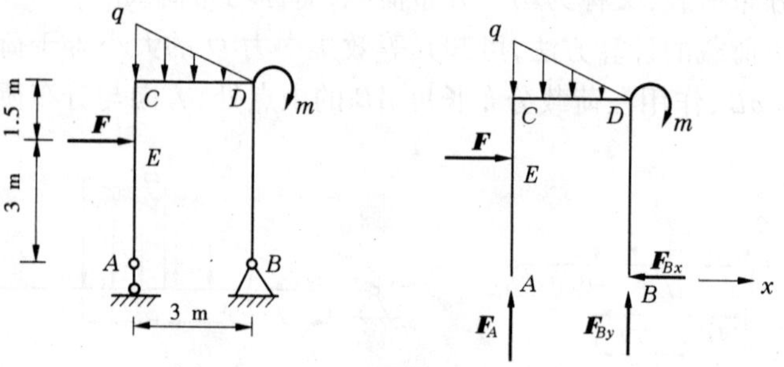

(a) (b)

图 2-12

解:(1)取研究对象。选取刚架 AB 为研究对象。

(2)画受力图。A 处和 B 处的反力指向均作任意假设,如图 2-12(b)所示。

(3)确定投影坐标轴和矩心。本题选用平衡方程的基本形式和二力矩式均简便可行,此例选用二力矩式平衡方程。矩心取在两未知力作用线的交点上,即求 $\boldsymbol{F}_{By}$ 时选 $\boldsymbol{F}_A$ 与 $\boldsymbol{F}_{Bx}$ 的交点 A 为矩心,求 $\boldsymbol{F}_A$ 时选 $\boldsymbol{F}_{By}$ 与 $\boldsymbol{F}_{Bx}$ 的交点 B 为矩心,求 $\boldsymbol{F}_{Bx}$ 时投影坐标轴尽可能与未知力 $\boldsymbol{F}_A$ 和 $\boldsymbol{F}_{By}$ 作用线垂直,即取水平坐标轴 x 为投影轴,如图 2-12(b)所示。

(4)建立平衡方程求解。按分布荷载的计算方法,要将三角形分布荷载转换为其等效集中荷载来计算。矩心用力矩方程的下标表示。为建立一个方程可解一个未知量,一般可先建立力矩方程。

$$\sum M_A = 0 \qquad -F\times3-\frac{1}{2}\times q\times3\times\frac{1}{3}\times3-m+F_{By}\times3=0$$

$$-5\times3-\frac{1}{2}\times1\times3\times\frac{1}{3}\times3-3+F_{By}\times3=0$$

$$F_{By}=6.5\ \text{kN}$$

$$\sum M_B = 0 \qquad -F_A\times3-F\times3+\frac{1}{2}\times q\times3\times\frac{2}{3}\times3-m=0$$

$$-F_A\times3-5\times3+\frac{1}{2}\times1\times3\times\frac{2}{3}\times3-3=0$$

$$F_A=-5\ \text{kN}$$

负号表示该力实际指向与假设指向相反。

$$\sum X=0 \qquad 5-F_{Bx}=0$$

$$F_{Bx}=5\ \text{kN}$$

2 平面平行力系的平衡

平面平行力系是指各力的作用线在同一个平面内且相互平行的力系。它是平面一般力系的一种特殊情况。

平面平行力系的平衡方程可以从平面一般力系的平衡方程中导出，设有一平面平行力系，取 x 轴垂直于力系中各力的作用线，y 轴与力系中各力平行，由图 2-13可知，不论平面平衡力系是否平衡，各力在 x 轴的投影等于零。即 $\sum X=0$ 为恒等式，将这一方程的基本形式除去，即平面平行力系的平衡方程为

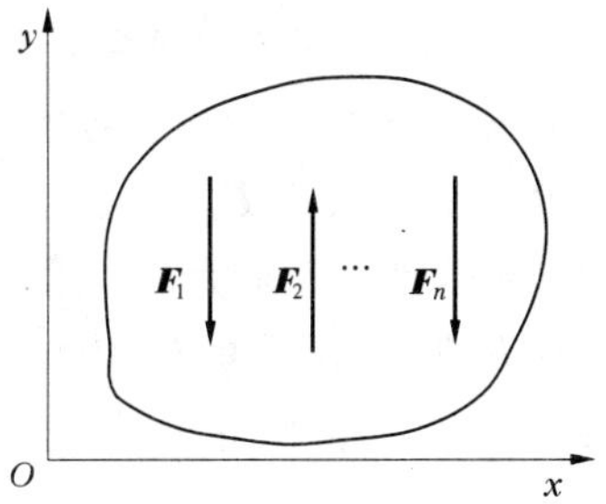

图 2-13

$$\left.\begin{aligned}\sum Y&=0\\ \sum M_O&=0\end{aligned}\right\} \tag{2-12}$$

平面平行力系平衡的充要条件为：力系中各力在不垂直于其作用线的坐标轴上投影的代数和为零，以及各力对于力系所在平面任一点之矩的代数和为零。

根据平面一般力系平衡方程的二力矩式可导出平面平行力系的二力矩式的平衡方程：

$$\left.\begin{aligned}\sum M_A&=0\\ \sum M_B&=0\end{aligned}\right\} \tag{2-13}$$

其中 A、B 两点的连线不与力系中各力的作用线平行。

平面平行力系只有两个独立的平衡方程，因此只能求解两个未知数。

3 平面汇交力系的平衡

对平面汇交力系的汇交点列力矩平衡方程，可得 $\sum M_O=0$，则平面汇交力系有两个

独立的平衡方程：

$$\left.\begin{aligned}\sum X = 0\\ \sum Y = 0\end{aligned}\right\}\qquad (2\text{-}14)$$

平面汇交力系平衡的充要条件：力系中所有各力在两个坐标轴上投影的代数和分别为零。这就是平面汇交力系平衡的解析条件。

【例 2-4】 如图 2-14(a)所示，已知力 $\boldsymbol{F}$ 的大小为 30 kN，求支座 A 和支座 B 处的约束反力。

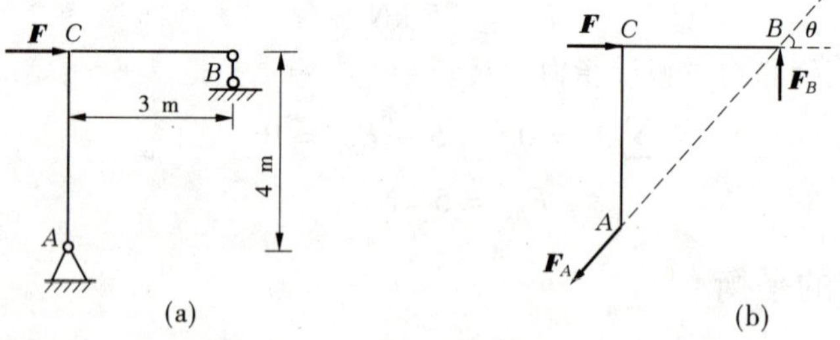

图 2-14

解：选刚架 ACB 为研究对象，画出分离体，分析其受力情况，首先 C 点作用有主动力 $\boldsymbol{F}$，然后分析其与外界相连的约束有两处：A 点的固定铰和 B 点的链杆。B 处为链杆约束，所以 B 处的约束力 $\boldsymbol{F}_B$ 方位必然是竖直的，我们可假定其竖直向上，如图 2-14(b)所示。由于刚架只受到三个力的作用，由三力汇交定理，可知 A 处的约束力 $\boldsymbol{F}_A$ 必然通过 $\boldsymbol{F}$ 和 $\boldsymbol{F}_B$ 的交点 B 点，从而可知 $\boldsymbol{F}_A$ 的作用线为 AB 连线，假定其指向斜向左下方，如图 2-14(b)所示，由此可以看出作用在刚架上的是一平面汇交力系。

$$\sum X = 0, F - F_A\cos\theta = 0$$

得

$$F_A = 50\ \text{kN}$$

$$\sum Y = 0, F_B - F_A\sin\theta = 0$$

得

$$F_B = 40\ \text{kN}$$

所得结果均为正值，说明图 2-14(b)中所假定的约束力方向均与实际方向相同。

4 平面力偶系的平衡

平面力偶系可合成为一个合力偶：当合力偶矩等于零时，则力偶系中各力偶对物体的转动效应相互抵消，物体处于平衡状态；当合力偶矩不等于零时，则物体必有转动效应而不平衡。所以，平面力偶系平衡的必要和充分条件是：力偶系中所有各力偶矩的代数和等于零，即

$$\sum m = 0 \qquad (2\text{-}15)$$

利用式(2-15)求解平面力偶系的平衡问题，可求出一个未知量。

【例 2-5】 如图 2-15(a)所示刚架 AB，其上受到一力偶作用。已知 $m = 10\ \text{kN}\cdot\text{m}$，不

计杆件自重，求支座 A、B 处的约束反力。

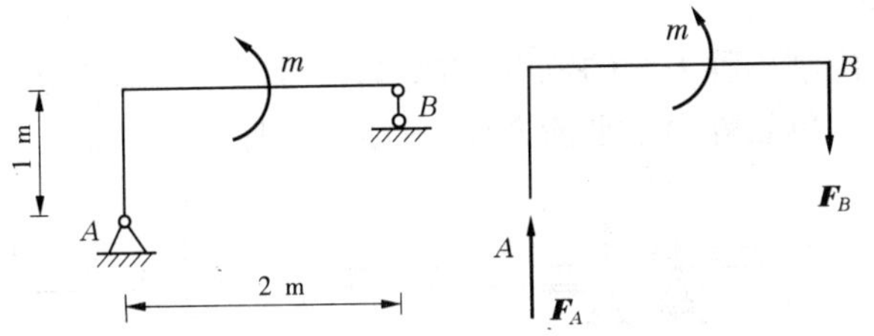

(a) (b)

图 2-15

解：(1) 选刚架 AB 为研究对象。

(2) 画出 AB 的受力图。作用在 AB 上的力有：一个已知的力偶 m，支座 A 和支座 B 产生的约束反力。支座 B 为铰链约束，故 $\boldsymbol{F}_B$ 的方位为竖直方向但指向未知。由于杆件上所受主动力为一力偶，根据力偶的性质，可知力偶只能与力偶产生平衡，因此 A 点的约束力 $\boldsymbol{F}_A$ 和 B 点的约束力 $\boldsymbol{F}_B$ 必组成一个力偶，从而可以判断 A 处 $\boldsymbol{F}_A$ 的方向也应当是竖直的。假设 $\boldsymbol{F}_A$ 和 $\boldsymbol{F}_B$ 的指向如图 2-15(b) 所示。

(3) 列平衡方程。

$$\sum m = 0, m - F_A \times 2 = 0$$

得
$$F_A = 5\ \text{kN} \qquad F_B = F_A = 5\ \text{kN}$$

任务3 物体系统的平衡

由多个物体通过约束连接而成系统称为物体系统，这是工程实际问题常用的物理模型之一。在这类问题里，不仅需要求出系统所受外界约束的约束力，而且常需要求出各刚体间相互约束的力。例如：机构的平衡，组合梁的平衡等。

1 物体系统的静定问题和静不定问题

物体系统平衡时，其中每个刚体都处于平衡状态。因此，由 n 个刚体组成的系统在平面力系的作用下，其中每个刚体均可列出 3 个独立平衡方程，总共有 $3n$ 个独立平衡方程。若某些刚体受平面汇交力系或平面力偶系的作用，则系统的独立平衡方程数目会相应地减少。物体系统的未知量通常包括系统的外部约束力和刚体之间的约束力。若系统中未知量数目不多于独立平衡方程数目，则所有未知量都可以由刚体静力学的平衡方程来求出。这样的问题称为静定问题，反之则为静不定问题或超静定问题。

以图 2-16 为例加以说明。图(a)中有 3 个约束力，图(b)中有 4 个约束力，图(c)中有 2 个约束力和 1 个约束力偶；图(d)中有 4 个约束力和 1 个约束力偶。由于独立平衡方程只有三个，因此图(a)、(c)中结构是静定的，图(b)、(d)中结构是静不定的。在图(e)中有两个刚体，3 个铰链提供 6 个约束力，共 6 个平衡方程，因此是静定的。在图(f)中，3

个刚体都受平面汇交力系作用,有 6 个独立平衡方程,有 6 个约束力,因而系统仍然是静定的。

静不定问题已超出刚体静力学的范围,需要综合考虑结构的变形、材料力学性能和静力平衡关系才能求解。单靠静力学平衡方程,只能求解静定问题。

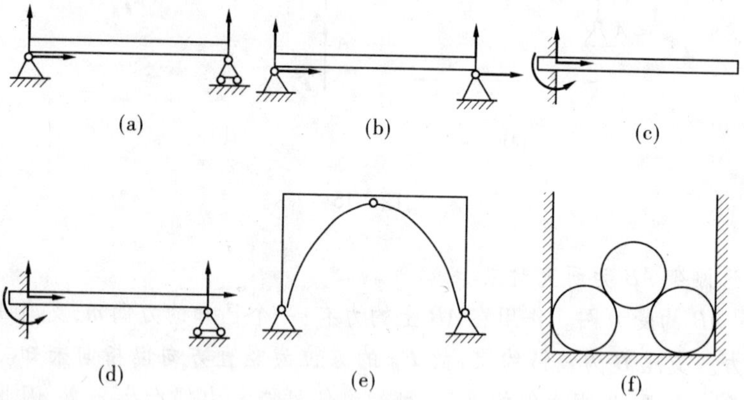

图 2-16

2 物体系统平衡问题的解法

对于物体系统平衡问题的求解,解题前原则上都要分析问题是否静定。对于静定问题,可列出每个刚体的平衡方程并联立求解。但这样势必导致所有的内部约束力也出现在平衡方程中,增加了求解的工作量与难度。由于许多工程实际问题往往只需求出系统的部分约束力,因此需要灵活选择研究对象,以便通过最简捷的途径求出所要求的未知量。

物体系统作为整体平衡时,组成系统的每一刚体或由若干个刚体组成的子系统都处于平衡状态,都可以作为研究对象。一般来讲,研究对象的选择大体可遵循以下几个原则:

(1)如果系统的外部约束力的全部或部分能通过对系统的整体分析而求出,则可先取整体为研究对象。

(2)选择受力情形最简单,且未知约束力数最少的某刚体或子系统为研究对象。

(3)选择合适的坐标系和矩心,力求一个方程只包含一个未知力。尽量避免求解联立的平衡方程。

(4)对于由圆柱铰链连接的多个刚体,可将销钉处理成依附于任意一个刚体上;也可以单独取销钉为研究对象。通常采用前者。

下面通过若干算例说明分析求解的具体做法。

【例 2-6】 如图 2-17(a)所示的多跨梁,受力如图所示,自重不计,计算支座 A、B、D 处的约束反力。

(1)首先选梁 CD 为研究对象,画出其受力图,如图 2-17(b)所示。

列平衡方程:

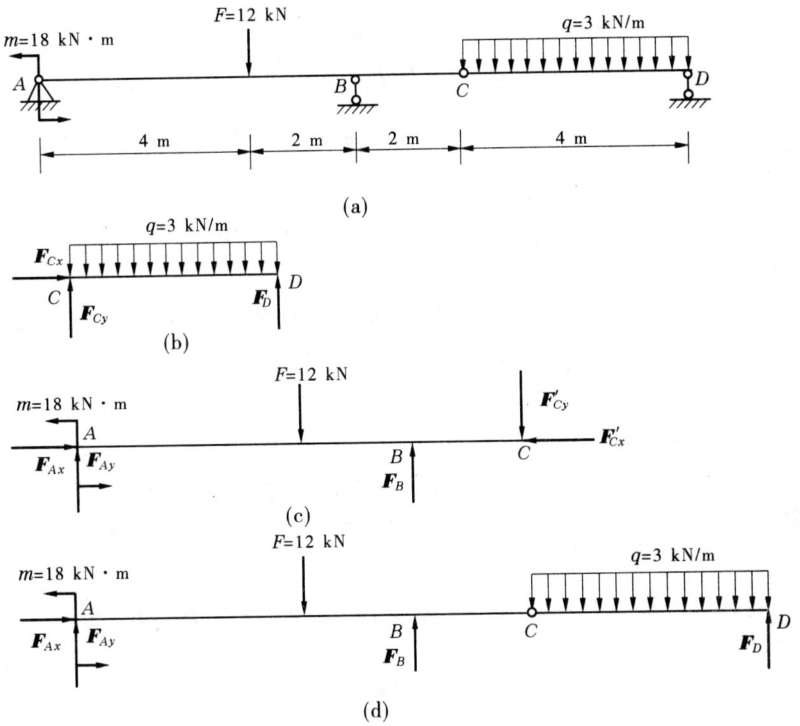

图2-17

$$\sum X = 0, F_{Cx} = 0$$

$$\sum M_C = 0, -\frac{q \times 4^2}{2} + F_D \times 4 = 0$$

得：$F_D = 6$ kN

$$\sum Y = 0, F_{Cy} + F_D - q \times 4 = 0$$

得：$F_{Cy} = 6$ kN

(2)选梁 AC 为研究对象，画出其受力图，如图2-17(c)所示。

列平衡方程：

$$\sum X = 0, F_{Ax} = 0$$

$$\sum M_A = 0, m - F \times 4 + F_B \times 6 - F'_{Cy} \times 8 = 0$$

得：$F_B = 13$ kN

$$\sum Y = 0, F_{Ay} - F + F_B - F'_{Cy} = 0$$

得：$F_{Ay} = 5$ kN

综上，我们就把支座 A、B、D 处的约束力全部求出来了，全为正值，说明约束力的实际方向和我们假定的方向相同。

(3)除以上方法外，第二步我们可以不选梁 AC 为研究对象，而选择整体作为研究对象：

选整体为研究对象，画出其受力图，如图 2-17(d)所示。

列平衡方程：

$$\sum X = 0, F_{Ax} = 0$$

$$\sum M_A = 0, m - F \times 4 + F_B \times 6 - q \times 4 \times 10 + F_D \times 12 = 0$$

得：$F_B = 13\ \text{kN}$

$$\sum Y = 0, F_{Ay} - F + F_B - q \times 4 + F_D = 0$$

得：$F_{Ay} = 5\ \text{kN}$

两种方法求出的结果是一样的，我们发现，如果我们先研究梁 CD，然后选整体为研究对象，这种方法还要简单些，不需要我们求出 C 点的约束力。

【例 2-7】 如图 2-18(a)所示，三铰刚架受荷载作用，已知 $q = 8\ \text{kN/m}$，不计刚架自重，求平衡时 A 处和 B 处的反力。

解：三铰刚架由 AC 杆和 BC 杆所构成，作用在每一根杆件上的力系都是平面一般力系，可建立各 3 个独立的平衡方程；而约束反力的未知量 A、B、C 处各 2 个，各 3 个独立的平衡方程能求解 6 个未知量。

确定研究对象。若取整个系统为研究对象，则有 $\boldsymbol{F}_{Ax}$、$\boldsymbol{F}_{Ay}$、$\boldsymbol{F}_{Bx}$、$\boldsymbol{F}_{By}$ 4 个未知量，只能建立 3 个独立的平衡方程，无法求解全部未知力，如图 2-18(b)所示。若取 AC 杆为研究对象，有 $\boldsymbol{F}_{Ax}$、$\boldsymbol{F}_{Ay}$、$\boldsymbol{F}_{Cx}$、$\boldsymbol{F}_{Cy}$ 4 个未知量，也只能建立 3 个独立的平衡方程，无法求解，如图 2-18(c)所示。同理，若取 BC 杆为研究对象，有 F'_{Cx}、F'_{Cy}、F_{Bx}、F_{By} 4 个未知量，仍然无法求解，如图 2-18(d)所示。即无论怎样选取研究对象，都包含有 4 个未知量，3 个独立的平衡方程无法求出所有的解答。

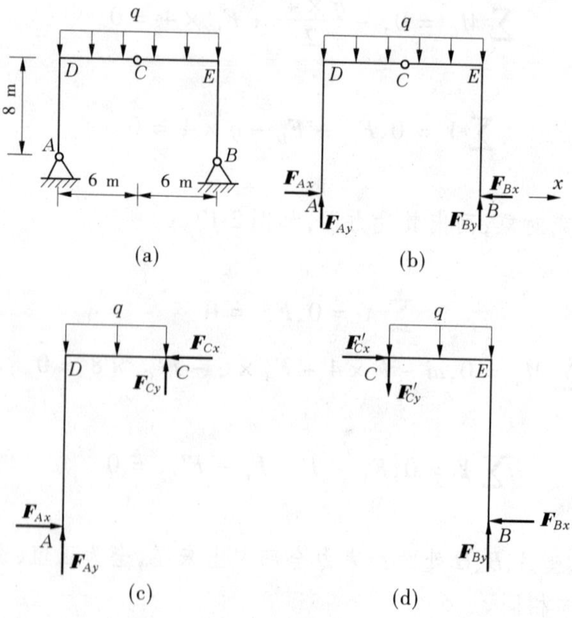

图 2-18

对于这种情况,想要简化计算,具体做法为:从哪一个构件(或整体)中能求出较多的未知量,就取它为研究对象。从整个系统的受力图图2-18(b)可以看出,A 点为 $\boldsymbol{F}_{Ax}$、$\boldsymbol{F}_{Ay}$、$\boldsymbol{F}_{Bx}$ 3 个未知力作用线的交点,B 点为 $\boldsymbol{F}_{Ax}$、$\boldsymbol{F}_{Bx}$、$\boldsymbol{F}_{By}$ 3 个未知力的交点,若分别以 A 点和 B 点为矩心建立力矩方程,就可求出未知量 $\boldsymbol{F}_{By}$ 和 $\boldsymbol{F}_{Ay}$。再从 AC 杆的受力图图2-18(c)和 BC 杆的受力图图2-18(d)中可以看出,以 C 点为矩心建立力矩方程,可求出 $\boldsymbol{F}_{Ax}$ 或 $\boldsymbol{F}_{Bx}$。当求出 $\boldsymbol{F}_{Ax}$ 以后,也可取整个系统为研究对象对 x 轴建立投影式,求出 $\boldsymbol{F}_{Bx}$。

(1)确定研究对象。取整个系统为研究对象。

(2)画受力图。A 和 B 处的反力 $\boldsymbol{F}_{Ax}$、$\boldsymbol{F}_{Ay}$、$\boldsymbol{F}_{Bx}$、$\boldsymbol{F}_{By}$ 的指向不定,都作任意假设。

(3)确定投影坐标轴和矩心。从上面的分析看出,A 点为 $\boldsymbol{F}_{Ax}$、$\boldsymbol{F}_{Ay}$、$\boldsymbol{F}_{Bx}$ 3 个未知力作用线的交点,B 点为 $\boldsymbol{F}_{Ax}$、$\boldsymbol{F}_{Bx}$、$\boldsymbol{F}_{By}$ 三个未知力的交点,所以分别取 A 点和 B 点为矩心。以 AB 的连线建立坐标轴 x,如图2-18(b)所示。

(4)建立平衡方程求解。

$$\sum M_A = 0 \qquad -q \times 12 \times 6 + F_{By} \times 12 = 0$$

$$-8 \times 12 \times 6 + F_{By} \times 12 = 0$$

$$F_{By} = 48\ \text{kN}$$

$$\sum M_B = 0 \qquad -F_{Ay} \times 12 + q \times 12 \times 6 = 0$$

$$-F_{Ay} \times 12 + 8 \times 12 \times 6 = 0$$

$$F_{Ay} = 48\ \text{kN}$$

$$\sum X = 0 \qquad F_{Ax} - F_{Bx} = 0$$

$$F_{Ax} = F_{Bx}$$

通过以上计算,求出了 A 处和 B 处的垂直方向的反力,还需计算水平方向的反力 $\boldsymbol{F}_{Ax}$ 和 $\boldsymbol{F}_{Bx}$。由于 $F_{Ax} = F_{Bx}$,只需求出 $\boldsymbol{F}_{Ax}$、$\boldsymbol{F}_{Bx}$ 中的任何一个即可。

(5)取 AC 杆为研究对象。

(6)画受力图。C 处的反力 $\boldsymbol{F}_{Cx}$、$\boldsymbol{F}_{Cy}$ 的指向不定,作任意假设,如图2-18(c)所示。

(7)确定投影坐标轴和矩心。从受力图中看出,未知量有 $\boldsymbol{F}_{Ax}$、$\boldsymbol{F}_{Cx}$、$\boldsymbol{F}_{Cy}$,题目未要求求 $\boldsymbol{F}_{Cx}$ 和 $\boldsymbol{F}_{Cy}$,只需求出 $\boldsymbol{F}_{Ax}$,因此以 $\boldsymbol{F}_{Cx}$ 和 $\boldsymbol{F}_{Cy}$ 作用线的交点为矩心,建立力矩方程即可。

(8)建立平衡方程计算。

$$\sum M_C = 0 \qquad F_{Ax} \times 8 - F_{Ay} \times 6 + q \times 6 \times 3 = 0$$

$$F_{Ax} \times 8 - 48 \times 6 + 8 \times 6 \times 3 = 0$$

$$F_{Ax} = 18\ \text{kN} = F_{Bx}$$

本题中,第二个研究对象取 BC 杆,用同样的方法也可以求出 $\boldsymbol{F}_{Bx}$。而 $\boldsymbol{F}_{Cx}$ 和 $\boldsymbol{F}_{Cy}$ 题目没作要求,也就没有必要去求解。

任务4 考虑摩擦时物体的平衡

两个相互接触的物体产生相对运动或具有相对运动趋势时,彼此在接触部位会产生一种阻碍对方运动的作用,这种现象称为摩擦。这种阻碍作用称为摩擦阻力。根据物体间相对运动形式的不同，把物体间有相对滑动或滑动趋势存在摩擦的问题称为滑动摩擦问题，而把物体间有相对滚动或滚动趋势存在摩擦的问题称为滚动摩擦问题。

摩擦是普遍存在的，理想光滑面实际上并不存在。在所研究的问题中，当摩擦的影响很小，可以忽略不计时，可以采用光滑接触模型，以简化分析过程；反之则需考虑摩擦阻力作用。本任务只讨论滑动摩擦问题。

当两物体产生相对滑动（或有相对滑动趋势）时，则在接触面间将产生阻碍物体滑动的力，这种力称为滑动摩擦力，简称摩擦力。摩擦力作用在物体的接触面上，其方向与滑动的方向（或相对滑动趋势的方向）相反。

滑动摩擦力按接触面之间是否有相对运动存在，可分为静滑动摩擦力和动滑动摩擦力。

1　静滑动摩擦力

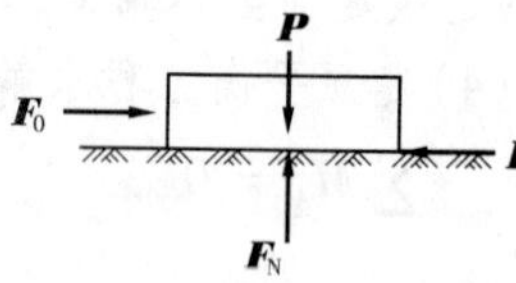

图 2-19

当物体相对另一与之接触的物体仅有滑动趋势时，接触面间产生的摩擦阻力称为静滑动摩擦力，简称静摩擦力。如图 2-19 所示的作用于物体上的静摩擦力 F_s，它作用于支承面与物体的相互接触处，其方向与相对滑动趋势的方向相反；其大小随作用于物体上使其滑动的主动力 F_0 的大小而改变，但存在一最大值 F_{max}，称为最大静摩擦力。由库仑摩擦定律，有

$$F_{max} = f_s \cdot F_N$$

式中：f_s 为静摩擦因数，它是一个无量纲的量，需由实验测定，可通过工程手册查出；F_N 为法向约束反力的大小。

静摩擦力满足：

$$0 \leqslant F_s \leqslant F_{max}$$

2　动滑动摩擦力

当静摩擦力达到最大值时，若主动力 $\boldsymbol{F}_0$ 再继续增大，接触面之间将出现相对滑动。此时，接触物体间阻碍相对滑动的阻力，称为动滑动摩擦力，简称动摩擦力，用 $\boldsymbol{F}$ 表示。实验表明，动摩擦力的大小与接触体间的正压力（即法向反力）成正比，即

$$F = f \cdot F_N$$

式中：f 称为动摩擦因数，它与接触物体的材料和表面情况有关，可通过工程手册查出。

一般情况下，动摩擦因数略小于静摩擦因数，在工程计算中，通常近似地认为 $f = f_s$。

3　摩擦角和自锁现象

3.1　摩擦角

当考虑摩擦时，静止物体所受支承面的约束反力包括法向约束反力 $\boldsymbol{F}_N$ 和静摩擦力 $\boldsymbol{F}_s$。这两个力的合力：

$$\boldsymbol{F}_R = \boldsymbol{F}_N + \boldsymbol{F}_s$$

称为支承面的全约束反力，它的作用线与接触面的公法线成一夹角 φ，如图 2-20（a）所示。

当物体处于平衡的临界状态时,静摩擦力将达到最大值,角 φ 也达到最大值 φ_m 。如图 2-20(b)所示。全约束反力与法线间夹角的最大值 φ_m 称为摩擦角。由图 2-20(b)可得:

$$\tan\varphi_m = \frac{F_{max}}{F_N} = \frac{f_s \cdot F_N}{F_N} = f_s$$

即摩擦角的正切值等于静摩擦因数。

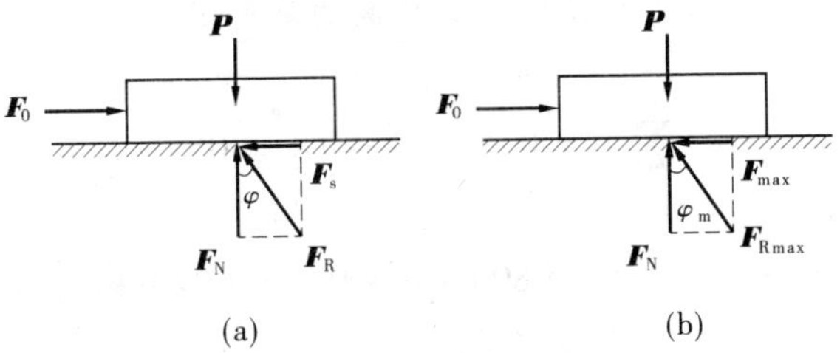

图 2-20

3.2 自锁现象

物体平衡时,静摩擦力总是小于或等于最大静摩擦力,因而全约束反力 F_R 与接触面法线之间的夹角 φ 也总是小于或等于摩擦角 φ_m ,即

$$\varphi \leqslant \varphi_m$$

这说明只要全反力的作用线在摩擦角内,物体总是平衡的。如果通过全反力的作用点在不同方向作出临界平衡状态时的全反力(此时摩擦力为最大静摩擦力)的作用线,则这些直线将形成一个锥面,称为摩擦锥。若物体沿接触面各个方向的静摩擦因数相等,则摩擦锥是一个顶角为 $2\varphi_m$ 的圆锥,如图 2-21 所示。当物体所受主动力的合力 F_0 的作用线位于摩擦锥以内时,即

$$0 \leqslant \alpha \leqslant \varphi_m$$

则无论主动力 F_0 的值增至多大,总有相应大小的全反力 F_R 与之平衡,使物体处于平衡状态。这种现象称为自锁。相反,如果主动力合力 F_0 的作用线位于摩擦锥以外,则无论 F_0 力多小,物体都不能保持平衡。

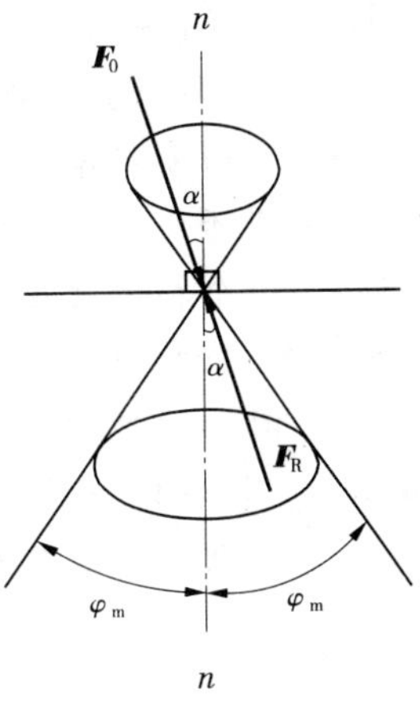

图 2-21

4 考虑摩擦时物体的平衡

工程中的摩擦问题大部分仍然属于平衡问题的范畴。其求解步骤与前面所述大致相同。只是这里需增加一种约束反力——摩擦力。由于静摩擦力满足条件 $0 \leqslant F_s \leqslant F_{max}$,所以有摩擦时平衡问题的解也有一定的范围,而不是一个确定的值。

工程中有不少问题只需分析平衡的临界状态。这时静摩擦力达到最大值,即 $F_s = F_{max}$ 。但其方向不能任意假定,必须按真实方向给出,即必须与相对滑动趋势的方向相反。但是未达到极限值时的静摩擦力,由于是由平衡条件确定的,也可像一般约束反力那样假设其方向,而由最终结果的正负号来判定假设的方向是否正确。

【例 2-8】 如图 2-22 所示为水平岩基上的混凝土重力坝断面。该坝在单位长度 1 m 上，作用有水压力 $F=4\ 500\ kN$，自重 $G_1=5\ 800\ kN$，$G_2=6\ 400\ kN$，坝底与基岩之间的静摩擦系数 $f=0.6$。试校核此坝是否会沿基岩滑动。

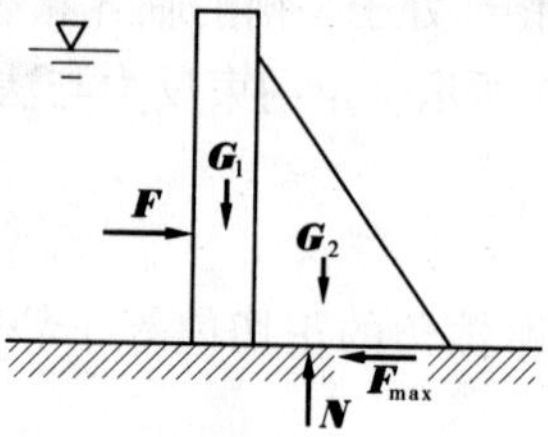

图 2-22

解：由于坝体是在水压力作用下才可能沿基岩发生滑移，因此水压力 **F** 就是滑移力，而坝体和基岩之间的静摩擦力阻止着坝体的滑移。

$$\sum Y=0, N-G_1-G_2=0$$

得：$N=G_1+G_2$

$$F_{max}=fN=0.6\times(5\ 800+6\ 400)=7\ 320(kN)>F$$

即最大静摩擦力大于滑移力，坝体不会滑动。

思考题

2-1 平面一般力系的合力与其主矢量的关系怎样？在什么情况下其主矢量即为合力？

2-2 在简化一个已知平面力系时，选择不同的简化中心，主矢和主矩是否不同？力系简化的最后结果会不会改变？为什么？

2-3 在研究物体系统的平衡问题时，如以整个系统为研究对象，是否可能求出该系统的内力？为什么？

2-4 一个物体放在不光滑的水平面上，此物体是否一定受到摩擦力的作用？

2-5 图 2-23 所示物块 A 放在粗糙的斜面上，斜面的倾角 $\theta>\varphi_m$ 时，物体将下滑。若在物体上加一个垂直于斜面的压力，能否阻止物体下滑？为什么？

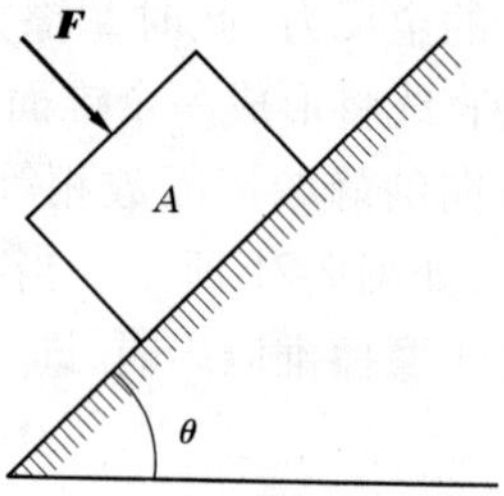

图 2-23

习 题

2-1 已知 $F_1=50\ N$，$F_2=100\ N$，$F_3=150\ N$，各个力的方向如图 2-24 所示，分别计算出各个力在 x 轴和 y 轴上的投影。

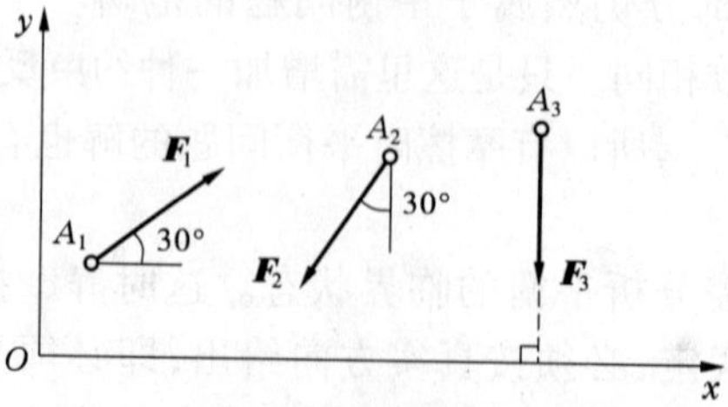

图 2-24

2-2 已知 $F_1 = 80$ N，$F_2 = 100$ N，$F_3 = 120$ N，$F_4 = 150$ N，方向如图 2-25 所示，求此平面汇交力系的合力。

2-3 如图 2-26 所示，支架由杆件 AC、BC 组成，A、B、C 均为铰链。已知$F = 10$ N，$F_2 = 5$ N，试求 A、B 处的约束反力。

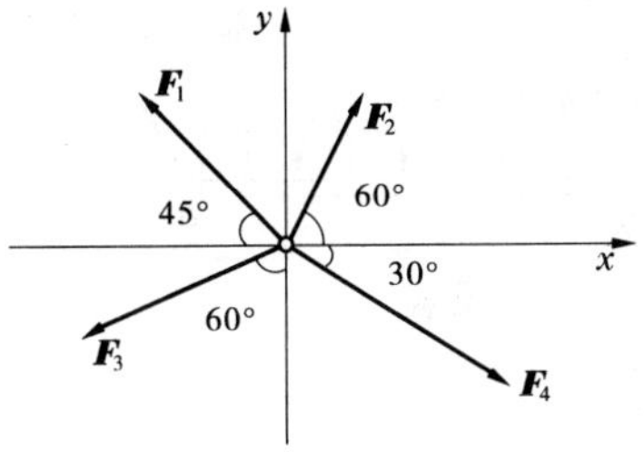

图 2-25

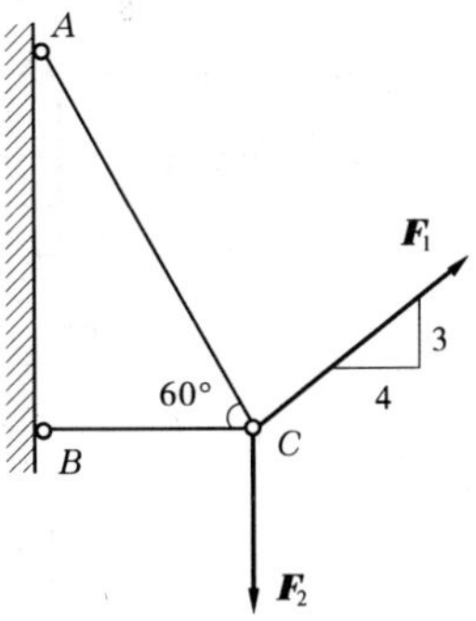

图 2-26

2-4 求图 2-27 所示各梁的支座反力。

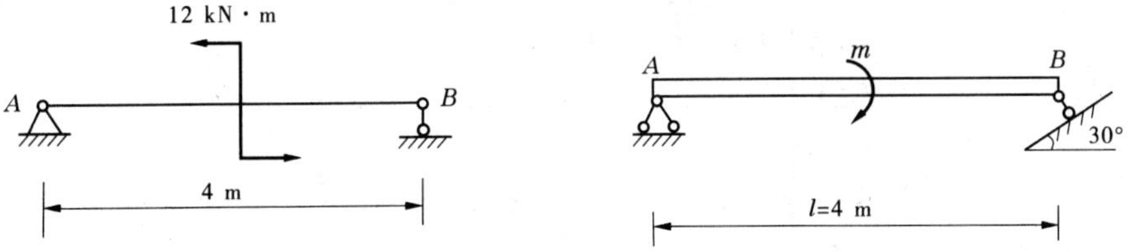

(a) (b)

图 2-27

2-5 求图 2-28 所示各刚架的支座反力。

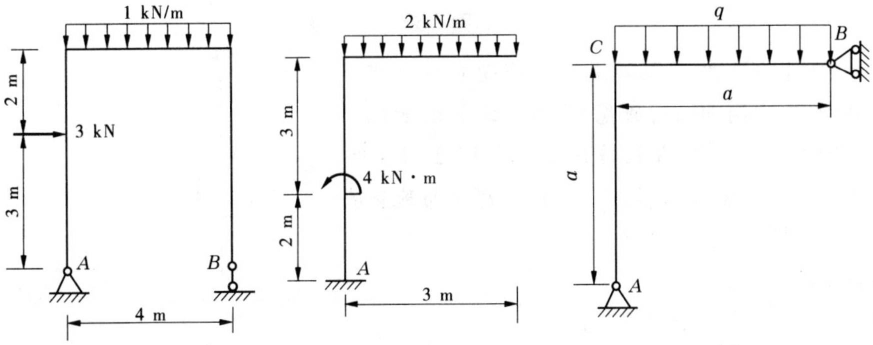

(a) (b) (c)

图 2-28

2-6 求图 2-29 所示各梁的支座反力。

2-7 求图 2-30 所示各组合梁及组合刚架的支座反力。

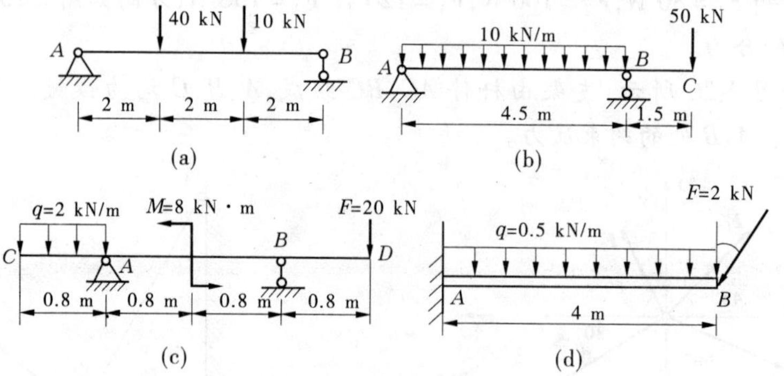

图 2-29

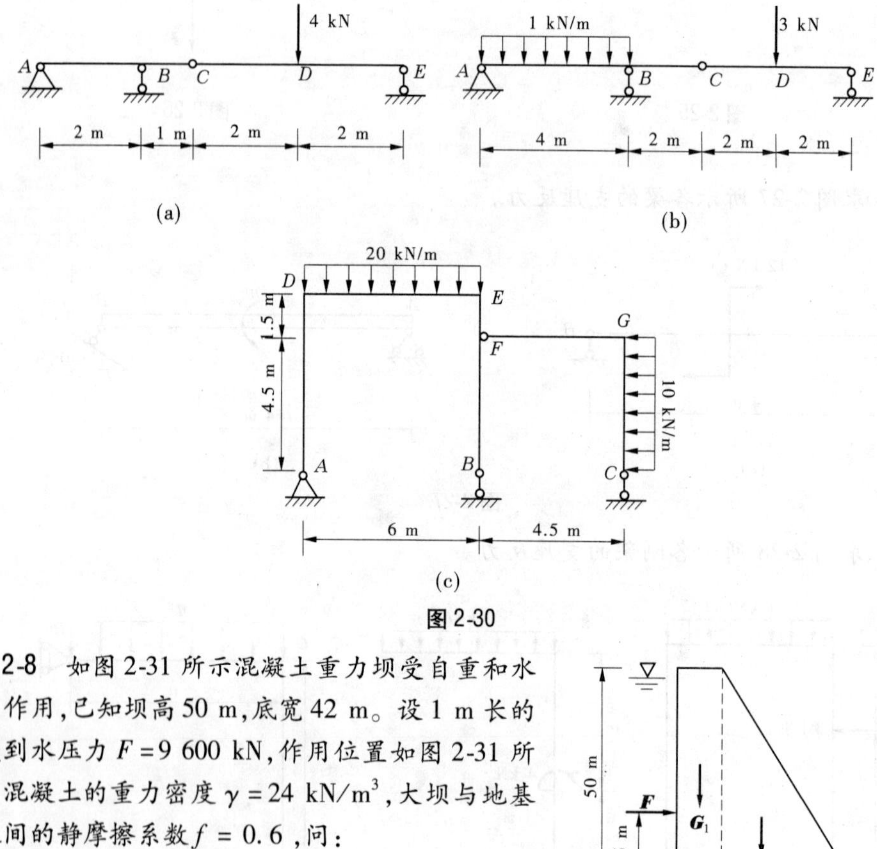

图 2-30

2-8 如图 2-31 所示混凝土重力坝受自重和水压力作用，已知坝高 50 m，底宽 42 m。设 1 m 长的坝受到水压力 $F=9\ 600$ kN，作用位置如图 2-31 所示。混凝土的重力密度 $\gamma=24$ kN/m^3，大坝与地基面之间的静摩擦系数 $f=0.6$，问：

(1)此坝会不会滑动？

(2)此坝会不会绕 B 点倾倒？

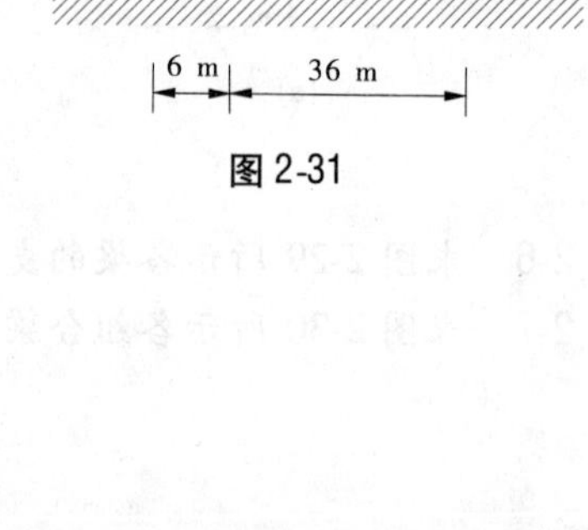

图 2-31

项目3　材料力学基础

【能力目标】 能判别构件在外力作用下所发生变形的形式。
【知识目标】 掌握变形固体的基本假设;熟练掌握构件在外力作用下所发生四种基本变形的特点。

任务1　变形固体的性质及其基本假设

工程中的结构和构件所用的材料,其物质结构和性质是多种多样的,但具有一个共同的特点,即都是固体,而且在荷载作用下均将发生变形——物体尺寸的改变和形状的改变。因此,这些材料统称为变形固体。

工程中实际材料的物质结构是各不相同的,如金属具有晶体结构,所谓晶体,是指由排列成一定规则的原子所构成;塑料由长链分子所组成;玻璃、陶瓷由按某种规律排列的硅原子和氧原子所组成。因而,各种材料的物质结构都具有不同程度的空隙,并可能存在气孔、杂质等缺陷。然而,这种空隙的大小与构件的尺寸相比,都是极其微小的,因而可以略去不计,从而认为物体的结构是密实的。此外,对于实际材料的基本组成部分,如金属、陶瓷、岩石的晶体,混凝土的石子、砂和水泥等,彼此之间及基本组成部分与构件之间的力学性能均存在着不同程度的差异。但由于基本组成部分的尺寸与构件尺寸相比极为微小,且其排列方向又是随机的,因而材料的力学性能所反映的是无数个随机排列的基本组成部分力学性能的统计平均值。例如,构成金属的晶体的力学性能是有方向性的,但由成千上万个随机排列的晶体所组成的金属材料,其力学性能则是统计各向同性的。

综上所述,对于变形固体制成的构件,在进行强度、刚度或稳定性计算时,通常略去一些次要因素,将它们抽象为理想化的材料,然后进行理论分析。对变形固体所做的四个基本假设如下:

(1)连续性假设。认为物体在其整个体积内连续地充满了物质而毫无空隙。根据这一假设,就可在受力构件内任意一点处截取一体积单元来进行研究。而且,值得注意的是,在正常工作条件下,变形后的固体仍应保持其连续性。因此,可变形固体的变形必须满足几何相容条件,即变形后的固体既不引起“空隙”,也不产生“挤入”现象。

(2)均匀性假设。认为从物体内任意一点处取出的体积单元,其力学性能都能代表整个物体的力学性能。显然,这种能够代表材料力学性能的体积单元的尺寸,是随材料的组织结构不同而有所不同的。例如,对于金属材料,通常取0.1 mm×0.1 mm×0.1 mm为其代表性体积单元的最小尺寸。对于混凝土,则需取10 mm×10 mm×10 mm为其代表性体积单元的最小尺寸。这是因为代表性体积单元的最小尺寸必须保证在其体积中包含足够多数量的基本组成部分，以使其力学性能的统计平均值能保持一个恒定的量。

(3)各向同性假设。认为材料沿各个方向的力学性能是相同的。如前所述，金属沿任意方向的力学性能，是具有方向性晶体的统计平均值。至于钢板、型钢或铝合金板、钛合金板等金属材料，由于轧制过程造成晶体排列择优取向，沿轧制方向和垂直于轧制方向的力学性能会有一定的差别，且随材料和轧制加工程度不同而异。但在材料力学的计算中，通常不考虑这种差别，而仍按各向同性进行计算。

(4)小变形假定。在实际工程中，构件在荷载作用下发生的变形和构件本身的尺寸相比是很微小的，同时构件各点处变形相应的位移更是很微小的。这样，在为结构建立静力平衡方程时可以不考虑变形和变形相对应的位移影响，而采用构件的原始尺寸和荷载作用点的原始位置，误差很微小，可以大大地简化计算。

如上所述，在材料力学的理论分析中，以满足均匀、连续、各向同性和小变形假设的变形固体作为构件材料的力学模型，这种理想化了的力学模型代表了各种工程材料的基本属性，从而使理论研究成为可行。用这种力学模型进行计算所得的结果，在大多数情况下是能符合工程计算的精度要求的。

工程上所用的材料，在荷载作用下均将发生变形。当荷载不超过一定的范围时，绝大多数的材料在卸除荷载后均可恢复原状。但当荷载过大时，则在荷载卸除后只能部分地复原而残留下一部分变形不能消失。在卸除荷载后能完全消失的那一部分变形，称为弹性变形，不能消失而残留下来的那一部分变形，则称为塑性变形。例如，取一段直的钢丝，将它弯成一个圆弧，若圆弧的曲率不大，则放松后钢丝又恢复原状，这种变形就是弹性变形；若弯成的圆弧曲率过大，则放松后弧形钢丝的曲率虽有所减小，但不再变直了，残留下来的那一部分变形就是塑性变形。对于每一种材料，通常当荷载不超过一定的限度时，其变形完全是弹性的。多数构件在正常工作条件下，均要求其材料只发生弹性变形，若发生塑性变形，则认为是材料的强度失效。所以，在材料力学中所研究的大部分问题，多局限于弹性变形范围内。

综上所述，在材料力学中是把实际材料看作均匀、连续、各向同性的可变形固体，且在大多数场合下局限在弹性变形范围内和小变形条件下进行研究。

任务2　杆件变形的基本形式

材料力学的研究对象为单根杆件，而且大多数抽象为直杆。直杆是纵向(长度方向)尺寸远大于横向(垂直于长度方向)尺寸的构件。梁、柱和传动轴等都可抽象为直杆。

直杆的两个主要的几何因素为横截面和轴线。前者是指沿垂直于直杆长度方向的截面，后者则为所有横截面形心的连线，如图 3-1(a)所示，横截面和轴线是互相垂直的。在材料力学中所研究的多数杆是等截面的直杆，简称等直杆，如图 3-1(a)所示。

对于等截面的曲杆，其主要几何因素仍为横截面和轴线。前者是指曲杆沿垂直于其弧长方向的截面，后者则为所有横截面形心的连线，如图 3-1(b)所示。曲杆的轴线与横截面也是相互垂直的。

横截面沿轴线变化的杆称为变截面杆。等直杆的计算原理一般也可近似地用于曲率很小的曲杆和横截面变化不大的变截面杆。

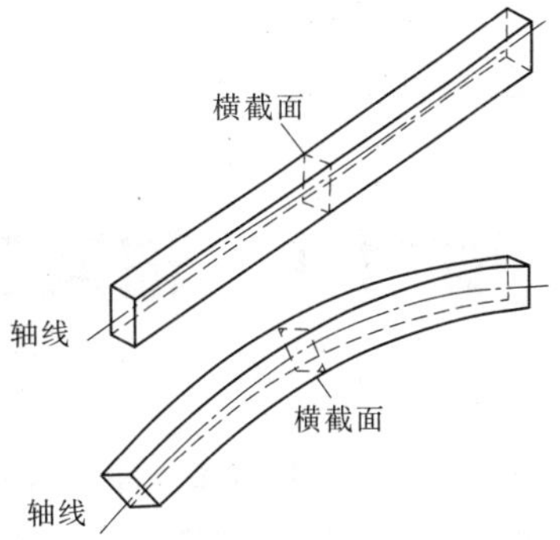

图 3-1

作用在杆上的外力是多种多样的，因此杆的变形也是各种各样的。然而，变形的基本形式有以下四种：

(1)轴向拉伸或压缩。在一对其作用线与直杆轴线重合的外力 F 作用下，直杆的主要变形是长度的改变。这种变形形式称为轴向拉伸，如图 3-2(a)所示，或轴向压缩如图 3-2(b)所示。简单桁架在荷载作用下，桁架中的杆件就发生轴向拉伸或轴向压缩。

(2)剪切。在一对相距很近的大小相同、指向相反、作用线平行的横向外力 F 作用下，直杆的主要变形是横截面沿外力作用方向发生相对错动，如图 3-2(c)所示。这种变形形式称为剪切。一般在发生剪切变形的同时，杆件还存在其他的变形形式。

(3)扭转。在一对转向相反、作用面垂直于直杆轴线的外力偶作用下，直杆的相邻横截面将绕轴线发生相对转动，杆件表面纵向线将变成螺旋线，而轴线仍维持直线。这种变形形式称为扭转，如图 3-2(d)所示。机械中传动轴的主要变形就包括扭转。

(4)弯曲。在一对转向相反、作用面在杆件的纵向平面(即包含杆轴线在内的平面)内的外力偶作用下，直杆的相邻横截面将绕垂直于杆轴线的轴发生相对转动，变形后的杆件轴线将弯成曲线。这种变形形式称为弯曲，如图 3-2(e)所示。

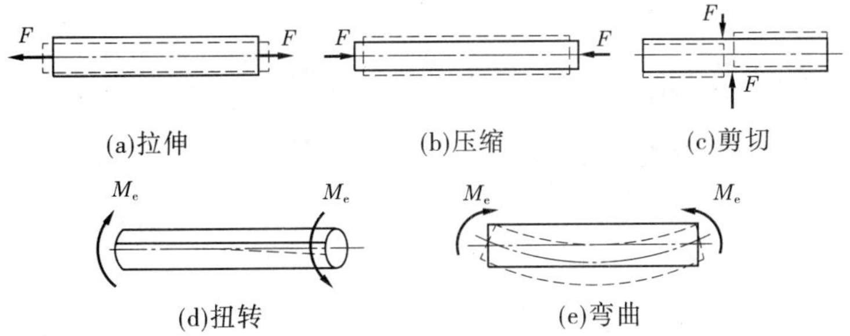

图 3-2

工程中常用构件在荷载作用下的变形，大多为上述几种基本变形形式的组合，纯属一种基本变形形式的构件较为少见。但若以某一种基本变形形式为主，其他属于次要变形的，则可按该基本变形形式计算。若几种变形形式都非次要变形，则属于组合变形问题。本书将先分别讨论构件的每一种基本变形，然后分析组合变形问题。

项目 4 轴向拉伸和压缩

【能力目标】 能判别工程中的轴向拉压变形杆件，绘制轴力图；能计算拉压杆、连接构件的承载能力；能利用万能试验机测定材料的力学性能。

【知识目标】 掌握拉压变形杆件的特征；熟练掌握拉压杆横截面轴力计算方法并能绘制出轴力图；掌握应力的概念；掌握拉压杆的应力计算和变形计算、强度条件的应用；掌握材料力学性能的测定方法；掌握对连接构件的受力分析、强度条件的应用。

在工程中有很多构件，如钢木组合桁架中的钢拉杆(见图 4-1)，测定材料力学性能的万能试验机的立柱等，除连接部分外都是等直杆，作用于杆上的外力(或外力合力)的作用线与杆的轴线重合。这类构件称为拉(压)杆。

实际拉(压)杆的端部可以有各种连接方式。如果不考虑其端部的具体连接情况，则其计算简图即如图 4-2 所示。计算简图的几何特征是直杆；其受力特征是杆在两端各受一集中力 F 作用，两个力 F 大小相等，指向相反，且作用线与杆轴线重合；其变形特征是杆将发生纵向伸长或缩短。

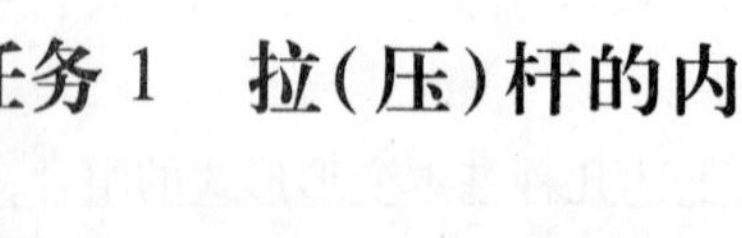

图 4-1

图 4-2

任务 1 拉(压)杆的内力

1 内力

物体在受到外力作用而变形时，其内部各质点的相对位置将发生变化。相应地，各质点间相互作用力也将发生改变。这种由外力作用而引起的质点间相互作用力的改变量，即为材料力学中所研究的内力。由于假设物体是均匀连续的变形固体，因此在物体内部相邻部分之间相互作用的内力，实际上是一个连续分布的内力系，而将分布内力系的合力(力或力偶)简称为内力。也就是说，内力是指由外力作用所引起的、物体内相邻部分之间分布内力系的合力。

2　截面法求横截面上的内力——轴力

由于内力是物体内相邻部分之间的相互作用力，为了显示内力，可以用截面法。设一等直杆在两端受拉力 F 的作用下处于平衡，欲求杆件横截面 $m—m$ 上的内力，如图 4-3(a)所示。为此，假想一平面沿横截面 $m—m$ 将杆件切分为两部分，任取一部分（如左半部分），弃去另一部分（如右半部分），并将弃去部分对留下部分的作用以截面上的内力来代替。

对于留下部分左半部分而言，截面 $m—m$ 上的内力 $\boldsymbol{N}$ 就成为外力。由于整个杆件处于平衡状态，杆件的任一部分均应保持平衡。于是，杆件横截面 $m—m$ 上的内力必定是与其左端外力 $\boldsymbol{F}$ 共线的轴向力 N 如图 4-3(b)所示。内力 N 的数值可由平衡条件求得。

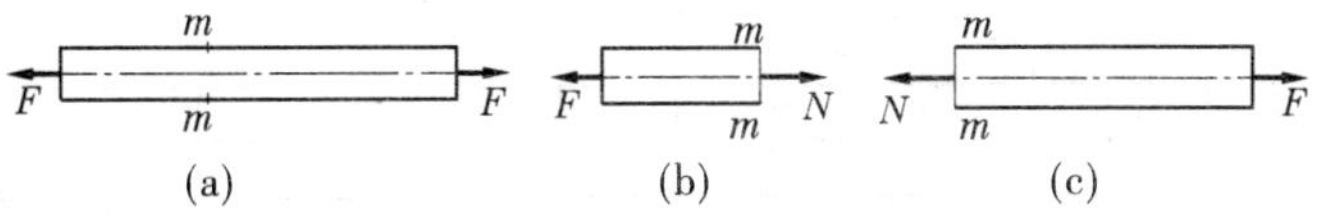

图 4-3

由平衡方程

$$\sum X = 0, N - F = 0$$

得

$$N = F$$

式中：N 为杆件任一横截面 $m—m$ 上的内力，其作用线与杆的轴线重合，即垂直于横截面并通过其形心。这种内力称为轴力，并规定用记号 N 表示。

若取右半部分为留下部分，则由作用与反作用公理可知，右半部分在截面上的轴力与左半部分上的轴力数值相等而指向相反。显然也可以由右半部分的平衡条件来确定。

对于压杆，同理可由上述过程求得其任一横截面 $m—m$ 上的轴力 N。为了使由左半部分和右半部分所得同一截面 $m—m$ 上的轴力具有相同的正负号，联系变形情况，规定：引起纵向伸长变形的轴力为正，称为拉力，拉力是背离截面的；引起纵向缩短变形的轴力为负，称为压力，压力是指向截面的。

上述分析轴力的方法称为截面法，它是求内力的一般方法。截面法包括以下三个步骤：

(1)切开。在需求内力的截面处，假想地将杆切分为两部分。

(2)代替。将两部分中的任一部分留下作为研究对象，作受力图，并把弃去部分对留下部分的作用代之以作用在截面上的内力。

(3)平衡。对留下的部分建立平衡方程，根据其上的已知外力来计算杆在截面上的未知内力。应该注意，截面上的内力对留下部分而言已属外力。

3　轴力图

当杆杆受到多个轴向外力作用时，在杆的不同横截面上的轴力将各不相同。为了表明横截面上的轴力随横截面位置而变化的情况，可用平行于杆轴线的坐标表示横截面的位置,用垂直于杆轴线的坐标表示横截面上轴力的数值,从而绘出表示轴力与横截面位置关系的图线,称为轴力图。从该图上即可确定最大轴力的数值及其所在横截面的位置。习惯上将正值的轴力画在上侧,负值的画在下侧。

【例 4-1】 一等直杆件受力情况如图 4-4(a)所示,试作杆的轴力图。

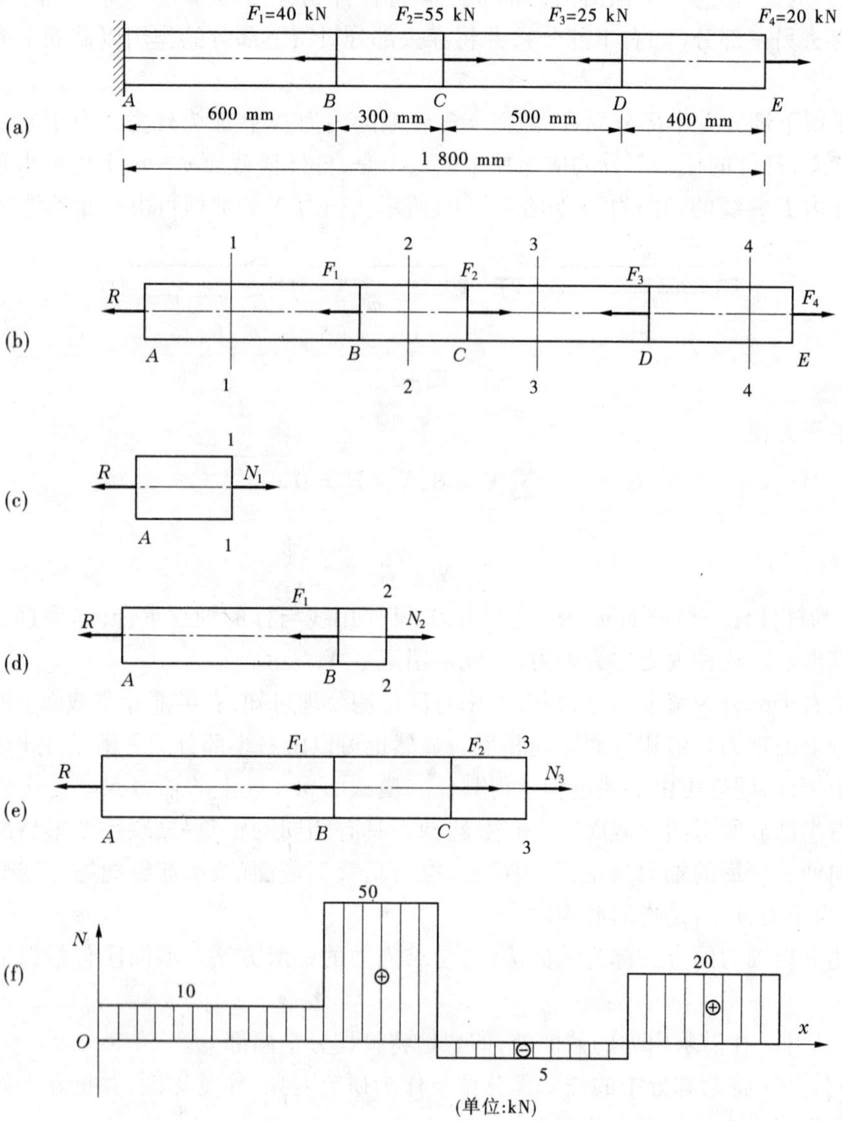

图 4-4

解:(1)求支座反力。

作出整个杆件的受力图,如图 4-4(b)所示,由平衡方程

$$\sum X = 0,\ -R - F_1 + F_2 - F_3 + F_4 = 0$$

得

$$R = 10\ \text{kN}$$

(2)作轴力图。

求 AB 段内任一横截面的轴力,应用截面法研究切开后左端杆的平衡。假定轴力 N_1 为拉力,如图 4-4(c)所示,由平衡方程求得轴力为

$$N_1 = R = 10 \text{ kN}$$

结果为正值,N_1 为拉力。

同理,可求得 BC 段内任一横截面上的轴力,如图 4-4(d)所示。

$$N_2 = R + F_1 = 50 \text{ kN}$$

CD 段内任一横截面上的轴力,如图 4-4(e)所示。

$$N_3 = R + F_1 - F_2 = -5 \text{ kN}$$

结果为负值,表明 N_3 应为压力。

同理,可得 DE 段内任一横截面上的轴力 N_4 为

$$N_4 = F_4 = 20 \text{ kN}$$

按作轴力图的规则,作出杆的轴力图如图 4-4(f)所示。N_{max} 发生在 BC 段内的任一横截面上,其值为 50 kN。

任务 2 拉(压)杆的应力

在确定了拉(压)杆的轴力以后,还不能判断杆是否会因强度不足而破坏,因为轴力只是杆横截面上分布内力系的合力。要判断杆是否满足强度要求,还必须知道内力的分布集度,以及材料承受荷载的能力。杆件截面上内力的分布集度,称为应力。

1 应力的概念

应力是受力杆件某一截面上分布内力在一点处的集度。若考察受力杆截面 m—m 上 C 点处的应力,如图 4-5(a)所示,则可在 C 点周围取一微小的面积 ΔA,设 ΔA 面积上分布内力的合力为 ΔP,于是,在面积 ΔA 上内力 ΔP 的平均集度为

$$p_m = \frac{\Delta P}{\Delta A}$$

式中:p_m 为面积 ΔA 上的平均应力。

一般地说,截面 m—m 上的分布内力并不是均匀的,因而平均应力 p_m 的大小和方向将随所取的微小面积 ΔA 的大小而不同。为表明分布内力在 C 点处的集度,令微小面积 ΔA 无限缩小而趋于零,则其极限值

$$p = \lim_{\Delta A \to 0} \frac{\Delta P}{\Delta A} = \frac{dP}{dA} \tag{4-1}$$

即为 C 点处的内力集度,称为截面 m—m 上 C 点处的总应力。由于 ΔP 是矢量,因而总应力 p 也是个矢量,其方向一般既不与截面垂直,也不与截面相切。通常,将总应力 p 分解为与截面垂直的法向分量 σ 和与截面相切的切向分量 τ,如图 4-5(b)所示。法向分量 σ 称为正应力或法向应力,切向分量 τ 称为剪应力或切应力。

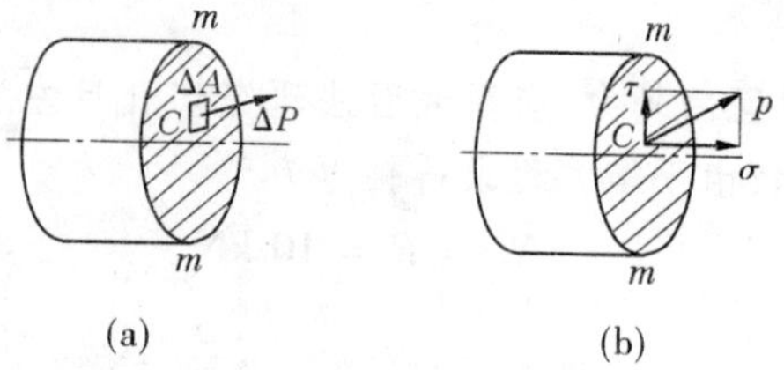

图 4-5

从应力的定义可见，应力具有如下特征：

(1)应力定义在受力物体的某一截面上的某一点处，因此讨论应力必须明确是在哪一个截面上的哪一点处。

(2)在某一截面上一点处的应力是矢量。对于应力分量，通常规定离开截面的正应力为正，反之为负，即拉应力为正，压应力为负；而对截面内部(靠近截面)的一点产生顺时针转向力矩的切应力为正，反之为负。

(3)在国际单位制中，应力的单位是帕斯卡，以 Pa(帕)表示，$1\ \text{Pa} = 1\ \text{N/m}^2$。由于 Pa 的单位太小，工程中常用 kPa(千帕)、MPa(兆帕)、GPa(吉帕)作应力的单位。

$$1\ \text{kPa} = 10^3\ \text{Pa} \quad 1\ \text{MPa} = 10^6\ \text{Pa} \quad 1\ \text{GPa} = 10^9\ \text{Pa}$$

(4)整个截面上各点处应力的合力，即为该截面上的内力。

2 拉(压)杆横截面上的应力

拉(压)杆横截面上的内力为轴力，其方向垂直于横截面，且通过横截面的形心，而截面上各点处应力与微面积 $\mathrm{d}A$ 之乘积的合成即为该截面上的内力。显然，截面上各点处的切应力不可能合成为一个垂直于截面的轴力。因而，与轴力相应的只可能是垂直于截面的正应力。由于还不知道正应力在截面上的变化规律，为此，考察杆件在受力后表面上的变形情况，并由表及里地作出杆件内部变形情况的几何假设，再根据力与变形间的物理关系，得到应力在截面上的变化规律，然后通过应力与 $\mathrm{d}A$ 之乘积的合成即为内力的静力学关系，得到以内力表示的应力计算公式。

取一等直杆，在其侧面作相邻的两条横向线 ab 和 cd，然后在杆两端施加一对轴向拉力 F 使杆发生变形，如图 4-6(a)所示。此时，可观察到该两横向线平移至 $a'b'$ 和 $c'd'$，如图 4-6(b)所示中的虚线。根据这一现象，设想横向线代表杆的横截面，于是，可假设原为平面的横截面在杆件变形后仍为平面，并且仍垂直于杆轴，只是沿杆轴作了相对移动，称为平面假设。根据平面假设，拉杆变形后两横截面将沿杆轴线作相对平移，也就是说，拉杆在其任意两个横截面之间纵向线段的伸长变形是均匀的。

由于假设材料是均匀的，而杆的分布内力集度又与杆纵向线段的变形相对应，因而拉杆横截面上的正应力 σ 成均匀分布，即各点处的正应力相等，如图 4-6(c)、(d)所示。按应力与内力的静力学关系

$$N = \int_A \sigma \mathrm{d}A = \sigma \int_A \mathrm{d}A = \sigma A$$

即得拉杆横截面上正应力 σ 的计算公式

$$\sigma = \frac{N}{A} \tag{4-2}$$

式中:N 为横截面轴力;A 为杆的横截面面积。

对轴向压缩的杆,式(4-2)同样适用。由于已规定了轴力的正负号,由式(4-2)可知,正应力的正负号与轴力的正负号是一致的。

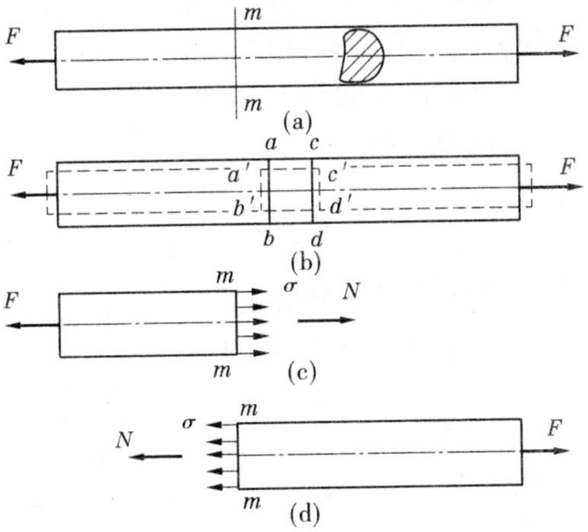

图 4-6

式(4-2)是根据正应力在杆横截面上各点处相等的结论而导出的。应该指出,这一结论实际上只在杆上离外力作用点稍远的部分才正确,而在外力作用点附近,由于杆端连接方式的不同,其应力分布较为复杂。圣维南原理指出:"力作用于杆端方式的不同,只会使与杆端距离不大于杆的横向尺寸的范围内受到影响"。这一原理已被实验所证实。

当等直杆受几个轴向外力作用时,由轴力图可求得其最大轴力 N_{max},代入式(4-2)即得杆内的最大正应力为

$$\sigma_{max} = \frac{N_{max}}{A} \tag{4-3}$$

通常把 σ_{max} 称为最大工作应力,其所在的横截面称为危险截面。

【例 4-2】 一横截面为正方形的砖柱分上、下两段,其受力情况、各段长度及横截面尺寸如图 4-7(a)所示。已知 $F = 50$ kN,试求荷载引起的最大工作应力。

解:(1)作柱的轴力图。

应用截面法,作柱的轴力图如图 4-7(b)所示。

(2)确定柱的最大工作应力。

对于变截面杆,分别利用式(4-2),由轴力图及横截面尺寸求得每段柱的横截面上的正应力为

$$\sigma_1 = \frac{N_1}{A_1} = \frac{-50 \times 10^3}{0.24 \times 0.24}$$

$$= -0.87 \times 10^6 (\text{Pa}) = -0.87\ \text{MPa}(\text{压应力})$$

$$\sigma_2 = \frac{N_2}{A_2} = \frac{-150 \times 10^3}{0.37 \times 0.37}$$

$$= -1.1 \times 10^6 (\mathrm{Pa}) = -1.1\ \mathrm{MPa}$$

由上述结果可见，砖柱的最大工作应力在柱的下段，其值为 1.1 MPa，是压应力。

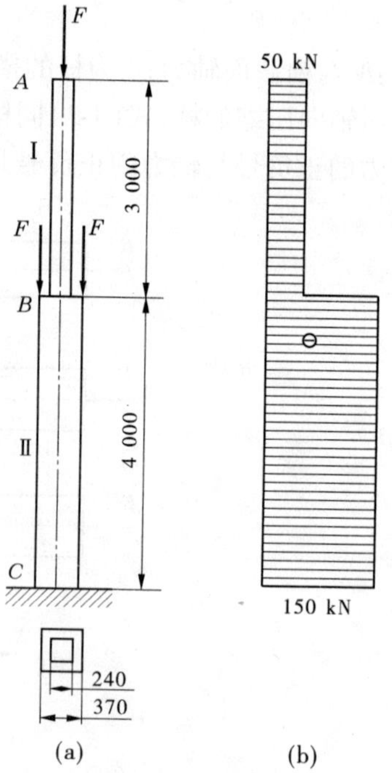

(a)　(b)

图 4-7

3 拉(压)杆斜截面上的应力

前面分析了拉(压)杆横截面上的正应力，现研究与横截面成 α 角的任一斜截面上的应力，如图 4-8(a)所示。为此，假想地用一平面沿斜截面 $k—k$ 将杆切分为二，并研究左段杆的平衡，如图 4-8(b)所示。于是，可得斜截面上的内力 F_α 为

$$F_\alpha = F \tag{a}$$

参照求横截面上正应力变化规律的分析过程，同样可得到斜截面上各点处的总应力 p_α 相等的结论。于是，有

$$p_\alpha = \frac{F_\alpha}{A_\alpha} \tag{b}$$

式中：A_α 为斜截面面积。

A_α 与横截面面积 A 的关系为 $A_\alpha = A/\cos\alpha$，代入式(b)，并利用式(a)，即得

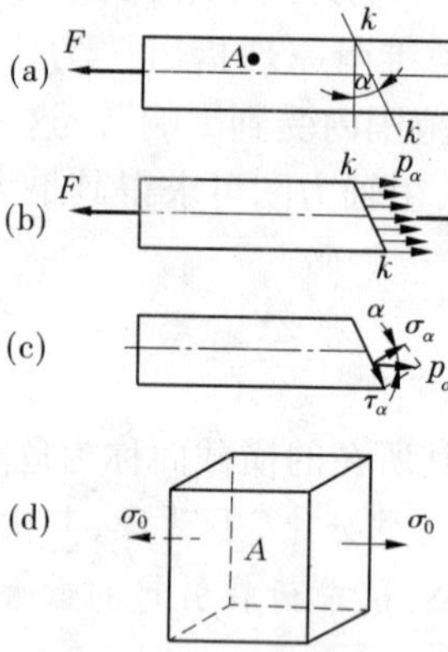

图 4-8

$$p_\alpha = \frac{F}{A}\cos\alpha = \sigma_0\cos\alpha \tag{c}$$

式中，$\sigma_0 = \dfrac{F}{A}$ 即拉杆在横截面($\alpha = 0$)上的正应力。

总应力 P_α 是矢量，分为两个分量：沿截面法线方向的正应力和沿截面切线方向的切应力，并分别用 σ_α、τ_α 表示，如图 4-8(c)所示。

上述两个应力分量可表示为

$$\sigma_\alpha = p_\alpha\cos\alpha = \sigma_0\cos^2\alpha \tag{4-4}$$

$$\tau_\alpha = p_\alpha \sin\alpha = \frac{\sigma_0}{2}\sin^2\alpha \tag{4-5}$$

式(4-4)、式(4-5)表达了通过拉杆内任一点处不同方位斜截面上的正应力 σ_α 和切应力 τ_α 随 α 角而改变的规律。式中角度 α 以横截面外向法线至斜截面外向法线为逆时针转向时为正，反之为负。

由式(4-4)、式(4-5)可见，通过拉杆内任一点不同方位截面上的正应力 σ_α 和切应力 τ_α，其数值随 α 角作周期性变化，它们的最大值及其所在截面的方位为：

(1)当 $\alpha=0$ 时，$\sigma_\alpha=\sigma_0$ 是 σ_α 中的最大值。即通过拉杆内某一点的横截面上的正应力，是通过该点的所有不同方位截面上正应力中的最大值。

(2)当 $\alpha=45°$ 时，$\tau_\alpha=\frac{\sigma_0}{2}$ 是 τ_α 中的最大值，即与横截面成45°的斜截面上的切应力，是拉杆所有不同方位截面上切应力中的最大值。

以上的全部分析结果对于压杆也同样适用。

若在拉杆表面的任一点 A 处，如图4-8(a)所示，用横截面、纵截面及与表面平行的面截取一各边长均为无穷小量的正六面体，称为单元体(见图4-8(d))，则在该单元体上仅在左、右两横截面上作用有正应力 σ_0。过受力构件内某点的所有不同方位截面上应力的全部情况，称为该点的应力状态。由式(4-4)、式(4-5)可知，在所研究的拉杆中，一点处的应力状态由其横截面上的正应力 σ_0 即可完全确定，这样的应力状态称为单向应力状态。

任务3 拉(压)杆的变形

杆受轴向力作用时，沿杆轴线方向会产生伸长或缩短，称为纵向变形；同时杆的横向尺寸将减小或增大，称为横向变形。如图4-9所示。

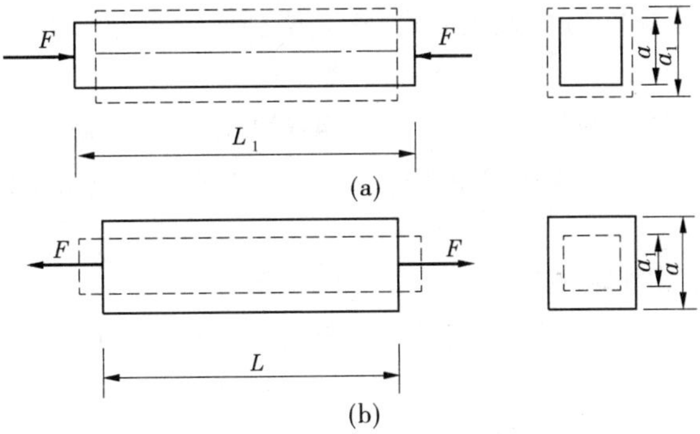

图4-9

1 纵向变形

设杆件变形前长为 L，变形后长为 L_1，则杆件的纵向变形为

$$\Delta L = L_1 - L$$

拉伸时纵向变形为正，压缩时纵向变形为负。纵向变形 ΔL 的单位是米(m)或毫米

(mm)。

纵向变形的大小与杆的原长 L 有关,为了度量杆的变形程度,需用单位长度的变形量。单位长度的变形称纵向线应变,简称线应变,以 ε 表示。对于轴力为常量的等截面直杆,其纵向变形在杆内分布均匀,故线应变为

$$\varepsilon = \frac{\Delta L}{L} \tag{4-6}$$

拉伸时 ε 为正,压缩时 ε 为负。线应变是无单位的量。

2 虎克定律

试验证明,当杆的应力未超过某一限度时,纵向变形 ΔL 与外力 F 、杆长 L 及横截面面积 A 之间存在着如下的比例关系:

$$\Delta L \propto \frac{FL}{A}$$

引进比例系数 E ,得到:

$$\Delta L = \frac{FL}{EA}$$

在内力不变的杆段中, $N = F$,可将上式改写为用内力表达的形式:

$$\Delta L = \frac{NL}{EA} \tag{4-7}$$

式(4-7)称虎克定律,表明当杆件应力不超过某一限度时,其纵向变形与轴力及杆长成正比,与横截面面积成反比。

将 $\frac{\Delta L}{L} = \varepsilon$ 及 $\frac{N}{A} = \sigma$ 代入式(4-7),可得:

$$\sigma = E\varepsilon \tag{4-8}$$

式(4-8)是虎克定律的另一表达形式,它表明当应力不超过某一限度时,应力与应变成正比。

比例系数 E 称为材料的弹性模量,从式(4-7)知,当其他条件相同时,材料的弹性模量越大,则变形越小,这说明弹性模量表征了材料抵抗弹性变形的能力。弹性模量的单位与应力的单位相同。

各种材料的 E 值由试验测定。

EA 称为杆件的抗拉(压)刚度,它反映了杆件抵抗拉伸(压缩)变形的能力。EA 越大,杆件的变形就越小。

需特别注意:

(1)虎克定律只适用于杆内应力未超过某一限度,此限度称为比例极限。

(2)当用于计算变形时,在杆长 L 内,它的轴力 N 、材料弹性模量 E 及截面面积 A 都应是常数。

3 横向变形

拉(压)杆产生纵向变形时,横向也产生变形。设杆件变形前的横向尺寸为 a ,变形

后为 a_1，如图 4-9(a)、(b) 所示，则横向变形为

$$\Delta a = a_1 - a$$

横向应变 ε' 为

$$\varepsilon' = \frac{\Delta a}{a} \tag{4-9}$$

杆件伸长时，横向减小，ε' 为负值；杆件压缩时，横向增大，ε' 为正值。因此，拉(压)杆的线应变 ε 与横向应变 ε' 的符号总是相反的。

试验证明，当杆件应力不超过比例极限时，横向应变 ε' 与线应变 ε 的绝对值之比为一常数。此比值称为横向变形系数或泊松比，用 ν 表示。

$$\nu = \left|\frac{\varepsilon'}{\varepsilon}\right| \tag{4-10}$$

式中：ν 是无单位的量，各种材料的 ν 值可由试验测定。

弹性模量 E 和泊松比 ν 都是材料的弹性常数。表 4-1 给出了一些材料的 E 和 ν 的值。

表 4-1　弹性模量及泊松比的值

材料名称	牌号	E(GPa)	ν
低碳钢	Q235	200 ~ 210	0.24 ~ 0.28
中碳钢	45	205	
低合金钢	Q345(16Mn)	200	0.25 ~ 0.30
合金钢	40CrNiMoA	210	
灰铸铁		60 ~ 162	0.23 ~ 0.27
球墨铸铁	LY12	150 ~ 180	
铝合金		71	0.33
硬质合金		380	
混凝土		15.2 ~ 36	0.16 ~ 0.18
木材(顺纹)		9 ~ 12	

【例 4-3】 在如图 4-10 所示的阶梯杆中，已知：$P_A = 10$ kN，$P_B = 20$ kN，$l = 100$ mm，AB 段和 BC 段的横截面面积分别为 $A_{AB} = 100$ mm^2，$A_{BC} = 200$ mm^2，材料的弹性模量 $E = 200$ GPa。试求杆的总伸长量及端面 A 与 D—D 截面间的相对位移。

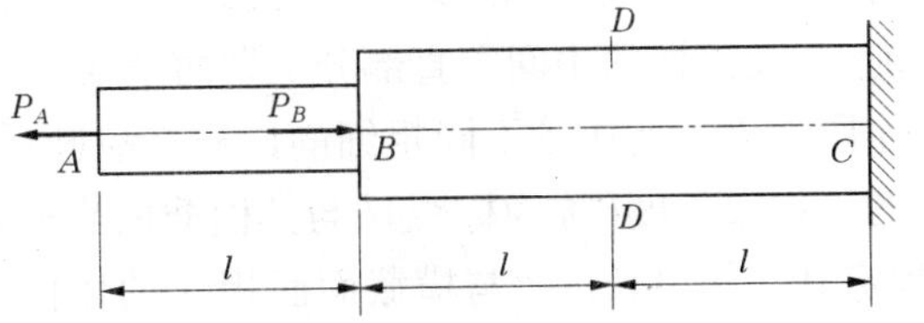

图 4-10

解：AB 段和 BC 段的轴力分别为

$$N_{AB} = P_A = 10 \text{ kN}$$
$$N_{BC} = P_A - P_B = -10 \text{ kN}$$

杆的总伸长量为

$$\Delta l = \Delta l_{AB} + \Delta l_{BC} = \frac{N_{AB} l}{EA_{AB}} + \frac{N_{BC} \cdot 2l}{EA_{BC}}$$
$$= \frac{10 \times 10^3 \times 100 \times 10^{-3}}{200 \times 10^9 \times 100 \times 10^{-6}} + \frac{-10 \times 10^3 \times 2 \times 100 \times 10^{-3}}{200 \times 10^9 \times 200 \times 10^{-6}} = 0$$

端面 A 与 D—D 截面间的相对位移为

$$u_{AD} = \Delta l_{AD} = \frac{N_{AB} l}{EA_{BD}} + \frac{N_{BD} l}{EA_{BD}} = \frac{10 \times 10^3 \times 100 \times 10^{-3}}{200 \times 10^9 \times 100 \times 10^{-6}} + \frac{-10 \times 10^3 \times 100 \times 10^{-3}}{200 \times 10^9 \times 200 \times 10^{-6}} = 2.5 \times 10^{-5}(\text{m})$$

【例 4-4】 外径 $d = 90$ mm，横截面面积 $A = 1\ 400\ \text{mm}^2$ 的等截面空心钢管，受轴向拉力 P 作用后，测得外径减小 0.012 9 mm。求拉力 P 值为多少？已知：$E = 200$ GPa，$\nu = 0.3$。

解：设 d_1 为变形后钢管的外径，则

$$\varepsilon' = \frac{\pi d_1 - \pi d}{\pi d} = \frac{\Delta d}{d}$$
$$\varepsilon = -\frac{\varepsilon'}{\nu} = -\frac{\Delta d}{\nu d}$$
$$P = E\varepsilon A = E\left(-\frac{\Delta d}{\nu d}\right)A = 200 \times 10^9 \times \left(\frac{+0.012\ 9 \times 10^{-3}}{0.3 \times 90 \times 10^{-3}}\right) \times 1\ 400 \times 10^{-6} = 134(\text{kN})$$

任务 4　材料在拉伸和压缩时的力学性能

在前面讨论拉（压）杆的应力、变形计算中，涉及了材料在轴向拉伸（压缩）时的力学性能，如变形（或应变）与轴力（或应力）呈线性关系的应力极限值，即比例极限、弹性模量等。在下面的拉（压）杆的强度计算中，还将涉及另外一些力学性能。材料的力学性能都需通过试验来测定，本节主要介绍工程中常用材料在常温和静载下拉伸和压缩时的力学性能。

1　材料的拉伸和压缩试验

在进行拉伸试验时，应将材料做成标准的试样，使其几何形状和受力条件均符合轴向拉伸的要求。试验以前，先在试样的中间等直部分上划两条横线，如图 4-11 所示，横线之间的一段为试样的工作段。为了能比较不同粗细的试样在拉断后工作段的变形程度，通常对圆截面标准试样的工作段长度（称为标距）l 与其横截面直径 d 的比例加以规定。矩形截面标准试样，则规定其工作段长度 l 与横截面面积 A 的比例。常用的标准比例有两种，即

$$l = 10d \text{ 和 } l = 5d \text{（对圆截面试样）}$$

或

$$l = 11.3\sqrt{A} \text{ 和 } l = 5.65\sqrt{A} \text{（对矩形截面试样）}$$

压缩试样通常用圆截面或正方形截面的短柱体，如图 4-12 所示，其长度 l 与横截面直径 d 或边长 b 的比值一般规定为 1 ~ 3，以避免试样在试验过程中被压弯。

由于压缩试样的高度与宽度之间的比值较小，因而试样两端的端部影响必将波及整个试样。由于试样的两端面与试验机承压平台间的摩阻力将阻止横截面尺寸的增大，而使压缩试样中的应力情况变得较为复杂，从而使试验所测定的材料在压缩时的力学性能带有一定的条件性。

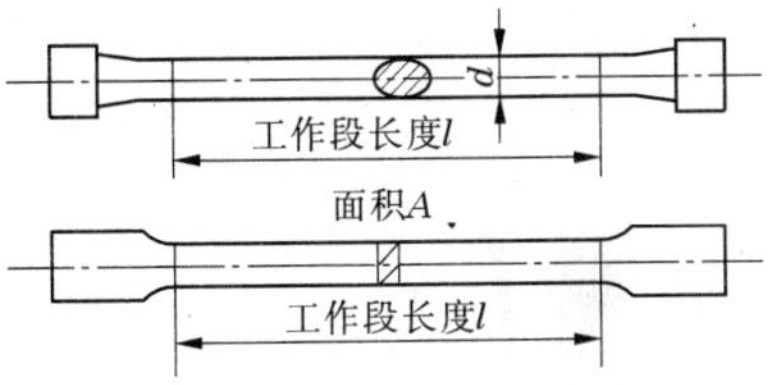

图 4-11

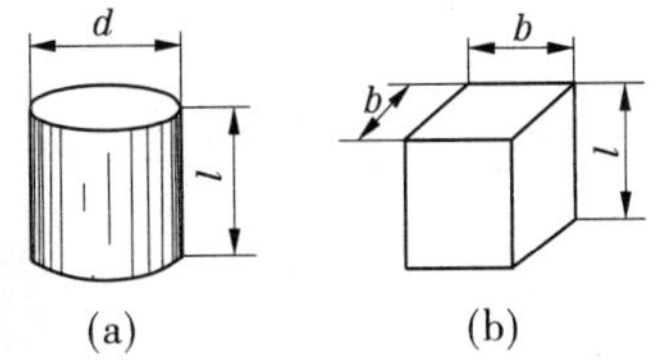

图 4-12

拉伸或压缩试验时主要使用两类设备。一类是用来使试样发生变形（伸长或缩短）并测定试样抗力的万能试验机；另一类是用来量测试样变形的变形仪，将微小的变形放大，能在所需的精度范围内量测试样的变形。通常在实验室内所做的材料拉伸或压缩试验，是在室温（或称为常温）条件下按一般的变形速度进行的。在上述条件下所得的材料的力学性能，即称为常温、静荷载下材料在拉伸或压缩时的力学性能。

2　低碳钢试样的拉伸图及其力学性能

低碳钢是工程上最广泛使用的材料，同时，低碳钢试样在拉伸试验中所表现出的变形与抗力间的关系也比较典型。

一般万能试验机可以自动绘出试样在试验过程中工作段的伸长与抗力间定量关系曲线。曲线以横坐标表示试样工作段的伸长量 Δl，而以纵坐标表示试样承受的荷载（即试样的抗力）F，称为试样的拉伸图。

图 4-13（a）所示为低碳钢试样的拉伸图。由图可见，低碳钢在整个拉伸试验过程中，其工作段的伸长量与荷载间的关系大致可分为以下四个阶段。

阶段Ⅰ：试样的变形完全是弹性的，全部卸除荷载后，试样将恢复其原长，这一阶段称为弹性阶段。低碳钢试样在此阶段内，其伸长量与荷载之间成正比，即虎克定律式（4-7）所表达的关系式。

精确的量测虽指出伸长量与荷载间的关系和正比关系略有偏离，但以工程实用的精度要求而言，这种微小的偏离是可以忽略不计的。

阶段Ⅱ：试样的伸长量急剧地增加，而试验机上的荷载读数在很小的范围内波动。试样的荷载在很小的范围内波动，而其变形却不断增大的现象称为屈服，这一阶段则称为屈服阶段。屈服阶段出现的变形，是不可恢复的塑性变形。若试样经过抛光，则在试样表面将可看到大约与轴线成 45°方向的条纹，如图 4-13（b），是由材料沿试样的最大切应力面发生滑移而引起的，称为滑移线。

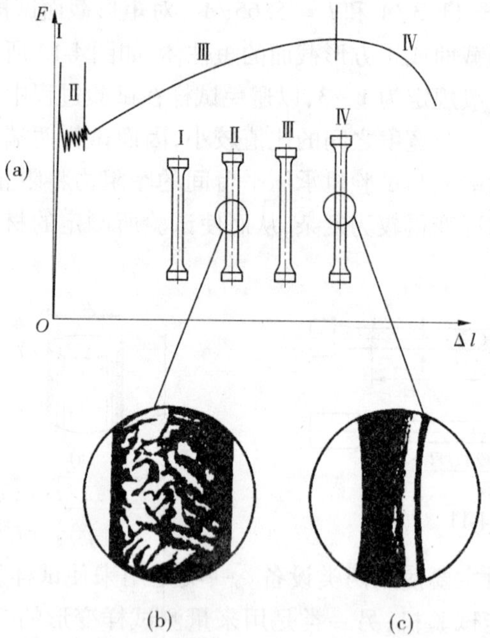

图 4-13

阶段Ⅲ:试样经过屈服阶段后,若要使其继续伸长,由于材料在塑性变形过程中不断发生强化,因而试样中的抗力不断增长。这一阶段称为强化阶段。在强化阶段试样的变形主要是塑性变形,其变形量要远大于弹性变形。在此阶段中可以较明显地观察到整个试样横向尺寸的缩小。

阶段Ⅳ:试样伸长到一定程度后,荷载读数反而逐渐降低。此时可以看到试样某一段内的横截面面积显著地收缩,出现如图 4-13(c)所示的“缩颈”现象。在试样继续伸长(主要是“缩颈”部分的伸长)的过程中,由于“缩颈”部分的横截面面积急剧缩小,因此荷载读数(即试样的抗力)反而降低,一直到试样被拉断。这一阶段称为局部变形阶段。

若在强化阶段内停止加载,并逐渐卸除荷载,则荷载与试样的伸长量之间遵循直线关系,该直线 bc 与弹性阶段内的直线 Oa 近乎平行,如图 4-14 所示。卸载时荷载与伸长量之间遵循直线关系的规律称为材料的卸载规律。由此可见,在强化阶段中,试样的变形包括弹性变形 Δl_e 和塑性变形 Δl_p 两部分,如图 4-14 所示,在卸载过程中,弹性变形逐渐消失,只留下塑性变形。

如果卸载后立即再加荷载,则荷载与伸长量间基本上仍遵循着卸载时的同一直线关系,一直到开始卸载时的荷载为止。再往后则大体上遵循着原来拉伸图的曲线关系。

若对试样预先施加轴向拉力,使之达到强化阶段,然后卸载(如在图 4-14 中的 b 点处卸载),则当再加荷载时,试样在线弹性范围内所能承受的最大荷载将增大,而试样所能经受的塑性变形降低,如图 4-15 所示。这一现象称为材料的冷作硬化。在工程上常利用冷作硬化来提高钢筋和钢缆绳等构件在线弹性范围内所能承受的最大荷载。值得注意的是,若试样拉伸至强化阶段后卸载,经过一段时间后再受拉,则其线弹性范围的最大荷载还有所提高，如图 4-14 中虚线 cb' 所示。这种现象称为冷作时效。冷作时效不仅与卸载后至加载的时间间隔有关，而且与试样所处的温度有关。

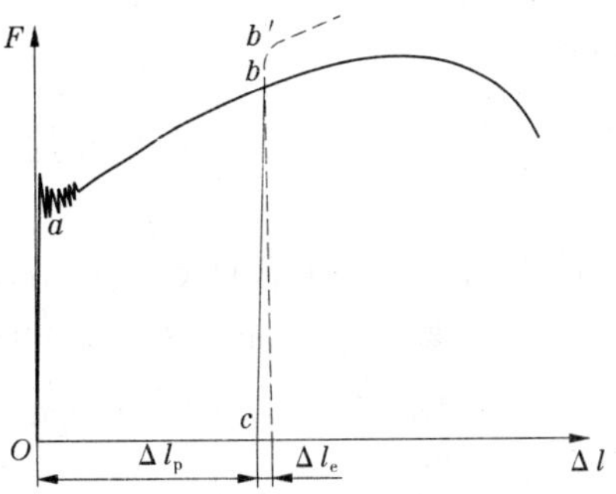

图 4-14

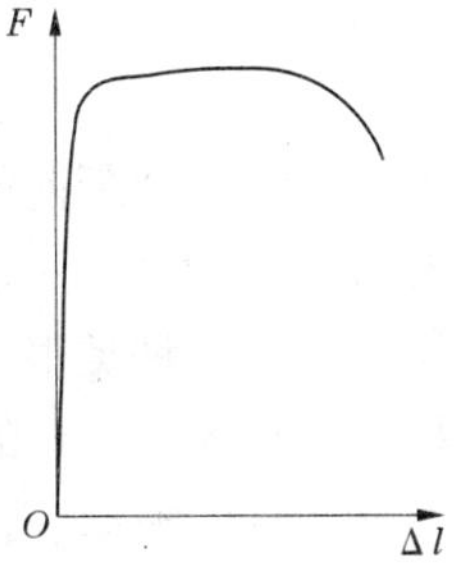

图 4-15

低碳钢试样的拉伸图只能代表试样的力学性能，因为该图的横坐标和纵坐标均与试样的几何尺寸有关。若将拉伸图的纵坐标即荷载 F 除以试样横截面的原面积 A，将其横坐标即伸长量 Δl 除以试样工作段的原长 l，所得曲线即与试详的尺寸无关，而可以代表材料的力学性能，此时纵坐标为横截面正应力 σ，横坐标为纵向线应变 ε，该曲线称为应力—应变曲线或 σ—ε 曲线。

根据 σ—ε 曲线（见图 4-16）可获得表示材料的力学性能的几个特征点及其相应的含义。

在弹性阶段内，A 点是应力与应变成正比即符合虎克定律的最高限，与之对应的应力称为材料的比例极限，以 σ_p 表示，常见的低碳钢 Q235 的比例极限 $\sigma_p \approx 200$ MPa。弹性阶段的最高点 B 是卸载后不发生塑性变形的极限，而与之对应的应力称为材料的弹性极限，并以 σ_e 表示。

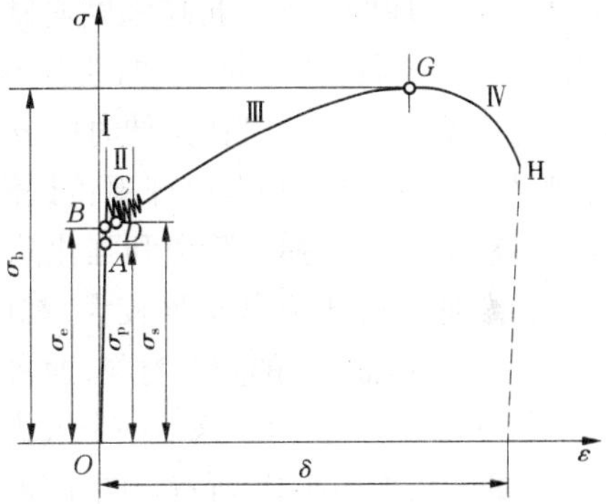

图 4-16

由于这两个极限应力在数值上相差不大，在实测中很难区分，因此在工程实用中通常并不区分材料的这两个极限应力，而统称为弹性极限。材料内的应力处于弹性极限以下，统称为线弹性范围。

在屈服阶段内，应力有幅度不大的波动，在发生屈服应力首次下降前所对应的最高应力（点 C）为上屈服强度，而在屈服期间，不计初始瞬时效应时的最低应力（点 D）为下屈服强度。试验指出，上屈服强度的数值受加载速度等因素的影响较大，而下屈服强度值则较为稳定。因此，通常将下屈服强度称为材料的屈服强度或屈服极限，并以 σ_s 表示。Q235 的屈服极限为 $\sigma_s \approx 235$ MPa。

在强化阶段，G 点是该阶段的最高点，即试样中的应力的最大值，称为材料的抗拉强度或强度极限，以 σ_b 表示。Q235 的强度极限为 $\sigma_b \approx 400$ MPa。

对低碳钢而言，极限应力 σ_s 和 σ_b 是衡量材料强度的两个重要指标。

σ—ε 曲线(见图 4-16)横坐标上的 δ 代表试样拉断后的塑性变形程度,其值等于试样在拉断后标距的残余伸长($l_1 - l$)与原始标距 l 之比的百分率,称为延伸率,即

$$\delta = \frac{l_1 - l}{l} \times 100\% \tag{4-11}$$

此值的大小表示材料在拉断前能发生的最大的塑性变形程度,是衡量材料塑性的一个重要指标。Q235 的 $\delta = 25\% \sim 27\%$ 。

工程中使用的材料种类很多,习惯上根据试件在破坏时塑性变形的大小,区分为塑性材料和脆性材料。把 $\delta \geqslant 5\%$ 的材料称为塑性材料,如钢、铜、铝等;而把 $\delta < 5\%$ 的材料称为脆性材料,如铸铁、玻璃、石料、混凝土等。需要指出的是,材料力学性能不是固定不变的,随着材料所处条件的不同其力学性能可能会发生改变。

衡量材料塑性的另一个指标为断面收缩率 ψ ,其定义为断裂后试样横截面面积的最大缩减量($A - A_1$)与原始横截面面积 A 之比的百分率,即

$$\psi = \frac{A - A_1}{A} \times 100\% \tag{4-12}$$

式中:A_1 代表试样在拉断后断口处的最小横截面面积。

3　其他金属材料在拉伸时的力学性能

与低碳钢在 σ—ε 曲线上相似的材料,还有 16 锰钢及另外一些高强度低合金钢。它们与低碳钢相比,屈服强度和抗拉强度均显著提高,而屈服阶段则稍短,且断后伸长率略低。

对于其他金属材料,σ—ε 曲线并不都类似低碳钢具备四个阶段。图 4-17 中给出了另外几种典型的金属材料在拉伸时的 σ—ε 曲线。将这些曲线与图 4-16 相比较,可以看出:有些材料如铝合金和退火球墨铸铁没有屈服阶段,而其他三个阶段却很明显;另外一些材料如锰钢则仅有弹性阶段和强化阶段,而没有屈服阶段和局部变形阶段。这些材料的共同特点是断后伸长率 σ 均较大,都属于塑性材料。

对于没有屈服阶段的塑性材料,通常将对应于塑性应变 $\varepsilon_p = 0.2\%$ 时的应力定为名义屈服极限,并以 $\sigma_{p0.2}$ 表示。这是一个人为规定的极限应力,作为衡量材料强度的指标。确定 $\sigma_{p0.2}$ 数值的方法如图 4-18 所示。图 4-18 中的直线 CD 与弹性阶段内的直线部分相平行。

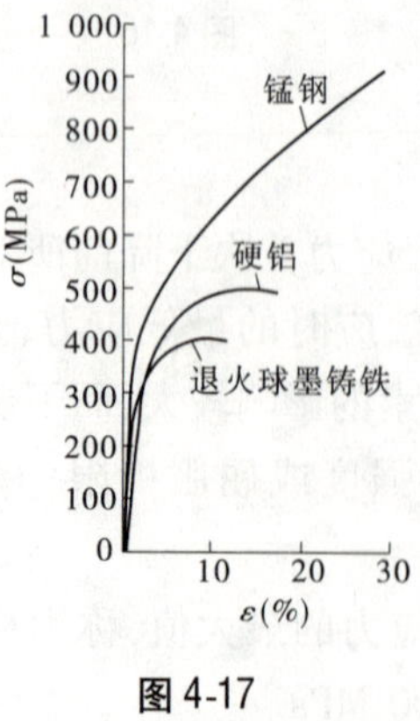

图 4-17

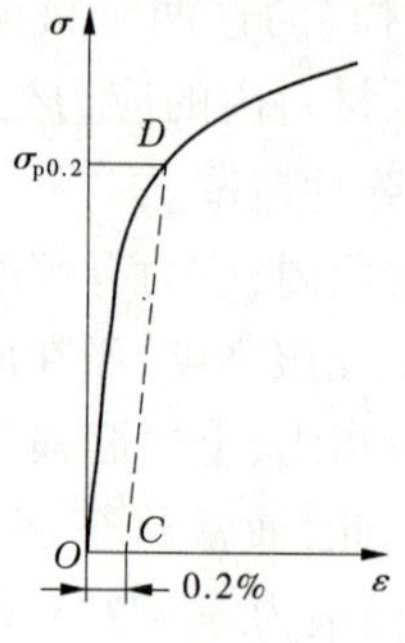

图 4-18

图 4-19 所示的是脆性材料灰铸铁在拉伸时的 $\sigma—\varepsilon$ 曲线。灰铸铁的 $\sigma—\varepsilon$ 曲线从很低的应力开始就不是直线,但由于直到拉断时试样的变形都非常小,且没有屈服阶段、强化阶段和局部变形阶段,因此在工程计算中,常取总应变为 0.1% 时 $\sigma—\varepsilon$ 曲线的割线(见图 4-19 中的虚线)斜率来确定其弹性模量,称为割线弹性模量。

衡量脆性材料拉伸强度的唯一指标是材料的抗拉强度 σ_b。这个应力可看成是试样被拉断时的真实应力,因为脆性材料的试样被拉断时,其横截面面积的缩减极其微小。

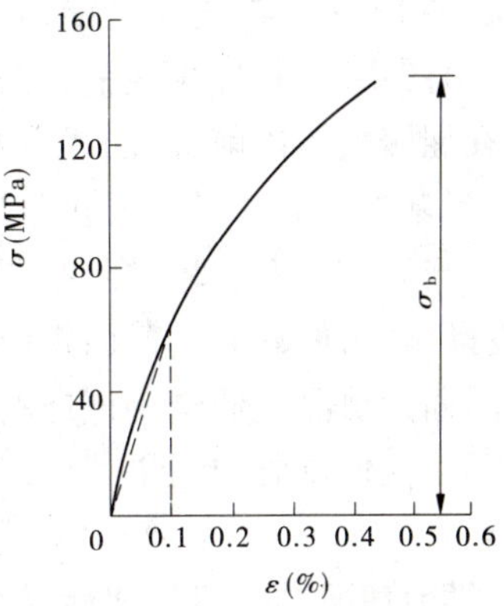

图 4-19

【例 4-5】 一根材料为 Q235 钢的拉伸试样,其直径 $d=10$ mm,工作段长度 $l=100$ mm,其弹性极限为 $\sigma_p=200$ MPa。当试验机上荷载读数达到 $F=10$ kN 时,量得工作段的伸长为 $\Delta l=0.0607$ mm,直径的缩小为 $\Delta d=0.0017$ mm。试求此时试样横截面上的正应力 σ,并求出材料的弹性模量 E 和泊松比 v。

解:(1)横截面上的正应力。

由 $F=10$ kN 及 $d=10$ mm,得试样横截面上的正应力为

$$\sigma=\frac{F}{A}=\frac{F}{\frac{\pi}{4}d^2}=\frac{10\times10^3}{\frac{\pi}{4}\times(10\times10^{-3})^2}$$

$$=127.4\times10^6(\text{Pa})=127.4\ \text{MPa}$$

(2)弹性模量 E 和泊松比 ν。

由于正应力低于材料的弹性极限,故可由虎克定律计算。为此,先分别求出试样的纵向线应变 ε 和横向线应变 ε' 值:

$$\varepsilon=\frac{\Delta l}{l}=\frac{0.0607\times10^{-3}}{0.1}=6.07\times10^{-4}$$

和 $$\varepsilon'=\frac{\Delta d}{d}=\frac{-0.0017\times10^{-3}}{10\times10^{-3}}=-1.7\times10^{-4}$$(因 Δd 为缩小量,故取负值)

$$E=\frac{\sigma}{\varepsilon}=\frac{127.4\times10^6}{6.07\times10^{-4}}=210\times10^9(\text{Pa})=210\ \text{GPa}$$

$$\nu=-\frac{\varepsilon'}{\varepsilon}=\frac{1.7\times10^{-4}}{6.07\times10^{-4}}=0.28$$

4 金属材料在压缩时的力学性能

首先介绍工程上常用的低碳钢在压缩时的力学性能。将短圆柱体压缩试样置于万能试验机的承压平台间,并使之发生压缩变形。与拉伸试验相同,绘出试件在试验过程中的缩短量 Δl 与抗力 F 之间的关系曲线。这一曲线称为试样的压缩图。为了使得到的曲线与所用试样的横截面面积和长度无关,同样以试样横截面正应力 σ 作纵坐标,以纵向线应变 ε 作横坐标,得到压缩时的 $\sigma—\varepsilon$ 曲线,如图 4-20 中的实线所示。为了便于比较材料

在拉伸和压缩时的力学性能，在图中以虚线绘出了低碳钢在拉伸时的 $\sigma—\varepsilon$ 曲线。

由图 4-20 中的低碳钢在拉伸和压缩时的 $\sigma—\varepsilon$ 曲线可见，在屈服阶段以前，两曲线基本重合，两者的屈服强度和弹性模量基本相同。进入强化阶段后，试样在压缩时横截面正应力 σ 随纵向线应变 ε 的增加而增大，由于试样的横截面面积逐渐增大，而计算横截面正应力 σ 时仍采用试样的原来面积，因而无法测定低碳钢试样的压缩强度 σ_{bc}。所以，对于低碳钢，从拉伸试验的结果就可以了解其在压缩时的主要力学性能。

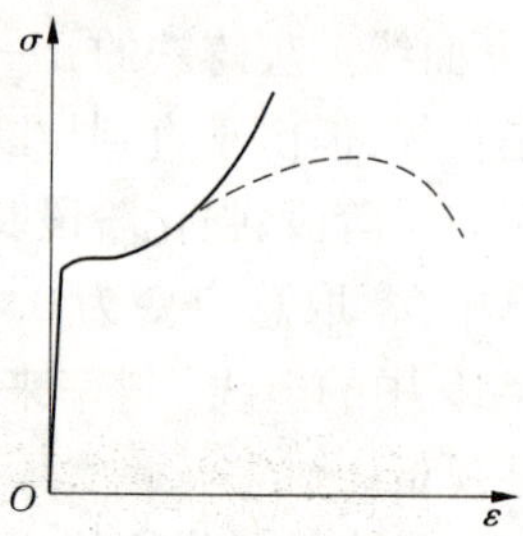

图 4-20

类似情况在一般的塑性材料中也存在。但有些材料（如铬钼硅合金钢）在拉伸和压缩时的屈服强度并不相同，而仍需进行压缩试验。

塑性材料的试样在压缩后的变形情况如图 4-21（a）所示。由于试样两端面受到摩擦力的影响，因此变形后呈鼓状。

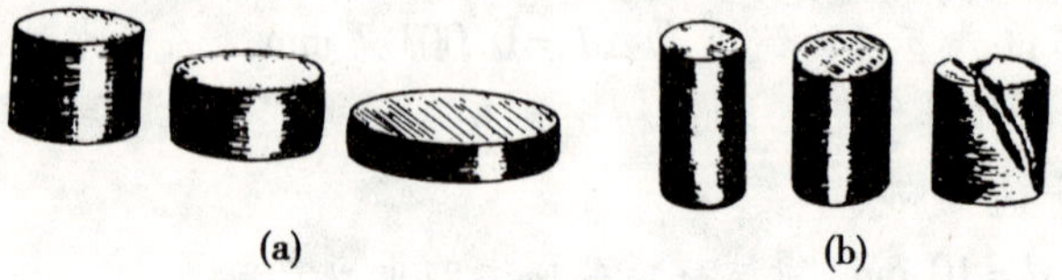

图 4-21

脆性材料在压缩和拉伸时的力学性能有较大的区别。例如，灰铸铁在拉伸和压缩时的 $\sigma—\varepsilon$ 曲线，压缩试样的 $l:d=3:1$。比较两条曲线（见图 4-22）可以看出：

（1）铸铁在压缩时的强度极限和延伸率都较拉伸时大得多，因而这种材料宜用作受压构件。

（2）铸铁无论在拉伸或压缩时，其 $\sigma—\varepsilon$ 曲线中的直线部分均很短，因此只能认为是近似地符合虎克定律。

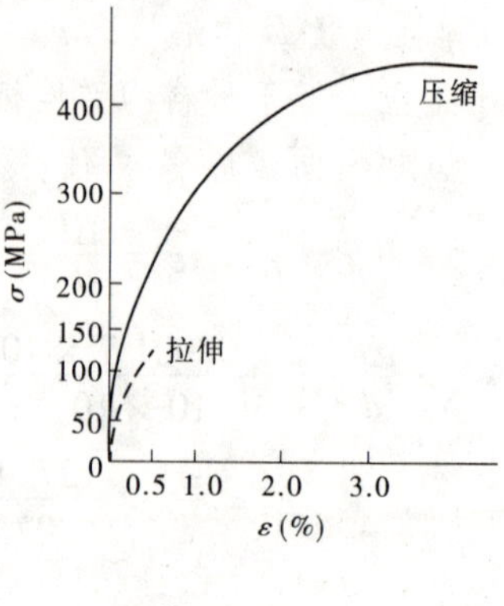

图 4-22

铸铁试样受压破坏的情况如图 4-21（b）所示。试样受压时将沿与轴线大致成 50°～55°倾角的斜截面发生错动而破坏。

值得注意的是，根据材料在常温、静荷载下拉伸试验所得的断后伸长率大小，将材料区分为塑性材料和脆性材料。这两类材料在力学性能上的主要特征是：塑性材料在断裂前的变形较大，塑性指标（延伸率和断面收缩率）较高，抗拉能力较好，其常用的强度指标是屈服极限，一般地说，在拉伸和压缩时的屈服极限相同，即抗拉性能等于抗压性能，工程中受拉构件一般应选用塑性材料；脆性材料在断裂前的变形较小，塑性指标较低，其强度指标是强度极限，而且其拉伸强度 σ_b 远低于压缩强度 σ_{bc}，即抗拉性能远低于抗压性能，工程中主要用于受压构件。

但是，材料是塑性的还是脆性的，将随材料所处的温度、应变速率和应力状态等条件的变化而不同。例如，具有尖锐切槽的低碳钢试样，在轴向拉伸时将在切槽处发生突然的脆性断裂；而在很大的外压作用下，铸铁试样在轴向拉伸时也将发生大的塑性变形和缩颈现象。

5 应力集中的概念

在工程实际中，由于结构或工艺上的要求，经常会碰到一些横截面有突然改变的杆件，如具有螺栓孔的钢板、带有螺纹的拉杆等。在杆件的截面突然变化处，将出现局部的应力急剧增大现象。如图4-23所示具有小圆孔的均匀拉伸板，在通过圆心的横截面上的应力分布就不再是均匀的，在孔的附近处应力急剧增大，而离孔稍远处应力就迅速下降并趋于均匀。这种由杆件截面突然变化（或几何外形局部不规则）而引起的局部应力急剧增大现象，称为应力集中。

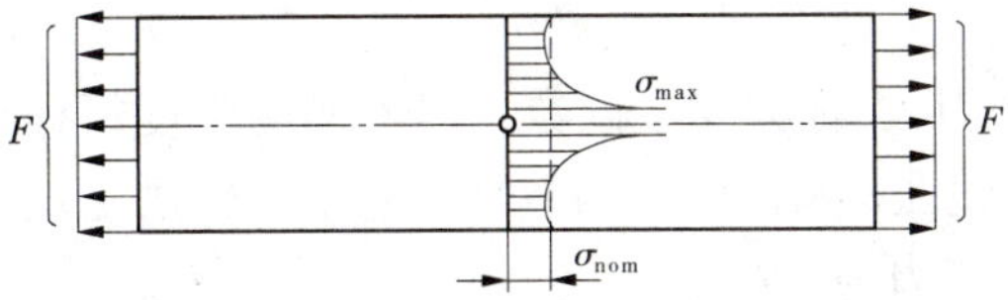

图4-23

在杆件外形局部不规则处的最大局部应力 σ_{max}，必须借助于弹性理论、计算力学或实验应力分析的方法求得。在工程实际中，应力集中的程度用最大局部应力 σ_{max} 与该截面上视作均匀分布的应力 σ_{nom} 的比值来表示，即

$$K_{t\sigma} = \frac{\sigma_{max}}{\sigma_{nom}} \tag{4-13}$$

比值 $K_{t\sigma}$ 称为理论应力集中因数，其下标 σ 表示是正应力。

值得注意的是，应力集中并不是单纯由截面面积的减小所引起的，杆件外形的骤变，是造成应力集中的主要原因。一般地说，杆件外形的骤变越是剧烈（即相邻截面的刚度差越大），应力集中的程度越是严重。同时，应力集中是一种局部的应力急剧增大现象，如图4-23中具有小圆孔的均匀受拉平板，在孔边处的最大应力约为平均应力的3倍，而距孔稍远处，应力即趋于均匀。而且，应力集中处不仅最大应力急剧增长，其应力状态也与无应力集中时不同。

由塑性材料制成的杆件受静荷载作用时，由于一般塑性材料存在屈服阶段，当局部的最大应力达到材料的屈服强度时，若继续增加荷载，则其应力不增加，应变继续增大，而所增加的荷载将由其余部分的材料来承受，直至整个截面上各点处的应力都趋于屈服强度时，杆件才因屈服而丧失正常的工作能力。因此，由塑性材料制成的杆件，在静荷载作用下通常不考虑应力集中的影响。对于由脆性材料或塑性差的材料（如高强度钢）制成的杆件，在静荷载作用下，局部的最大应力就可能引起材料的开裂，因而应按局部的最大应力来进行强度计算。但是，脆性材料中的铸铁由于其内部组织很不均匀，本身就存在气孔、杂质等引起应力集中的因素，因此外形骤变引起的应力集中的影响并不明显，可不考虑应力集中的影响。但在动荷载作用下，不论是塑性材料，还是脆性材料制成的杆件，都应考虑应力集中的影响。

任务5　拉(压)杆的强度

由式(4-3)求得拉(压)杆的最大工作应力后,并不能判定杆件是否会因强度不足而发生破坏。只有把杆件的最大工作应力与材料的强度指标联系起来,才有可能作出判断。

为便于说明问题,把材料断裂或产生显著的塑性变形时的应力称为极限应力,并用 σ_u 表示。当脆性材料的应力达到强度极限 σ_b 时,材料发生破坏;当塑性材料的应力达到屈服极限 σ_s 时,材料发生破坏。于是脆性材料的 $\sigma_u = \sigma_b$,塑性材料的 $\sigma_u = \sigma_s$。

为确保拉(压)杆不致因强度不足而破坏,必须使构件的最大工作应力限制在比极限应力小的范围内,这个值称为材料的许用应力,以[σ]表示,即

$$[\sigma] = \frac{\sigma_u}{n} \tag{4-14}$$

式中,n 是一个大于1的因数,称为安全因数。以不同的强度指标作为极限应力,所用的安全因数 n 也就不同。塑性材料的安全因数是对应于屈服强度 σ_s 的,以 n_s 表示。于是,塑性材料的许用拉(压)应力为

$$[\sigma] = \frac{\sigma_s}{n_s}$$

脆性材料的安全因数则对应于拉伸(压缩)强度 σ_b,用 n_b 表示。所以,脆性材料的许用拉(压)应力为

$$[\sigma] = \frac{\sigma_b}{n_b}$$

由此可见,对许用应力数值的规定实质上是如何选择适当的安全因数。安全因数实质上包括了两方面的考虑:一方面是在强度条件中有些量的本身就存在着主观认识与客观实际间的差异;另一方面则是给构件以必要的强度储备。安全因数的确定并不单纯是个力学问题,同时还包括了工程上的考虑及复杂的经济问题。在静荷载下,n_s 一般取为1.25~2.5;在对荷载的考虑较全面、材料质量较均匀等有利条件下,n_s 可取较低值,反之则应取较高值。同样在静荷载下,n_b 一般取2.5~3.0,有时可大到4~14。由于脆性材料的破坏以断裂为标志,因此对脆性材料要多给一些强度储备。

于是,为确保拉(压)杆不致因强度不足而破坏的强度条件为

$$\sigma_{max} = \frac{N_{max}}{A} \leqslant [\sigma] \tag{4-15}$$

根据拉(压)杆的强度条件,可对其进行强度计算。强度计算通常有以下三种类型:

(1)强度校核。

(2)截面选择。

(3)许可荷载计算。

在已知拉(压)杆的材料、尺寸及所受荷载的情况下,检验构件能否满足上述的条件,称为强度校核。

已知拉(压)杆所受荷载及所用材料,按强度条件选择杆件的横截面面积或尺寸,称

为截面选择。为此可将式(4-15)改写为

$$A \geqslant \frac{N_{max}}{[\sigma]}$$

当选用型钢等标准截面时,可能为满足强度条件而将采用过大的截面。为经济起见,可考虑采用小一号的截面,但由此而引起的最大工作应力超过许用应力的百分数,在设计规范上有具体规定,一般限制在5%以内。

已知拉(压)杆的材料和尺寸,也可以按强度条件来确定杆所能容许的最大轴力,从而计算出其所允许承受的荷载,称为许可荷载计算。此时式(4-15)可改写为

$$N_{max} \leqslant A[\sigma]$$

在以上的计算中,都要用到材料的许用应力。工程上常用材料在一般情况下的许用拉(压)应力的约值在表4-2中给出。

表4-2 常用材料的许用应力约值

(适用于常温、静荷载和一般工作条件下的拉杆和压杆)

材料名称	牌号	许用应力(MPa)	
		轴向拉伸	轴向压缩
低碳钢	Q235	170	170
低合金钢	16Mn	230	230
灰铸铁		34~54	160~200
混凝土	C 20	0.44	7
混凝土	C 30	0.6	10.3
红松(顺纹)		6.4	10

【例4-6】 三铰屋架的主要尺寸如图4-24(a)所示,承受长度 $l=9.3$ m 的竖向均布荷载作用,荷载集度 $q=4.2$ kN/m。屋架中的钢拉杆直径 $d=16$ mm,许用应力 $[\sigma]=170$ MPa。试校核拉杆的强度。

解:(1)作计算简图。

由于两屋面板之间和拉杆与屋面板之间的接头难以阻止微小的相对转动,故可将接头看作铰接,于是得屋架的计算简图如图4-24(b)所示。

(2)求支反力。

由屋架整体受力图的平衡方程 $\sum X=0$ 得

$$F_{Ax}=0$$

利用对称关系及平衡方程 $\sum Y=0$ 得

$$F_{Ay}=F_{By}=\frac{1}{2}ql=\frac{1}{2}\times 4.2\times 9.3=19.53(\text{kN})$$

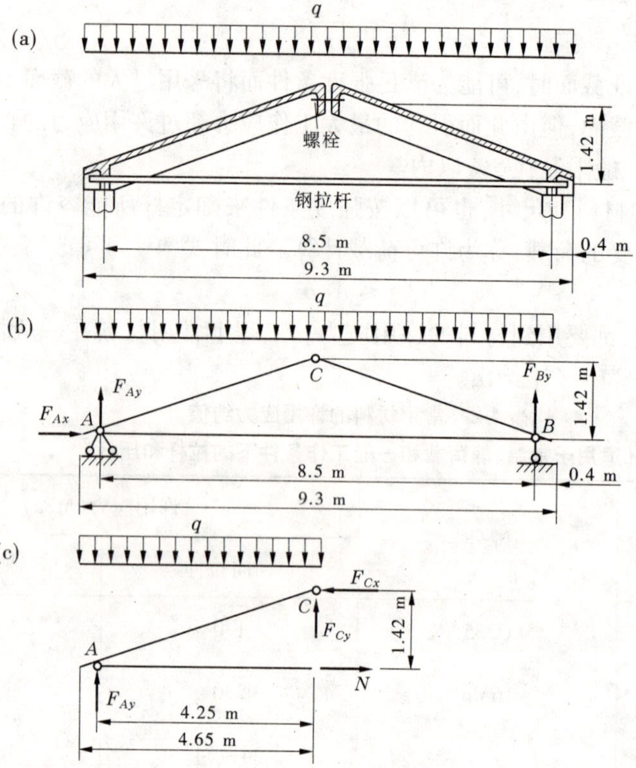

图 4-24

(3)求拉杆的轴力 N。

取半个屋架为分离体,作出受力图,如图 4-24(c)所示,由平衡方程

$$\sum M_C = 0 \text{ 得}$$

$$1.42 \times N + \frac{4.65^2}{2} \times q - 4.25 \times F_{Ay} = 0$$

$$N = 26.5 \text{ kN}$$

(4)强度校核。

由拉杆直径 $d = 16$ mm 及轴力 N 得拉杆横截面上的工作应力为

$$\sigma = \frac{N}{A} = \frac{26.5 \times 10^3}{\frac{\pi}{4} \times (16 \times 10^{-3})^2}$$

$$= 131 \times 10^6 (\text{Pa}) = 131 \text{ MPa}$$

由于

$$\sigma = 131 \text{ MPa} < [\sigma]$$

满足强度条件,故钢拉杆的强度是安全的。

【例 4-7】 钢木组合桁架承受外力作用,如图 4-25(a)所示。已知 $F = 16$ kN,钢的许用应力 $[\sigma] = 120$ MPa。试选择钢拉杆 DI 的直径 d。

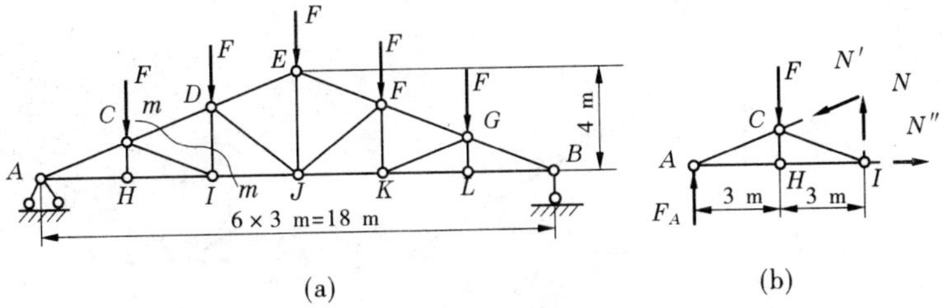

图 4-25

解:(1)计算拉杆 DI 的轴力

应用截面法,假想用图 4-25(a)所示截面 $m—m$ 截取桁架的 ACI 部分,作受力图如图 4-25(b)所示,由平衡方程

$$\sum M_A = 0 \quad N \times 6 - F \times 3 = 0$$

得拉杆的轴力为

$$N = \frac{F}{2} = 8\ \text{kN}$$

(2)选择拉杆直径。

为满足强度条件,拉杆 DI 所需的横截面面积为

$$A \geqslant \frac{N}{[\sigma]} = \frac{8 \times 10^3}{120 \times 10^6} = 0.667 \times 10^{-4}(\text{m}^2)$$

由此得拉杆所需的直径为

$$d = \sqrt{\frac{4A}{\pi}} \geqslant \sqrt{\frac{4}{\pi} \times (0.667 \times 10^{-4})} = 0.92 \times 10^{-2}(\text{m}) = 9.2\ \text{mm}$$

由于用作钢拉杆的圆钢的最小直径为 10 mm,故选用

$$d = 10\ \text{mm}$$

【例 4-8】 如图 4-26 所示,简易起重设备中,杆 AC 由两根 80 mm × 80 mm × 7 mm 等边角钢组成,杆 AB 由两根 10 号工字钢组成。材料为 Q235 钢,许用应力 $[\sigma] = 170$ MPa。试求许可荷载 $[F]$。

解:(1)杆件轴力与荷载 F 的关系。

取结点 A 为研究对象,并假设杆 AC 的轴力 N_1 为拉力,杆 AB 的轴力 N_2 为压力,如图 4-26(b)所示。由结点 A 的平衡方程

$$\sum Y = 0 \quad N_1 \sin 30^\circ - F = 0$$

$$\sum X = 0 \quad N_2 - N_1 \cos 30^\circ = 0$$

得

$$N_1 = 2F, N_2 = 1.732F \tag{1}$$

(2)各杆的许可轴力。

由型钢表查得杆 AC 的横截面面积 $A_1 = 1\ 086 \times 10^{-6} \times 2 = 2\ 172 \times 10^{-6}(\text{m}^2)$,杆 AB

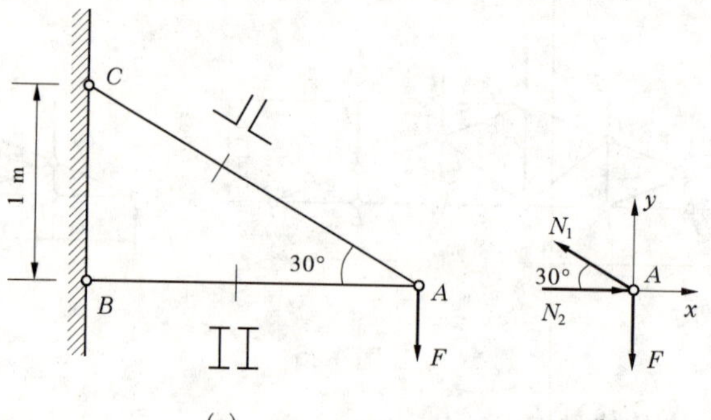

(a)

(b)

图 4-26

的横截面面积 $A_2 = 1\ 430 \times 10^{-6} \times 2 = 2\ 860 \times 10^{-6}(\mathrm{m}^2)$。根据强度条件

$$\sigma = \frac{N}{A} \leqslant [\sigma]$$

得两杆的许可轴力分别为

$$[N_1] \leqslant 170 \times 10^6 \times 2\ 172 \times 10^{-6} = 369.24 \times 10^3(\mathrm{N}) = 369.24\ \mathrm{kN}$$

$$[N_2] \leqslant 170 \times 10^6 \times 2\ 860 \times 10^{-6} = 486.20 \times 10^3(\mathrm{N}) = 486.20\ \mathrm{kN}$$

(3)许可荷载。

将$[N_1]$和$[N_2]$分别代入式(1),便得到按各杆强度要求所算出的许可荷载

$$[F_1] = \frac{[N_1]}{2} = \frac{369.24\ \mathrm{kN}}{2} \leqslant 184.6\ \mathrm{kN}$$

$$[F_2] = \frac{[N_2]}{1.732} = \frac{486.20\ \mathrm{kN}}{1.732} \leqslant 280.7\ \mathrm{kN}$$

所以,结构的许可荷载应取$[F] = 184.6\ \mathrm{kN}$。

任务6 连接件的实用计算

工程实际中,结构大都由许多构件连接而成。连接件的本身尺寸较小,而其变形往往较为复杂,在工程设计中为简化计算,通常按照连接的破坏可能性,采用实用计算法。以螺栓(或铆钉)连接为例,如图4-27(a)所示,连接处的破坏可能性有三种:螺栓在两侧与钢板接触面的压力 F 作用下,将沿截面 m—m(见图4-27(b))被剪断;螺栓与钢板在相互接触面上因挤压而使连接松动,以及钢板在受螺栓孔削弱的截面处产生全截面的塑性变形。其他的连接也都有类似的破坏可能性。下面分别介绍剪切和挤压的实用计算。

1 剪切的实用计算

设两块钢板用螺栓连接后承受拉力 F(见图4-27(a)),显然,螺栓在两侧面上分别受到大小相等、方向相反、作用线相距很近的两组分布外力系的作用(见图4-27(b))。螺栓在这样的外力作用下,将沿两侧外力之间,并与外力作用线平行的截面 m—m 发生相对错动(如图4-27(b)中虚线所示),这种变形形式为剪切。发生剪切变形的截面 m—m,称为剪切面。

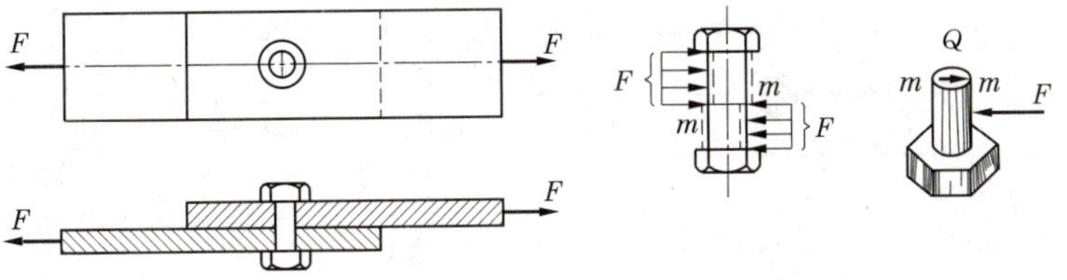

(a) (b) (c)

图 4-27

应用截面法,可得剪切面上的内力,即剪力 Q,如图 4-27(c)所示。在剪切实用计算中,假设剪切面上各点处的切应力相等,于是,得剪切面上的切应力为

$$\tau = \frac{Q}{A_s} \tag{4-16}$$

式中:Q 为剪切面上的剪力;A_s 为剪切面的面积。

然后,通过直接试验,并按切应力公式(4-16),得到剪切破坏时材料的极限切应力 τ_u。再除以安全因数,即得材料的许用切应力[τ]。于是,剪切的强度条件可表示为

$$\tau_u = \frac{Q}{A_s} \leqslant [\tau] \tag{4-17}$$

2 挤压的实用计算

在图 4-27(a)所示的螺栓连接中,在螺栓与钢板相互接触的侧面上,将发生彼此间的局部承压现象,称为挤压。在接触面上的压力,称为挤压力,并记为 F_{bs}。显然,挤压力可根据被连接件所受的外力,由静力平衡条件求得。当挤压力过大时,可能引起螺栓压扁或钢板在孔缘压皱,从而导致连接松动而失效,如图 4-28(a)所示。在挤压实用计算中,假设挤压应力在挤压面上均匀分布,计算公式为

$$\sigma_{bs} = \frac{F_{bs}}{A_{bs}} \tag{4-18}$$

式中:F_{bs} 为接触面上的挤压力;A_{bs} 为计算挤压面面积。当接触面为半圆柱面(如螺栓或铆钉连接中螺栓与钢板间的接触面)时,计算挤压面面积 A_{bs} 取为实际接触面在直径平面上的投影面积,如图 4-28(b)所示。理论分析表明,这类圆柱状连接件与钢板孔壁间接触面上的理论挤压应力沿圆柱面的变化情况如图 4-28(c)所示,而按式(4-18)算得的挤压应力与接触面中的最大理论挤压应力值相近。当连接件与被连接构件的接触面为平面时,计算挤压面面积 A_{bs} 即为实际接触面的面积。

然后,通过直接试验,并按挤压应力公式得到材料的极限挤压应力,再除以安全因数,从而确定许用挤压应力[σ_{bs}]。于是,挤压强度条件可表达为

$$\sigma_{bs} = \frac{F_{bs}}{A_{bs}} \leqslant [\sigma_{bs}] \tag{4-19}$$

应当注意的是,挤压应力是在连接件和被连接件之间相互作用的。因而,当两者材料不同时,应校核其中许用挤压应力较低的材料的挤压强度。

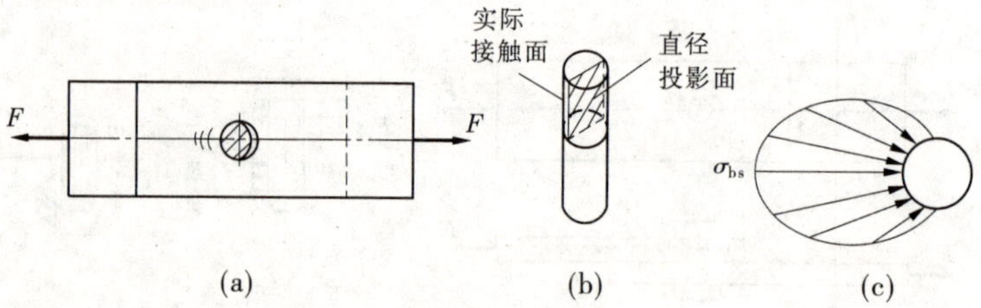

图 4-28

【例 4-9】 两块钢板通过四个铆钉搭接，如图 4-29 所示，钢板与铆钉材料相同。铆钉直径 $d=16$ mm，钢板的尺寸为 $b=100$ mm，$t=10$ mm，$F=90$ kN，铆钉的许用应力是 $[\tau]=120$ MPa，$[\sigma_{bs}]=160$ MPa，钢板的许用拉应力 $[\sigma]=120$ MPa。试校核该铆钉接头的强度。

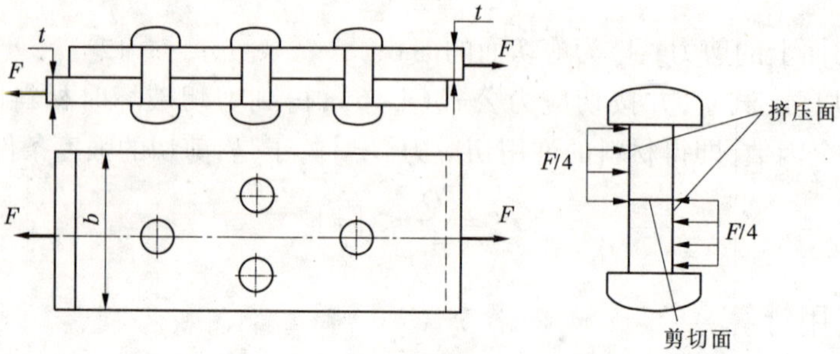

图 4-29

解：(1)校核铆钉的剪切强度。

每个铆钉受力 $F/4$(见图 4-30)。

每个铆钉受剪面上的剪力为 $Q=\dfrac{F}{4}=22.5$ kN

按剪切强度条件式，即得

$$\tau=\frac{Q}{A_s}=\frac{\frac{F}{4}}{\frac{\pi}{4}d^2}=\frac{22.5\times10^3}{\frac{\pi}{4}\times(16\times10^{-3})^2}=112(\text{MPa})\leqslant[\tau]=120\text{ MPa}$$

满足剪切强度。

(2)校核铆钉的挤压强度。

每个铆钉受挤压力为 $F/4$。

按挤压强度条件式(4-19)得

$$\sigma_{bs}=\frac{F_{bs}}{A_{bs}}=\frac{\frac{F}{4}}{td}=\frac{22.5\times10^3}{10\times10^{-3}\times16\times10^{-3}}=141(\text{MPa})\leqslant[\sigma_{bs}]=160\text{ MPa}$$

满足挤压强度。

(3)校核钢板的拉伸强度。

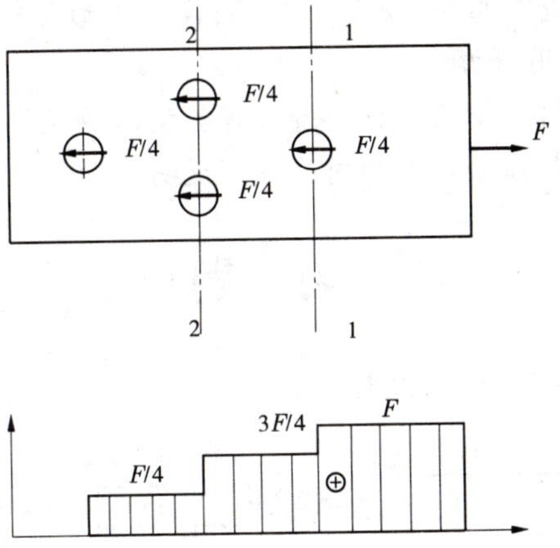

图 4-30

$$\sigma_{1-1}=\frac{N_1}{A_1}=\frac{F}{(b-d)t}=107\ (\mathrm{MPa})<[\sigma]=120\ \mathrm{MPa}$$

$$\sigma_{2-2}=\frac{N_2}{A_2}=\frac{\frac{3F}{4}}{(b-2d)t}=99.3(\mathrm{MPa})<[\sigma]=120\ \mathrm{MPa}$$

满足拉伸强度。

思考题

4-1 设两根材料不同,截面面积也不同的拉杆,承受相同的轴向拉力,其内力是否相同?

4-2 试判断图4-31所示构件中哪些属于轴向拉伸或轴向压缩?

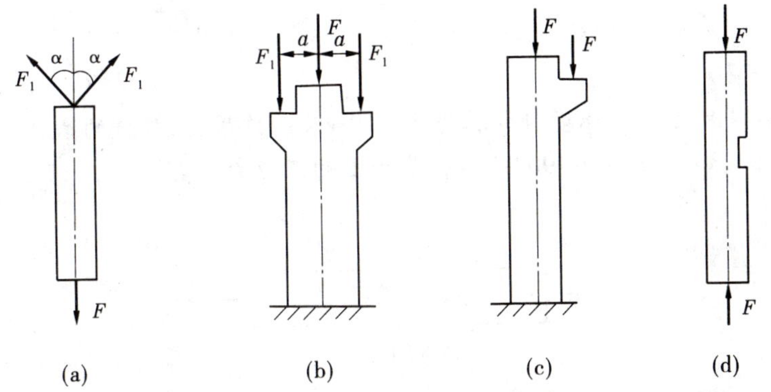

图 4-31

4-3 拉压杆横截面上正应力的分布规律是怎样的?

4-4 在轴向拉(压)杆中,发生最大正应力的横截面上,其剪应力等于零。在发生最大剪应力的截面上,其正应力是否也等于零?

4-5 若拉杆总伸长量等于零,那么杆内的应变和各点的位移是否等于零?为什么?

4-6　指出下列各概念的区别：变形与应变；弹性变形与塑性变形；正应力与剪应力；工作应力、极限应力与许用应力。

4-7　利用强度条件可以解决工程中哪三种类型的强度计算问题？

4-8　挤压面与计算挤压面是否相同？举例说明。

习　题

4-1　作图 4-32 所示杆件的轴力图。

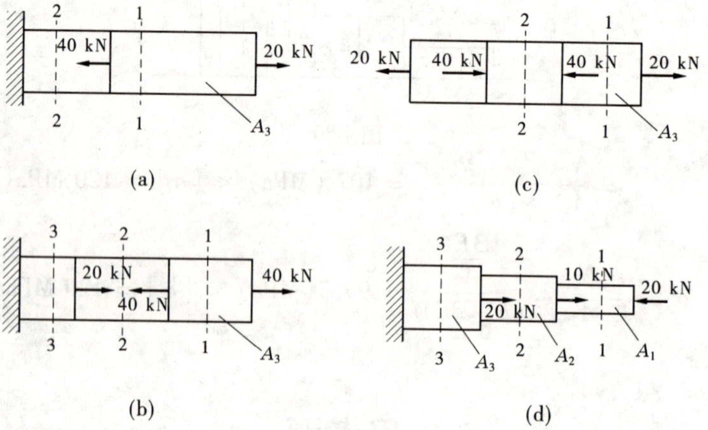

图 4-32

4-2　圆截面杆的直径及荷载如图 4-33 所示，求各杆的最大正应力。

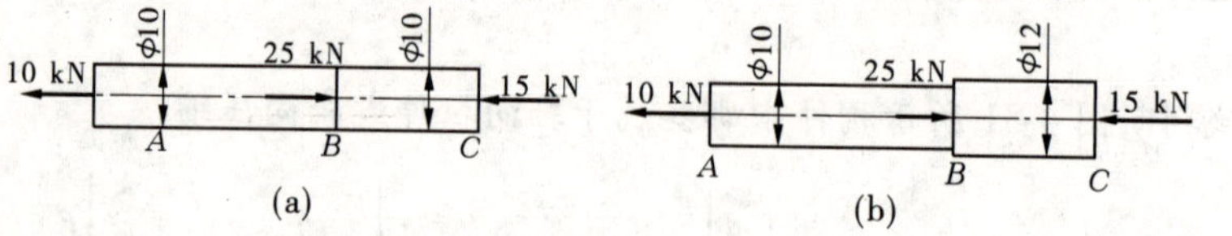

图 4-33

4-3　图 4-34 所示直杆承受轴向拉力 $F=10$ kN 的作用，已知杆的横截面面积 $A=100$ mm^2，试求 $\alpha=0°$、$30°$、$45°$、$60°$、$90°$ 的各斜截面上的正应力和剪应力。

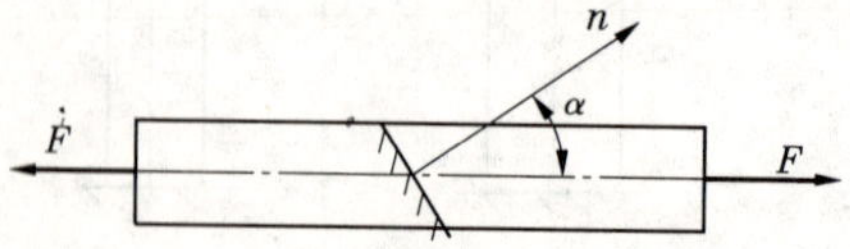

图 4-34

4-4　如图 4-32 所示，已知横截面面积 $A_1=200$ mm^2，$A_2=300$ mm^2，$A_3=400$ mm^2。求各段横截面上的应力。

4-5　用绳索起吊钢筋混凝土管子如图 4-35 所示。管子重 $W=10$ kN，绳索的直径 $d=40$ mm，许用应力 $[\sigma]=10$ MPa。试校核绳索的强度。

4-6　刚性梁 AB 用两根钢杆 AC 和 BD 悬挂着，受力如图 4-36 所示。已知钢杆 AC 和 BD 的直径分别为 $d_1=25$ mm 和 $d_2=18$ mm，钢的许用应力 $[\sigma]=170$ MPa，弹性模量 $E=$

2.0×10^5 MPa。试校核钢杆的强度，并计算钢杆的变形 Δl_{AC}、Δl_{BD}。

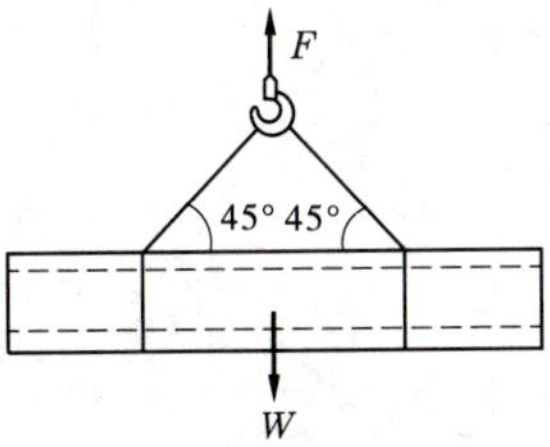

图 4-35

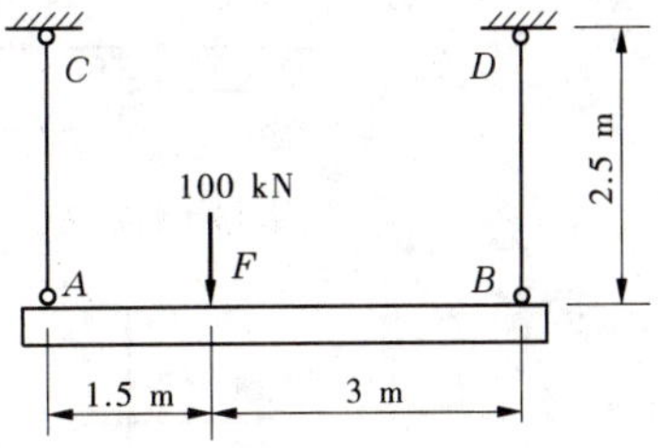

图 4-36

4-7　起重机如图 4-37 所示，钢丝绳 AB 的横截面面积为 500 mm^2，许用应力为 $[\sigma]=$ 40 MPa。试根据钢丝绳的强度求起重的许可起重量 F。

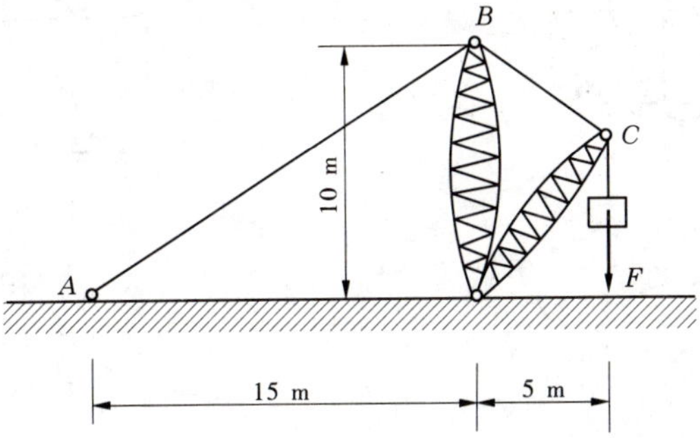

图 4-37

4-8　如图 4-38 所示一钢制阶梯杆，各段横截面面积分别为 $A_1=A_3=300\ mm^2$，$A_2=$ 200 mm^2，钢的弹性模量 $E=200$ GPa，求杆的总变形。

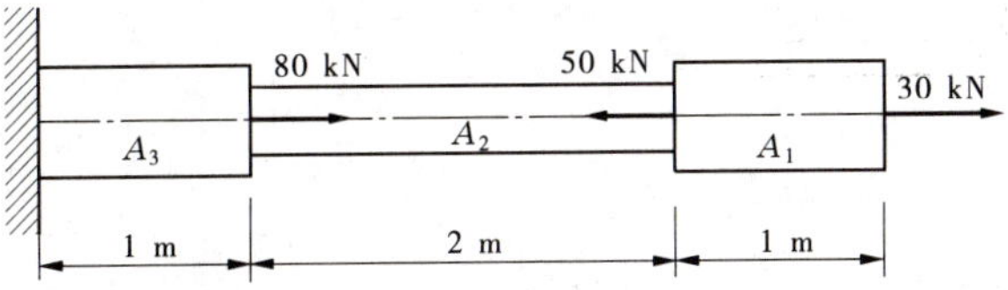

图 4-38

4-9　两块厚度为 10 mm、宽度为 60 mm 的钢板，用两个直径为 16 mm 的铆钉搭接在一起。钢板受拉力 $F=52$ kN，如图 4-39 所示。已知 $[\tau]=140$ MPa、$[\sigma_{bs}]=320$ MPa、$[\sigma]=160$ MPa。试校核强度。

4-10　两钢板由一个铆钉连接如图 4-40 所示，已知 $F=10$ kN，$\delta=5$ mm，许用应力 $[\tau]=80$ MPa，许用挤压应力 $[\sigma_{bs}]=200$ MPa，试确定铆钉的直径 d。

4-11　一矩形截面的木拉杆接头如图 4-41 所示。已知轴向拉力 $F=40$ kN，截面宽度 $b=250$ mm。木材的许用挤压应力 $[\sigma_{bs}]=10$ MPa，许用剪应力 $[\tau]=1$ MPa，求接头处所需尺寸 l 和 a。

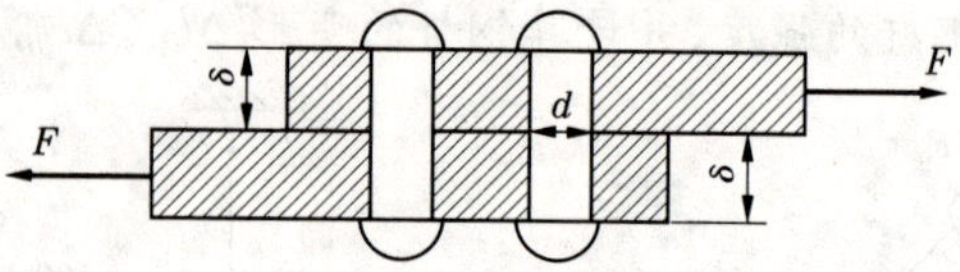

(a)

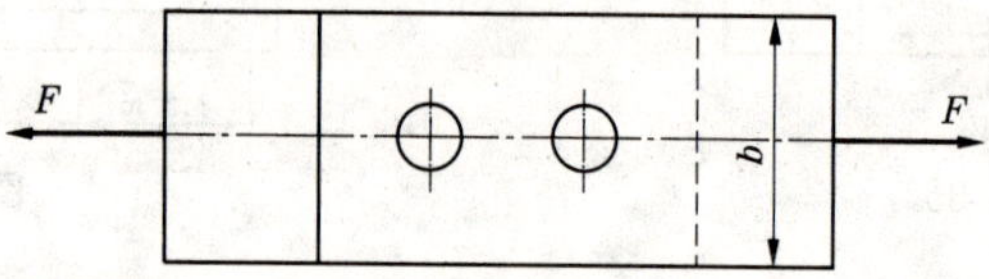

(b)

图 4-39

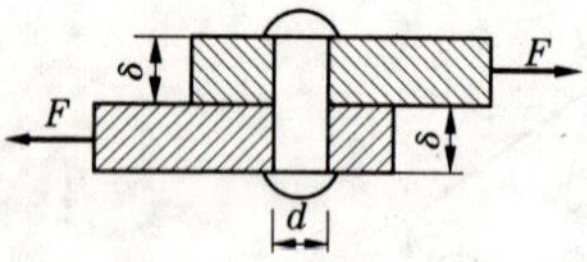

图 4-40

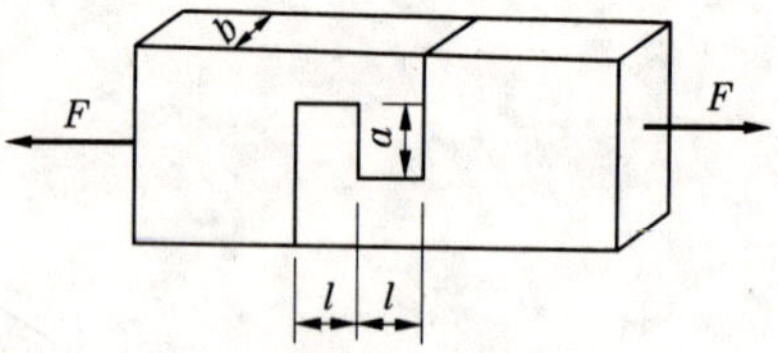

图 4-41

项目5 扭 转

【能力目标】 能判别工程中的扭转变形杆件，绘制扭矩图；能计算简单扭转杆件的承载能力和变形。

【知识目标】 掌握扭转变形杆件的特征；熟练掌握扭转杆件横截面内力计算方法并能绘制出扭矩图。了解扭转杆件横截面的应力计算和变形计算、强度及刚度条件的应用。

工程实际中，受扭的杆件很多。通常把扭转变形为主的杆件称为轴，如汽车转向轴 AB（见图5-1(a)），各类机械中的传动轴（见图5-1(b)、(c)）。

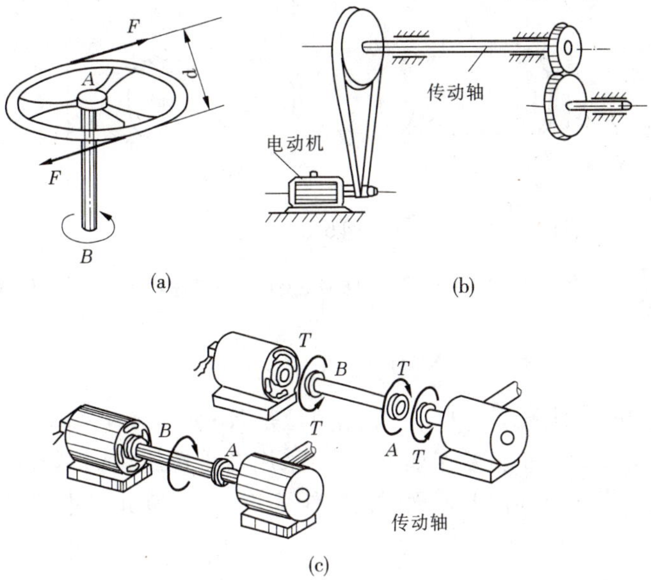

图5-1

扭转变形杆件的受力特点：在垂直于杆轴平面内作用着一对大小相等、转向相反的外力偶矩。

受扭杆件的变形特点：杆件的各横截面绕轴线发生相对转动。

任务1 扭矩和扭矩图

1 外力偶矩的计算

在实际计算传动轴扭转问题时，通常并不知道作用在传动轴上的外力偶矩 T，而只知道

轴的转速和所传递的功率。这时,可以根据已知的转速和功率来计算外力偶矩,表达式为

$$T = 9.55\frac{N_k}{n} \quad (kN \cdot m) \tag{5-1}$$

式中:N_k 为功率,kW;n 为转速,r/min。

2　截面法求横截面上的内力——扭矩

对受扭杆件进行强度和刚度计算,必须知道杆件受扭后横截面上产生的内力。如图 5-2(a)所示圆轴受到一对外力偶矩 T 的作用,为了求得任意 $n—n$ 截面上的内力,可采用截面法求解。沿 $n—n$ 截面将杆截为两部分,左段脱离体受力如图 5-2(b)所示,右段脱离体受力如图 5-2(c)所示。

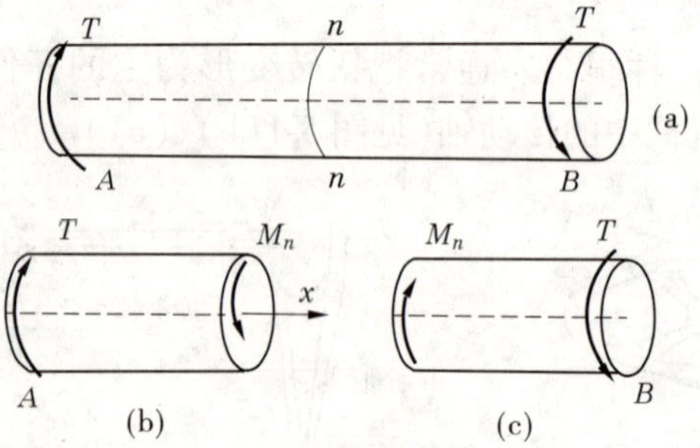

图 5-2

由受力图可知,$n—n$ 截面上必有内力存在,该内力称为扭矩,以 M_n 表示。由静力平衡方程

$$\sum M_{ix} = 0, M_n = T$$

扭矩 M_n 的量纲为$[M][L]^2[T]^{-2}$,常用单位是 N · m 和 kN · m。

工程中,通常对扭矩的正负号作如下规定:采用右手螺旋法则,若以右手的四指表示扭矩的转向,则大拇指的方向离开截面时的扭矩为正;反之为负,如图 5-3 所示。

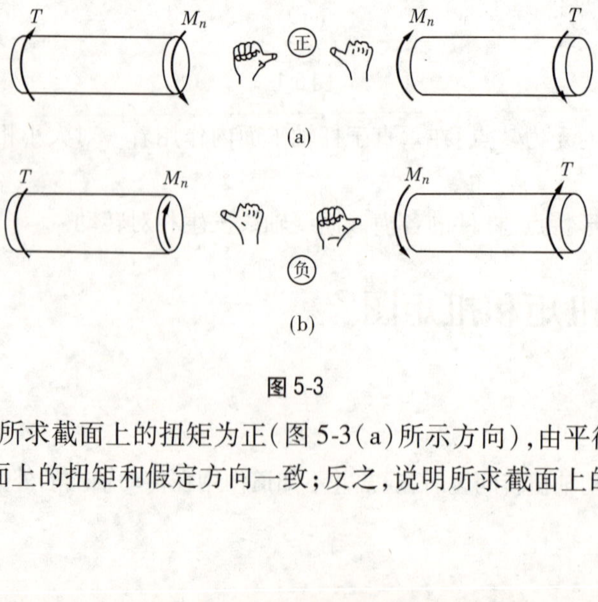

图 5-3

计算中可假定所求截面上的扭矩为正(图 5-3(a)所示方向),由平衡方程求出的值为正时,说明所求截面上的扭矩和假定方向一致;反之,说明所求截面上的扭矩和假定方向

相反。

3　扭矩图

计算中用扭矩图来表示杆件各个截面的扭矩值。采用直角坐标系，横坐标表示各横截面的位置，纵坐标表示相应截面上扭矩的大小，作出与轴力图相似的扭矩图。

【例 5-1】　如图 5-4(a)所示，传动轴的转速 $n=200$ r/min，主动轮 A 输入功率 $N_A=200$ kW，三个从动轮输出的功率分别为 $N_B=90$ kW，$N_C=50$ kW，$N_D=60$ kW。试绘出轴的扭矩图。

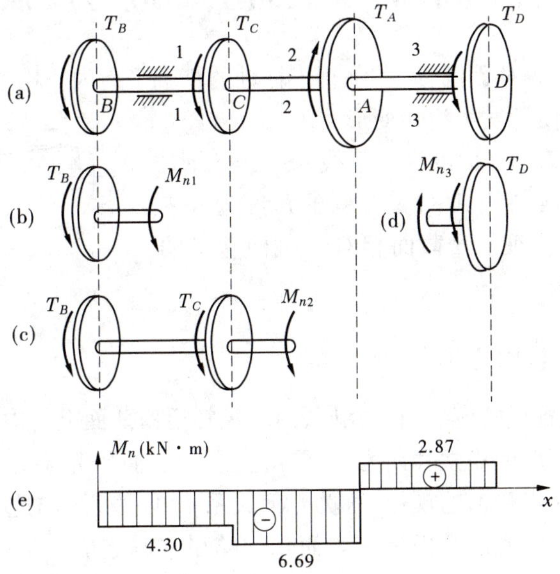

图 5-4

解：(1)计算外力偶矩。

$$T_A=9.55\times\frac{N_A}{n}=9.55\times\frac{200}{200}=9.55(\text{kN}\cdot\text{m})$$

$$T_B=9.55\times\frac{N_B}{n}=9.55\times\frac{90}{200}=4.30(\text{kN}\cdot\text{m})$$

$$T_C=9.55\times\frac{N_C}{n}=9.55\times\frac{50}{200}=2.39(\text{kN}\cdot\text{m})$$

$$T_D=9.55\times\frac{N_D}{n}=9.55\times\frac{60}{200}=2.87(\text{kN}\cdot\text{m})$$

(2)计算各段轴内的扭矩。

分别在截面 1—1、2—2、3—3 处将轴截开，保留左段或右段作为脱离体，并假设各个截面上的扭矩为正，如图 5-4(b)、(c)、(d)所示。

BC 段：由 $\sum M_x=0$，得

$$M_{n1}=-T_B=-4.30\ \text{kN}\cdot\text{m}\quad(\text{图 5-4(b)})$$

CA 段：由 $\sum M_x=0$，得

$$M_{n2}=-T_B-T_C=-6.69\ \text{kN}\cdot\text{m} \quad (\text{图 5-4(c)})$$

AD 段：由 $\sum M_x=0$，得

$$M_{n3}=T_D=2.87\ \text{kN}\cdot\text{m} \quad (\text{图 5-4(d)})$$

计算所得的 M_{n1} 和 M_{n2} 为负值，表示它们实际的转向与假设的转向相反。

(3)绘扭矩图。

按一定的比例绘出扭矩图，如图 5-4(e)所示。

任务2　圆轴扭转时横截面上的应力及强度计算

如图 5-5 所示的等截面圆杆，在垂直于杆轴的杆端平面内作用着一对大小相等、转向相反的外力偶矩 T，使杆发生扭转变形。

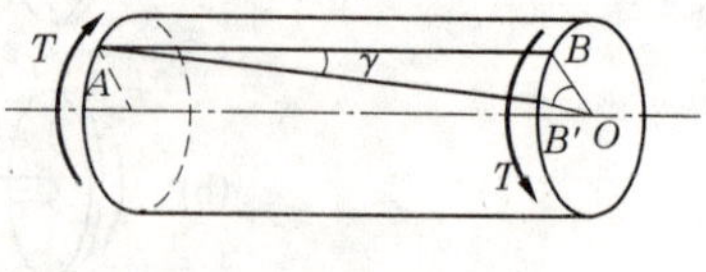

图 5-5

由图 5-5 可知，圆轴表面的纵向直线 AB，由于外力偶矩 T 的作用而变成斜线 AB'，其倾斜的角度为 γ，γ 称为剪切角，也称切应变。B 截面相对 A 截面转过的角度称为相对扭转角，以 φ_{B-A} 表示。

1　圆轴扭转时横截面上的应力

在构件的内部，各点的应力值不相同，因此仅知道横截面上的内力仍不足以确定各点的应力值。通过对变形的观察和研究，得到应变规律。而研究应力分布的基本思想方法是通过观察、分析，给出变形的规律（称为几何关系），再由变形与应力之间的物理关系得到应力分布规律，最后，利用截面上应力简化的结果来确定应力值（称为静力关系）。所以，应力公式的推导分为几何关系、物理关系、静力学关系三个阶段。

1.1　几何关系

首先，观察受扭圆轴的变化。为了便于观察，在圆轴表面画上纵向线和横向线（即圆周线），在外力矩作用下，变形如图 5-6(a)所示。可看到下面现象：

圆周线：圆周线之间的距离保持不变，圆周线仍保持圆周线，直径不变，只是转动了一个角度，轴端面保持平面。

纵向线：直线变成螺旋线，保持平行，纵向线与圆周线不再垂直，角度变化均为 γ。

上述现象是在圆轴表面看到的。根据看到的变形，假定内部变形也如此，从而提出平面假设：圆周横截面始终保持平面，各截面只是不同程度地、刚性地绕轴转动了一个角度。

由平面假设可知，各轴线长度不变，因而横截面上正应力 $\sigma=0$。

取圆轴上长 dx 的一段微段，再取锲形体 O_1O_2ABCD 为研究对象，左截面作为相对静止的面，右截面相对左截面转过 $d\varphi$ 角（见图 5-6(b)），轴表面的纵向线段 AD 变为 AD'。右截面上的 D 点的位移 DD'，从表面看，$\overline{DD'}=\gamma dx$，从横截面上看，$\overline{DD'}=d\varphi\dfrac{D}{2}$，因此有

$$\gamma dx=d\varphi\frac{D}{2}$$

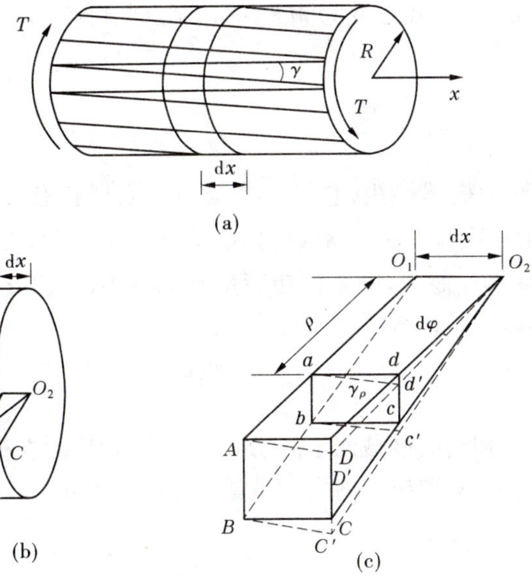

图 5-6

内部变形如同表面所见(见图 5-6(b)),因此在半径为 ρ 处的点的周向位移也有关系式

$$\gamma_\rho \mathrm{d}x = \rho \mathrm{d}\varphi$$

γ_ρ 是半径 ρ 处的切应变,上式可改写为

$$\gamma_\rho = \rho \frac{\mathrm{d}\varphi}{\mathrm{d}x} = \rho\theta \qquad (5\text{-}2)$$

式(5-2)中,θ 称为单位扭转角,该式表达了横截面上切应变的分布规律,切应变与半径 ρ 成正比。

1.2 物理关系

当材料处于弹性阶段的比例极限以内时,剪切虎克定律成立,切应力的分布规律为

$$\tau_\rho = G\gamma_\rho = G\rho\theta \qquad (5\text{-}3)$$

式(5-3)中 G 称为材料的剪切弹性模量,也称为切变模量,只与材料有关,反映材料抵抗剪切变形的能力,单位与弹性模量相同。式(5-3)表示切应力与半径 ρ 成正比,在圆周上切应力达到最大值,在轴中心处 $\tau = 0$,切应力沿半径呈线性分布,方向垂直于半径(见图 5-7)。

1.3 静力学关系

由几何关系、物理关系已确定了切应力在横截面上的分布规律,若单位扭转角 θ 确定,则应力就确定了。由内力的定义可知,各点切应力对轴线的力矩之和就是扭矩,由于扭矩已知,τ 值便可求得。

取截面上微面积 $\mathrm{d}A$,微面积上切应力之和为 $\tau_\rho \mathrm{d}A$,此力对轴的力矩为 $\tau_\rho \mathrm{d}A\rho$(见图 5-7)。整个横截面上切应力对轴之矩应和横截面上的扭矩 M_n 相等,即

$$M_n = \int_A \tau_\rho \rho \mathrm{d}A = \int_A \rho^2 \theta G \mathrm{d}A = \theta G \int_A \rho^2 \mathrm{d}A$$

若令 $I_P = \int_A \rho^2 dA$，则上式可变为 $M_n = \theta G I_P$。由此可得单位扭转角公式

$$\theta = \frac{M_n}{GI_P} \tag{5-4}$$

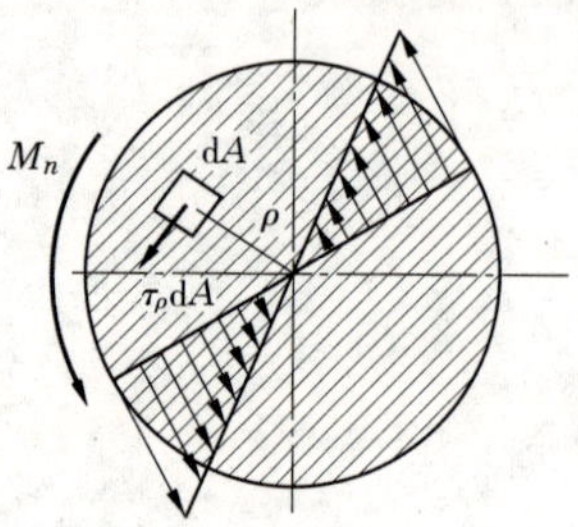

图 5-7

式(5-4)中，I_P 称为极惯性矩，它是一个与横截面形状有关的量，对于给定的截面，I_P 是一个常数，其量纲为$[L]^4$。GI_P 称为杆件的扭转刚度，GI_P 越大，则单位扭转角 θ 就越小，即扭转变形也就小。将式(5-4)代入式(5-3)，可得

$$\tau_\rho = \frac{M_n \rho}{I_P} \tag{5-5}$$

式(5-5)就是圆轴扭转时横截面上的切应力公式，切应力在横截面上呈线性分布。切应力值与材料性质无关，只取决于内力和横截面形状。当 $\rho = \rho_{max} = R$(圆周表面处)时，切应力最大，即

$$\tau_{max} = \frac{M_n R}{I_P} \tag{5-6}$$

令 $W_P = \frac{I_P}{R}$，于是式(5-6)为

$$\tau_{max} = \frac{M_n}{W_P} \tag{5-7}$$

式(5-7)中，W_P 称为抗扭截面模量，只与横截面形状和大小有关，其单位为"m^3"。

2 极惯性矩及抗扭截面模量的计算

2.1 实心圆截面

若在圆心 ρ 处取微面积 $dA = 2\pi\rho d\rho$(见图 5-8(a))，实心圆截面的极惯性矩为

$$I_P = \int_A \rho^2 dA = 2\pi \int_0^{\frac{D}{2}} \rho^3 d\rho = \frac{\pi D^4}{32}$$

抗扭截面模量为

$$W_P = \frac{I_P}{\rho_{max}} = \frac{\frac{\pi D^4}{32}}{\frac{D}{2}} = \frac{\pi D^3}{16}$$

2.2 空心圆截面

同理，空心圆截面(见图 5-8(b))的极惯性矩为

$$I_P = 2\pi \int_{\frac{d}{2}}^{\frac{D}{2}} \rho^3 d\rho = \frac{\pi}{32}(D^4 - d^4) = \frac{\pi D^4}{32}(1 - \alpha^4)$$

式中：$\alpha = d/D$ 为内外径之比。

抗扭截面模量为

$$W_P = \frac{I_P}{\rho_{max}} = \frac{\pi D^3}{16}(1 - \alpha^4)$$

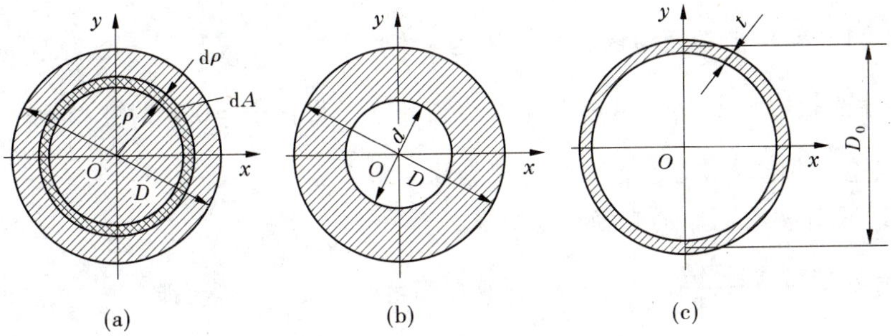

图 5-8

2.3 薄壁圆截面

当空心圆截面内外径相差很小时，这时候为薄壁圆截面，其平均直径 $D_0=\frac{D+d}{2}$，壁厚为 t（见图 5-8(c)）。薄壁圆截面的极惯矩为

$$I_P=\left(\frac{D_0}{2}\right)^2\pi D_0 t=2\pi r_0^3 t$$

式中：$r_0=\frac{D_0}{2}$为薄壁圆截面的平均半径。

抗扭截面模量为

$$W_P=\frac{I_P}{r_0}=2\pi r_0^2 t$$

空心圆轴扭转时，横截面上的切应力沿半径呈线性分布；薄壁圆轴扭转时，由于壁较薄，横截面上的切应力沿壁厚可视为均匀分布（见图 5-9）。

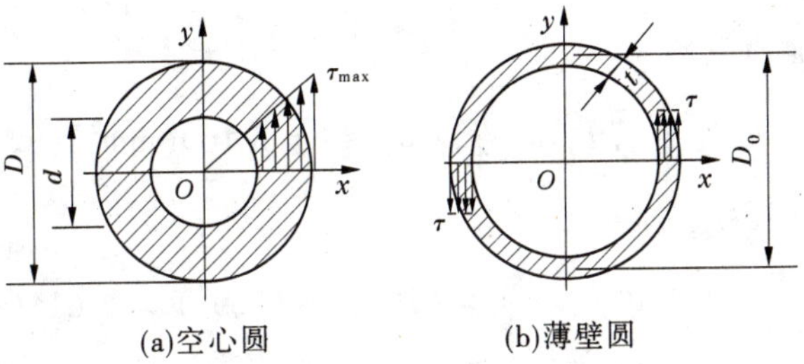

图 5-9

3 圆轴扭转时的强度条件

圆轴受扭时，轴内最大的工作应力 τ_{max} 不能超过材料的许用切应力，故圆轴扭转时的强度条件为

$$\tau_{max}=\frac{M_{n\max}}{W_P}\leqslant[\tau] \tag{5-8}$$

式中：$M_{n\max}$为横截面上的最大扭矩；W_P 为抗扭截面模量；$[\tau]$为材料的许用切应力。

根据上述强度条件，可以解决工程中的强度校核、设计截面、确定许用载荷等三类工程问题。

【例 5-2】 在传动轴系中的钢制的实心圆轴，其承受最大扭矩为 2 kN · m，$[\tau]=40$ MPa，试设计圆轴的直径 D_0。若将此轴改为内外直径之比 $\frac{d}{D}=0.8$ 的空心圆轴，试设计截面的内外直径，并比较实心圆轴和空心圆轴的用料。

解：(1)设计实心圆轴的直径 D_0。

按强度条件 $\tau_{max}=\frac{M_{nmax}}{W_P}\leqslant[\tau]$，可计算截面的抗扭截面系数，即

$$W_P \geqslant \frac{M_{nmax}}{[\tau]} = \frac{2\times10^3}{40\times10^6} = 0.05\times10^{-3}(m^3)$$

由 $W_P=\frac{\pi}{16}D_0^3=0.05\times10^{-3}\ m^3$，可计算实心圆轴的直径

$$D_0 \geqslant \sqrt[3]{\frac{0.05\times10^{-3}\times16}{\pi}} = 63.4(mm)$$

(2)设计空心截面的内外径。

因为 $W_P=\frac{I_P}{\rho_{max}}=\frac{\pi D^3}{16}(1-\alpha^4)$，其中 $\alpha=\frac{d}{D}=0.8$

所以由
$$W_P=\frac{\pi D^3}{16}(1-0.8^4)=0.05\times10^{-3}\ m^3$$

得
$$D\geqslant\sqrt[3]{\frac{0.05\times10^{-3}\times16}{\pi(1-0.8^4)}}=75.6(mm)$$

和
$$d=0.8D=0.8\times75.6=60.5(mm)$$

(3)比较两轴所用的材料。

实心圆轴的截面面积

$$A_1 = \frac{\pi}{4}D_0^2 = \frac{\pi}{4}\times63.4^2 = 3\ 160(mm^2)$$

空心圆轴的截面面积

$$A_2 = \frac{\pi}{4}(D^2-d^2) = \frac{\pi}{4}\times(75.6^2-60.5^2) = 1\ 614(mm^2)$$

空心圆轴和实心圆轴的用料之比就等于两轴的截面面积之比，即

$$\frac{A_2}{A_1} = \frac{1\ 614}{3\ 160} = 0.51$$

讨论：

由例 5-2 的计算可知，空心圆轴的用料约为实心圆轴用料的 1/2。由此可知，在强度相同的情况下，采用空心圆轴可以收到显著的减轻自重、节约材料的效果。

4 圆轴受扭破坏分析

以低碳钢为代表的塑性材料，扭转破坏时，断口在横截面上表现为断面光滑（见图 5-10(a)），是横截面上的切应力造成滑移破坏的。

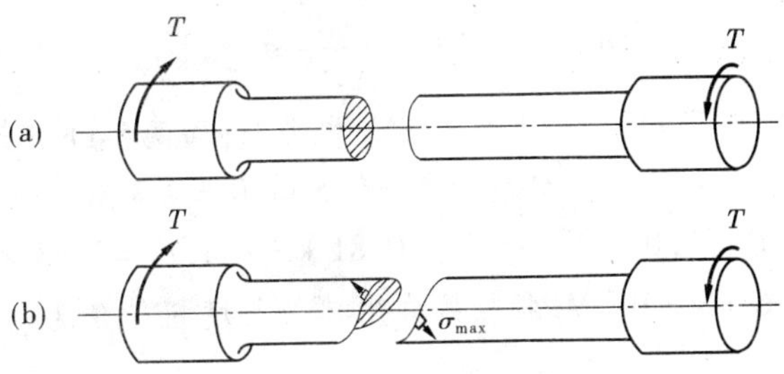

图 5-10

以铸铁为代表的脆性材料，扭转破坏断口发生在与轴线约成45°的斜面上（见图5-10(b)），断口为螺旋面，晶粒明显，断口粗糙，与拉伸试验破坏的断口相同仅方位不同。断口形状、方位表明，铸铁扭转时是斜面上的拉应力造成破坏，正负扭矩作用下的断口都发生在拉应力最大的面上。

铸铁扭转破坏的断口方位和形状表明，脆性材料抗拉应力能力比抗切应力能力差，所以不在切应力最大的面上破坏，而是在拉应力最大的面上破坏。结合铸铁的拉、压、扭破坏分析，可得到结论，铸铁抗压能力最强，抗剪切能力其次，抗拉能力最弱。

任务3 圆轴扭转时的变形及刚度计算

1 变形计算

衡量扭转变形的大小可用扭转角 φ 来表示，φ 与单位扭转角间的关系为 $\theta=\dfrac{d\varphi}{dx}$。

由式(5-4)可得

$$d\varphi = \theta dx = \frac{M_n}{GI_P}dx$$

上式表示相距 dx 的两截面之间相对转过的角度。

对于长为 l 的等直圆杆，若两横截面之间的扭矩 M_n 为常数，则

$$\varphi = \frac{M_n l}{GI_P} \tag{5-9}$$

由式(5-9)计算出来的扭转角 φ，其单位是 rad，若以单位“°”进行计算，则

$$\varphi = \frac{M_n l}{GI_P} \times \frac{180^\circ}{\pi} \tag{5-10}$$

2 刚度条件

圆轴受扭时，除满足强度条件外，还须满足一定的刚度要求。通常是限制单位长度上的最大扭转角 θ_{max} 不超过规范给定的许用值$[\theta]$，刚度条件可写作

$$\theta_{max} = \frac{M_{nmax}}{GI_P} \leqslant [\theta] \tag{5-11}$$

式(5-11)中 θ_{max} 单位为 rad/m，工程中给出的$[\theta]$单位通常是°/m，式(5-11)可写成

$$\theta_{\max} = \frac{M_{n\max}}{GI_P} \times \frac{180°}{\pi} \leqslant [\theta] \tag{5-12}$$

【例 5-3】 有一阶梯形圆轴，轴上装有三个皮带轮，如图 5-11 所示。轴的直径分别为 $d_1 = 40$ mm，$d_2 = 70$ mm。各段长度分别为 $l_1 = 0.5$ m，$l_2 = 0.3$ m，$l_3 = 1$ m。已知作用在轴上的外力偶矩分别为 $T_1 = 0.62$ kN·m，$T_2 = 0.81$ kN·m，$T_3 = 1.43$ kN·m。材料的许用切应力$[\tau] = 60$ MPa，$G = 8 \times 10^4$ MPa，轴的许用单位长度扭转角为$[\theta] = 2°/\text{m}$，试校核该轴的强度和刚度。

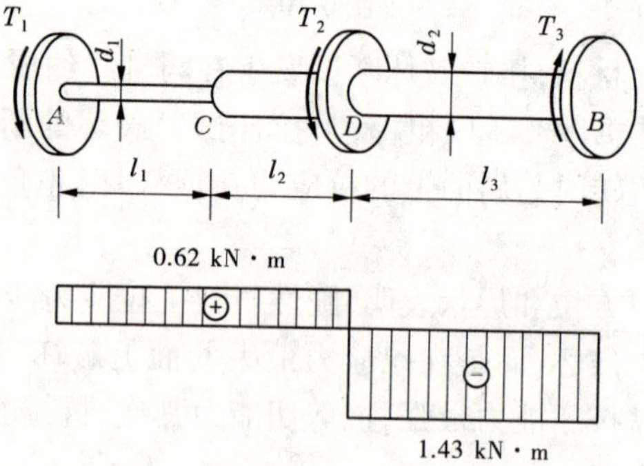

图 5-11

解：(1) 作出扭矩图(见图 5-11)。

(2) 强度校核。

由于 AC 段和 BD 段的直径不相同，横截面上的扭矩也不相同，因此对于 AC 段轴和 BD 段轴的强度都要进行校核。

$$AC\text{ 段}: \tau_{\max} = \frac{M_n}{W_P} = \frac{0.62 \times 10^3}{\dfrac{\pi \times d_1^3}{16}} = \frac{0.62 \times 10^3}{\dfrac{\pi}{16} \times 40^3 \times 10^{-9}} = 49.4 \text{ MPa} < [\tau] = 60 \text{ MPa}$$

$$BD\text{ 段}: \tau_{\max} = \frac{M_n}{W_P} = \frac{1.43 \times 10^3}{\dfrac{\pi \times d_2^3}{16}} = \frac{1.43 \times 10^3}{\dfrac{\pi}{16} \times 70^3 \times 10^{-9}} = 21.2 \text{ MPa} < [\tau] = 60 \text{ MPa}$$

计算结果表明，该轴的强度是足够的。

(3) 刚度校核。

$$AC\text{ 段}: \theta_{\max} = \frac{M_n}{GI_P} \times \frac{180}{\pi} = \frac{0.62 \times 10^3}{8 \times 10^4 \times 10^6 \times \dfrac{\pi}{32} \times 40^4 \times 10^{-12}} \times \frac{180}{\pi} = 1.77°/\text{m} < [\theta] = 2°/\text{m}$$

$$BD\text{ 段}: \theta_{\max} = \frac{M_n}{GI_P} \times \frac{180}{\pi} = \frac{1.43 \times 10^3}{8 \times 10^4 \times 10^6 \times \dfrac{\pi}{32} \times 70^4 \times 10^{-12}} \times \frac{180}{\pi} = 0.434°/\text{m} < [\theta] = 2°/\text{m}$$

计算结果表明，该轴的刚度也足够。

【例 5-4】 图 5-12(a) 所示为装有 4 个皮带轮的一根实心圆轴的计算简图。已知 $T_1 = 1.5$ kN·m，$T_2 = 3$ kN·m，$T_3 = 9$ kN·m，$T_4 = 4.5$ kN·m，各轮的间距为 $l_1 = 0.8$ m，$l_2 = 1.0$ m，$l_3 = 1.2$ m，材料的$[\tau] = 80$ MPa，$[\theta] = 0.3°/\text{m}$，$G = 80$ GPa。

(1)设计轴的直径 D。

(2)若轴的直径 $D_0=105$ mm,试计算全轴的相对扭转角 φ_{D-A}。

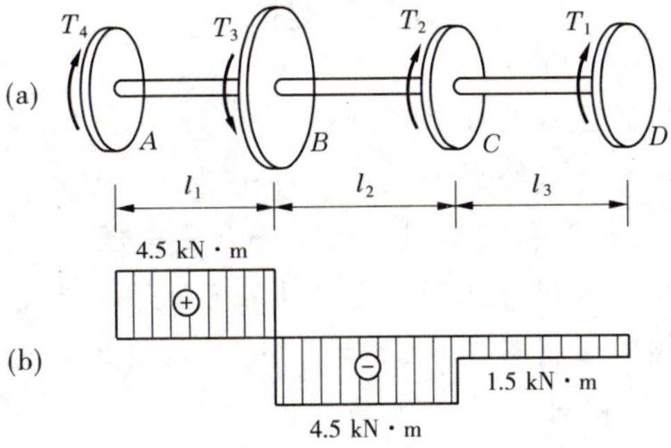

图 5-12

解:(1)绘出扭矩图(见图5-12(b))。

(2)设计轴的直径。

由扭矩图可知,圆轴中的最大扭矩发生在 AB 段和 BC 段,其绝对值 $M_n=4.5$ kN·m。

由强度条件
$$\tau_{\max}=\frac{M_n}{W_P}=\frac{M_n}{\frac{\pi D^3}{16}}=\frac{16M_n}{\pi D^3}\leqslant[\tau]$$

求得轴的直径为
$$D\geqslant\sqrt[3]{\frac{16M_n}{\pi[\tau]}}=\sqrt[3]{\frac{16\times4.5\times10^3}{\pi\times80\times10^6}}=0.06(\text{m})$$

由刚度条件
$$\theta_{\max}=\frac{M_n}{GI_P}\times\frac{180°}{\pi}\leqslant[\theta]$$

即
$$\frac{4.5\times10^3}{\frac{\pi D^4}{32}\times80\times10^9}\times\frac{180°}{\pi}\leqslant0.3$$

得
$$D\geqslant\sqrt[4]{\frac{32\times4.5\times10^3\times180}{\pi^2\times80\times10^9\times0.3}}=0.102(\text{m})$$

由上述强度计算和刚度计算的结果可知,该轴的直径应由刚度条件确定,选用 $D=102$ mm。

(3)扭转角 φ_{D-A} 计算。

根据题意,轴的直径采用 $D_0=105$ mm,其极惯性矩为
$$I_P=\frac{\pi D^4}{32}=\frac{\pi\times105^4}{32}=1\ 193\times10^4(\text{mm}^4)$$

$$\begin{aligned}\varphi_{D-A}&=\varphi_{D-C}+\varphi_{C-B}+\varphi_{B-A}\\&=\frac{(M_n)_{CD}l_3}{GI_P}+\frac{(M_n)_{BC}l_2}{GI_P}+\frac{(M_n)_{AB}l_1}{GI_P}\\&=\frac{-1.5\times10^3\times1.2}{80\times10^9\times1\ 193\times10^{-8}}+\frac{-4.5\times10^3\times1}{80\times10^9\times1\ 193\times10^{-8}}+\frac{4.5\times10^3\times0.8}{80\times10^9\times1\ 193\times10^{-8}}\end{aligned}$$

$= -2.84 \times 10^{-3}(\text{rad}) = -0.163°$

思考题

5-1 扭矩与外力偶矩的区别与联系是什么？

5-2 圆轴扭转时剪应力计算公式的适用条件是什么？

5-3 轴扭转时，实心圆截面和空心圆截面哪一个更合理？为什么？

5-4 阶梯轴的最大扭转剪应力是否一定发生在最大扭矩所在的截面上？为什么？

5-5 若直径和长度相同但材料不同的两根轴，在相同的扭矩作用下，它们的最大剪应力是否相同？扭转角是否相同？

5-6 试分析图 5-13 所示扭转剪应力分布是否正确？为什么？

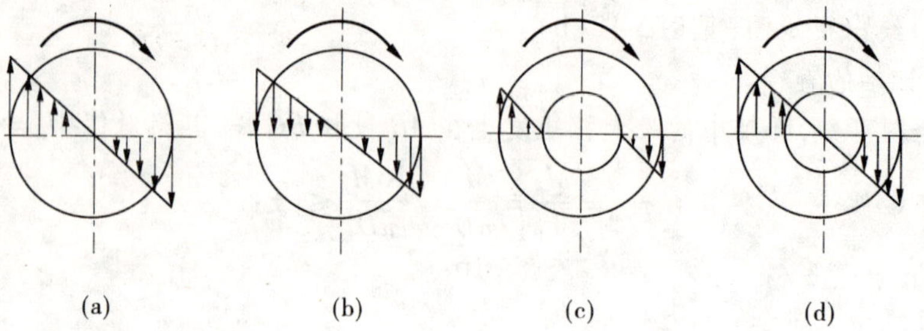

图 5-13

习 题

5-1 求图 5-14 所示各轴中各段扭矩，并画出扭矩图。

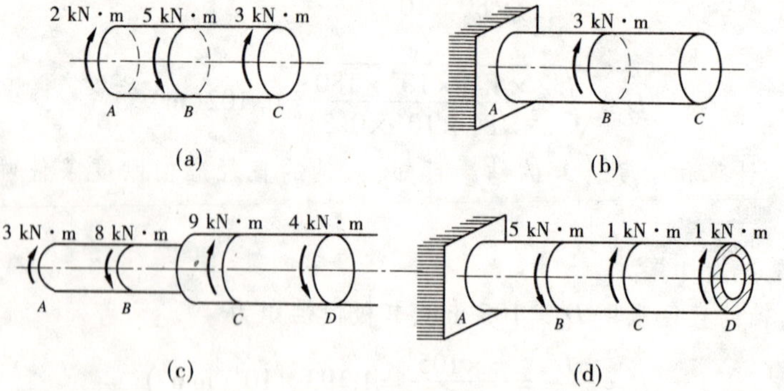

图 5-14

5-2 实心圆轴的直径 $D = 100$ mm，两端受外力偶 $M_x = 15$ kN · m 作用，如图 5-15 所示。试求：

(1) 轴内阴影截面上 A、B、O 三点处的剪应力的大小及方向。

(2) 轴内的最大剪应力。

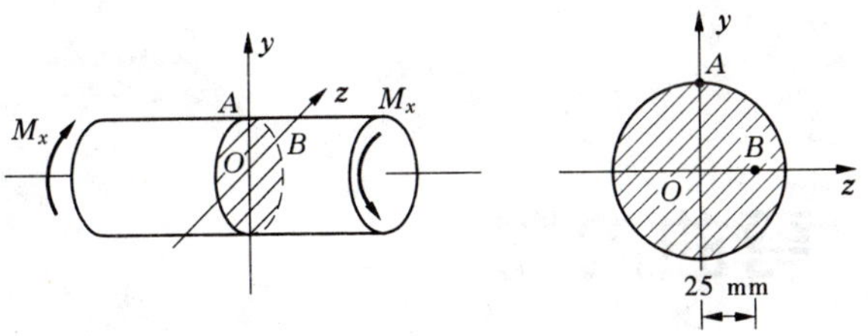

图5-15

5-3 一钢轴长 $l=1$ m,承受扭矩 $M_n=18$ kN · m 作用,材料的许用剪应力$[\tau]=40$ MPa,试按强度条件确定圆轴的直径 d。

5-4 有一钢制圆截面传动轴,其直径 $D=70$ mm,转速 $n=120$ r/min,材料的许用剪应力$[\tau]=60$ MPa。试确定该轴所能传递的许用功率。

5-5 如图5-16所示,实心圆轴直径 $D=76$ mm, $m_1=4.5$ kN · m, $m_2=2$ kN · m, $m_3=1.5$ kN · m, $m_4=1$ kN · m。设材料的剪切弹性模量 $G=80$ GPa, $[\tau]=60$ MPa, $[\theta]=1.2°/\text{m}$,试校核该轴的强度和刚度。

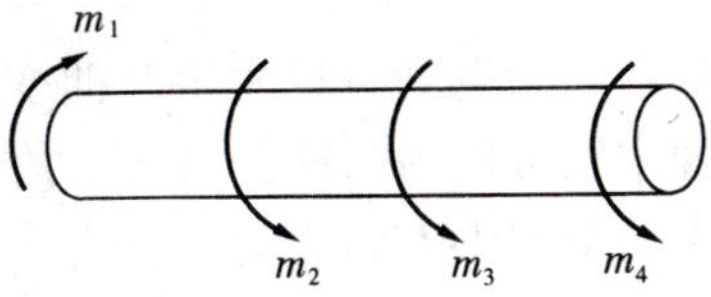

图5-16

项目6 弯曲内力

【能力目标】 能判别工程中弯曲变形杆件，对单跨静定梁进行分析计算并绘制内力图。
【知识目标】 掌握弯曲变形杆件的特征；熟练掌握单跨静定梁横截面内力计算方法，并能绘制出内力图。

任务1 梁的内力

1 弯曲变形与平面弯曲

在日常生活和工程实际中，经常会遇到直杆发生弯曲变形的情形。以弯曲变形为主的杆件，通常叫作梁。梁是工程中经常用到的构件，它的功能是通过弯曲变形将承受的荷载传向两端支承，从而提供较大的空间供人们活动。因此，梁在建筑工程中占有十分重要的地位。在吊车轮的作用下，工业厂房中的吊车梁如图 6-1 所示，发生弯曲；在荷载作用下，阳台的挑梁如图 6-2 所示，也发生弯曲。

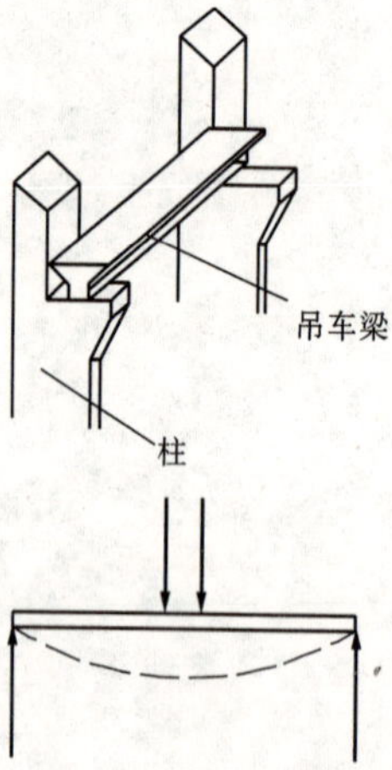

图 6-1

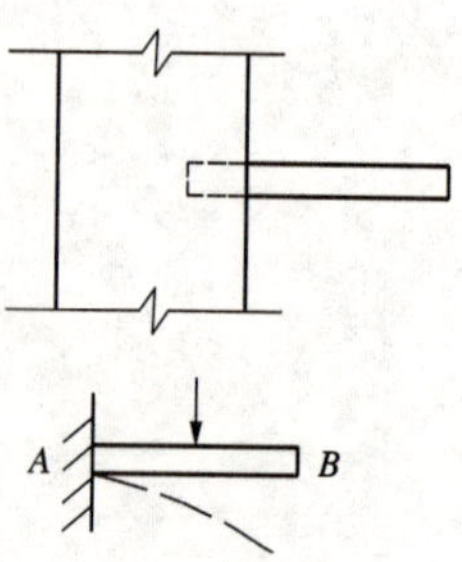

图 6-2

工程中常用的梁，其横截面多有一根竖向对称轴，各横截面对称轴构成的平面称为梁的纵向对称平面，垂直于横截面。若梁上的外力均位于纵向对称平面内，梁的轴线也在该平面内弯成一条曲线。这种梁的弯曲平面与外力作用平面相重合的弯曲称为平面弯曲，如图 6-3 所示。平面弯曲是最简单的弯曲变形，是一种基本变形。在以后的讨论中，所提到的弯曲，如无特殊说明，都是指平面弯曲。

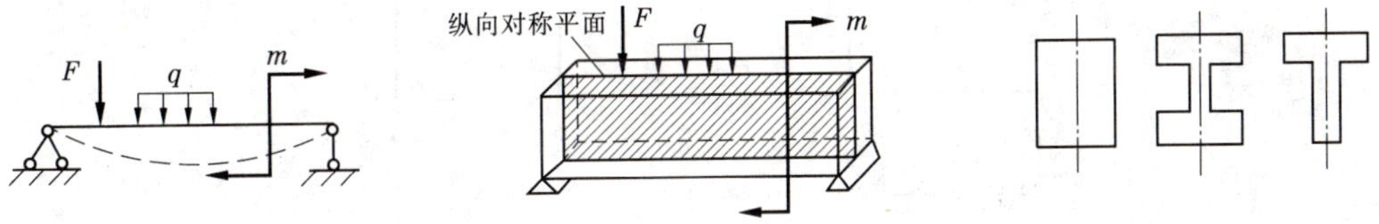

(a) (b) (c)

图 6-3

2 梁的基本类型

工程中对于单跨静定梁按支座布置情况可分为以下三种基本形式：

(1)简支梁：一端为固定铰支座，另一端为可动铰支座，如图6-4(a)所示。

(2)外伸梁：一端或两端向外伸出的简支梁，如图6-4(b)所示。

(3)悬臂梁：一端为固定支座，另一端为自由端，如图6-4(c)所示。

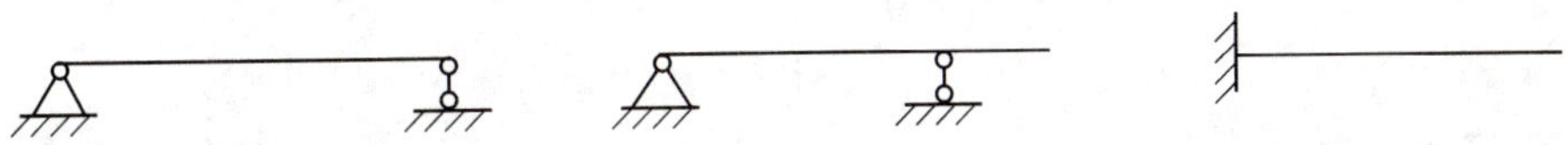

(a)简支梁 (b)外伸梁 (c)悬臂梁

图 6-4

3 弯曲内力

3.1 弯曲内力——剪力和弯矩的概念

梁受外力作用后，在各个截面上会引起与外力相当的内力。内力的确定是解决强度问题的基础和选择横截面尺寸的依据，为此就必须计算梁的内力。

分析横截面上的内力仍采用截面法。

梁 AB 如图6-5(a)所示，在外力作用下处于平衡状态。现在研究梁上任一横截面 $m—m$ 上的内力。

首先，利用截面法，在截面 $m—m$ 处将梁切成左、右两段，并任取一段(如左段)为研究对象。在左段梁上作用有已知外力 Y_A 和 F_1，如图6-5(b)所示，则在截面 $m—m$ 上，一定作用有某些内力来维持这段梁的平衡。

现在，如果将左段梁上的所有外力向截面 $m—m$ 的形心 C 简化，可以得一垂直于梁轴的主矢 R' 和一主矩 M'。由此可见，为了维持左段梁的平衡，横截面 $m—m$ 上必然同时存在两个内力分量：与主矢 R' 平衡的内力 Q；与主矩 M' 平衡的内力偶矩 M。内力 Q 位于所切开横截面 $m—m$ 上，称为剪力；内力偶矩 M 称为弯矩。所以，当梁弯曲时，横截面上存在剪力和弯矩两个内力分量。

(1)横截面切线方向上的内力分量 Q，称为剪力。其单位为牛(N)或千牛(kN)。

(2)垂直于梁轴线且作用在纵向对称平面内的内力分量力偶，其力偶矩 M 称为弯矩。其单位为牛·米(N·m)或千牛·米(kN·m)。

横截面上的剪力值和弯矩值可由平衡条件求得。

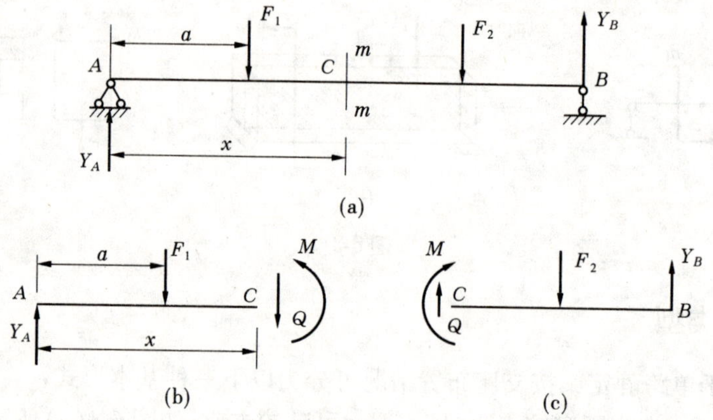

图 6-5

取左梁段为研究对象，由平衡方程：

$$\sum Y = 0 \quad Y_A - F_1 - Q = 0$$

$$Q = Y_A - F_1 \tag{a}$$

再由平衡方程：

$$\sum M_C = 0 \quad M + F_1(x - a) - Y_A x = 0$$

$$M = -F_1(x - a) + Y_A x \tag{b}$$

同样，如果以右梁段为研究对象，如图 6-5(c)所示，并根据其平衡条件计算截面 m—m 上的内力，将得到与式(a)数值相同的剪力和与式(b)数值相同的弯矩，但其方向则分别与图 6-5(b)所示的 Q、M 相反。

3.2 剪力和弯矩的正、负符号的规定

3.2.1 剪力 Q

当横截面上的剪力 Q 绕所取的研究对象顺时针方向转动时为正，如图 6-6(a)所示 Q 为正；反之，如图 6-6(b)所示为负。

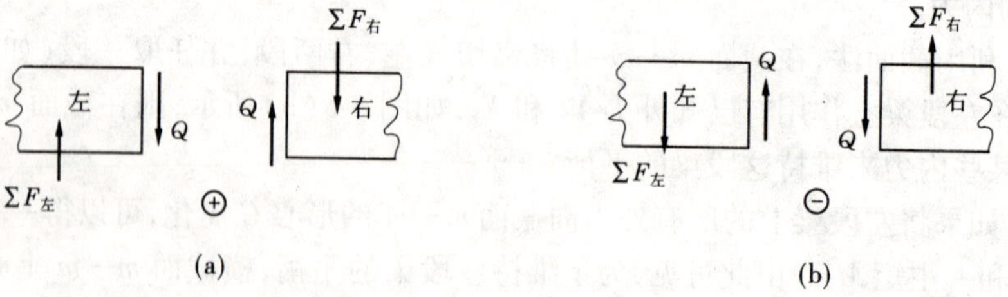

图 6-6

3.2.2 弯矩 M

当横截面上的弯矩 M 使所取的研究对象产生向下凸(下部受拉、上部受压)的变形时为正，如图 6-7(a)所示；反之为负，如图 6-7(b)所示。

3.3 用截面法计算梁指定截面的内力

其计算步骤一般如下：

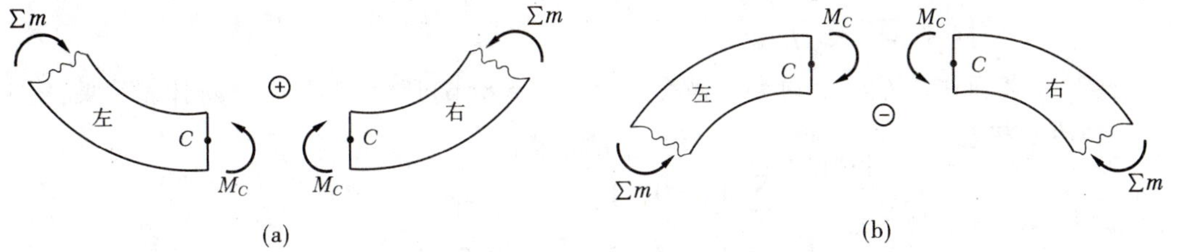

图6-7

(1)计算梁的支座反力。

(2)在需要计算内力的横截面处,将梁假想地切开,并任选一段为研究对象。

(3)画所选梁段的受力图。这时剪力和弯矩的方向都按规定的正方向画出,即假设这些力均为正方向。当由平衡方程解得内力为正号时,表示实际方向与所假设方向一致,即内力为正值;若解得内力为负号,表示实际方向与假设方向相反,即内力为负值。

(4)通常由平衡方程$\sum Y=0$,计算剪力Q;以所切横截面的形心C为矩心,由平衡方程$\sum M_C=0$,计算弯矩M。

【例6-1】 已知简支梁AB如图6-8(a)所示。求距左端支座2 m处C截面上的内力。已知$F_1=20$ kN,$F_2=40$ kN。

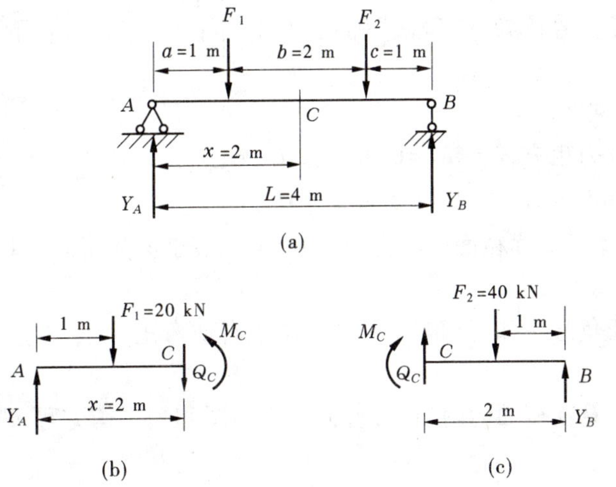

图6-8

解:(1)求支座反力。由整体平衡条件:

$$\sum M_A=0 \quad -F_1a-F_2(L-c)+Y_BL=0$$

$$Y_B=\frac{F_1a+F_2(L-c)}{L}=\frac{20\times1+40\times(4-1)}{4}=35(\text{kN})$$

$$\sum M_B=0 \quad F_1(L-a)+F_2c-Y_AL=0$$

$$Y_A = \frac{F_1(L-a)+F_2c}{L} = \frac{20\times(4-1)+40\times1}{4} = 25(\text{kN})$$

(2)用截面法求 C 截面内力。画受力图如图6-8(b)所示,为便于判断计算结果,图中未知内力都按规定的正方向假设。由左段梁平衡条件:

$$\sum Y = 0 \quad Y_A - F_1 - Q_C = 0$$

$$Q_C = Y_A - F_1 = 25 - 20 = 5(\text{kN})$$

$$\sum M_C = 0 \quad -Y_Ax + F_1(x-a) + M_C = 0$$

$$M_C = Y_Ax - F_1(x-a) = 25\times2 - 20\times(2-1) = 30(\text{kN}\cdot\text{m})$$

计算结果均为正,实际内力方向如图6-8(b)、(c)所示。

3.4 直接根据外力计算梁的内力

截面法是计算内力最基本的方法,对以后学习和应用有重要作用,必须掌握。在熟悉应用截面法计算内力的基础上,可以总结出直接根据外力计算梁的内力的规律。

3.4.1 求剪力的规律

取左梁段建立投影方程 $\sum Y=0, Q=\sum F_{左}$。

取右梁段建立投影方程 $\sum Y=0, Q=\sum F_{右}$。

上两式说明:梁任一横截面上的剪力,在数值上等于该截面梁段上所有外力在截面上投影的代数和。

等式右边的正负号按如下"口诀"确定:左上右下剪力为正,左下右上剪力为负。如图6-6所示。

3.4.2 求弯矩的规律

取左梁段建立力矩方程 $\sum M_C=0, M=\sum M_C(F_{左})$。

取右梁段建立力矩方程 $\sum M_C=0, M=\sum M_C(F_{右})$。

上两式说明:梁任一横截面上的弯矩,在数值上等于该截面梁段上所有外力对截面形心力矩的代数和。

等式右边的正负号按如下"口诀"确定:左顺右逆弯矩为正,左逆右顺弯矩为负。如图6-7所示。

由外力直接计算横截面的内力,可省去画受力图和列平衡方程,即可简化计算过程。现举例说明。

【例6-2】 简支梁上作用集中力 $F=1$ kN,集中力偶 $m=4$ kN·m,均布荷载 $q=10$ kN/m,如图6-9所示。试求截面1—1和截面2—2上的剪力和弯矩。

解:(1)求支座反力。由整体平衡条件:

$$\sum M_B = 0 \quad -Y_A\times1 + F\times0.75 - m + \frac{q}{2}\times0.5^2 = 0$$

$$Y_A = F\times0.75 - m + \frac{q}{2}\times0.5^2 = 1\times0.75 - 4 + \frac{0.5^2\times10}{2} = -2(\text{kN})$$

$$\sum M_A = 0 \quad -F\times0.25 - m - q\times0.5\times0.75 + Y_B\times1 = 0$$

$$Y_B = F\times0.25 + m + q\times0.5\times0.75 = 1\times0.25 + 4 + 10\times0.5\times0.75 = 8(\text{kN})$$

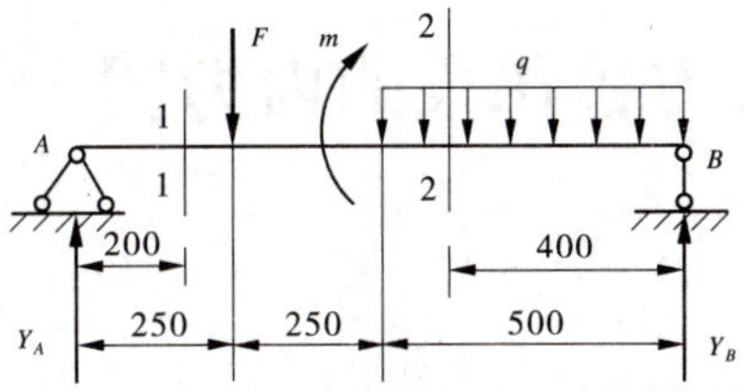

图 6-9 （单位:mm）

(2)求内力。由截面 1—1 左侧外力:

$$Q_1 = Y_A = -2 \text{ kN}$$

$$M_1 = 0.2Y_A = -0.4 \text{ kN} \cdot \text{m}$$

由截面 2—2 右侧外力:

$$Q_2 = 0.4q - Y_B = 0.4 \times 10 - 8 = -4(\text{kN})$$

$$M_2 = Y_B \times 0.4 - \frac{0.4^2 \times q}{2} = 8 \times 0.4 - 0.4^2 \times \frac{10}{2} = 2.4(\text{kN} \cdot \text{m})$$

【例 6-3】 外伸梁受荷载作用如图 6-10 所示。图中截面 1—1、2—2 无限接近于截面 A 的左、右侧,截面 3—3、4—4 无限接近于跨中截面的左、右侧。试求图示各截面的剪力和弯矩。

解:(1)求支座反力。取整体为研究对象:

$$\sum M_B = 0 \quad F \times 3a - m - Y_A \times 2a = 0$$

$$Y_A = \frac{F \times 3a - m}{2a} = 1.25F$$

$$\sum M_A = 0 \quad Fa - m + Y_B \times 2a = 0$$

$$Y_B = \frac{-Fa + m}{2a} = -0.25F$$

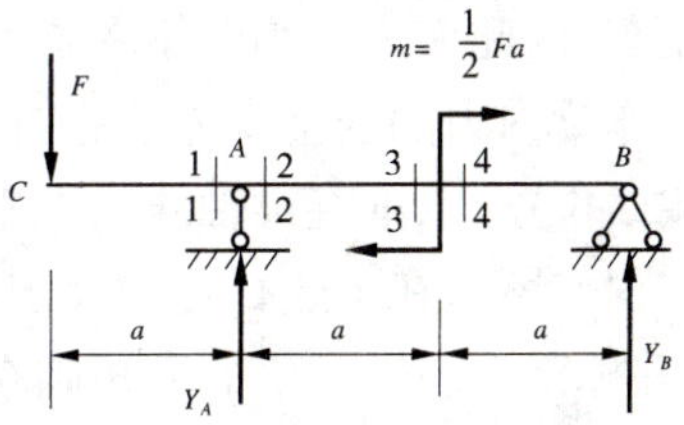

图 6-10

(2)求内力。

由截面左侧梁段上外力计算:

截面 1—1 $\quad Q_1 = -F \quad M_1 = -Fa$

截面 2—2 $\quad Q_2 = Y_A - F = 0.25F \quad M_2 = -Fa$

由截面右侧梁段上外力计算:

截面 3—3 $\quad Q_3 = -Y_B = 0.25F \quad M_3 = -m + Y_Ba = -0.75Fa$

截面 4—4 $\quad Q_4 = -Y_B = 0.25F \quad M_4 = Y_Ba = -0.25Fa$

比较截面 1—1、2—2 的内力:$Q_2 - Q_1 = 0.25F - (-F) = 1.25F = Y_A$;$M_2 = M_1$。

可见,在集中力左右两侧截面上,弯矩相同,剪力发生突变,突变值等于该集中力值。

比较截面 3－3、4－4 的内力:$M_4 - M_3 = -0.25Fa - (-0.75Fa) = 0.5Fa = m$;$Q_4 = Q_3$。

可见,在集中力偶左右两侧截面上,剪力相同,弯矩发生突变,突变值等于该集中力偶的力偶矩。

任务2 用内力方程作梁的内力图

1 剪力方程和弯矩方程

进行梁的强度和刚度计算时,除需要计算指定截面的内力外,还必须了解剪力和弯矩沿梁轴线的变化规律,并确定最大内力值及其作用位置。在一般情况下,梁横截面上的剪力和弯矩都是随截面位置不同而变化的。若取梁轴线为 x 轴,坐标 x 表示各截面位置,则梁各截面上的剪力和弯矩均为 x 的函数,即

$$Q = Q(x) \text{ 和 } M = M(x)$$

以上两函数表达式即为内力方程,分别称为剪力方程和弯矩方程。它表明剪力、弯矩沿梁轴线变化的情况。

2 剪力图和弯矩图

一般情况下,梁的不同截面上的内力是不同的,即剪力和弯矩随截面位置而变化。由于在进行强度计算时,需要知道各横截面上剪力、弯矩中的最大值及所在截面位置,因此必须知道剪力和弯矩随截面而变化的情况。通常将横截面的剪力、弯矩沿梁轴线的变化规律用图形来表示,即剪力图和弯矩图。此外,在计算梁的位移时,也要用到弯矩方程或弯矩图,因此剪力图和弯矩图是梁的强度计算和刚度计算的重要依据。

作梁内力图的基本方法是首先列出梁的内力方程,以平行梁轴线的横坐标 x 表示各横截面位置,以垂直梁轴线的纵坐标表示相应截面的剪力和弯矩,选取适当比例,根据内力方程作图。在土建行业中规定:正值的剪力画在 x 轴的上方,负值的剪力画在 x 轴的下方,并标正、负号;正值的弯矩画在 x 轴的下方,负值的弯矩画在 x 轴的上方,即弯矩图画在受拉的一侧,一般可不标注正、负号。这种作梁内力图的方法称为列内力方程法。下面举例说明。

【例6-4】 悬臂梁在自由端作用集中荷载 F,如图6-11所示。试作其剪力图和弯矩图。

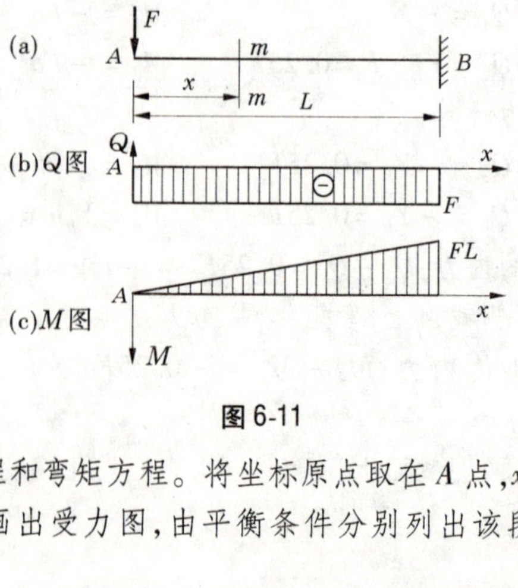

图6-11

解:(1)建立剪力方程和弯矩方程。将坐标原点取在 A 点,x 向右为正,截取任一截面 x 的左段梁为研究对象,画出受力图,由平衡条件分别列出该段梁的剪力方程和弯矩方

程。

$$\sum Y = 0 \quad Q(x) = -F \quad (0 < x < L) \tag{a}$$

$$\sum M_x = 0 \quad M(x) = -Fx \quad (0 \leqslant x \leqslant L) \tag{b}$$

(2)作剪力图和弯矩图。由式(a)可知,剪力函数为常量,该梁的剪力 Q 不随截面位置而变化。取直角坐标系 xAQ,选适当比例,画出梁的剪力图为平行 x 轴的水平线,因各截面剪力均为负值,故剪力图画在 x 轴下侧,并注明负号,如图6-11(b)所示。

由式(b)可知,弯矩 M 为 x 的一次函数,故弯矩图为一条斜直线。一般由梁段两端的弯矩值来确定该直线:在 $x=0$ 处,$M_A=0$;在 $x=L$ 处,$M_B=-FL$。取直角坐标系 xAM,选适当比例作弯矩图。因 M 为负值,按规定 M 图画在 x 轴上侧,可不注负号,如图6-11(c)所示。

(3)确定内力最大值。由图6-11可见:

$|Q|_{max}=F$ 发生在全梁各截面,$|M|_{max}=FL$ 发生在 B 截面上。

内力图特征:无荷载作用的梁段上,剪力图为水平线,弯矩图为斜直线。

【例6-5】 简支梁受集度为 q 的均布荷载作用,如图6-12(a)所示。试求其剪力图和弯矩图。

解:(1)求支座反力。由结构和外力的对称性,可知两支座反力相等,即

$$Y_A = Y_B = 0.5qL(\uparrow)$$

(2)建立剪力方程和弯矩方程。坐标原点取在 A 点,x 向右为正,截取任意截面 x 的左段梁为研究对象,画出受力图,由平衡条件分别列出该段梁的剪力方程和弯矩方程。

$$\sum Y = 0 \quad Q(x) = Y_A - qx = 0.5qL - qx \quad (0 < x < L)$$

$$\sum M_x = 0 \quad M(x) = Y_A x - 0.5qx^2 = 0.5qLx - 0.5qx^2 \quad (0 \leqslant x \leqslant L)$$

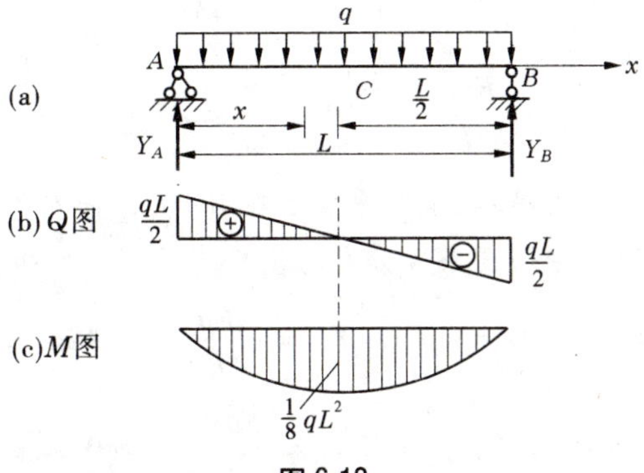

图6-12

(3)作剪力图和弯矩图。由剪力方程可知,剪力为 x 的一次函数,剪力图为斜直线。在 $x=0$ 处,$Q_A=0.5qL$;$x=L$ 处,$Q_B=-0.5qL$。选合适比例定两点作剪力图如图6-12(b)所示。注明正负号,可不画坐标轴。

由弯矩方程可知,弯矩为 x 的二次函数,弯矩图为二次抛物线,确定曲线至少需要三个点。在 $x=0$ 处,$M_A=0$;在 $x=L$ 处,$M_B=0$;在 $x=0.5L$ 处,$M_C=\dfrac{qL^2}{8}$。选合适的比例在

受拉侧作弯矩图，如图 6-12(c)所示。

(4)确定内力最大值。由内力图可直接确定 $|Q|_{\max}$。

$|Q|_{\max}=0.5qL$，在 A、B 两端截面。

M 图上有极值点。由弯矩方程的一阶导数(剪力方程)为零确定极值点位置，再代入弯矩方程求出 M 极值。如本题，由 $Q(x)=0.5qL-qx=0$，得 $x=0.5L$，代入弯矩方程，得

$$M(x)|_{x=0.5L}=\frac{qL^2}{4}-\frac{qL^2}{8}=\frac{qL^2}{8}$$

即 $|M|_{\max}=\frac{qL^2}{8}$，在跨中截面。

内力图特征：在均布荷载 q 作用梁段，剪力图为直线；弯矩图为二次抛物线，曲线弯曲方向与 q 指向相同；在剪力为零的截面，弯矩有极值。

【例 6-6】 简支梁 AB 在 C 点处作用集中力 F，如图 6-13(a)所示。试作梁的内力图。

解：(1)求支座反力。由整体平衡方程：

$$\sum M_B=0 \qquad -Y_AL+Fb=0 \qquad Y_A=\frac{Fb}{L}$$

$$\sum M_A=0 \qquad Y_BL-Fa=0 \qquad Y_B=\frac{Fa}{L}$$

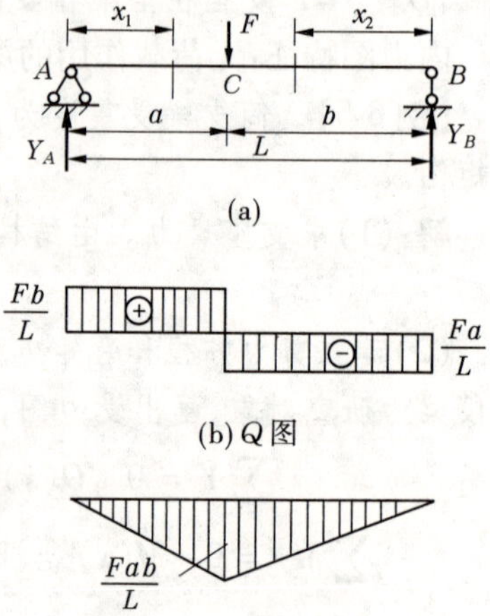

(a)

(b) Q 图

(c) M 图

图 6-13

(2)建立剪力方程和弯矩方程。因集中力两侧杆段的内力图不连续，故剪力方程和弯矩方程应分 AC、CB 两段分别列出。

AC 段：坐标原点取在 A 点，取任意截面 x_1 左段梁为研究对象，画出受力图，由平衡条件分别写出剪力方程和弯矩方程。

$$\sum Y=0 \qquad Q(x_1)=Y_A=\frac{Fb}{L} \qquad (0<x_1<a)$$

$$\sum M_{x_1}=0 \qquad M(x_1)=Y_Ax_1=\frac{Fbx_1}{L} \qquad (0\leqslant x_1\leqslant a)$$

CB 段：为使内力方程形式简单，坐标原点取在 B 点，x_2 向左为正，取任意截面 x_2 右段梁为研究对象，画出受力图，由平衡条件分别写出剪力方程和弯矩方程。

$$\sum Y=0 \qquad Q(x_2)=-Y_B=-\frac{Fa}{L} \qquad (0<x_2<b)$$

$$\sum M_{x_2}=0 \quad M(x_2)=Y_Bx_2=\frac{Fax_2}{L} \qquad (0\leqslant x_2\leqslant b)$$

(3)作剪力图和弯矩图。由上面方程可知，剪力方程为常数方程，剪力为常量，在 AC 段为正值，在 CB 段为负值，故剪力图为两段水平线，如图 6-13(b)所示。

在 AC、CB 梁段，M 均为 x 的一次函数，故弯矩图为两段斜率不同的斜直线。在 $x_1=0$ 处，$M_A=0$；在 $x_1=a$ 处，$M_C=\frac{Fab}{L}$；在 $x_2=0$ 处，$M_B=0$；在 $x_2=b$ 处，$M_C=\frac{Fab}{L}$。作弯矩图如图 6-13(c)所示。

(4) 确定内力最大值，由内力图可知：

$|Q|_{max} = \dfrac{Fb}{L}(b>a)$，在 AC 梁段各截面；$|M|_{max} = \dfrac{Fab}{L}$，在 C 截面。

如果集中力 F 作用在跨中截面，即 $a = b = \dfrac{L}{2}$ 时，$|M|_{max} = \dfrac{FL}{4}$。

内力图特征：在集中力 F 作用截面，剪力图有突变，突变的绝对值为 F；弯矩图有尖角，尖角的指向与 F 相同。

【例 6-7】 简支梁 AB 在 C 处作用一集中力偶 m，如图 6-14(a) 所示，试作其内力图。

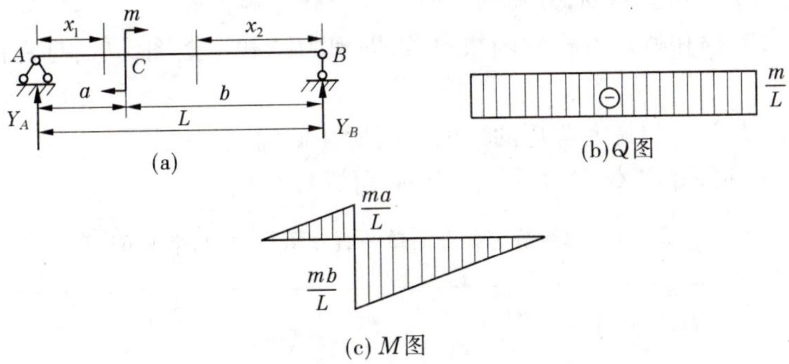

图 6-14

解：(1) 求支座反力。由整体平衡方程：

$$Y_A = -\frac{m}{L} \qquad Y_B = \frac{m}{L}$$

(2) 建立剪力方程和弯矩方程。由于集中力偶作用截面左、右两侧梁段内力不连续，应分段列内力方程。

AC 段：取坐标原点在 A 点，x_1 向右为正，由 x_1 截面左侧梁段外力，直接求截面内力：

$$Q(x_1) = Y_A = -\frac{m}{L} \qquad (0 < x_1 < a) \tag{a}$$

$$M(x_1) = Y_A x_1 = -\frac{m}{L}x_1 \qquad (0 \leqslant x_1 \leqslant a) \tag{b}$$

CB 段：坐标原点取在 B 点，x_2 向左为正，由 x_2 截面右侧梁段外力，直接求截面内力：

$$Q(x_2) = -Y_B = -\frac{m}{L} \qquad (0 < x_2 < b) \tag{c}$$

$$M(x_2) = Y_B x_2 = \frac{m}{L}x_2 \qquad (0 \leqslant x_2 \leqslant b) \tag{d}$$

(3) 作内力图。由式(a)、式(c)可见，AC、CB 梁段剪力相同，剪力图为水平线，如图 6-14(b) 所示。由式(b)、式(d)可见，AC、CB 梁段弯矩均为 x 的一次函数，弯矩图为两条斜率不同的斜直线。在 $x_1 = 0$ 处，$M_A = 0$；在 $x_1 = a$ 处，$M_{C左} = -\dfrac{ma}{L}$；在 $x_2 = 0$ 处，$M_B = 0$；在 $x_2 = b$ 处，$M_{C右} = \dfrac{mb}{L}$。

绘梁弯矩图，如图 6-14(c) 所示。

(4)确定内力最大值,设 $b>a$,从内力图上直观确定 $|Q|_{\max}=\dfrac{m}{L}$,沿全梁各截面;$|M|_{\max}=\dfrac{mb}{L}$,在 $C_{右}$ 截面处。

内力图特征:在集中力偶作用处,剪力图不受影响;弯矩图发生突变,突变值等于该力偶矩的大小。

从以上论述可得出作剪力图和弯矩图的一般步骤:

(1)求出支座反力。

(2)沿梁轴线建立坐标轴,分别列出剪力方程和弯矩方程。

(3)作剪力方程和弯矩方程的函数图形,即剪力图和弯矩图,同时标注图名、数值、单位和正负号。

(4)确定最大剪力和最大弯矩的数值及其所在截面。

单跨静定梁在简单荷载作用下的内力图,可查表 6-1。

表 6-1　单跨静定梁在简单荷载作用下的 Q 图、M 图

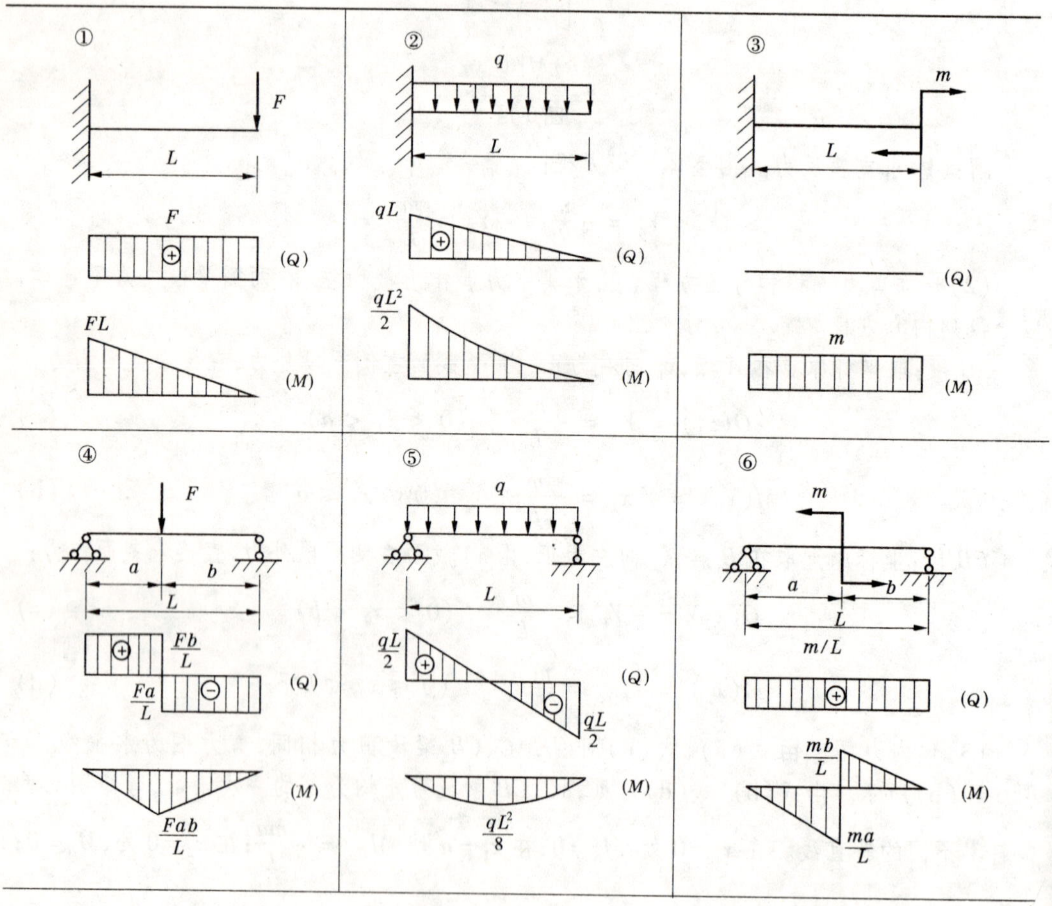

续表 6-1

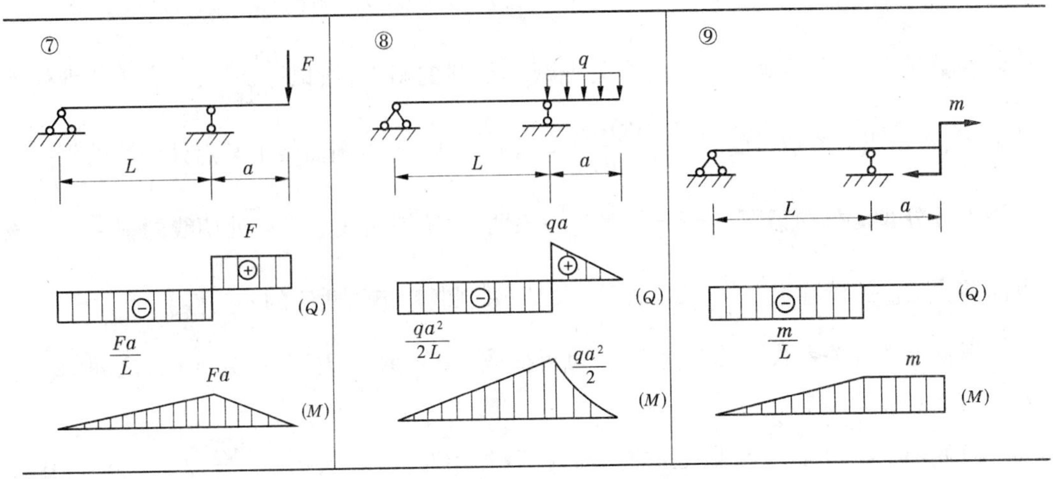

任务 3　用荷载、剪力、弯矩之间的微分关系作梁的内力图

由任务 2 的讨论可知，用内力方程绘制内力图是比较烦琐的。通过任务 2 的几个例题发现，荷载、剪力、弯矩之间的变化具有一定规律，用这些规律绘制内力图就可以使计算工作量大为减小。

1　弯矩、剪力、荷载集度间的关系

规定向上为正梁在荷载作用下，横截面上将产生弯矩和剪力两种内力。若梁上作用一分布荷载 $q(x)$，则横截面上的弯矩、剪力和分布荷载的集度都是 x 的函数。通过推导（推导过程从略），可得到荷载集度 $q(x)$、剪力 $Q(x)$、弯矩 $M(x)$ 之间的微分关系式如下：

$$\frac{\mathrm{d}Q(x)}{\mathrm{d}x} = q(x) \qquad \text{(a)}$$

即剪力对 x 的一阶导数等于该截面分布荷载的集度。

$$\frac{\mathrm{d}M(x)}{\mathrm{d}x} = Q(x) \qquad \text{(b)}$$

即弯矩对 x 的一阶导数等于该截面的剪力。

将式(b)代入式(a)又可得：

$$\frac{\mathrm{d}^2M(x)}{\mathrm{d}x^2} = q(x) \qquad \text{(c)}$$

即弯矩对 x 的二阶导数等于该截面分布荷载的集度。

2 弯矩、剪力、荷载集度间的关系在作内力图中的应用

在数学上，一阶导数的几何意义是曲线上切线的斜率，所以$\frac{dQ(x)}{dx}$、$\frac{dM(x)}{dx}$分别代表剪力图、弯矩图上的切线的斜率。$\frac{dQ(x)}{dx}=q(x)$表明：剪力图曲线上某点处切线的斜率等于该点处分布荷载的集度。$\frac{dM(x)}{dx}=Q(x)$表明：弯矩图曲线上某点处切线的斜率等于该点的剪力值。二阶导数$\frac{d^2M(x)}{dx^2}=q(x)$可以用来判断弯矩图曲线的凹凸性。

根据上述各关系式及其几何意义，可得荷载$q(x)$、剪力$Q(x)$、弯矩$M(x)$之间的微分关系。

(1)$q(x)=0$时。当梁段上没有分布荷载作用时，$q(x)=0$，由$\frac{dQ(x)}{dx}=q(x)=0$可知，$Q(x)=$常量，此梁段的剪力图为水平线。由$\frac{dM(x)}{dx}=Q(x)=$常量可知，$M(x)$为x的线性函数，此梁段的弯矩图为斜直线。当$Q(x)>0$时，$M(x)$为增函数，弯矩图为向右下斜直线；当$Q(x)<0$时，$M(x)$为减函数，弯矩图为向右上斜直线。

(2)$q(x)=$常量时。当梁段上作用有均布荷载时，$q(x)=$常量，由$\frac{dQ(x)}{dx}=q(x)=$常量可知，$Q(x)$为x的线性函数，此梁段的剪力图为斜直线。由$\frac{dQ(x)}{dx}=q(x)$可知，$M(x)$为x的二次函数，此梁段的弯矩图为二次曲线。当均布荷载向下作用时，$\frac{dQ(x)}{dx}=q(x)<0$，$Q(x)$为减函数，剪力图为向右下斜直线；可知，弯矩图向下凸。当均布荷载向上作用时，$\frac{dQ(x)}{dx}=q(x)>0$，$Q(x)$为增函数，剪力图为向右上斜直线；由$\frac{dQ(x)}{dx}=q(x)>0$可知，弯矩图应向上凸。由$\frac{dM(x)}{dx}=Q(x)$可知，在$Q(x)=0$处$M(x)$有极值，即剪力等于零的截面上弯矩有极大值或极小值。

以上为荷载集度、剪力、弯矩之间的微分关系。利用该关系作梁内力图的方法称为简捷法，也称为控制截面法，是绘制梁内力图的主要方法。

简捷法作梁内力图的基本步骤为：

(1)求支座反力。

(2)根据外力和支座情况，确定作梁内力图的控制截面。

(3)确定各控制截面内力值。

(4)根据荷载集度、剪力、弯矩之间的微分关系，逐段画内力图。

(5)确定$|Q|_{max}$和$|M|_{max}$。

梁的荷载、剪力图、弯矩图之间的关系见表6-2。

表 6-2　梁的荷载、剪力图、弯矩图之间的关系

序号	梁上荷载情况	剪力图	弯矩图
1	无分布荷载 （$q=0$）	Q图为水平直线 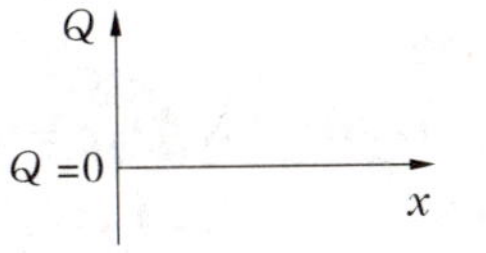 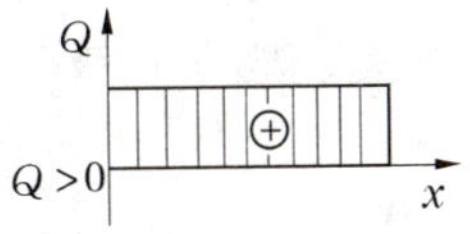 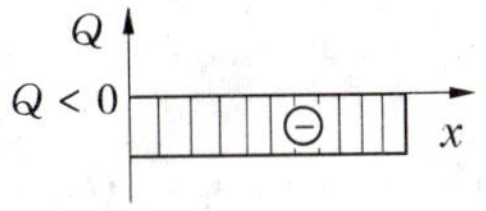	M图为斜直线 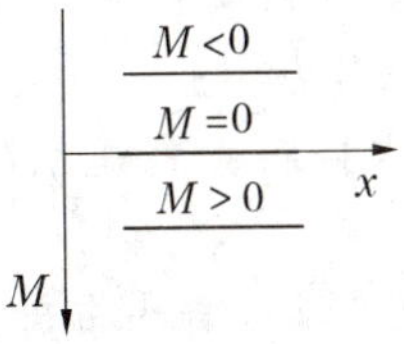 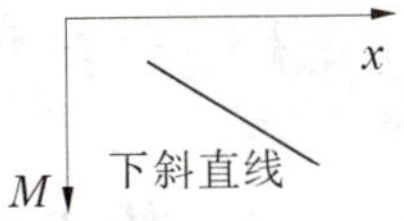 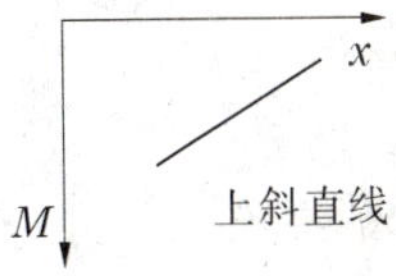
2	均布荷载向上作用 $q>0$ 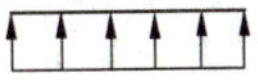	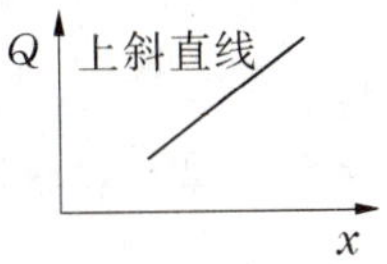	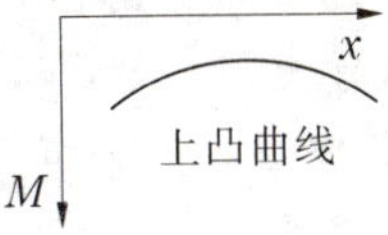
3	均布荷载向下作用 $q<0$ 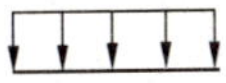	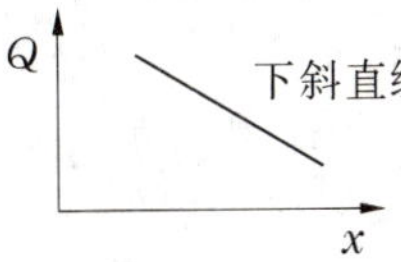	
4	集中力作用 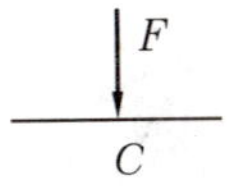	C截面有突变 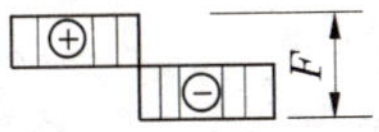	C 截面有尖角 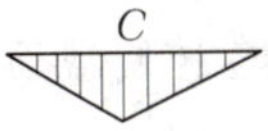
5	集中力偶作用 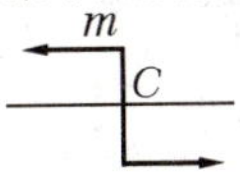	C截面无变化	C 截面有突变 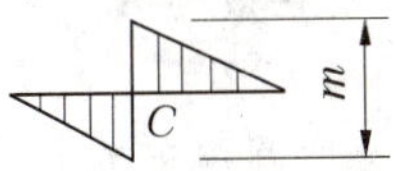

【例 6-8】 用简捷法作出图 6-15(a)所示简支梁的内力图。

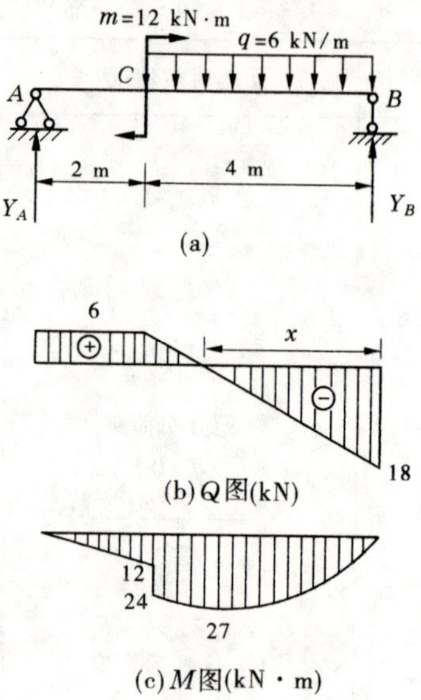

图 6-15

解:(1)求支座反力。

$$Y_A = 6\ \text{kN} \qquad Y_B = 18\ \text{kN}$$

根据荷载变化情况,该梁应分为 AC、CB 两段。

(2)剪力图:

①求控制截面剪力 $Q_{A右}=6\ \text{kN}$,$Q_C=6\ \text{kN}$,$Q_{B左}=-18\ \text{kN}$。

②CB 梁段有均布荷载 q,剪力图为斜直线。该梁段 $Q=0$ 处弯矩有极值,设该截面到 B 支座距离为 x,极值点位置计算:

$$Q_0 = -Y_B + qx = 0$$

$$x = \frac{Y_B}{q} = \frac{18}{6} = 3(\text{m})$$

③AC 梁段无外力,剪力图为水平线,可通过 $Q_{A右}=Y_A=6\ \text{kN}$ 画出。剪力图如图 6-15(b)所示。由图可见,$|Q|_{\max}=18\ \text{kN}$,作用在 $B_{左}$ 截面。

(3)弯矩图:

①求控制截面弯矩:$M_A=0$,$M_{C左}=Y_A\times 2=12\ \text{kN}\cdot\text{m}$,$M_{C右}=M_{C左}+m=24\ \text{kN}\cdot\text{m}$,$M_B=0$,$|M|_{\max}=Y_B\times x-\dfrac{q\times x^2}{2}=27\ \text{kN}\cdot\text{m}$,作用在距 B 支座 3 m 处;

②作图:AC 梁段无外力,弯矩图为斜直线,CB 段有向下的均布荷载,弯矩图为下凸的二次抛物线。弯矩图如图 6-15(c)所示。

【例 6-9】 试作图 6-16(a)所示外伸梁的剪力和弯矩图。

解:(1)求支座反力。

$$Y_A = 7\ \text{kN} \qquad Y_B = 5\ \text{kN}$$

梁分段为 AC、CD、DB、BE 四段。

(2)剪力图:

①求各控制截面剪力。

$$Q_{A右} = Y_A' = 7\ \text{kN} \qquad Q_{C左} = Q_{A右} - q\times 4 = 3\ \text{kN}$$

$$Q_{C右} = Q_{C左} - F_1 = 1\ \text{kN} \qquad Q_D = Q_{C右} - q\times 4 = -3\ \text{kN}$$

$$Q_D = Q_{B左} = -3\ \text{kN} \qquad Q_{B右} = Q_{E左} = 2\ \text{kN}$$

②根据荷载与剪力的微分关系作出剪力图如图 6-16(b)所示。由图可见:$|Q|_{\max}=7\ \text{kN}$,作用在截面 $A_{右}$。

(3)弯矩图:

①求控制截面弯矩。

$$M_A = 0$$

$$M_C = Y_A\times 4 - q\times 4\times\frac{4}{2} = 20\ \text{kN}\cdot\text{m}$$

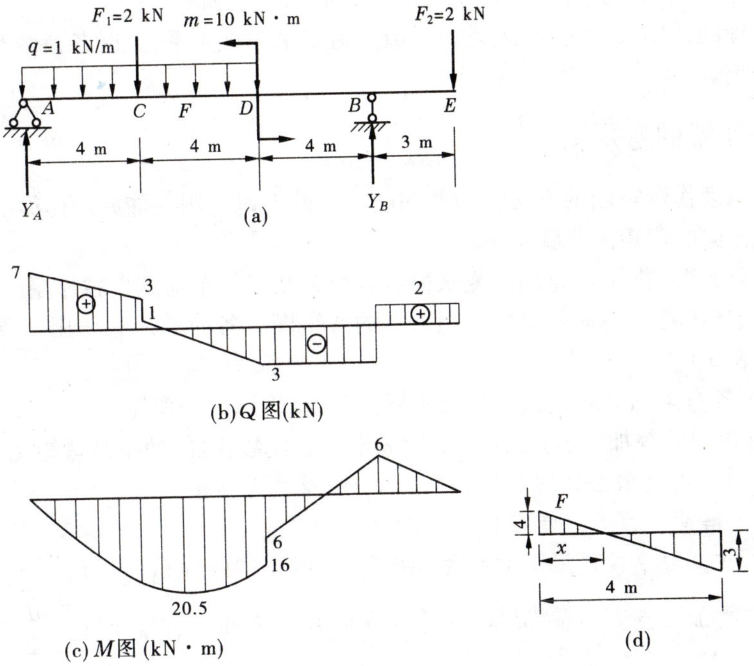

图 6-16

$$M_{D左} = Y_A \times 8 - q \times 8 \times \frac{8}{2} - F_1 \times 4 = 16\ \text{kN}\cdot\text{m}$$

$$M_{D右} = M_{D左} - m = 6\ \text{kN}\cdot\text{m}$$

$$M_B = M_{D右} - 3 \times 4 = -6\ \text{kN}\cdot\text{m}$$

$$M_E = 0$$

②根据荷载与弯矩的微分关系作出弯矩图如图 6-16(c)所示。

③求$|M|_{max}$。因 Q 变号，M 有极值。$Q=0$ 截面位置可由几何关系确定，如图 6-16(d)所示。

由$\frac{x}{1}=\frac{4-x}{3}$，可得 $x=1$ m。

由图 6-16(c)可见：$|M|_{max}$作用在距 A 支座 5 m 处。

$$|M|_{max} = Y_A \times 5 - q \times 5 \times \frac{5}{2} - F_1 \times 1 = 20.5\ \text{kN}\cdot\text{m}$$

任务 4　用叠加法作梁的弯矩图

本节介绍作内力图的另一种方法——叠加法。它也是一种较实用简便的方法，其特点是通过运用叠加原理来画内力图。

1　叠加原理

叠加原理指在弹性范围、小变形，各荷载共同作用下，梁的某一量值(反力、内力、应力、位移)等于各荷载单独作用时所引起的该量值的代数和。

叠加原理的适用条件是:必须是该量值与荷载呈线性关系,此时各荷载产生的该量值才能互不影响。

2 叠加法作梁的弯矩图

用叠加原理作弯矩图的方法称为叠加法。此处仅讨论用叠加原理作梁的弯矩图。

叠加法作梁的弯矩图步骤:

(1)荷载分组。把梁上作用的复杂荷载分解为几组简单荷载单独作用。

(2)分别作出各简单荷载单独作用下梁的弯矩图。各简单荷载作用下单跨静定梁的弯矩图可查表6-1。

(3)叠加各弯矩图上对应截面的纵坐标代数值,得原梁的弯矩图。

注意:弯矩图的叠加,是弯矩图上对应纵坐标的代数相加,而不是弯矩图的简单拼合。

【例6-10】 用叠加法作图6-17(a)所示悬臂梁的弯矩图。

解:(1)分解荷载为F、q单独作用情况。

(2)分别作二力单独作用下梁的的弯矩图,如图6-17(e)、(f)所示。

(3)对应叠加A点弯矩值,$M_A=0$;对应叠加B点弯矩值,$M_B=FL+\dfrac{qL^2}{2}$。AB梁段作用均布荷载,弯矩为二次抛物线,得梁最终的弯矩图。

通常,可叠加控制点弯矩值,再依荷载与弯矩间的微分关系将图连接,作出弯矩图。

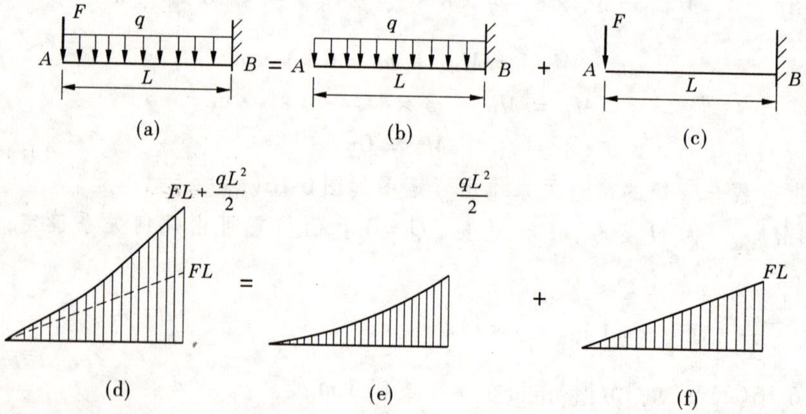

图6-17

【例6-11】 用叠加法作图6-18(a)所示外伸梁的弯矩图。

解:(1)求支座反力。

$$Y_A = 15\ \text{kN} \qquad Y_B = 11\ \text{kN}$$

(2)分段并确定各控制截面弯矩值,该梁分为CA、AD、DB、BF四段。

$$M_C = 0$$

$$M_A = -6\times2 = -12(\text{kN}\cdot\text{m})$$

$$M_D = -6\times6+15\times4-2\times4\times2 = 8(\text{kN}\cdot\text{m})$$

$$M_B = -2\times2\times1 = -4(\text{kN}\cdot\text{m})$$

$$M_F = 0$$

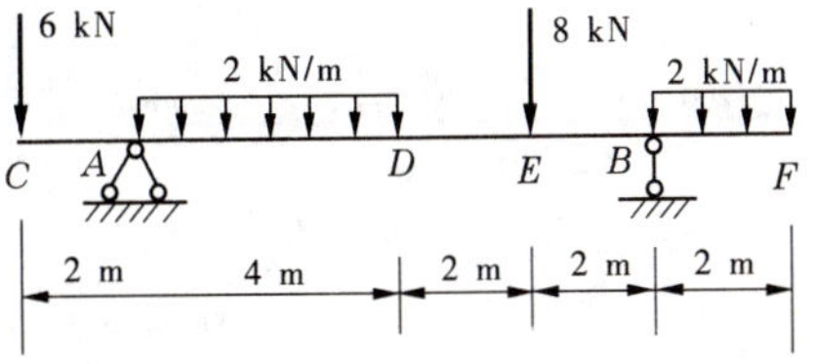

(a)

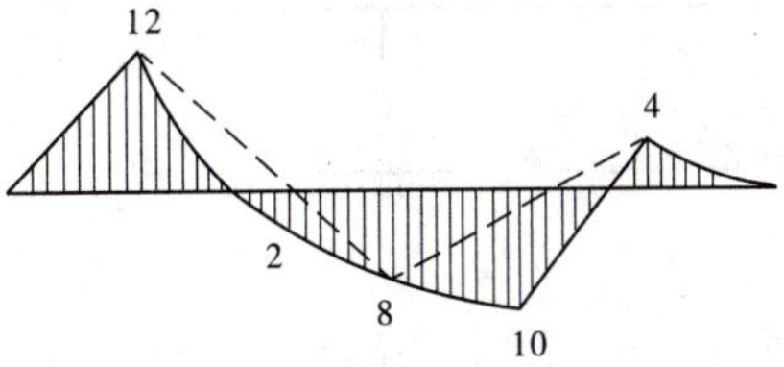

(b)M图(kN · m)

图 6-18

(3)先按一定比例绘出各控制截面的纵坐标,再根据各梁段荷载分别作弯矩图。CA梁段无荷载,由弯矩图特征直接连线作图;AD、DB有荷载作用,则把该段两端弯矩纵坐标连一虚线,称为基线,在此基线上叠加对应简支梁的弯矩图,如图6-18(b)所示。其中,AD、DB段中点的弯矩值分别为:

$$M_{AD中} = \frac{-12+8}{2} + \frac{qL_{AD}^2}{8} = -2 + \frac{2\times 4^2}{8} = 2(\text{kN}\cdot\text{m})$$

$$M_{DB中} = \frac{8-4}{2} + \frac{FL_{DB}}{4} = 2 + \frac{8\times 4}{4} = 10(\text{kN}\cdot\text{m})$$

思考题

6-1 平面弯曲梁的受力特点和变形特点是什么?

6-2 剪力和弯矩的正、负号是怎样规定的?

6-3 如何计算梁的指定截面内力?

6-4 什么叫剪力、弯矩方程? 举例说明利用剪力和弯矩方程作内力图的方法和步骤。

6-5 荷载、剪力、弯矩之间有何关系? 作内力图时如何运用?

6-6 试判断下述说法是否正确:

(1)承受分布荷载作用的梁,求其内力时,分布荷载可用与之等效的集中力代替。

(2)无集中力偶和分布荷载的简支梁上仅作用若干个集中力,则最大弯矩必发生在最大集中力作用处。

(3)梁内最大剪力作用面上亦必有最大弯矩。

(4)集中力作用处,剪力有突化,弯矩图出现尖角。

(5)集中力偶作用处,剪力有突化,弯矩图出现尖角。

习 题

6-1 求图6-19所示各梁指定截面的剪力和弯矩。

6-2 列出图6-19中各梁的Q、M方程,作内力图,并确定$|Q|_{max}$、$|M|_{max}$。

6-3 用荷载、剪力、弯矩之间的微分关系作图6-20所示各梁的内力图,并确定$|Q|_{max}$、$|M|_{max}$。

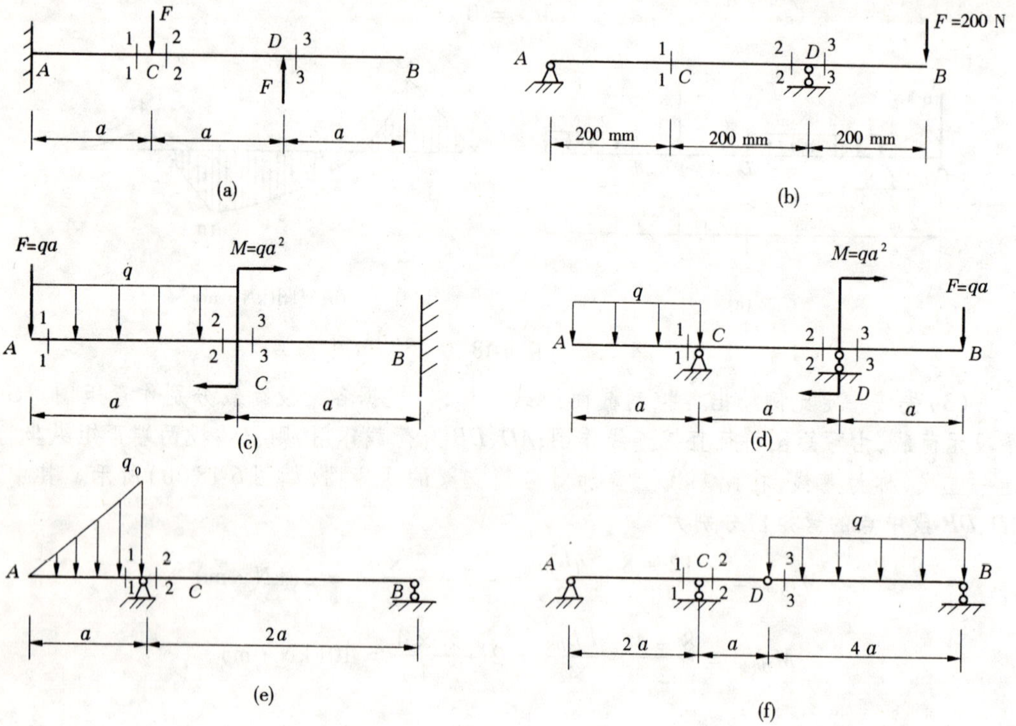
F
1 2
D 3
A
1 C 2
3
F
B
a a a
(a)
F =200 N
A
1
2 D 3
1 C
2 3
B
200 mm 200 mm 200 mm
(b)
F=qa
q
M=qa²
1
2 3
A
1
2 3
B
C
a a
(c)
M=qa²
q
F=qa
1 C
2 3
A
1
2 3
B
D
a a a
(d)
q₀
1 2
A
1 2 C
B
a 2a
(e)
q
A
1 C 2
3
1 2
D 3
B
2 a a 4 a
(f)

图 6-19

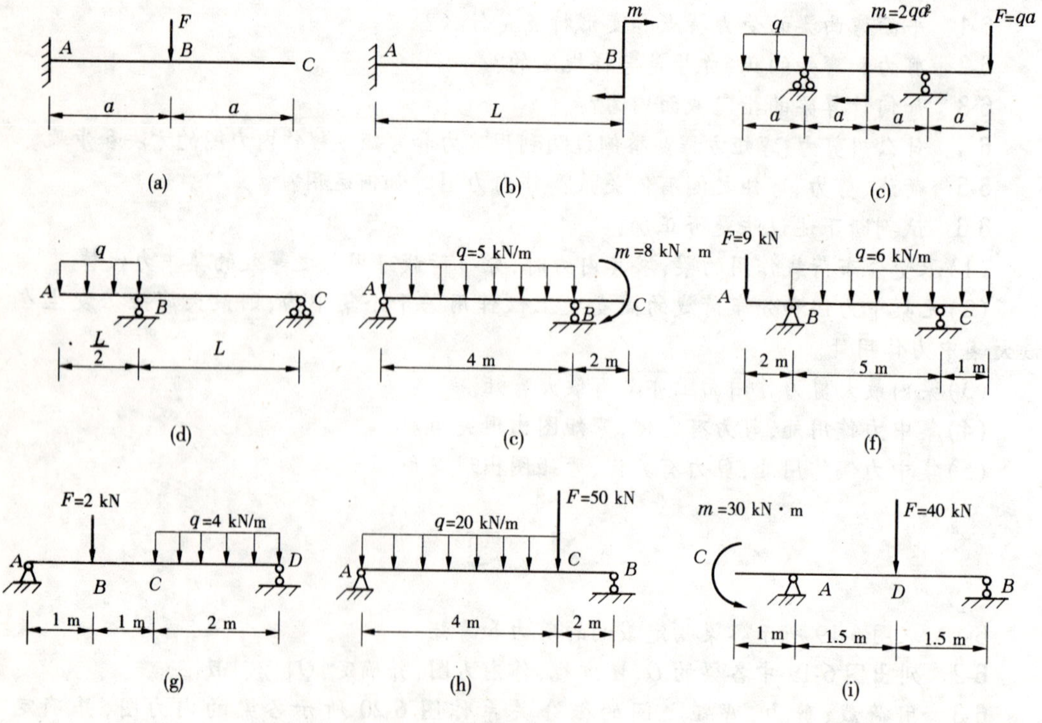
F
A
B
C
a a
(a)
m
A
B
L
(b)
m=2qa²
q
F=qa
a a a a
(c)
q
A
B
C
L/2 L
(d)
q=5 kN/m
m =8 kN · m
A
B
C
4 m 2 m
(e)
F=9 kN
q=6 kN/m
A
B
C
2 m 5 m 1 m
(f)
F=2 kN
q=4 kN/m
A
B
C
D
1 m 1 m 2 m
(g)
F=50 kN
q=20 kN/m
A
C
B
4 m 2 m
(h)
m =30 kN · m
F=40 kN
C
A
D
B
1 m 1.5 m 1.5 m
(i)

图 6-20

6-4　用叠加法作图6-21所示各梁的弯矩图。

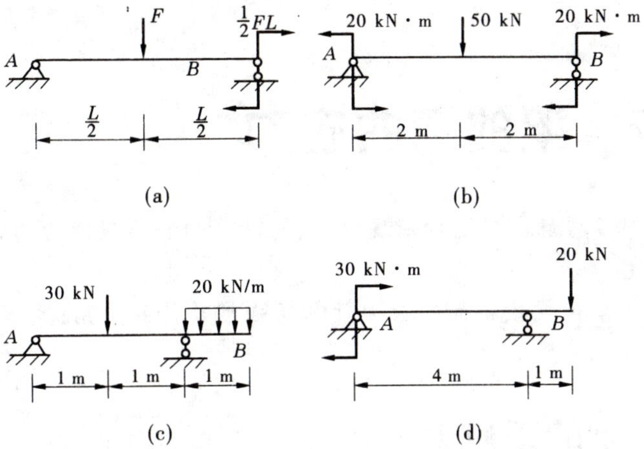

图6-21

项目 7　梁的弯曲应力

【能力目标】　能对单跨静定梁进行强度校核、设计截面和承载能力的计算；能采取有效措施提高梁的强度。

【知识目标】　熟练掌握梁横截面的应力计算及强度条件的应用；掌握提高梁强度的方法。

任务 1　梁的正应力

梁横截面上的内力有弯矩 M 和剪力 Q。弯矩 M 是力偶矩，由横截面上的正应力 $\sigma \mathrm{d}A$ 对 z 轴之矩组成；剪力 Q 是与横截面相切的内力，由与横截面相切的微内力 $\tau \mathrm{d}A$ 组成，如图 7-1 所示。即弯矩 M 产生正应力 σ，剪力 Q 产生切应力 τ。梁的正应力 σ 是主要应力，是影响梁强度的主要因素。

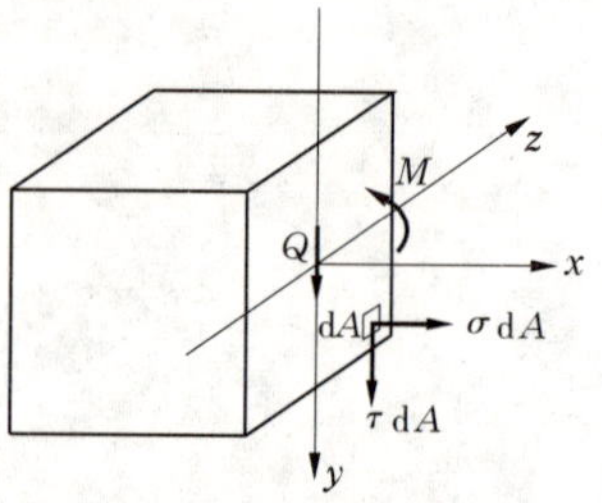

图 7-1

1　梁的正应力分布规律

平面弯曲时，如果某段梁各截面上只有弯矩而无剪力，这种平面弯曲称为纯弯曲；如果某段梁各截面上既有弯矩又有剪力，这种平面弯曲称为横力弯曲或剪切弯曲。下面以矩形截面梁为例，研究纯弯曲正应力在横截面上的分布情况。

取一根弹性较好的梁（如橡胶梁），在梁的表面画上与梁轴平行的纵向线及垂直于梁轴的横向线，如图 7-2(a)所示，于是在梁的表面形成许多小方格，然后使梁发生弯曲变形，如图 7-2(b)所示，即可观察到以下现象：

(1)各横向线仍为直线，只是倾斜了一个角度。

(2)各纵向线弯成曲线，梁下部的纵线伸长，上部的纵线缩短。

(3)矩形截面的上部变宽，下部变窄。

可以认为梁内部的变形情况与梁外部的变形情况一样。所以作如下的分析与假设：

(1)平面假设。梁的各横向线所代表的横截面，变形后仍为平面。

(2)单向受力假设。将梁看成由无数根纵向纤维组成，各纤维互不挤压，只受轴向拉伸或压缩。

纵向线的伸长与缩短，表明了梁内各点分别受到纵向拉伸或压缩。由梁下部受拉伸长线性变化到梁上部受压缩短，那么梁内部有一层既不伸长也不缩短，称为中性层，中性层与横截面的交线叫作中性轴，如图 7-2(c)所示。中性轴通过截面的形心并与竖向对称轴垂直。由此可知：梁弯曲时，各横截面绕梁中性轴做微小的转动，使梁发生了纵向伸长或缩短,而中性轴上的各点变形为零,距中性轴最远的上下边缘变形最大,其余各点的变形与该点到中性轴的距离成正比。

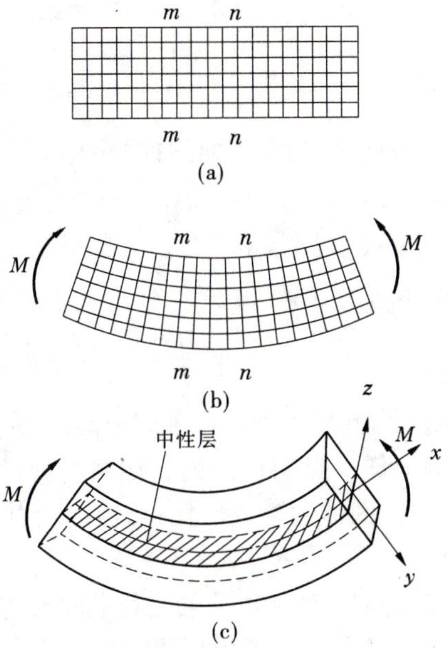

图 7-2

在材料的弹性变形范围内,正应力与纵向应变成正比。可见,横截面上正应力的分布规律与各点的变形规律一样:上、下边缘的点应力最大,中性轴上为零,其余各点的应力大小与到中性轴的距离成正比,如图 7-3 所示。

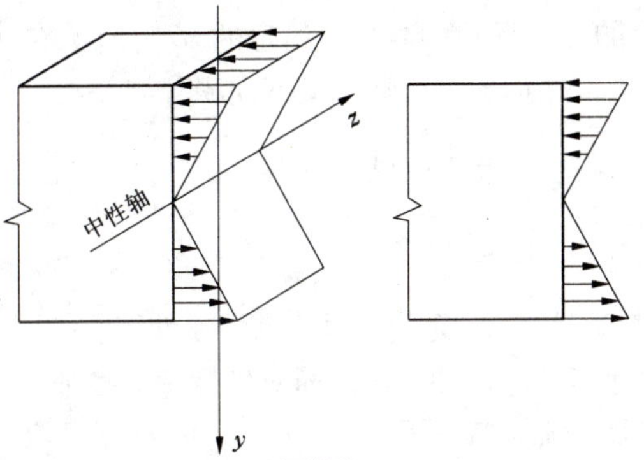

图 7-3

2　梁的正应力计算公式

根据单向受力假设,梁横截面上各点的正应力计算式可表示为

$$\sigma = E\varepsilon$$

式中:ε 表示梁内任意一根纤维的线应变,它与所计算的点至中性轴的距离 y 成正比,与梁弯曲的曲率$\frac{1}{\rho}$成反比,即

$$\varepsilon = \frac{1}{\rho} y \tag{a}$$

于是,正应力计算式可表示为

$$\sigma = E \frac{1}{\rho} y \tag{b}$$

梁的曲率$\frac{1}{\rho}$与截面的弯矩成正比;与截面的抗弯刚度 EI_z 成反比,即

$$\frac{1}{\rho} = \frac{M}{EI_z} \tag{c}$$

将式(b)代入式(c),得正应力计算公式为

$$\sigma = \frac{My}{I_z} \tag{7-1}$$

式中:M 为横截面上的弯矩;y 为计算点到中性轴的距离;I_z 为横截面对中性轴的惯性矩。

式(7-1)说明:梁横截面上任一点的正应力与该截面的弯矩 M 及该点到中性轴的距离 y 成正比,与该截面对中性轴的惯性矩成反比;正应力沿截面高度呈线性分布,中性轴上各点的正应力为零。

用式(7-1)计算梁的正应力时,弯矩 M 及某点到中性轴的距离 y 均以绝对值代入,而正应力的正负号则由梁的变形确定:以中性轴为界,梁变形后的凸出边是拉应力,取正号;凹入边是压应力,取负号。

3 惯性矩的计算

3.1 定义

对于如图 7-4 所示的任一形状的截面及给定的 zOy 坐标,在截面上坐标为(z,y)的任一点处取微面积 dA,则定义下列积分

$$\left.\begin{aligned} I_z &= \int_A y^2 \mathrm{d}A \\ I_y &= \int_A z^2 \mathrm{d}A \end{aligned}\right\} \tag{7-2}$$

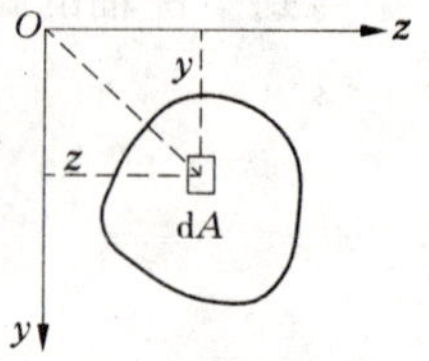

图 7-4

式中:I_z 为截面对 z 轴的惯性矩;I_y 为截面对 y 轴的惯性矩。

由式(7-2)可知,惯性矩恒为正值,是截面对坐标轴的参数。

3.2 简单截面图形对形心轴的惯性矩

3.2.1 矩形截面

图 7-5 所示的矩形截面,高为 h,宽为 b,z 轴和 y 轴为对称轴,且通过截面形心。取图中所示的微面积计算截面对 z 轴的惯性矩 I_z 和截面对 y 轴的惯性矩 I_y。

$$\left.\begin{aligned} I_z &= \int_A y^2 \mathrm{d}A = \int_A y^2 b\mathrm{d}y = 2\int_0^{\frac{h}{2}} y^2 b\mathrm{d}y = \frac{bh^3}{12} \\ I_y &= \int_A z^2 \mathrm{d}A = \int_A z^2 h\mathrm{d}z = 2\int_0^{\frac{b}{2}} z^2 h\mathrm{d}z = \frac{hb^3}{12} \end{aligned}\right\}$$

3.2.2 圆形截面

图 7-6 所示的圆形截面,直径为 d,z 轴和 y 轴为对称轴且通过截面形心。取图中所示

的微面积，由式(7-2)，不难求出圆形截面对于通过形心的坐标轴的惯性矩：

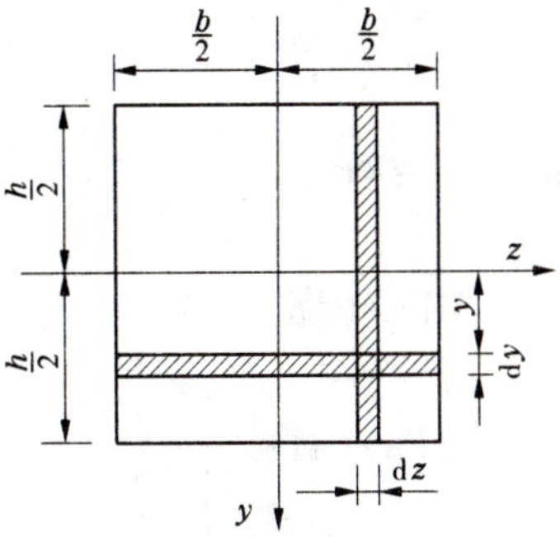

图 7-5

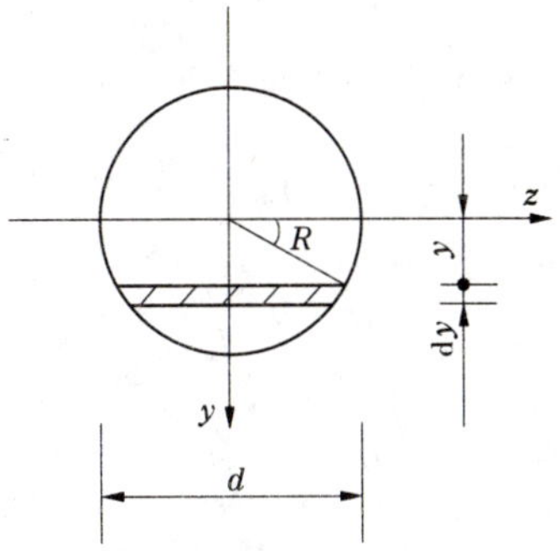

图 7-6

$$I_z = I_y = \frac{\pi d^4}{64}$$

或 $$I_z = I_y = \frac{\pi R^4}{4}$$

4 正应力计算公式的适用条件

(1)由正应力计算公式的推导可知，它的适用条件是：①纯弯曲梁；②梁的最大正应力不超过材料的比例极限。

(2)横力弯曲是梁平面弯曲中最常见的情况。在这种情况下，梁横截面上不仅有正应力，还有切应力。横截面将发生翘曲，平面假设不成立。但当梁跨度与横截面高度之比 $L/h > 5$ 时，切应力的存在对正应力的影响很小，可以忽略不计。所以式(7-1)在一般情况下也可用于横力弯曲时横截面上的正应力的计算。

(3)式(7-1)虽然是由矩形截面推导而来，但对于横截面为其他对称形状的梁，如圆形、圆环形、工字形和 T 形截面等，在发生平面弯曲时，仍然适用。

【例 7-1】 如图 7-7(a)所示简支梁承受均布荷载 $q = 3.5$ kN/m，梁的截面为矩形，$b = 120$ mm，$h = 180$ mm，跨度 $L = 3$ m。试计算跨中截面 a、b、c 三点处的正应力。

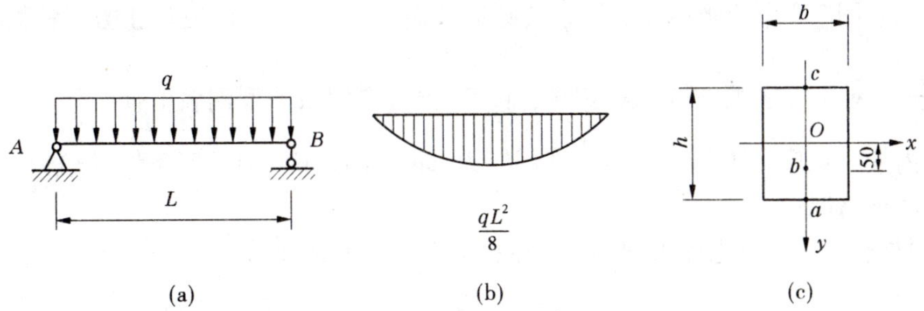

(a) (b) (c)

图 7-7

解：(1)画出梁的弯矩图如图 7-7(b)所示，跨中弯矩

$$M = \frac{1}{8}qL^2 = \frac{1}{8} \times 3.5 \times 3^2 = 3.94(\text{kN} \cdot \text{m})$$

(2)计算正应力：用式(7-1)计算各点的正应力。

$$I_z=\frac{bh^3}{12}=\frac{120\times 180^3}{12}=5.832\times 10^7(\text{mm}^4)$$

各点至中性轴的距离为

$$y_a=\frac{h}{2}=90\ \text{mm}\quad y_b=50\ \text{mm}\quad y_c=90\ \text{mm}$$

$$\sigma_a=\frac{My_a}{I_z}=\frac{3.94\times 10^6\times 90}{5.832\times 10^7}=6.08(\text{MPa})(\text{拉应力})$$

$$\sigma_b=\frac{My_b}{I_z}=\frac{3.94\times 10^6\times 50}{5.832\times 10^7}=3.38\ (\text{MPa})(\text{拉应力})$$

$$\sigma_c=-\frac{My_c}{I_z}=-\frac{3.94\times 10^6\times 90}{5.832\times 10^7}=-6.08(\text{MPa})(\text{压应力})$$

任务 2　梁的正应力强度条件

有了梁的正应力计算公式后，便可以计算梁中的最大正应力，建立正应力强度条件，对梁进行强度计算。弯曲变形的梁，最大弯矩 $M_{\max}$ 所在的截面是危险截面，该截面上距中性轴最远的边缘 $y_{\max}$ 处的正应力最大，是危险点。

$$\sigma_{\max}=\frac{M_{\max}y_{\max}}{I_z}=\frac{M_{\max}}{\frac{I_z}{y_{\max}}}$$

由于 I_z、$y_{\max}$ 都是与截面的几何尺寸有关的量，若令 $W_z=\frac{I_z}{y_{\max}}$，则正应力最大值计算式可写成

$$\sigma_{\max}=\frac{M_{\max}}{W_z}\tag{7-3}$$

式中：W_z 为抗弯截面系数。显然 W_z 值越大，梁中的最大正应力就越小，从强度的角度看，就越有利。图 7-8 中矩形的 $W_z=\frac{bh^2}{6}$，圆形截面的 $W_y=W_z=\frac{\pi d^3}{32}$，正方形截面的 $W_y=W_z=\frac{a^3}{6}$。对于工字钢、槽钢等型钢截面，W_z 值可在附录的型钢表里查得。

梁内最大正应力不超过材料的许用应力，即为梁的正应力强度条件，根据梁的材料性质分为两种情况：

（1）塑性材料的抗拉和抗压能力相同，正应力强度条件为

$$\sigma_{\max}=\frac{M_{\max}}{W_z}\leqslant[\sigma]\tag{7-4}$$

（2）脆性材料的抗拉和抗压能力不同时，常将梁的截面做成上、下与中性轴不对称的形式，如图 7-8（d）所示的 T 形截面。这时梁的正应力强度条件为

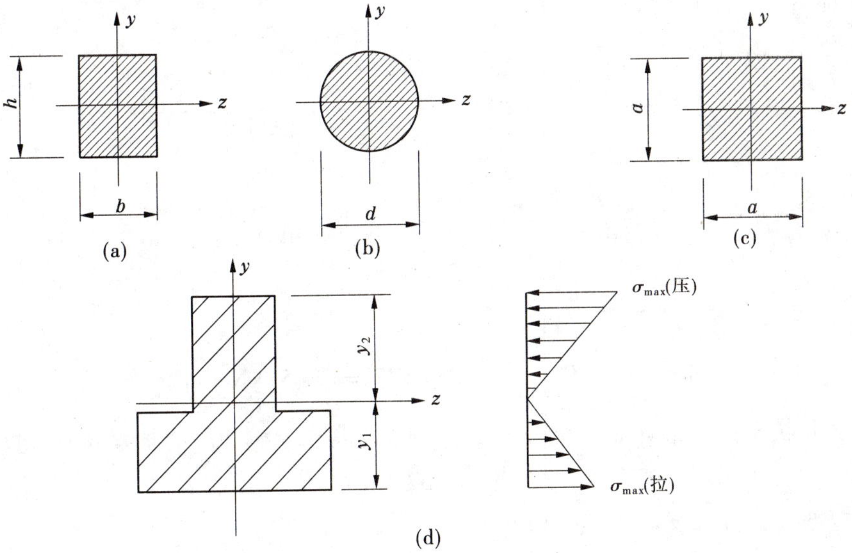

图 7-8

$$\left.\begin{aligned}\sigma_{max}^{+} &= \frac{M_{max}}{W_1} \leqslant [\sigma_l] \\ \sigma_{max}^{-} &= \frac{M_{max}}{W_2} \leqslant [\sigma_y]\end{aligned}\right\} \tag{7-5}$$

式中：$W_1 = \frac{I_z}{y_1}$，$W_2 = \frac{I_z}{y_2}$；σ_{max}^{+} 为最大拉应力；σ_{max}^{-} 为最大压应力；$[\sigma_l]$ 为许用最大拉应力；$[\sigma_y]$ 为许用最大压应力。

根据强度条件可解决有关强度方面的三类问题：

(1)校核强度。已知梁的截面尺寸、形状、材料及所受荷载情况下(即已知 W_z、$[\sigma]$、M_{max})，对梁正应力校核。

$$\sigma_{max} = \frac{M_{max}}{W_z} \leqslant [\sigma]$$

(2)选择梁的截面。已知梁的材料及所受荷载时(即已知$[\sigma]$、M_{max})，可根据强度条件确定抗弯截面系数。

$$W_z \geqslant \frac{M_{max}}{[\sigma]} \tag{7-6}$$

再根据梁的截面形状进一步确定截面的具体尺寸。

(3)计算许用荷载。已知梁的截面尺寸及材料时(即已知 W_z、$[\sigma]$)，先根据强度条件计算此梁能承受的最大的弯矩。

$$M_{max} \leqslant W_z[\sigma] \tag{7-7}$$

再由 M_{max} 与荷载的关系计算出许用荷载。

【例 7-2】 图 7-9 中所示的简支梁，由型号为 20a 的工字钢构成，跨度 $L = 5$ m，跨中承受集中荷载 $F = 30$ kN 作用。已知许用正应力$[\sigma] = 170$ MPa，不计梁的自重，试校核梁的正应力强度。

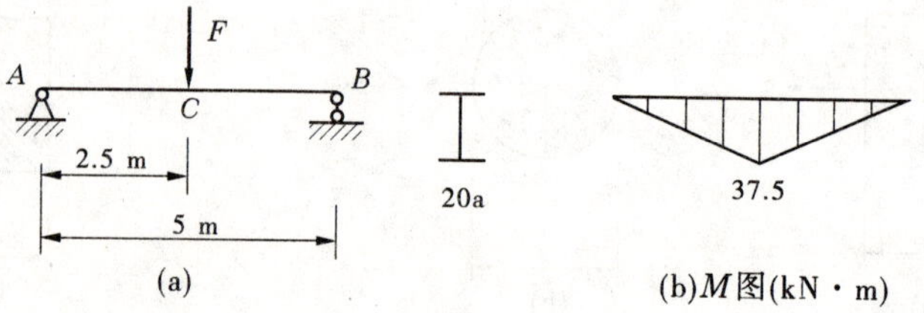

图 7-9

解:(1)最大弯矩发生在跨中截面,其值为

$$M_{max} = \frac{1}{4}FL = \frac{1}{4} \times 30 \times 5 = 37.5(\text{kN} \cdot \text{m})$$

(2)计算抗弯截面系数 W_z。由附录的型钢表查得工字钢 20a 的抗弯截面系数

$$W_z = 237 \text{ cm}^3$$

(3)校核正应力强度。

$$\sigma_{max} = \frac{M_{max}}{W_z} = \frac{37.5 \times 10^3}{237 \times 10^{-6}} = 158.2(\text{MPa}) < [\sigma] = 170 \text{ MPa}$$

此梁满足正应力强度条件。

【例 7-3】 如图 7-10(a)所示,支承在墙上的木梁承受由地板传来的荷载 $q' = 3 \text{ kN/m}^2$,木梁间距 $a = 1.2$ m,跨度 $L = 5$ m,木材弯曲时的许用正应力$[\sigma] = 12$ MPa,要求木梁做成矩形截面,宽高比 $h/b = 1.5$,试确定此梁的截面尺寸。

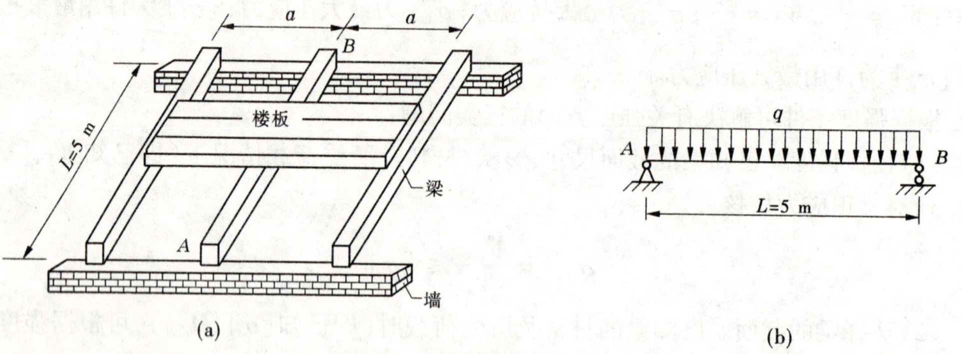

图 7-10

解:(1)计算最大弯矩。木梁支承在墙上,可按简支梁计算。每根木梁的受荷宽度 $a = 1.2$ m,所以每根木梁承受的均布线荷载为

$$q = q'a = 3 \times 1.2 = 3.6(\text{kN/m})$$

最大弯矩发生在跨中截面

$$M_{max} = \frac{1}{8}qL^2 = \frac{1}{8} \times 3.6 \times 5^2 = 11.25(\text{kN} \cdot \text{m})$$

(2)根据强度条件计算需要的抗弯截面系数 W_z。

$$W_z \geqslant \frac{M_{max}}{[\sigma]} = \frac{11.25 \times 10^6}{12} = 9.375 \times 10^5(\text{mm}^3)$$

(3)确定截面尺寸。

$$W_z = \frac{bh^2}{6} \quad \frac{h}{b} = 1.5$$

$$W_z = \frac{b(1.5b)^2}{6} = 0.375b^3$$

$$0.375b^3 \geqslant 9.375 \times 10^5$$

$$b \geqslant 136 \text{ mm}$$

$$h \geqslant 1.5b = 1.5 \times 136 = 204(\text{mm})$$

为了施工方便,取截面 $b = 140$ mm,$h = 210$ mm。

在选择梁的截面尺寸之前,当梁的自重无法计算,通常可估算梁的自重,即按强度条件选择截面,待截面选定后,再进行一次考虑梁实际自重的强度校核。

【例 7-4】 一矩形截面简支木梁,梁上作用有均布荷载,如图 7-11 所示,已知:$L = 4$ m,$b = 120$ mm,$h = 180$ mm,弯曲时木梁的许用正应力$[\sigma] = 12$ MPa,求梁的许可荷载$[q]$。

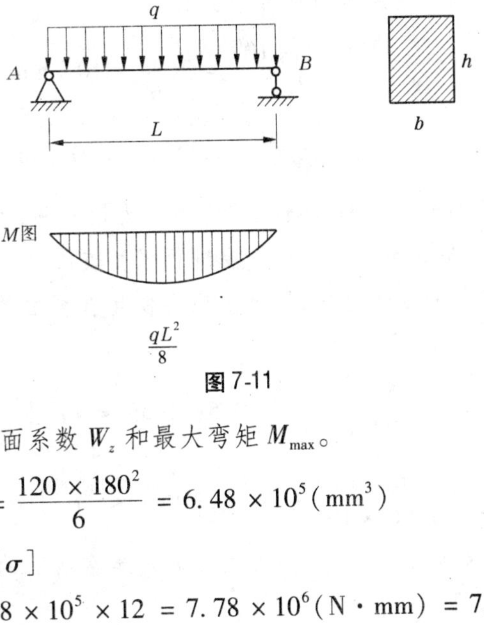

图 7-11

解:(1)计算抗弯截面系数 W_z 和最大弯矩 M_{max}。

$$W_z = \frac{bh^2}{6} = \frac{120 \times 180^2}{6} = 6.48 \times 10^5(\text{mm}^3)$$

$$M_{max} \leqslant W_z[\sigma]$$

$$M_{max} \leqslant 6.48 \times 10^5 \times 12 = 7.78 \times 10^6(\text{N} \cdot \text{mm}) = 7.78 \text{ kN} \cdot \text{m}$$

(2)计算许可荷载$[q]$。

$$\frac{[q]L^2}{8} \leqslant 7.78$$

$$[q] \leqslant \frac{8 \times 7.78}{4^2} = 3.89(\text{kN/m})$$

【例 7-5】 某倒 T 形截面的外伸梁,其受荷情况如图 7-12(a)所示,已知 $F_1 = 44$ kN,$F_2 = 20$ kN,材料的许用正应力$[\sigma_l] = 45$ MPa,$[\sigma_y] = 175$ MPa,横截面对中性轴的惯性矩 $I_z = 5.73 \times 10^6$ mm^4,形心至上、下边的距离分别为 $y_1 = 72$ mm,$y_2 = 38$ mm,试校核此梁的强度。

解:(1)弯矩图如图7-12(b)所示。C截面有最大正弯矩,B截面有最大负弯矩。

$$M_C = 4.6\ \text{kN}\cdot\text{m} \qquad M_B = 4\ \text{kN}\cdot\text{m}$$

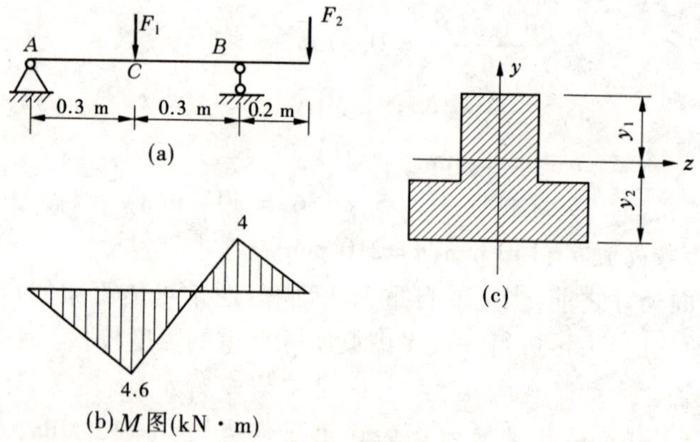

图7-12

(2)计算横截面对中性轴z轴的抗弯截面系数。

$$W_1 = \frac{I_z}{y_1} = \frac{5.73\times10^6}{72} = 7.96\times10^4(\text{mm}^3)$$

$$W_2 = \frac{I_z}{y_2} = \frac{5.73\times10^6}{38} = 15.08\times10^4(\text{mm}^3)$$

(3)校核强度。由于材料的抗拉和抗压的许用应力值不同,且截面不对称于中性轴,所以对梁的最大正弯矩和最大负弯矩截面都要进行强度校核。

校核C截面强度:C截面是正弯矩,最大拉应力发生在截面的下边缘;最大压应力发生在截面的上边缘。

$$\sigma_{\max}^{+} = \frac{M_C}{W_2} = \frac{4.6\times10^6}{15.08\times10^4} = 30.5(\text{MPa}) < [\sigma_l] = 45\ \text{MPa}$$

$$\sigma_{\max}^{-} = \frac{M_C}{W_1} = \frac{4.6\times10^6}{7.96\times10^4} = 57.8(\text{MPa}) < [\sigma_y] = 175\ \text{MPa}$$

校核B截面强度:B截面是负弯矩,最大拉应力发生在截面的上边缘;最大压应力发生在截面的下边缘。

$$\sigma_{\max}^{-} = \frac{M_B}{W_2} = \frac{4\times10^6}{15.08\times10^4} = 26.5(\text{MPa}) < [\sigma_y] = 175\ \text{MPa}$$

$$\sigma_{\max}^{+} = \frac{M_B}{W_1} = \frac{4\times10^6}{7.96\times10^4} = 50.3(\text{MPa}) > [\sigma_l] = 45\ \text{MPa}$$

经校核,梁的强度不满足。B截面的弯矩绝对值并不是最大,但因为截面受拉区边缘距中性轴较远,导致最大拉应力超过了许用拉应力值。所以,当截面不对称于中性轴时,最大正弯矩和最大负弯矩截面都要进行校核。

任务3　提高梁弯曲强度的措施

在一般情况下,梁的弯曲强度是由正应力决定的。由正应力强度条件

$$\sigma_{\max} = \frac{M_{\max}}{W_z} \leqslant [\sigma]$$

可知:梁横截面上最大正应力与最大弯矩成正比,与抗弯截面系数成反比。所以,提高梁的弯曲强度主要从提高 W_z 和降低 $M_{\max}$ 这两个方面入手。

1　选择合理的截面形状

梁所能承受的弯矩 M 与抗弯截面系数 W_z 成正比,而材料多少又与截面面积 A 成正比,合理的截面形状,是用较小的面积 A 取得较大的抗弯截面系数 W_z。也就是说,$\frac{W_z}{A}$ 比值大的截面形状经济合理。下面对圆形、矩形、工字形截面在抗弯截面系数 W_z 相等的条件下进行比较,将它们的 $\frac{W_z}{A}$ 值列于表7-1中。

表7-1　圆形、矩形、工字形截面的 $\frac{W_z}{A}$ 值

序号	截面形状	截面尺寸(mm)	W_z (mm^3)	A (mm^2)	$\frac{W_z}{A}$ (mm)
1	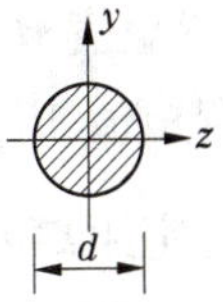	$d = 137$	250×10^3	148×10^2	16.9
2	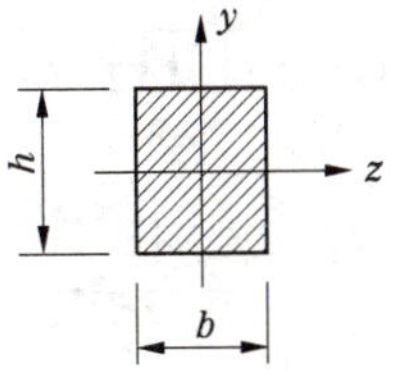	$b = 72$ $h = 144$	250×10^3	104×10^2	24
3	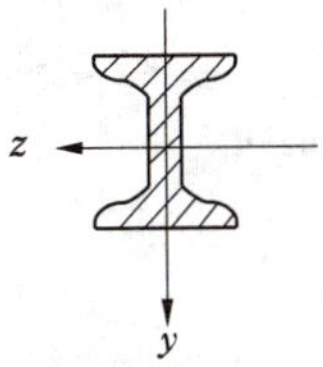	工字钢20b	250×10^3	39.5×10^2	63.3

从表7-1中数据看出:矩形截面优于圆形截面,工字形截面又优于矩形截面。使截面的大多数材料分布在距中性轴较远处,可获得较大的 $\frac{W_z}{A}$ 值。

截面形状的合理性,可以用正应力分布规律来说明。弯曲正应力沿截面高度呈直线规律分布,在中性轴附近的正应力很小,这部分材料没有得到充分利用。如果把中性轴附近的材料减少,而把大部分材料布置在距中性轴较远处,截面就显得合理。所以,在工程中常采用工字形、圆环形、箱形等截面形式,如图7-13所示。工程中常采用空心板也是这个道理。由于脆性材料的抗拉与抗压能力不同,所以最好选用上、下不对称的截面,使中性轴靠近应力较小的一边。如用铸铁制成的梁,常采用如图7-14所示的T形截面,若满足如下关系:

$$\frac{[\sigma_l]}{[\sigma_y]}=\frac{y_1}{y_2}$$

就能使危险截面上的受拉应力与受压应力同时达到许用应力。

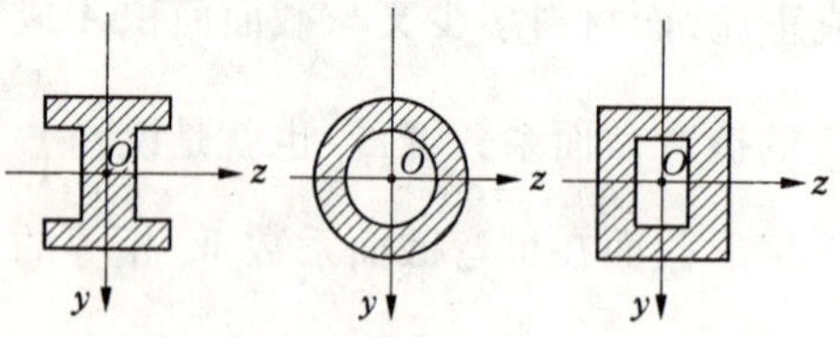

图 7-13

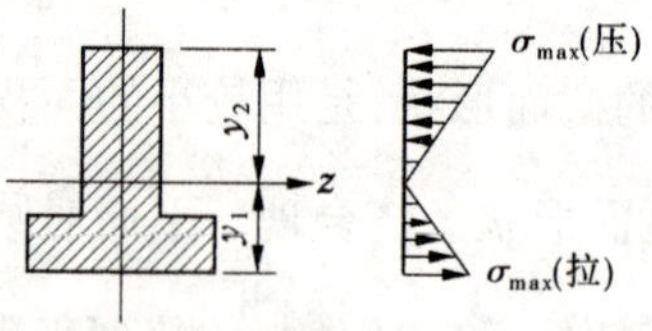

图 7-14

2 合理安排梁的支座和荷载,以降低弯矩的最大值

2.1 梁支承的合理安排

梁荷载一定时,梁上的最大弯矩值 M_{max} 与梁的跨度有关,若满足使用要求,首先应当合理地安排支座。如图7-15(a)所示受均布荷载的简支梁,其最大弯矩值 $M_{max}=0.125qL^2$;如果将两支座向跨中方向移动0.2L,如图7-15(b)所示,则最大弯矩值 $M_{max}=0.025qL^2$,只有前者的$\frac{1}{5}$。所以,在工程中起吊大梁时,两吊点设在梁端的一定距离处。

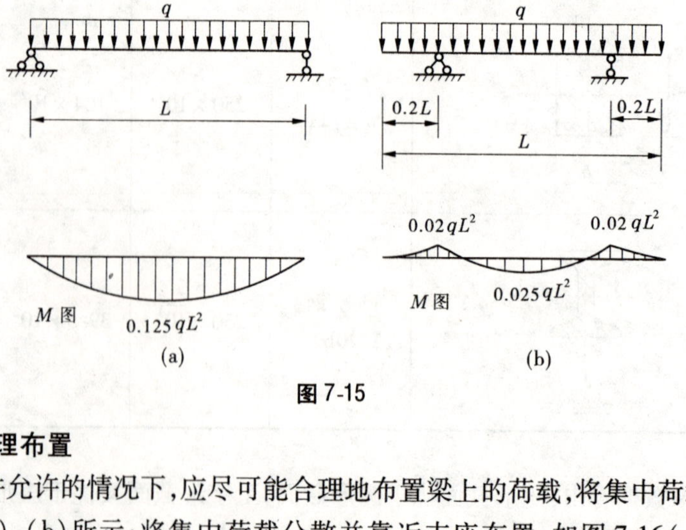

图 7-15

2.2 荷载的合理布置

在工作条件允许的情况下,应尽可能合理地布置梁上的荷载,将集中荷载变成分布荷载,如图7-16(a)、(b)所示;将集中荷载分散并靠近支座布置,如图7-16(c)、(d)所示。均可降低弯矩的最大值。

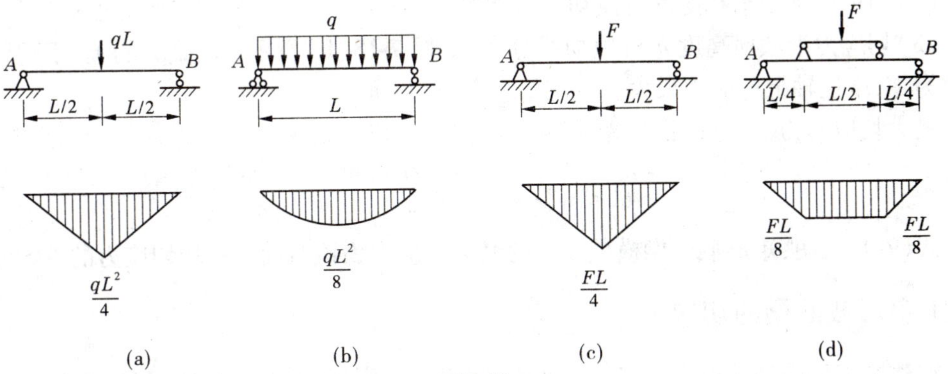

图 7-16

3 采用变截面梁

等截面梁的截面面积，是根据危险截面上的最大弯矩确定的，而梁的其他截面上，弯矩值常小于最大弯矩。所以对非危险截面而言，工作应力远小于材料的许用应力。为了充分发挥材料的潜力，应按各截面的弯矩来确定梁的截面尺寸，即梁截面尺寸沿梁全长是变化的，这样的梁就是变截面梁。理想的情况是：每一个截面上的最大正应力都刚好等于或略小于材料的许用应力，即

$$\sigma = \frac{M}{W_z} \leqslant [\sigma]$$

这样的梁叫作等强度梁。从强度观点看，等强度梁是理想的，但因其截面变化较大，施工较困难。工程上常采用形状较简单而接近等强度梁的变截面梁，例如阳台、雨篷的挑梁、鱼腹式吊车梁等，如图 7-17 所示。

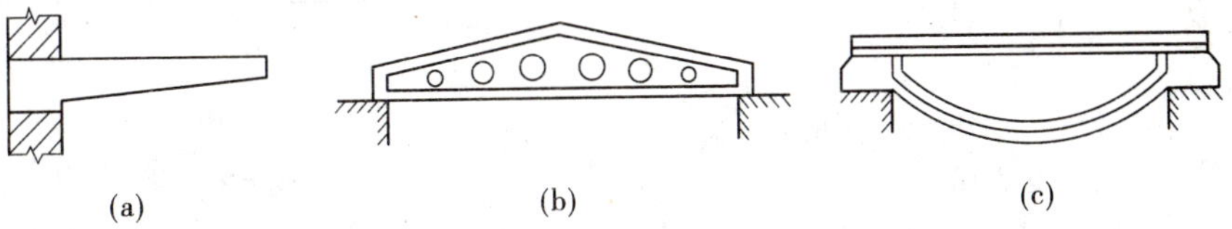

图 7-17

任务 4 梁的切应力强度计算

在荷载作用下，梁的横截面上不仅有正应力还有切应力。切应力是剪力在横截面上的分布集度。

切应力在横截面上的分布情况比较复杂，本书只介绍几种常用截面形式的切应力最大值计算。

1 矩形截面梁的切应力

如图 7-18(a)所示，矩形截面梁横截面上切应力的一些规律是：

(1)切应力 τ 的方向与剪力 Q 相同。

(2)与中性轴距离相等的各点切应力相等。

(3)切应力沿截面高度 h 按抛物线分布,如图 7-18(b)所示,在截面的上、下边缘切应力为零,中性轴上剪应力最大。

最大切应力为

$$\tau_{\max} = 1.5\frac{Q}{A} \tag{7-8}$$

式(7-9)说明:矩形截面梁横截面上的最大切应力为该截面的平均切应力的 1.5 倍。

2 工字形截面梁的切应力

在建筑工程中经常遇到工字形截面梁,其组成工字形的中间部分矩形叫腹板,上、下两矩形叫翼缘。翼缘上的切应力很小,在切应力强度计算中影响不大,所以这里不讨论。腹板是一块长的矩形,腹板上的切应力的分布规律与矩形截面梁相同,在中性轴上切应力最大,如图 7-19 所示。其值为

$$\tau_{\max} = \frac{QS_z}{I_z b_1} \tag{7-9}$$

式中:Q 为横截面上的剪力;S_z 为中性轴以上(或以下)部分截面(包括翼缘)对中性轴的面积矩;I_z 为工字形截面对中性轴的惯性矩;b_1 为腹板宽度。

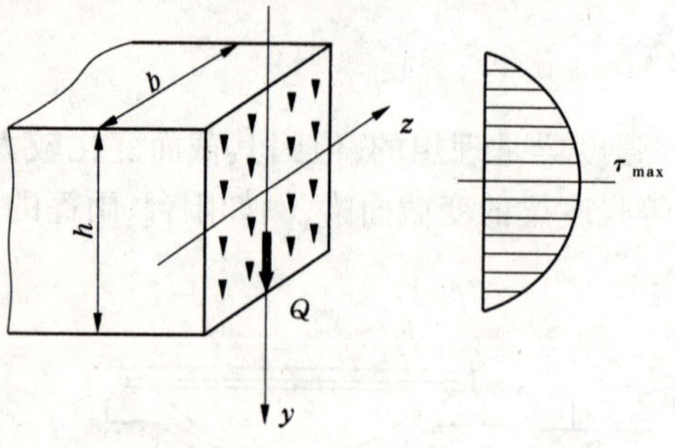

(a) (b)

图 7-18

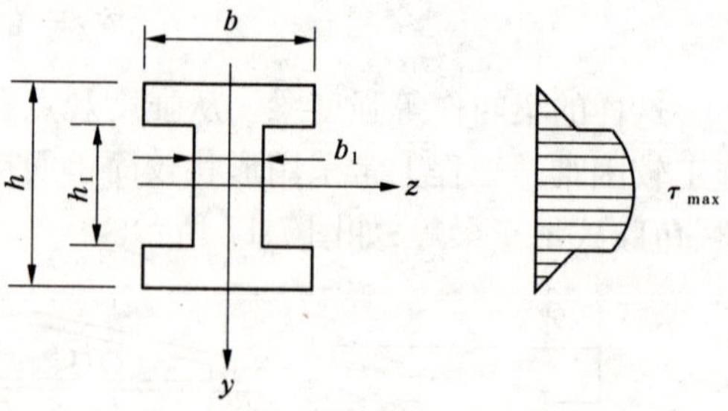

(a) (b)

图 7-19

由图 7-19 可见,横截面上的绝大部分剪力分布在腹板上,可近似地用式(7-10)计算腹板上的最大切应力

$$\tau_{\max} = \frac{Q}{b_1 h_1} \tag{7-10}$$

式中:h_1 为腹板高度,即近似地认为切力全部由腹板承担,剪应力在腹板上均匀分布。

3 圆形及圆环形截面梁的切应力

圆形及圆环形截面梁上的切应力在中性轴上最大,剪应力的方向与剪力的方向相同,如图 7-20 所示。最大切应力为

圆形

$$\tau_{\max} = \frac{4}{3}\frac{Q}{A} \tag{7-11}$$

圆环形
$$\tau_{max} = 2\frac{Q}{A} \tag{7-12}$$

式中：Q 为横截面上的剪力；A 为横截面面积。

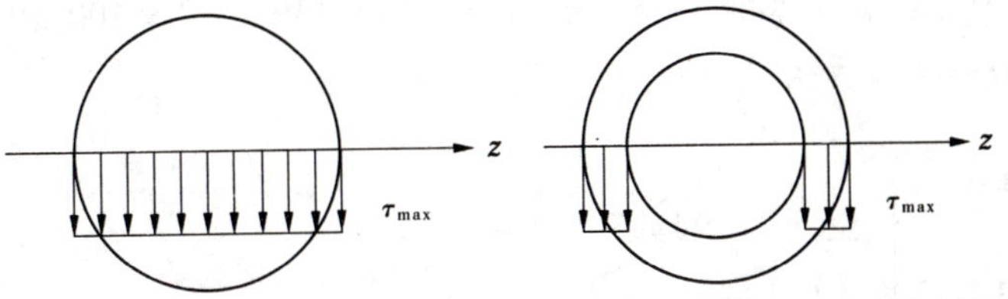

(a)　(b)

图 7-20

4　梁的切应力强度条件

在梁的强度计算中，必须同时满足正应力和切应力两个强度条件。但二者有主有次，通常先按正应力强度条件选择截面尺寸，再按切应力强度条件进行校核。梁的切应力强度条件是

$$\tau_{max} \leqslant [\tau] \tag{7-13}$$

通常按正应力强度条件设计的梁，一般都能满足切应力强度条件，因而不必进行切应力强度校核。但以下几种情况下，需要做切应力强度校核：

(1)当梁的跨度很小(一般$\frac{L}{h}<5$)，或在支座附近作用有较大的荷载时，梁的弯矩较小而剪力较大。

(2)在组合工字形截面的钢梁中，当腹板的厚度较小而工字形截面的高度较大时，腹板上的剪应力值将很大，而正应力值相对较小；

(3)在木梁中，由于木材顺纹方向的抗剪能力很差，当剪力大时，可能沿中性层破坏。所以，需对木梁进行顺纹方向的切应力校核。

【例 7-6】　如图 7-21 所示的矩形截面简支梁，试计算该梁的最大切应力 τ_{max}。

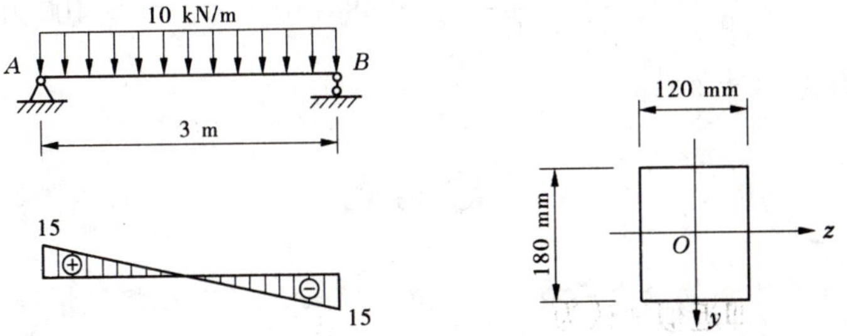

(a)Q图(kN)　(b)

图 7-21

解：(1)作剪力图。最大剪力发生在靠近支座的 A、B 截面。

$$Q_{max} = \frac{qL}{2} = \frac{1}{2} \times 10 \times 3 = 15(\text{kN})$$

(2)计算最大切应力 τ_{max}。

$$\tau_{max} = 1.5\frac{Q_{max}}{A} = 1.5 \times \frac{15 \times 10^3}{120 \times 180} = 1.04(\text{MPa})$$

【例 7-7】 简支梁受荷载作用如图 7-22(a)所示。已知:$L = 2$ m,$a = 0.2$ m,梁上荷载 $F = 200$ kN,$q = 10$ kN/m,材料的许用应力$[\sigma] = 160$ MPa,$[\tau] = 100$ MPa,选用的型号为工字钢 25b,试校核该梁是否安全。

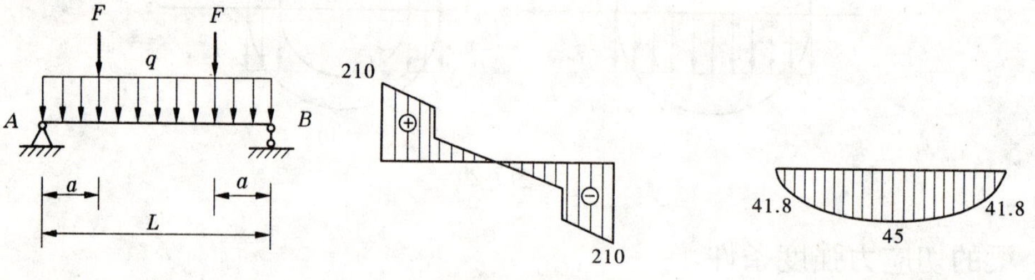

图 7-22

解:(1)确定最大弯矩和最大剪力。作梁的剪力图、弯矩图如图 7-22(b)、(c)所示。由图可知

$$Q_{max} = 210 \text{ kN} \quad M_{max} = 45 \text{ kN} \cdot \text{m}$$

(2)查型钢表确定工字钢 25b 有关参数:

$$W_z = 422.2 \text{ cm}^3$$

$$\frac{I_z}{S_z} = \frac{5\,278}{246.3} = 21.4(\text{cm}) \quad b_1 = 1.0 \text{ cm}$$

(3)校核正应力强度。

$$\sigma = \frac{M_{max}}{W_z} = \frac{45 \times 10^6}{422.2 \times 10^3} = 106.6(\text{MPa}) < [\sigma] = 160 \text{ MPa}$$

故该梁满足正应力强度条件。

(4)校核切应力强度。

$$\tau_{max} = \frac{QS_z}{I_z b_1} = \frac{210 \times 10^3}{21.4 \times 10 \times 10} = 98.1\text{MPa} < [\tau] = 100 \text{ MPa}$$

故该梁满足切应力强度条件。

思考题

7-1 弯曲正应力和切应力在横截面上是如何分布的?在何种情况下需要做梁的剪应力强度校核?

7-2 梁截面合理设计的原则是什么?何谓变截面梁?何谓等强度梁?如何改变梁的受力情况?

7-3 用塑性材料和脆性材料制成的梁,在强度校核和合理截面形式的选择上有何不同?

7-4 两根跨度、荷载、支承情况都相同的梁,它们的材料不同、截面尺寸不同。试问这两根梁在相应截面上的弯矩、剪力、正应力、切应力是否相等?

习 题

7-1 某矩形截面梁(见图7-23),在纵向对称平面内受弯矩 $M=10$ kN·m 作用,试计算将矩形截面“立放”和将矩形截面“平放”时,截面上 a、b、c、d 四点的正应力。(图中截面尺寸单位为 cm)

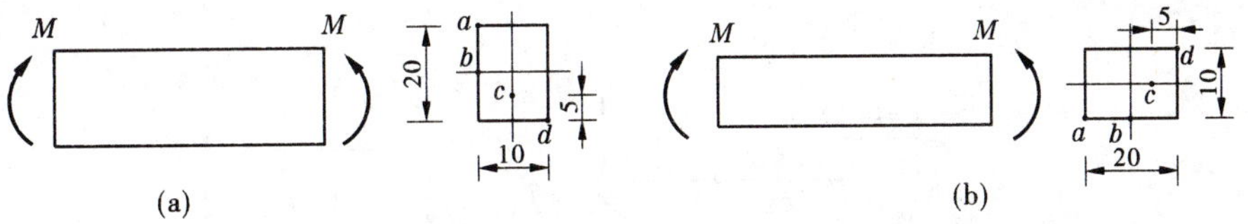

图 7-23

7-2 试求图7-24所示各梁的最大正应力及其所在位置。(图中截面尺寸单位为 mm)

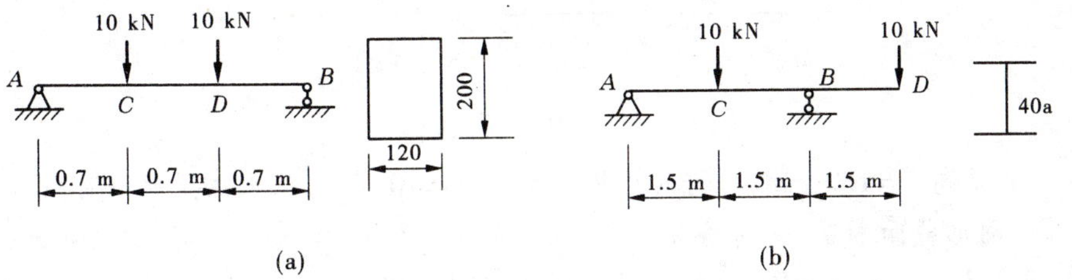

图 7-24

7-3 倒T形截面梁受荷载及截面尺寸如图7-25所示,试求梁内最大拉应力和最大压应力,并指出它们分别发生在何处。

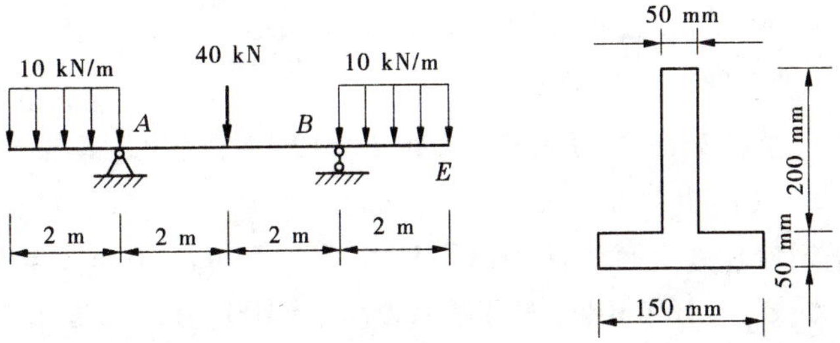

图 7-25

7-4 图7-26所示的长 $L=2$ m 的悬臂梁,自由端受集中力 $F=10$ kN 作用,梁由两根不等边角钢 2∠125×80×10 组成,材料的许用应力 $[\sigma]=160$ MPa。试校核该梁的正应力强度。

7-5 外伸梁受力及截面尺寸如图7-27所示,已知材料的许用拉应力为 $[\sigma_l]=40$ MPa,许用压应力为 $[\sigma_y]=70$ MPa。试校核该梁的正应力强度。(图中截面尺寸单位为 mm)

7-6 图7-28所示的矩形截面梁,其跨中作用有集中力 F。已知 $L=5$ m,截面宽 $b=$

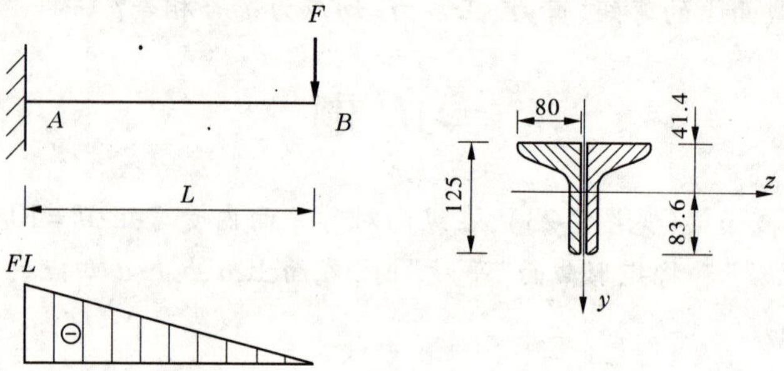

图 7-26

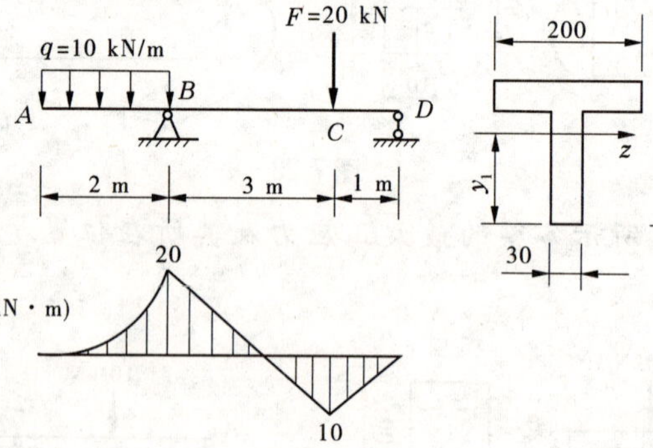

图 7-27

120 mm，截面高 $h=180$ mm，材料的许用应力$[\sigma]=10$ MPa，试求该梁的许可荷载$[F]$。

7-7　圆形截面木梁，受荷情况如图 7-29 所示。已知 $L=3$ m，$F=3$ kN，$q=3$ kN/m，材料的许用应力$[\sigma]=12$ MPa，试选择此梁的直径 d。

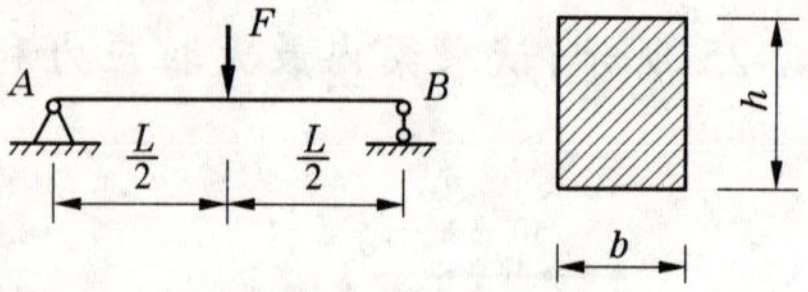

图 7-28

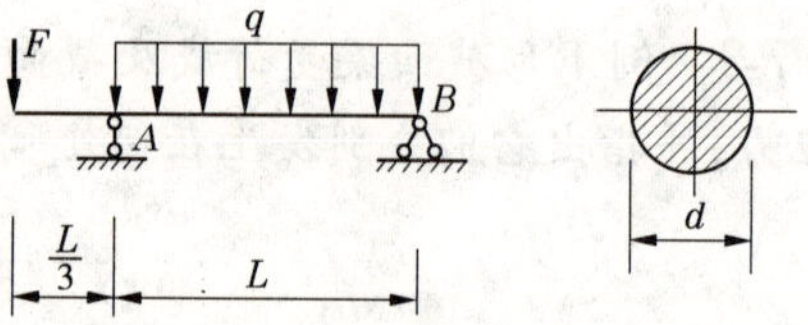

图 7-29

7-8　梁的受荷情况如图 7-30 所示，已知 $F=12$ kN，试计算各梁的最大切应力 $\tau_{\max}$，并指出其所在部位。（图中截面尺寸单位为 mm）

7-9　某工字钢外伸梁受荷情况如图 7-31 所示。已知 $L=6$ m，$F=30$ kN，$q=6$ kN/m，材料的许用正应力$[\sigma]=160$ MPa，许用剪应力$[\tau]=100$ MPa，已选用工字钢 22a，试校核此梁是否安全。

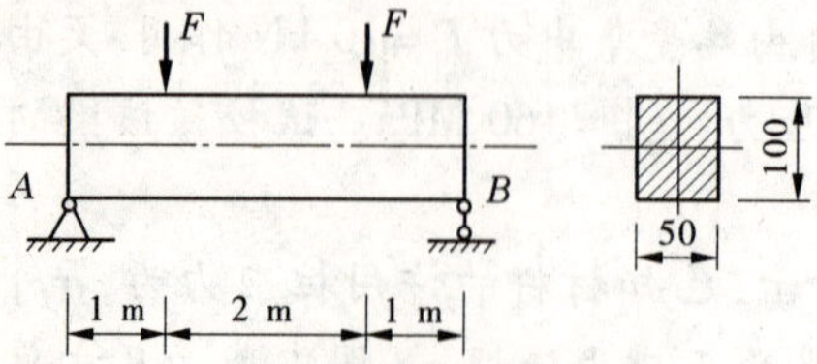

图 7-30

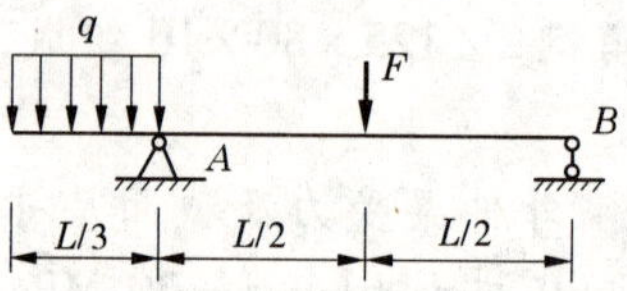

图 7-31

项目8 组合变形

【能力目标】 能判别构件所受组合变形的类型；能对斜弯曲和偏心压缩（拉伸）进行强度计算。

【知识目标】 掌握组合变形的计算方法；熟练掌握斜弯曲和偏心压缩（拉伸）杆件横截面的应力计算；了解截面核心的概念。

任务1 概 述

前几个项目分别研究了轴向拉伸（压缩）、剪切、扭转和弯曲等基本变形，建立了杆件处于基本变形时的强度条件，解决了相应的强度计算问题。但是，在实际工程中，很多构件在变形时往往不是单一的某种基本变形，而是同时产生两种或两种以上基本变形组合而成的复杂变形，通常称为组合变形。实际工程中这样的例子很多。如图8-1(a)所示的木屋架上的檩条，其受力情况如图8-1(b)所示，从屋面传下来的荷载并不作用在檩条的纵向对称平面内，故檩条的变形不是简单的平面弯曲，而是两个平面弯曲变形的组合；如图8-1(c)所示的烟囱是自重所引起的轴向压缩和水平风力作用而产生的弯曲的组合变形；如图8-1(d)所示的工业厂房的承重柱同时承受屋架传下来的荷载 F_1 和吊车荷载 F_2 的作用，因其合力作用线与柱子的轴线不重合，使柱子同时发生轴向压缩和弯曲的组合变形；如图8-1(e)所示的机器中的传动轴，在外力作用下，将发生弯曲和扭转的组合变形。

本项目着重讨论斜弯曲和偏心压缩（拉伸）。其他形式的组合变形，其分析方法与上述几种情况相同。

一般来说，组合变形问题的分析是比较复杂的，但在杆件服从虎克定律且为小变形的情况下，其计算可根据叠加原理简化进行，即认为在分析计算时不仅可以按照杆件的原始尺寸进行，而且还可以认为组合变形中的每一种基本变形都是相互独立和互不影响的。因此，组合变形的一般计算方法是：

（1）将作用在杆件上的荷载分解或简化成几个静力等效荷载，使其各自对应一种基本变形。

（2）计算杆件在各种基本变形下的应力和变形，然后求出这些应力和变形的总和，从而得到杆件在原荷载作用下的应力和变形。

（3）分析杆件在组合变形时危险点的应力状态，选用适当的强度条件进行强度计算。

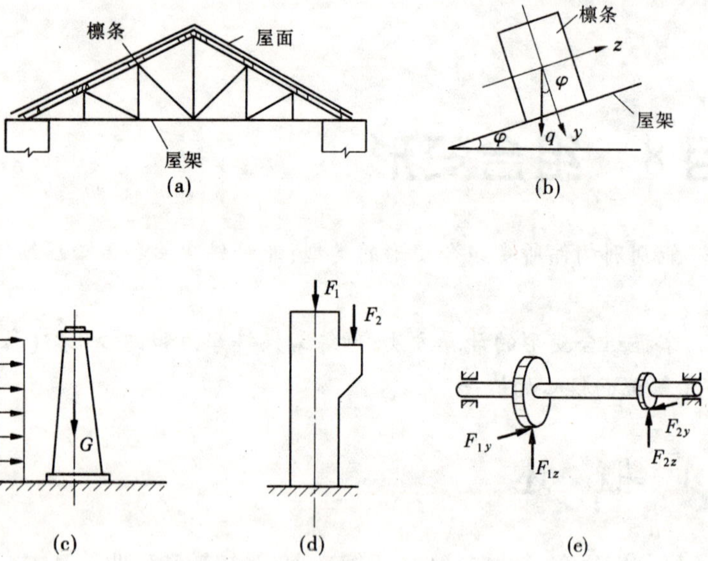

图 8-1

任务 2　斜弯曲

1　斜弯曲的概念

前述弯曲变形是指平面弯曲，即外力作用在梁的纵向对称平面内，变形后梁的挠曲线仍在对称平面内，且作用面与中性轴垂直，如图 8-2(a)所示。

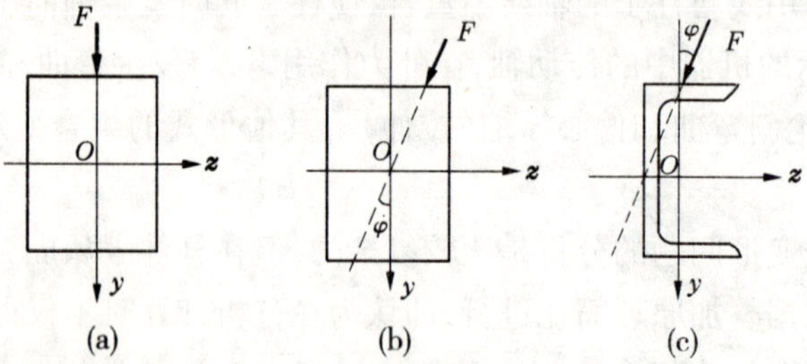

图 8-2

如果外力不作用在梁的纵向对称平面内，如图 8-2(b)、(c)所示，这种弯曲变形称为斜弯曲。

2　斜弯曲的强度计算

如图 8-3(a)所示矩形截面悬臂梁，设矩形截面的形心主轴为 y 轴和 z 轴，作用于梁自由端的外力 F 通过截面形心且与形心主轴 y 轴的夹角为 φ。

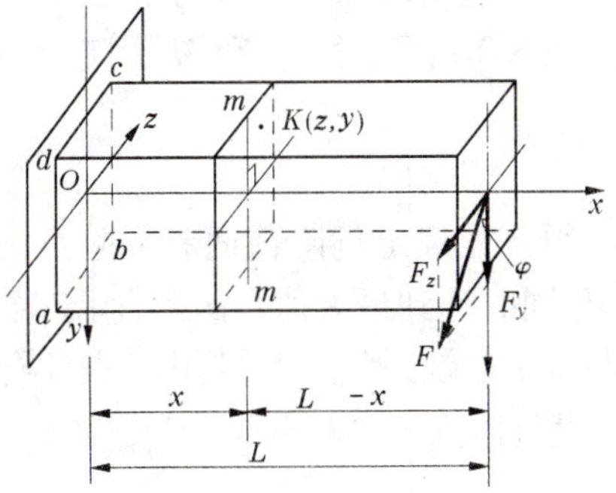

图8-3

2.1 外力分析

将外力 F 沿 y 轴和 z 轴分解，得

$$F_y = F\cos\varphi \qquad F_z = F\sin\varphi$$

F_y 将使梁在铅垂平面 xOy 内发生平面弯曲；F_z 将使梁在水平对称平面 xOz 内发生平面弯曲。也就是说，斜弯曲的实质就是梁的两个相互垂直的平面弯曲的组合。

2.2 内力分析

梁斜弯曲时，横截面上存在剪力和弯矩两种内力。一般情况下剪力对应的切应力数值很小，可以忽略不计，所以只考虑弯矩。

在距固定端 x 的任意横截面 $m—m$ 上，由 F_y 和 F_z 引起的弯矩分别为

$$M_z = F_y(L-x) = F(L-x)\cos\varphi = M\cos\varphi$$

$$M_y = F_z(L-x) = F(L-x)\sin\varphi = M\sin\varphi$$

式中：$M=F(L-x)$。

当 $x=0$ 时，有 $M_{zmax} = FL\cos\varphi$，$M_{ymax} = FL\sin\varphi$。

2.3 应力分析

在截面 $m—m$ 上任一点 $K(z,y)$ 处，与弯矩 M_z 和 M_y 对应的正应力分别为 σ' 和 σ''，即

$$\sigma' = \frac{M_z y}{I_z} = \frac{M\cos\varphi}{I_z}y$$

$$\sigma'' = \frac{M_y z}{I_y} = \frac{M\sin\varphi}{I_y}z$$

式中：I_z、I_y 分别为横截面对 z 轴和 y 轴的惯性矩。

因为 σ' 和 σ'' 均为正应力，按照叠加原理，计算 σ' 和 σ'' 的代数和，即可得出 K 点由外力 F 引起的正应力为

$$\sigma = \sigma' + \sigma'' = \frac{M_z}{I_z}y + \frac{M_y}{I_y}z$$

$$= M\left(\frac{\cos\varphi}{I_z}y + \frac{\sin\varphi}{I_y}z\right) \tag{8-1}$$

这就是斜弯曲梁内任一点正应力计算公式。

应用式(8-1)计算应力时，M 和 y、z 均取绝对值，应力的正负号可以直接观察梁的变

形，由弯矩 M_z 和弯矩 M_y 分别引起所求点的正应力是拉应力还是压应力来决定，以拉应力为正号，压应力为负号。如图 8-3 所示，由 M_z 和 M_y 引起的 K 点处的正应力均为拉应力，故 σ' 和 σ'' 均为正值。

2.4　强度计算

在进行强度计算时，必须首先确定危险截面和危险点的位置。对于图 8-3 所示的悬臂梁，当 $x=0$ 时，M_z 和 M_y 同时达到最大值。因此，固定端截面就是危险截面，而根据对变形的判断，可知棱角 c 点和 a 点就是危险点，其中 c 点处有最大拉应力，a 点有最大压应力，且 $\sigma_c=|\sigma_a|=\sigma_{\max}$。设危险点的坐标分别为 $z_{\max}$ 和 $y_{\max}$，由式(8-1)可得到最大正应力为

$$\sigma_{\max}=\frac{M_{z\max}y_{\max}}{I_z}+\frac{M_{y\max}z_{\max}}{I_y}=\frac{M_{z\max}}{W_z}+\frac{M_{y\max}}{W_y}$$

式中：$W_z=\dfrac{I_z}{y_{\max}}$；$W_y=\dfrac{I_y}{z_{\max}}$。

若材料的抗拉强度和抗压强度相等，则其强度条件为

$$\sigma_{\max}=\frac{M_{z\max}}{W_z}+\frac{M_{y\max}}{W_y}\leqslant[\sigma] \tag{8-2}$$

应该注意的是，如果材料的抗拉和抗压强度不相等，须分别对拉、压强度进行计算。

运用式(8-2)可以对斜弯曲构件进行强度校核、选择截面尺寸和确定许可荷载。

【例 8-1】　如图 8-4 所示型号为工字钢 32a 的梁 AB，已知 $F=30$ kN，$\varphi=15°$，$L=4$ m，$[\sigma]=160$ MPa。试校核该工字钢梁的强度。

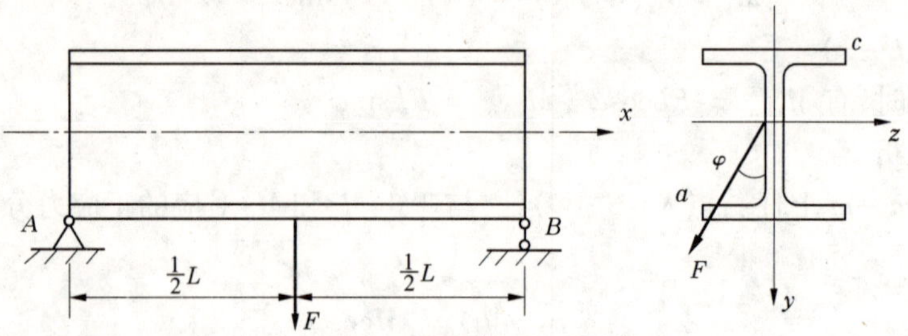

图 8-4

解：(1)外力分析。由于外力 F 通过截面形心，且与形心主轴 y 成 $\varphi=15°$，故梁是斜弯曲。将力 F 沿形心主轴 y、z 方向分解，得

$$F_y=F\cos\varphi=30\times\cos15°=29(\text{kN})$$
$$F_z=F\sin\varphi=30\times\sin15°=7.76(\text{kN})$$

(2)内力分析。在梁跨中截面上，由 F_y 和 F_z 在 xOy 平面和 xOz 平面内引起的最大弯矩分别为

$$M_{z\max}=\frac{F_yL}{4}=29\times\frac{4}{4}=29(\text{kN}\cdot\text{m})$$

$$M_{y\max}=\frac{F_zL}{4}=7.76\times\frac{4}{4}=7.76(\text{kN}\cdot\text{m})$$

(3)校核强度。由型钢表查得，工字钢 32a 的两个抗弯截面系数分别为

$$W_z = 692.5\ \text{cm}^3 \qquad W_y = 70.6\ \text{cm}^3$$

显然,危险点为跨中截面上的 a 和 c 点,在 a 点处为最大拉应力,在 c 点处为最大压应力,且两者数值相等,其值为

$$\sigma_{\max} = \frac{M_{z\max}}{W_z} + \frac{M_{y\max}}{W_y} = \frac{29 \times 10^6}{692.5 \times 10^3} + \frac{7.76 \times 10^6}{70.6 \times 10^3}$$

$$= 41.88 + 109.91 = 151.79(\text{MPa}) \leqslant [\sigma] = 160\ \text{MPa}$$

满足强度要求。

任务 3　偏心压缩(拉伸)

当作用在杆件上的外力与杆轴线平行但不重合时,杆件所发生的变形称为偏心压缩(拉伸)。这种外力称为偏心力,偏心力的作用点到截面形心的距离称为偏心距,常用 e 表示。偏心压缩(拉伸)是工程实际中常见的组合变形形式。例如混凝土重力坝刚建成还未挡水时,坝的水平截面仅受不通过形心的重力作用,此时属偏心压缩;厂房边柱,受吊车梁作用,也属于偏心压缩。

1　偏心压缩(拉伸)时的强度计算

根据偏心力作用点位置不同,常将偏心压缩分为单向偏心压缩和双向偏心压缩两种情况,下面分别讨论其强度计算。

1.1　单向偏心压缩

当偏心压力 F 作用在截面上的某一对称轴(例如 y 轴)上的 K 点时,杆件产生的偏心压缩称为单向偏心压缩,如图 8-5(a)所示,这种情况在工程实际中常见。

1.1.1　外力分析

将偏心压力 F 向截面形心简化,得到一个轴向压力 F 和一个 $m = Fe$ 的力偶,如图 8-5(b)所示。

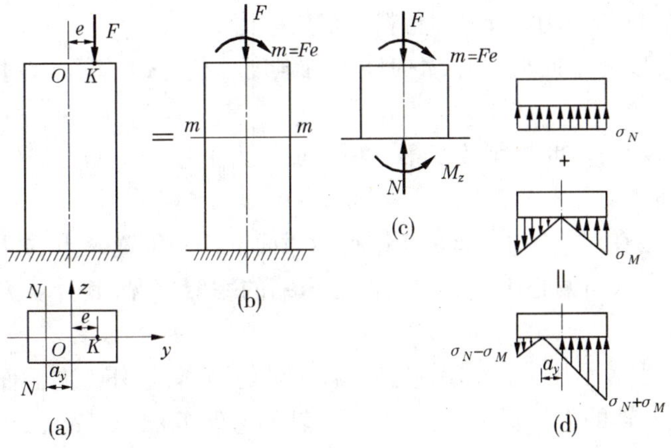

图 8-5

1.1.2　内力分析

用截面法可求得任意横截面 $m—m$ 上的内力为

$$N = -F \qquad M_z = m = Fe$$

由外力简化和内力计算结果可知，偏心压缩为轴向压缩与纯弯曲的组合变形。所以，压缩(拉伸)与弯曲的组合变形计算同偏心压缩(拉伸)。

1.1.3　应力分析

根据叠加原理，将轴力 N 对应的正应力 σ_N 与弯矩 M 对应的正应力 σ_M 叠加起来，即得单向偏心压缩时任意横截面上任一点的正应力计算式

$$\sigma = \sigma_N + \sigma_M = \frac{N}{A} \pm \frac{M_z y}{I_z} = -\frac{F}{A} \pm \frac{Fey}{I_z} \tag{8-3}$$

用式(8-3)计算应力时，式中各量值均以绝对值代入，公式中第二项前的正负号通过观察弯曲变形确定，该点在受拉区为正，在受压区为负。

1.1.4　最大应力

若不计柱自重，则各截面内力相同。由应力分布图 8-5(d)可知偏心压缩时的中性轴不再通过截面形心，最大正应力和最小正应力分别发生在横截面上距中性轴 $N—N$ 最远的左、右两边缘上，其计算公式为：

$$\left.\begin{aligned} \sigma_{\max} &= -\frac{F}{A} + \frac{Fe}{W_z} \\ \sigma_{\min} &= -\frac{F}{A} - \frac{Fe}{W_z} \end{aligned}\right\} \tag{8-4}$$

1.1.5　强度计算

若不计柱的自重，柱的各截面应力相同。其强度条件为

$$\left.\begin{aligned} \sigma_{\max} &= -\frac{F}{A} + \frac{Fe}{W_z} \leqslant [\sigma_l] \\ \sigma_{\min} &= -\frac{F}{A} - \frac{Fe}{W_z} \leqslant [\sigma_y] \end{aligned}\right\} \tag{8-5}$$

式中：$[\sigma_l]$为材料容许拉应力；$[\sigma_y]$为材料容许压应力。

运用式(8-5)可以对单向偏心压缩构件进行强度校核、选择截面尺寸和确定许可荷载。

上述各式用于偏心拉伸时，须改变第一项的负号为正号。

1.2　双向偏心压缩

当外力 F 不作用在对称轴上，而是作用在横截面上任一位置 K 点，如图 8-6(a)所示，产生的偏心压缩称为双向偏心压缩。这是偏心压缩的一般情况，其计算方法和步骤与单向偏心压缩相同。

若用 e_y 和 e_z 分别表示压力 F 作用点到 z 轴、y 轴的距离，将外力向截面形心 O 简化得一轴向压力 F 和对 y 轴的力偶矩 $m_y = Fe_z$，对 z 轴的力偶矩 $m_z = Fe_y$，如图 8-6(b)所示。

由截面法可求得杆件任一截面上的内力有轴力 $N = -F$、弯矩 $M_y = m_y = Fe_z$ 和 $M_z = m_z = Fe_y$。由此可见，双向偏心压缩实质上是压缩与两个方向纯弯曲的组合，或压缩与斜

弯曲的组合变形。

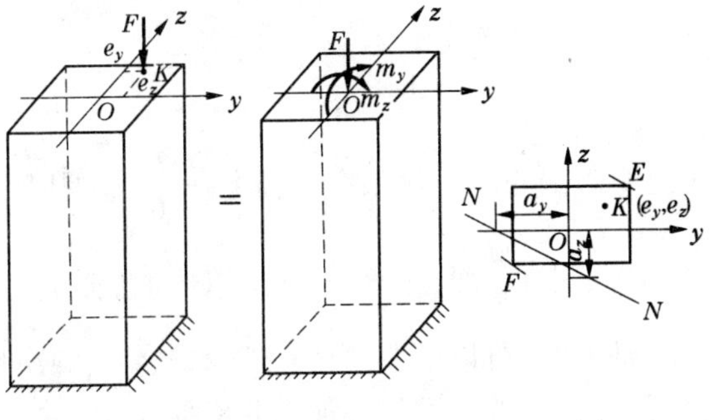

图 8-6

根据叠加原理,可得杆件横截面上任意一点 $C(y,z)$ 处正应力计算式为

$$\begin{aligned}\sigma &= \sigma_N + \sigma_{M_y} + \sigma_{M_z} = \frac{N}{A} \pm \frac{M_y}{I_y}z \pm \frac{M_z}{I_z}y \\ &= -\frac{F}{A} \pm \frac{Fe_z}{I_y}z \pm \frac{Fe_y}{I_z}y\end{aligned} \tag{8-6}$$

最大正应力和最小正应力发生在截面距中性轴 N—N 最远的角点 E、F,如图 8-6(c)所示。

$$\left.\begin{aligned}\sigma_{\max} &= -\frac{F}{A} + \frac{M_y}{W_y} + \frac{M_z}{W_z} \\ \sigma_{\min} &= -\frac{F}{A} - \frac{M_y}{W_y} - \frac{M_z}{W_z}\end{aligned}\right\} \tag{8-7}$$

可在式(8-7)的基础上,建立强度条件,对双向偏心压缩构件进行强度校核、选择截面尺寸和确定许可荷载。

上述各公式同样适用于偏心拉伸,但须将公式中第一项前负号改为正号。

2 截面核心

土木建筑工程中常用的砖、石、混凝土等脆性材料,它们的抗拉强度远远小于抗压强度,所以在设计由这类材料制成的偏心受压构件时,要求横截面上不出现拉应力。由式(8-4)、式(8-7)可知,当偏心压力 F 和截面形状、尺寸确定后,应力的分布只与偏心距有关。偏心距愈小,横截面上拉应力的数值也就愈小。因此,总可以找到包含截面形心在内的一个特定区域,当偏心压力作用在该区域内时,截面上就不会出现拉应力,这个区域称为截面核心。

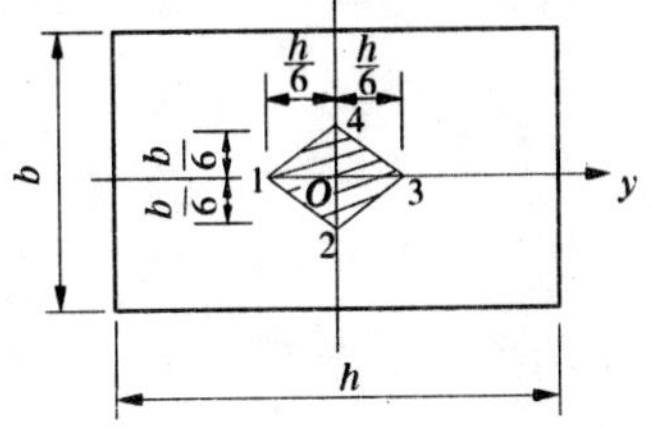

图 8-7

如图 8-7 所示的矩形截面杆,在单向偏心压缩时,要使横截面上不出现拉应力,就应使

$$\sigma_{\max}^{+} = -\frac{F}{A} + \frac{Fe}{W_z} \leqslant 0$$

将$A=bh, W_z=\frac{bh^2}{6}$代入上式可得

$$-1+\frac{6e}{h}\leqslant 0$$

从而得$e\leqslant\frac{h}{6}$，这说明当偏心压力作用在y轴上$\pm\frac{h}{6}$范围以内时，截面上不会出现拉应力。同理，当偏心压力作用在z轴上$\pm\frac{b}{6}$范围以内时，截面上也不会出现拉应力。当偏心压力不作用在对称轴上时，可以证明将图中1、2、3、4点顺次用直线连接所得的菱形，即为矩形截面核心。常见截面的截面核心如图8-8所示。

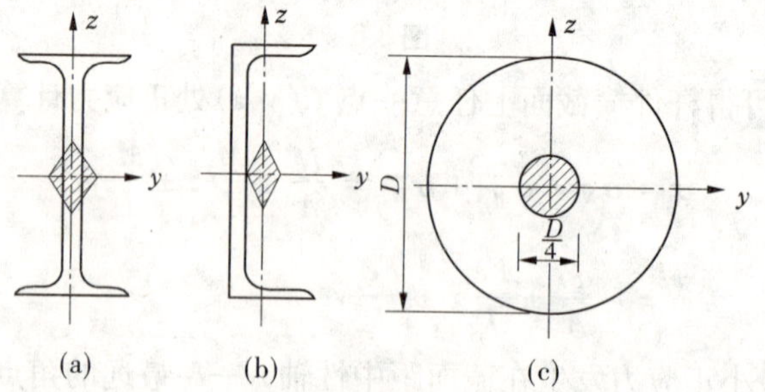

图 8-8

【例8-2】 如图8-9所示一厂房的牛腿柱。设由屋架传来的压力$F_1=100$ kN，由吊车梁传来的压力$F_2=30$ kN，F_2与柱子的轴线有一偏心距$e=0.2$ m。如果柱横截面宽度$b=180$ mm，试求当h为多少时，截面才不会出现拉应力，并求柱这时的最大压应力。

解：(1)外力计算：

$$F=F_1+F_2=130\text{ kN}$$

$$M_z=F_2e=30\times 0.2=6(\text{kN}\cdot\text{m})$$

(2)内力计算。用截面法可求得横截面上的内力为

$$N=F=130\text{ kN}$$

$$M=M_z=6\text{ kN}\cdot\text{m}$$

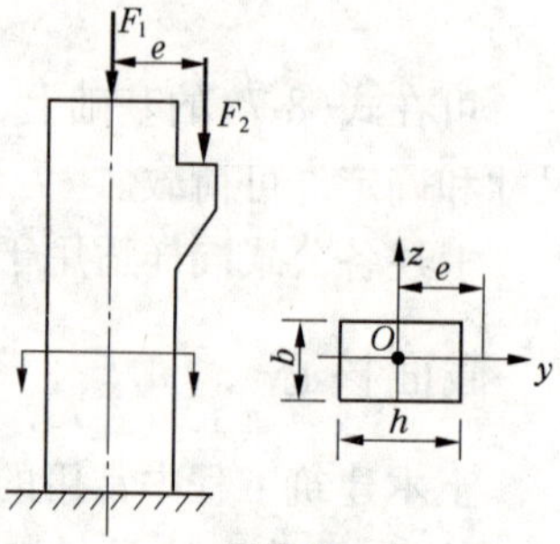

图 8-9

(3)应力计算。使截面上不出现拉应力，必须令$\sigma^+_{\max}=0$，即

$$\sigma^+_{\max}=-\frac{F}{A}+\frac{M_z}{W_z}=-\frac{130\times 10^3}{0.18h}+\frac{6\times 10^3}{0.18h^2/6}=0$$

解得

$$h=0.28\text{ m}$$

此时柱的最大压应力发生在截面的右边缘上各点处，其值为

$$\sigma^+_{\max}=-\frac{F}{A}-\frac{M_z}{W_z}=-\frac{130\times 10^3}{0.18\times 0.28}-\frac{6\times 10^3}{0.18\times 0.28^2/6}=-5.13(\text{MPa})$$

【例8-3】 悬臂式起重机如图8-10(a)所示，横梁AB为工字钢18号。电动滑车行走在横梁上，滑车自重与起重量总和为$F=30$ kN，材料的$[\sigma]=160$ MPa，试校核横梁的强度。

解：(1)外力分析。横梁AB在外力作用下所发生的变形是弯曲与轴向压缩的组合变

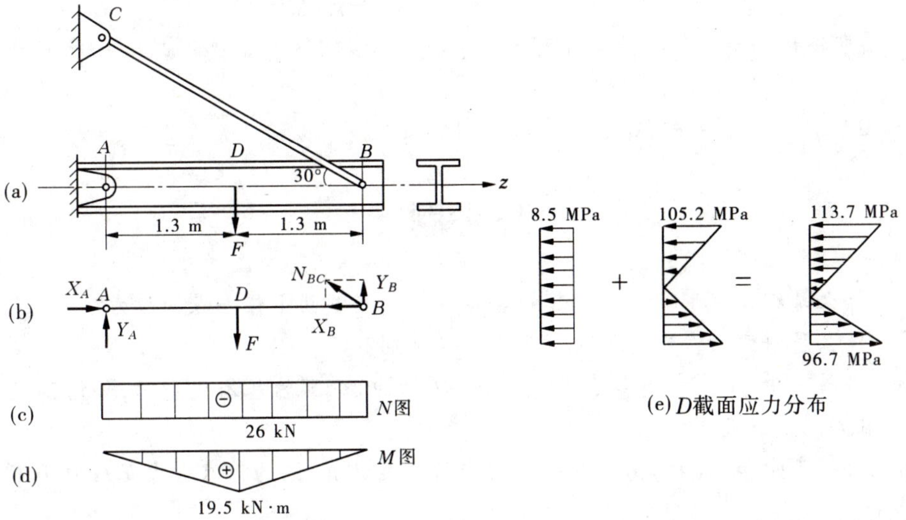

图 8-10

形。其应力计算方法与偏心压缩(拉伸)的应力计算方法相同。

当滑车行走到横梁中间 D 截面位置时,对横梁最不利,此时梁内弯矩最大。下面就滑车位于横梁中点时,校核横梁 AB 的强度。

作出横梁 AB 的受力图,如图 8-10(b)所示,由平衡条件求支座反力。

$$X_A = 26\ \text{kN} \qquad Y_A = 15\ \text{kN}$$

$$X_B = 26\ \text{kN} \qquad Y_B = 15\ \text{kN}$$

(2)内力分析。分别作出横梁的轴力图和弯矩图,如图 8-10(c)、(d)所示,得危险截面 D 处的轴力和弯矩分别为

$$N = X_A = 26\ \text{kN}$$

$$M_{\max} = \frac{Fl}{4} = \frac{30 \times 2.6}{4} = 19.5(\text{kN} \cdot \text{m})$$

(3)应力分析。根据危险截面 D 的应力分布规律,如图 8-10(e)所示,其上边缘的最大压应力和下边缘的最大拉应力分别为

由工字钢 18 号查得

$$A = 30.74\ \text{cm}^2 \qquad W_z = 185.4\ \text{cm}^3$$

$$\sigma_{\max} = -\frac{N}{A} + \frac{M_{\max}}{W_z}$$

$$= -\frac{26 \times 10^3}{30.74 \times 10^2} + \frac{19.5 \times 10^6}{185.4 \times 10^3}$$

$$= -8.46 + 105.18 = 96.72(\text{MPa})$$

$$\sigma_{\min} = -\frac{N}{A} - \frac{M_{\max}}{W_z}$$

$$= -\frac{26 \times 10^3}{30.74 \times 10^2} - \frac{19.5 \times 10^6}{185.4 \times 10^3}$$

$$= -8.46 - 105.18 = -113.64(\text{MPa})$$

(4)强度校核。由于材料的抗拉强度和抗压强度相等,因此危险点在 D 截面的上边缘各点处,所以强度校核用最大压应力的绝对值计算即可。

$\sigma_{max} = |\sigma_{min}| = 113.64\ \text{MPa} < [\sigma] = 160\ \text{MPa}$,所以横梁是安全的。

思考题

8-1 什么是组合变形?如何计算组合变形杆件横截面上任一点的应力?

8-2 什么是斜弯曲?它与平面弯曲有什么区别?

8-3 将斜弯曲、压(拉)弯组合及偏心压缩(拉伸)分解为基本变形时,如何确定各基本变形下正应力的正负号?

8-4 对斜弯曲和压(拉)弯组合变形杆进行强度计算时,为何只考虑正应力而不考虑剪应力?

8-5 什么叫截面核心?为什么工程中将偏心压力作用点控制在受压杆件的截面核心范围内?

习 题

8-1 桥式吊车梁由工字钢32a 制成,当小车走到梁跨度中点时,吊车梁处于最不利的受力状态。如图 8-11 所示吊车工作时,由于惯性和其他原因,荷载 F 偏离铅垂线与 y 轴成 $\varphi = 15°$ 的夹角。已知 $L = 4$ m,$[\sigma] = 160$ MPa,$F = 30$ kN 。试校核吊车梁的强度。

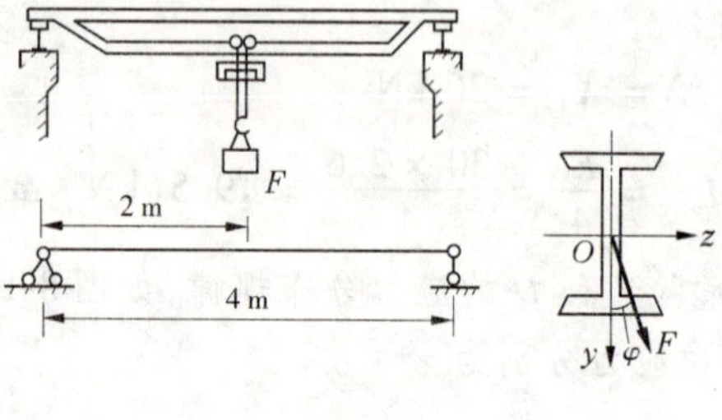

图 8-11

8-2 如图 8-12 所示木制悬臂梁在水平对称平面内受力 $F_1 = 1.6$ kN,铅直对称平面内受力 $F_2 = 0.8$ kN 的作用,梁的矩形截面尺寸为 90 mm × 180 mm,$E = 10 \times 10^3$ MPa。试求梁的最大拉应力数值及其位置。

8-3 矩形截面悬臂梁受力如图 8-13 所示,F 通过截面形心且与 y 轴成角 φ ,已知 $F = 1.2\text{kN}$, $L = 2$ m , $\varphi = 12°$, $\dfrac{h}{b} = 1.5$,材料的容许应力 $[\sigma] = 10$ MPa 。试确定 b 和 h 的尺寸。

8-4 承受均布荷载作用的矩形截面简支梁如图 8-14 所示,q 与 y 轴成 φ 角且通过形心,已知 $L = 4$ m ,梁的矩形截面尺寸为 100 mm × 150 mm,材料的容许应力 $[\sigma] = 10$

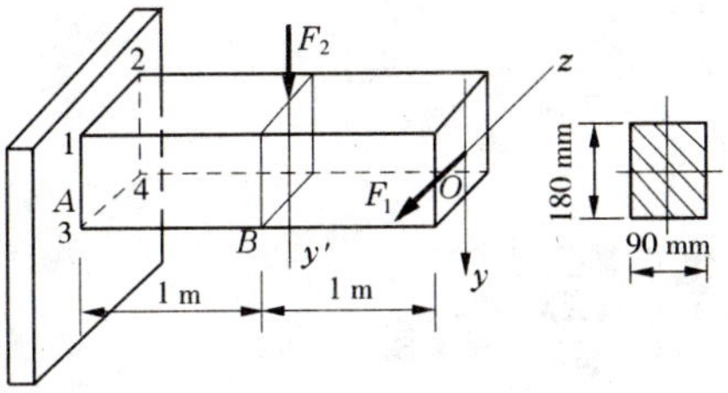

图 8-12

MPa。试求梁能承受的最大分布荷载 $q_{\max}$。

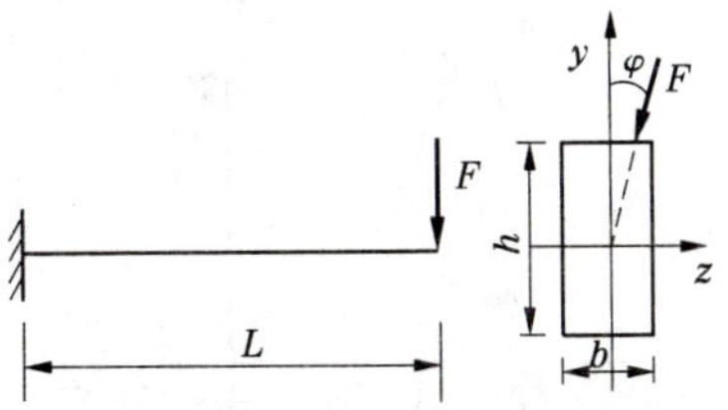

图 8-13

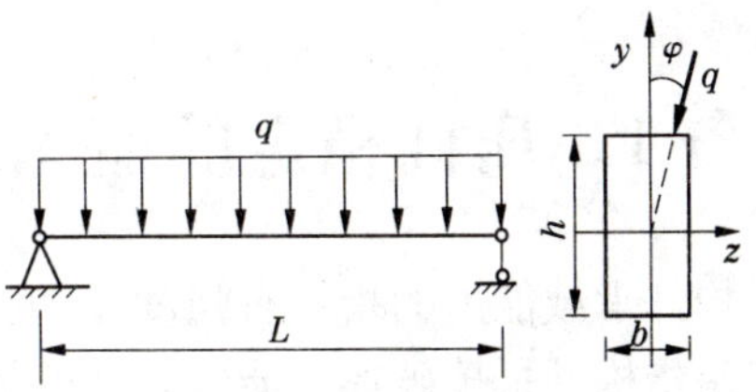

图 8-14

8-5　矩形截面受压木杆，如图 8-15 所示，力 $F=160$ kN，$[\sigma]=10$ MPa，矩形截面宽度 $b=160$ mm。试确定木杆的截面高度 h。

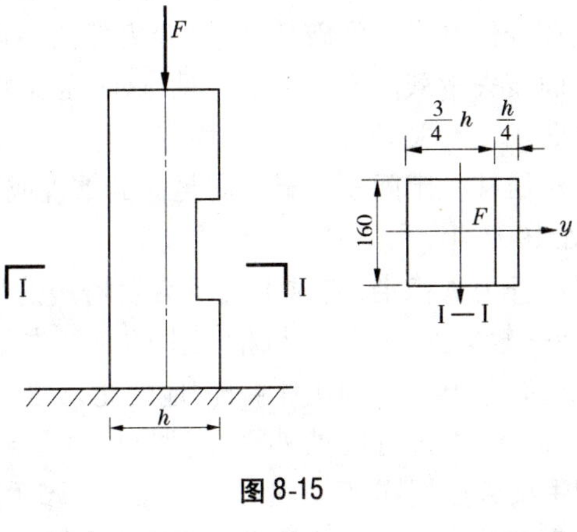

图 8-15

项目9 压杆稳定

【能力目标】 根据压杆失稳的特征,判别工程中压杆的稳定性。

【知识目标】 掌握压杆失稳的特征;了解压杆失稳的影响因素,掌握提高压杆稳定性的措施。

任务1 压杆稳定的概念

衡量构件承载能力的指标有强度、刚度、稳定性。

强度是指构件抵抗破坏的能力。刚度是指构件抵抗变形的能力。稳定性是指构件保持原有平衡状态的能力。杆件只有在受到压力作用时,才可能存在稳定性的问题。

在材料的拉压力学性能实验中,当对高为20 mm、直径为10 mm的短粗铸铁试件进行压缩试验时,它由于强度不足而发生了破坏。从强度条件出发,该试件的承载能力应只与其横截面面积有关,而与试件的长度无关。但如果将该试件加到足够的长度,再对其施加轴向压力时,将会发现在杆件发生强度破坏之前,会突然向一侧发生明显弯曲,若再继续加力就会发生折断,从而丧失承载能力。由此可见,这时压杆的承载能力并不取决于强度,而是与它受压时的弯曲刚度有关,即与压杆的稳定性有关。

在工程建设中,由于对压杆稳定问题没有引起足够的重视或设计不合理,曾发生了多起严重的工程事故。例如1907年,北美洲魁北克的圣劳伦斯河上一座跨度为548 m的钢桥正在修建时,由于两根压杆失去稳定,造成了全桥突然坍塌的严重事故。又如在19世纪末,瑞士的一座铁桥,当一辆客车通过时,桥桁架中的压杆失稳,致使桥发生灾难性坍塌,大约有200人遇难。还有在1983年10月4日,地处北京的中国社会科学研究院科研楼工地的钢管脚手架距地面5~6 m处突然外弓,刹那间,这座高达54.2 m,长17.25 m,总重565.4 kN的大型脚手架轰然坍塌,5人死亡7人受伤,脚手架所用建筑材料大部分报废,而导致这一灾难性事故的直接原因就是脚手架结构本身存在严重缺陷,致使结构失稳坍塌。实际上,早在1744年,瑞士著名科学家欧拉就对理想压杆在弹性范围内的稳定性进行了研究,并导出了计算细长压杆临界压力的计算公式。但是,同其他科学问题一样,压杆稳定性的研究和发展与生产力发展的水平密切相关。欧拉公式面世后,在相当长的时间里之所以未被认识和重视,就是因为当时在工程与生活建造中实用的木桩、石柱都不是细长的。直到1788年熟铁轧制的型材开始生产,然后出现了钢结构。特别是19世纪,随着铁路金属桥梁的大量建造,细长压杆的大量出现,相关工程事故的不断发生,才引起人们对压杆稳定问题的重视,并进行了不断深入的研究。

除压杆以外,还有许多其他形式的构件也同样存在稳定性问题,如薄壁球形容器在径向压力作用下的变形(见图9-1(a));梁在弯曲时的侧弯失稳(见图9-1(b));两铰拱在竖向荷载作用下变为虚线所示形状而失稳(见图9-1(c))等。但材料力学只涉及了压杆的稳定性问题,同时它也是其他形状构件稳定性分析的理论基础。

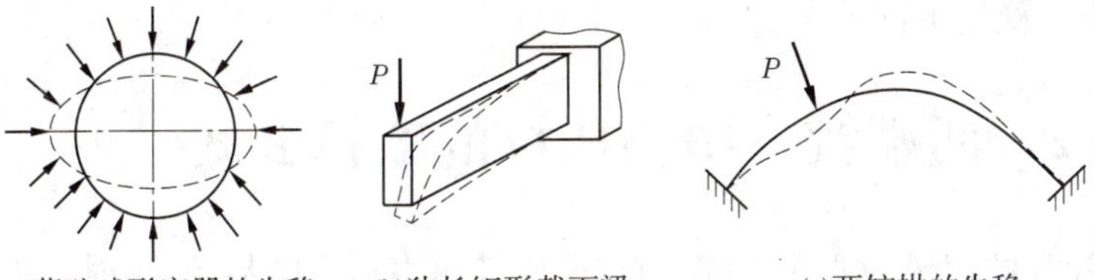

(a)薄壁球形容器的失稳　(b)狭长矩形截面梁的侧弯失稳　(c)两铰拱的失稳

图9-1

所以,对细长压杆而言,使其失去承载能力的主要原因并不是强度问题,而是稳定性问题。我们以图9-2(a)所示两端铰支受轴向压力的均质细长直杆为例来说明关于稳定性的基本概念。当杆件受到一逐渐增加的轴向压力 F 作用时,其始终可以保持为直线平衡状态。但当同时受到一水平方向干扰力 Q 干扰时,压杆会产生微弯(如图9-2(a)中虚线所示),而当干扰力消失后,其会出现如下两种情况:

(1)当轴向压力 F 小于某一极限值 F_{cr} 时,压杆将复原为直线平衡。这种当去除横向干扰力 Q 后,能够恢复为原有直线平衡状态的平衡称为稳定平衡状态,如图9-2(b)所示。

(2)当轴向压力 F 大于极限值 F_{cr} 时,虽已去除横向干扰力 Q,但压杆不能恢复为原有直线平衡状态而呈弯曲状态,若横截面上的弯矩值不断增加,压杆的弯曲变形亦随之增大,或由于弯曲变形过大而屈曲毁坏。将这种原有的直线平衡状态称为不稳定平衡状态,如图9-2(c)所示。

(3)当轴向压力 F 等于极限值 F_{cr} 时,压杆虽不能恢复为原有直线平衡状态但可保持微弯状态。将这种由稳定平衡状态过渡到不稳定平衡状态的直线平衡,称为临界平衡状态,如图9-2(d)所示。而此时的临界值 F_{cr} 称为压杆的临界力。将压杆丧失其直线平衡状态而过渡为曲线平衡,并失去承载能力的现象,称为丧失稳定,或简称为失稳。

以上所述"材料均匀、轴线为直线、压力作用线通过轴线"的等直压杆又称为理想的"中心受压直杆"。而实际的压杆由于材料的不均匀、初曲率或加载的微小偏心等因素的影响,均可引起压杆变弯。所以,实际压杆会在达到理想压杆临界压力之前就突然变弯而失去承载能力。因此,实际压杆的轴向压力极限值一定低于理想压杆的临界压力 F_{cr}。但为了便于研究,本项目主要以理想中心受压直杆为研究对象,来讨论压杆的稳定性问题。

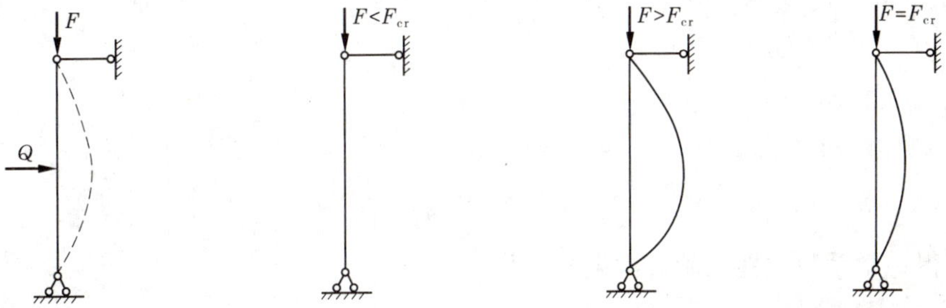

(a)受水平干扰力的杆件微弯　(b)细长压杆稳定平衡　(c)细长压杆不稳定平衡　(d)细长压杆临界平衡

图9-2

综上所述可知，压杆是否具有稳定性，主要取决于其所受的轴向压力。即研究压杆的稳定性的关键是确定其临界力 F_{cr} 的大小。当 $F < F_{cr}$ 时，压杆处于稳定平衡状态；当 $F > F_{cr}$ 时，则处于不稳定平衡状态。

任务2　两端铰支中心压杆的欧拉公式

设两端铰支的理想中心受压细长直杆，当其压力达到临界值 F_{cr} 时，在横向因素的干扰下压杆可在微弯状态下保持平衡。可见，临界压力 F_{cr} 就是使压杆保持微弯平衡的最小压力。现来确定此临界压力 F_{cr} 的计算公式。

建立如图9-3所示坐标系 xOy，假想距坐标原点 O 为 x 处将杆件截开，取其一部分为研究对象(见图9-3(b))，则在截面上除有轴向压力 F_{cr} 外，还作用有弯矩 $M(x)$，弯矩值为

$$M(x) = F_{cr}y \tag{a}$$

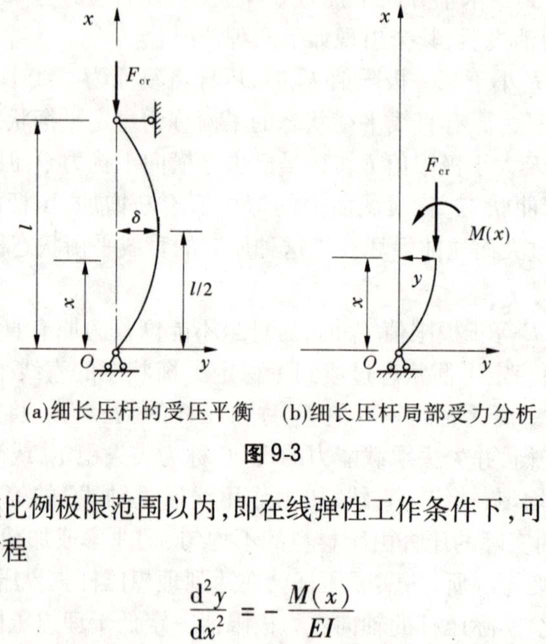

(a)细长压杆的受压平衡　(b)细长压杆局部受力分析

图9-3

当压杆的应力在比例极限范围以内，即在线弹性工作条件下，可利用梁在小变形条件下挠曲线近似微分方程

$$\frac{d^2y}{dx^2} = -\frac{M(x)}{EI} \tag{b}$$

将式(a)代入式(b)可得杆轴微弯成曲线的近似微分方程为

$$\frac{d^2y}{dx^2} = -\frac{F_{cr}y}{EI} \tag{c}$$

令

$$k^2 = \frac{F_{cr}}{EI} \tag{d}$$

可得一常系数线性二阶齐次微分方程

$$\frac{d^2y}{dx^2} + k^2y = 0 \tag{e}$$

解此微分方程可得

$$F_{cr} = \frac{n^2\pi^2 EI}{l^2} \tag{f}$$

由式(f)可知:由于 n 为任意整数,所以使压杆保持微弯平衡状态的临界压力 F_{cr},在理论上可以有无穷多个,但实际上,当压杆在最小临界压力作用下,其就已处于由稳定平衡向不稳定平衡过渡的临界平衡状态并将丧失稳定性了。但 $n=0$ 时,不合要求。因此,当$n=1$时,F_{cr}为最小值,这就是保证压杆安全工作的临界压力 F_{cr},即

$$F_{cr} = \frac{\pi^2 EI}{l^2} \tag{9-1}$$

式(9-1)为两端铰支等截面理想细长压杆的临界压力计算公式,由于此式最早由欧拉导出,故又称为欧拉公式(Euler formula)。

压力 F 与中点挠度 δ 之间的关系如图 9-4 中的 AB 曲线所示。由曲线可知,当 $F \geqslant F_{cr}$时,F 与 δ 有着一一对应关系,而对于实际受压杆件,由于材料的不均匀、存在的初曲率或加载的微小偏心等因素的影响,在其压力 F 未达到临界压力 F_{cr}之前,实际上就已出现了微弯变形,可用图 9-4 中的 OD 曲线来表示 F 和 δ 之间的关系。

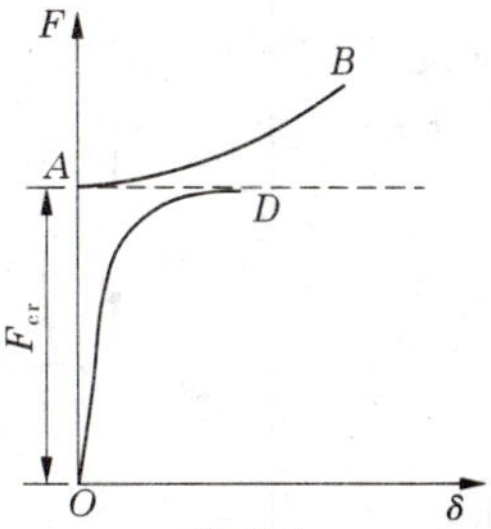

图 9-4

任务 3 不同约束条件下压杆的欧拉公式

杆件受到轴向压力作用而发生微小弯曲时,其挠曲线的形式将与杆端的约束情况有直接的关系,这说明在其他条件相同的情况下,压杆两端的约束不同,其临界压力也不同。但在推导不同杆端约束条件下细长压杆的临界压力计算公式时,可以采用上述类似的方法进行推导。另外,也可以利用对比的方法,即将杆端为某种约束的细长受压杆在临界状态时的挠曲线形状与两端铰支受压杆的挠曲线形状进行对比分析,来得到该约束条件下的临界压力计算公式。本节利用该方法给出几种典型的约束条件下,理想中心受压直杆的临界压力计算公式。

由任务 2 可知,两端铰支细长压杆的挠曲轴线的形状为半个正弦波。对于杆端为其他约束条件的细长压杆,若能够找到挠曲轴线上的两个拐点,即两个弯矩为零的截面,则可认为在该截面处为铰链支承。所以,两拐点间的一段杆可视为两端铰支的细长压杆,而其临界压力应与相同长度的两端铰支细长压杆相同。例如:对于一端固定、一端铰支的细长压杆,在其挠曲轴线上距固定端 $0.3l$ 处有一个拐点,这样上下两个铰链的长度 $0.7l$,因此其临界压力应与长度为 $0.7l$ 且两端铰支细长压杆的临界压力公式相同;对于两端固定的细长压杆,两拐点间的长度为 $0.5l$,所以,只需将公式(9-1)中的长度 l 替换为 $0.5l$ 即可;而对于一端固定另一端自由而在自由端受到轴向压力的细长压杆,相当于两端铰支长为 $2l$ 的压杆挠曲线的上半部分等。表 9-1 给出了几种工程实际中常见的理想约束条件下细长压杆的挠曲线形状及其相应的欧拉公式表达式。

表 9-1　各种支承约束条件下等截面细长压杆临界压力的欧拉公式

支承情况	两端铰支	一端固定 一端铰支	两端固定	一端固定 一端自由
临界状态时挠曲线形状	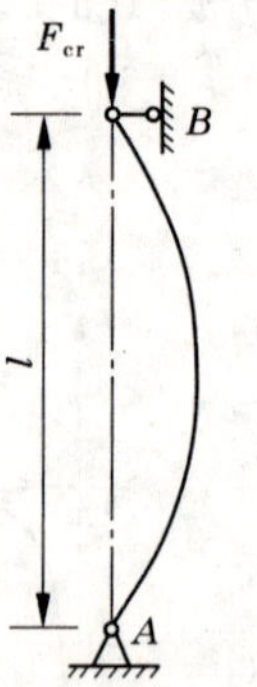	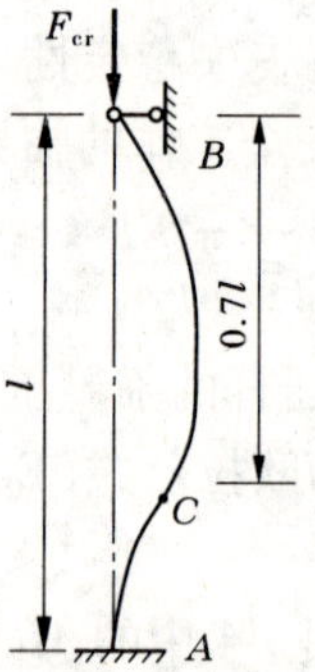 C—挠曲线拐点	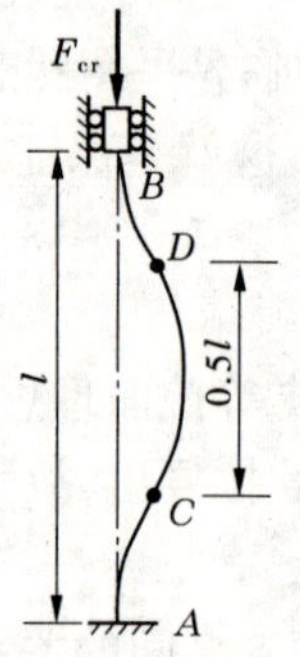 D—挠曲线拐点	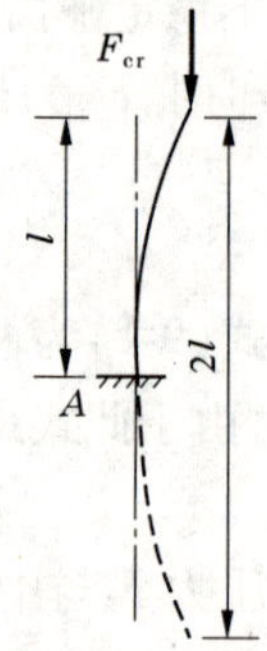
临界力公式	$F_{cr}=\dfrac{\pi^2 EI}{l^2}$	$F_{cr}\approx\dfrac{\pi^2 EI}{(0.7l)^2}$	$F_{cr}=\dfrac{\pi^2 EI}{(0.5l)^2}$	$F_{cr}=\dfrac{\pi^2 EI}{(2l)^2}$
长度系数 μ	$\mu=1$	$\mu\approx0.7$	$\mu=0.5$	$\mu=2$

由表 9-1 可知，对于各种不同约束条件下的等截面中心受压细长直杆的临界压力的欧拉公式可写成统一的形式

$$F_{cr}=\frac{\pi^2 EI}{(\mu l)^2} \tag{9-2}$$

式中：μ 称为压杆的长度系数(factor of length)，与压杆的杆端约束情况有关；μl 称为原压杆的计算长度，又称相当长度(equivalent length)。其物理意义就为在各种不同支承情况下两拐点之间的长度，即挠曲线上相当于半波正弦曲线的一段长度。

应当指出，当杆端在各个方向的约束情况相同时，欧拉公式中的惯性矩 I 应取最小值，即应取最小形心主惯性矩；而若在不同方向杆端约束情况不同，则惯性矩 I 应取挠曲时横截面对其中性轴的惯性矩。另外，在工程实际中，由于实际支承与理想支承约束的差异，其长度系数应以表 9-1 中的参数作为参考来根据实际情况进行选取，在有关的设计规范中，对压杆的长度系数多有具体的规定。

【例 9-1】 图 9-5 所示为一矩形截面的细长压杆，在 xOy 面内可视为两端铰支，在 xOz 面内可视为两端固定。若压杆是在弹性范围内工作，试确定压杆截面尺寸 b 和 h 之间应有的合理关系。

解：(1) 若压杆在 xOy 平面内失稳，压杆可视为两端铰支，则长度系数为 $\mu=1$，且截面对中性轴的惯性矩 $I_x=\dfrac{bh^3}{12}$；

由式(9-2)知

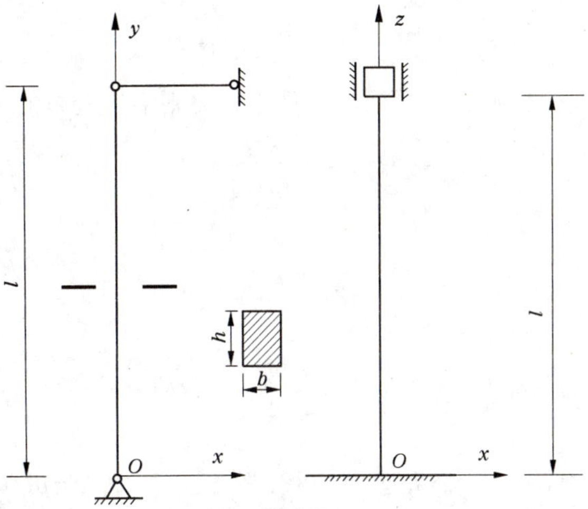

图 9-5

$$F'_{cr} = \frac{\pi^2 EI_x}{l^2} = \frac{\pi^2 Ebh^3}{12l^2}$$

(2)若压杆在 xOz 平面内失稳，压杆可视为两端固定，则长度系数为 $\mu = 0.5$，且截面对中性轴的惯性矩 $I_y = \frac{hb^3}{12}$。

由式(9-2)知：

$$F''_{cr} = \frac{\pi^2 EI_y}{(0.5l)^2} = \frac{4\pi^2 Ehb^3}{12l^2} = \frac{\pi^2 Ehb^3}{3l^2}$$

(3)由分析，应有：

$$F'_{cr} = F''_{cr}$$

即

$$\frac{\pi^2 Ebh^3}{12l^2} = \frac{\pi^2 Ehb^3}{3l^2}$$

可得

$$h^2 = 4b^2$$

即其合理的截面尺寸关系为

$$h = 2b$$

任务 4　临界应力与欧拉公式应用范围

1　计算临界应力的欧拉公式

在研究理想直杆受到压力作用的强度问题时，我们是通过应力进行相关计算的。为了对压杆的工程实际问题进行系统的分析研究，以下将引入临界应力的概念。所谓临界应力，就是在临界压力的作用下，压杆横截面上的平均正应力。若假设压杆的横截面面积为 A，则其临界应力为

$$\sigma_{cr} = \frac{F_{cr}}{A} = \frac{\pi^2 EI}{(\mu l)^2 A}$$

式中 $I/A = i^2$，即 $i = \sqrt{I/A}$ 为压杆横截面的惯性半径。则临界应力公式为

$$\sigma_{cr} = \frac{\pi^2 E}{(\mu l/i)^2}$$

引入参数

$$\lambda = \frac{\mu l}{i} \tag{9-3}$$

可知

$$\sigma_{cr} = \frac{\pi^2 E}{\lambda^2} \tag{9-4}$$

式(9-4)即为计算细长压杆临界应力的欧拉公式。式中 $\lambda = \mu l/i$ 称为压杆的柔度或长细比，其为无量纲的量。它反映了压杆长度、支承情况以及横截面形状和尺寸等因素对临界应力的综合影响。由式(9-4)看出，压杆的临界应力与其柔度的平方成反比，压杆的柔度值越大，其临界应力越小，压杆越容易失稳。可见，柔度 λ 在压杆稳定计算中是一个非常重要的参数。

2　欧拉公式的应用范围

对于受压杆件而言，在什么条件下需要以强度为原则进行分析，而什么情况下又需考虑其稳定性呢？事实上，在推导压杆临界力欧拉公式时，使用了任务 2 中公式(c)的梁的挠曲线近似微分方程，而该方程是在材料服从虎克定律即在线弹性范围以内才成立的。所以，欧拉公式的应用也有其适用的范围，即其临界应力不能超过材料的比例极限，故

$$\sigma_{cr} = \frac{\pi^2 E}{\lambda^2} \leqslant \sigma_p$$

可得

$$\lambda \geqslant \sqrt{\frac{\pi^2 E}{\sigma_p}}$$

式中，比例极限 σ_p 及弹性模量 E 均是只与材料有关的参量，可令

$$\lambda_p = \sqrt{\frac{\pi^2 E}{\sigma_p}} \tag{9-5}$$

则

$$\lambda \geqslant \lambda_p \tag{9-6}$$

式(9-6)即为欧拉公式的适用范围。也就是说，只有当压杆的实际柔度 λ 大于或等于与材料的比例极限 σ_p 所对应的柔度值 λ_p 时，欧拉公式才适用。

λ_p 仅仅与材料的力学性能有关，不同的材料有不同的 λ_p 值。以 Q235 低碳钢为例，$\sigma_p = 200$ MPa，$E = 206$ GPa，代入式(9-5)得

$$\lambda_p = \sqrt{\frac{\pi^2 \times 206 \times 10^9}{200 \times 10^6}} \approx 100$$

这表明用 Q235 钢制成的压杆，只有当其柔度 $\lambda \geqslant 100$ 时，才能应用欧拉公式(9-2)、式(9-4)计算其临界力、临界应力。将 $\lambda \geqslant \lambda_p$ 的压杆称为大柔度杆或长细杆，前面所提到的细长压杆均为这类压杆。

3 超过比例极限时压杆的临界应力

当压杆的柔度值 $\lambda < \lambda_p$ 时，说明压杆横截面上的应力已超过了材料的比例极限 σ_p，这时欧拉公式已不适用。在这种情况下，压杆的临界应力在工程计算中常采用建立在实验基础上的经验公式来计算，其中有在机械工程中常用的直线型经验公式和在钢结构中常用的抛物线型经验公式。

3.1 直线型经验公式

直线型经验公式的一般表达式为

$$\sigma_{cr} = a - b\lambda \tag{9-7}$$

式(9-7)表明，压杆的临界应力与其柔度呈线性关系。式中的 a、b 为与材料性质有关的常数，其单位为 MPa。表 9-2 中给出了几种常见材料的 a、b 值，供查用。

表 9-2 几种常见材料的直线公式系数 a,b 及柔度 λ_p,λ_s

材料	a(MPa)	b(MPa)	λ_p	λ_s
Q235 钢	304	1.12	100	61.4
优质碳钢 $\sigma_s = 306$ MPa	460	2.57	100	60
硅钢 $\sigma_s = 353$ MPa	577	3.74	100	60
铬钼钢	980	5.3	55	40
硬铝	372	2.14	50	
铸铁	332	1.45	80	
木材	39	0.2	50	

我们知道，压杆的柔度越小，其临界应力就越大。以由塑性材料制成的压杆为例，当其临界应力达到材料的屈服极限时，其已属于强度问题了。所以，直线经验公式也有一个适用范围，即由经验公式算出的临界应力，不能超过压杆材料的压缩屈服极限应力。即

$$\sigma_{cr} = a - b\lambda < \sigma_s$$

由上式可得

$$\lambda > \frac{a - \sigma_s}{b}$$

式中：a、b、σ_s 均为只与材料力学性能有关的常数，可令

$$\lambda_s = \frac{a - \sigma_s}{b} \tag{9-8}$$

则

$$\lambda > \lambda_s \tag{9-9}$$

λ_s 是对应于材料屈服极限 σ_s 时的柔度值。例如 Q235 钢的屈服极限 $\sigma_s = 235$ MPa，常数 $a = 304$ MPa、$b = 1.12$ MPa，则

$$\lambda_s = \frac{a - \sigma_s}{b} = \frac{304 - 235}{1.12} \approx 60$$

几种常见材料的 λ_s 值可由表 9-2 中查得。

可见，当压杆的实际柔度 $\lambda > \lambda_s$ 与 $\lambda < \lambda_p$ 时，才能用式(9-7)计算其临界应力，故直线经验公式的适用范围为 $\lambda_s < \lambda < \lambda_p$。

当压杆柔度值 $\lambda \leqslant \lambda_s$ 时，其临界应力将达到或超过材料的屈服极限，其已属于强度问题，而不会出现失稳现象。若将这类压杆也按稳定形式处理，则材料的临界应力 σ_{cr} 可表示为

$$\sigma_{cr} = \sigma_s$$

综上所述，在计算压杆的临界应力时，应根据其柔度值来选择相应的计算公式。如由塑性材料制成的压杆的临界应力与其柔度的关系曲线及相应的计算公式可用图 9-6 来表示，称其为临界应力总图。由图 9-6 知，可将压杆分为三大类：

(1)当 $\lambda \geqslant \lambda_p$ 时，称为细长杆，或大柔度杆，可用欧拉公式(9-4)计算其临界应力。

(2)当 $\lambda_s < \lambda < \lambda_p$ 时，称为中长杆，或中柔度杆，可用直线经验公式(9-7)计算其临界应力。

(3)当 $\lambda \leqslant \lambda_s$ 时，称为短粗杆，或小柔度杆，其临界应力就为材料的屈服极限，属强度问题。

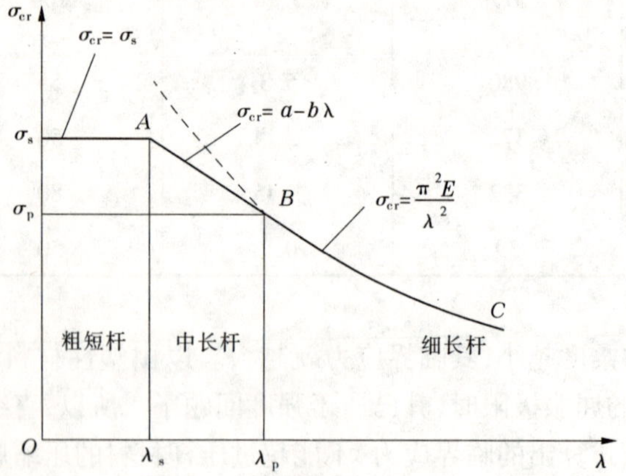

图 9-6

3.2　**抛物线型经验公式**

其一般表达式为

$$\sigma_{cr} = a_1 - b_1\lambda^2 \tag{9-10}$$

式(9-10)表明，压杆的临界应力与其柔度呈二次抛物线关系。式中，a_1、b_1 为与材料性质有关的常数。而在钢结构中，常用如下公式

$$\sigma_{cr} = \sigma_s\left[1 - \alpha\left(\frac{\lambda}{\lambda_c}\right)^2\right] \tag{9-11}$$

式中：α、λ_c 为与材料有关的常量。其中 λ_c 是细长压杆和非细长压杆的分界值。由于初曲率、压力的偏心及残余应力等因素的影响，工程中的实际受压杆件不可能处于理想中心受压直杆的状态，所以在实用上并不是以比例极限所对应的柔度值 λ_p 为分界点，而是以与材料相关的经验值 λ_c 为分界值。例如：Q235 钢的 $\alpha = 0.43$，$\lambda_c = 123$，各种常用材料的 α、λ_c 值可由相关手册查得。所以，当压杆的柔度值 $\lambda < \lambda_c$ 时，其临界应力可用经验公式(9-11)计算。其临界应力总图如图 9-7 所示。根据压杆的柔度值 λ_c 可将压杆分为两大类：

①当 $\lambda \geqslant \lambda_c$ 时，称为细长杆，可用欧拉公式(9-4)计算其临界应力。

②当 $\lambda < \lambda_c$ 时，称为非细长杆，可用抛物线经验公式(9-11)计算其临界应力。

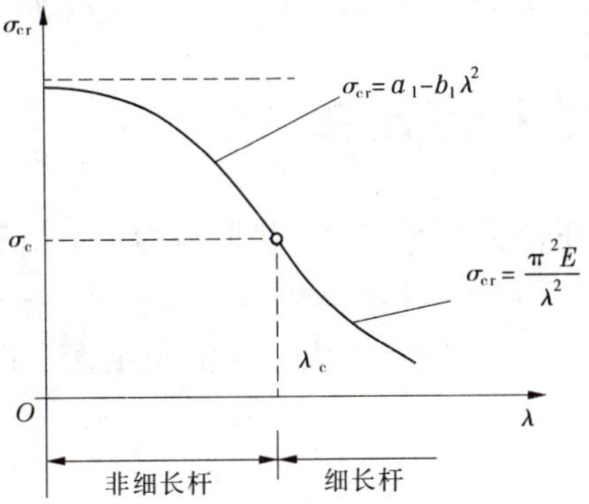

图 9-7

对于非细长压杆，除以上两种经验公式外，其临界应力的计算还有很多不同的观点，如折减弹性模量理论等，具体可参阅有关的书籍。

【例 9-2】 一两端铰支的空心圆管，其外径 $D = 60$ mm，内径 $d = 45$ mm，材料的 $\lambda_p = 120$，$\lambda_s = 70$，其直线经验公式为 $\sigma_{cr} = 304 - 1.12\lambda$。试求：

(1) 可应用欧拉公式计算该压杆临界应力的最小长度 l_{min}；

(2) 当压杆长度为 $\frac{3}{4}l_{min}$ 时，其临界应力的值。

解：(1) 由公式(9-3)可知压杆的柔度为

$$\lambda = \frac{\mu l}{i}$$

且惯性半径

$$i = \sqrt{\frac{I}{A}} = \frac{1}{4}\sqrt{D^2 + d^2} = \frac{1}{4}\sqrt{60^2 + 45^2} = \frac{75}{4}$$

由欧拉公式的应用条件

$$\lambda = \frac{\mu l}{i} \geqslant \lambda_p = 120$$

且由两端铰支可知长度系数 $\mu = 1$，则

$$l \geqslant \frac{\lambda_p i}{\mu} = \frac{120 \times 75}{1 \times 4} = 2\ 250(\text{mm}) = 2.25\ \text{m}$$

所以压杆的最小长度为

$$l_{\min} = 2.25\ \text{m}$$

(2)当压杆长度 $l = \frac{3}{4} l_{\min}$ 时,其柔度值为

$$\lambda = \frac{\mu l}{i} = \frac{3}{4} \times \frac{\mu l_{\min}}{i} = \frac{3}{4}\lambda_p = \frac{3}{4} \times 120 = 90$$

因为

$$\lambda_s < \lambda < \lambda_p$$

所以压杆为中长杆,应用直线型经验公式 $\sigma_{cr} = 304 - 1.12\lambda$ 可得:

$$\sigma_{cr} = 304 - 1.12 \times 90 = 203.2(\text{MPa})$$

任务5 压杆的稳定校核

压杆的临界应力就是压杆具有稳定性的极限应力。但由于压杆初曲率、压力的偏心、材料的不均匀以及支座的缺陷等因素对临界压力的影响非常大,所以需将由欧拉公式或经验公式计算出的临界应力 σ_{cr} 除以一个大于1的稳定安全系数 n_{st},可得压杆的稳定许用应力

$$[\sigma_{cr}] = \frac{\sigma_{cr}}{n_{st}}$$

将 $[\sigma_{cr}]$ 作为压杆具有稳定性的极限应力,则可得压杆的稳定条件

$$\sigma = \frac{F_N}{A} \leqslant [\sigma_{cr}] \tag{9-12}$$

或以荷载表示

$$F \leqslant \frac{F_{cr}}{n_{st}} = [F_{cr}] \tag{9-13}$$

在应用时,也可将上述稳定条件表示为安全系数法

$$n_w = \frac{\sigma_{cr}}{\sigma} \geqslant n_{st} \tag{9-14}$$

或

$$n_w = \frac{F_{cr}}{F} \geqslant n_{st} \tag{9-15}$$

式中:n_w 为实际稳定安全系数;n_{st} 为给定的稳定安全系数。

另外须指出,压杆的稳定性是对其整体而言的,故当其截面有局部削弱(如开孔、开槽)时,可不考虑其对稳定性的影响。但对削弱的截面需做强度校核。

在钢结构中,常用折减系数法对压杆稳定性进行计算,即

$$\sigma = \frac{F_N}{A} \leqslant \varphi[\sigma] \tag{9-16}$$

式中:φ 为折减系数,它是压杆稳定许用应力 $[\sigma_{cr}]$ 与材料的强度许用应力 $[\sigma]$ 的比值,

φ 实际是压杆柔度 λ 的函数,对应不同 λ 的 φ 值可从表9-3中查得。

表9-3 几种常见材料压杆的折减系数表

柔度 $\lambda=\frac{\mu l}{i}$	φ 值			
	A3钢	16Mn钢	铸钢	木材
0	1.000	1.000	1.00	1.00
15	0.995	0.993	0.97	0.99
20	0.981	0.973	0.91	0.97
30	0.958	0.940	0.81	0.93
40	0.927	0.895	0.69	0.87
50	0.888	0.840	0.57	0.80
60	0.842	0.776	0.44	0.71
70	0.789	0.705	0.34	0.60
80	0.731	0.627	0.26	0.48
90	0.669	0.546	0.20	0.38
100	0.604	0.462	0.16	0.31
110	0.536	0.384		0.26
120	0.466	0.325		0.22
130	0.401	0.279		0.18
140	0.349	0.242		0.16
150	0.306	0.213		0.14
160	0.272	0.188		0.12
170	0.243	0.168		0.11
180	0.218	0.151		0.10
190	0.197	0.136		0.09
200	0.180	0.124		0.08

【例9-3】 一等直压杆长 $l=3.4\ \mathrm{m}$, $A=14.73\ \mathrm{cm}^2$, $I=79.95\ \mathrm{cm}^4$, $E=210\ \mathrm{GPa}$, $F=60\ \mathrm{kN}$,材料为A3钢,两端为铰支座。试进行稳定校核。已知:$n_{st}=2$;$[\sigma]=140\ \mathrm{MPa}$。

解:(1)安全系数法。

$$\lambda=\frac{\mu l}{i}=\frac{1\times3.4\times100}{\sqrt{\frac{79.94}{14.73}}}=145.9>\lambda_p=100$$

$$F_{cr}=\frac{\pi^2EI}{(\mu l)^2}=\frac{\pi^2E}{\lambda^2}A=\frac{\pi^2\times210\times10^3}{145.9^2}\times14.73\times10^2=143.3(\mathrm{kN})$$

$$[F_{st}] = \frac{F_{cr}}{n_w} = \frac{143.3}{2} = 71.7(\text{kN}) > F = 60\ \text{kN}$$

(2)折减系数法。

$$\lambda = \frac{\mu l}{i} = \frac{1 \times 3.4 \times 100}{\sqrt{\frac{79.94}{14.73}}} = 145.9$$

查表8-3可知：$\lambda = 140, \varphi = 0.349$；$\lambda = 150, \varphi = 0.306$。

$$\lambda = 145.9 \Rightarrow \varphi = 0.349 - \frac{0.349 - 0.306}{10} \times 5.9 = 0.32$$

$$\sigma = \frac{F}{A} = \frac{60 \times 10^3}{14.73 \times 10^2} = 40.7(\text{MPa})$$

$$\varphi[\sigma] = 0.32 \times 140 = 44.8(\text{MPa})$$

$$\sigma < \varphi[\sigma]$$

故该压杆稳定满足。

【例9-4】 一两端铰支的圆截面压杆，长度 $l = 2$ m，材料的弹性模量 $E = 200$ GPa，$\sigma_p = 200$ MPa，最大的轴向压力 $F = 20$ kN，规定的稳定安全系数 $n_{st} = 4$，试按稳定条件设计压杆的直径 d。

解：由欧拉公式(9-2)，且长度系数 $\mu = 1$，所以

$$F_{cr} = \frac{\pi^2 EI}{(\mu l)^2} = \frac{\pi^2 \times 100 \times 10^9 \times \pi d^4}{(1 \times 2)^2 \times 64} = \frac{25 \times 10^9 \pi^3 d^4}{32}$$

由式(9-15)安全系数法：

$$n_w = \frac{F_{cr}}{F} = \frac{25 \times 10^9 \pi^3 d^4}{32 \times 20 \times 10^3} \geqslant n_{st} = 4$$

解得 $d \geqslant 0.0426$ m，取 $d = 43$ mm，所以压杆的惯性半径：

$$i = \sqrt{\frac{I}{A}} = \sqrt{\frac{\pi d^4/64}{\pi d^2/4}} = \frac{d}{4} = \frac{43}{4} = 10.8(\text{mm})$$

则柔度值为

$$\lambda = \frac{\mu l}{i} = \frac{1 \times 2\,000}{10.8} = 185.2$$

且由式(9-5)知：

$$\lambda_p = \sqrt{\frac{\pi^2 E}{\sigma_p}} = \sqrt{\frac{\pi^2 \times 200 \times 10^9}{200 \times 10^6}} = 99.3$$

因为 $\lambda > \lambda_p$，所以应用欧拉公式计算是正确的，可取 $d = 43$ mm。

任务6 提高压杆稳定性的措施

所谓提高压杆的稳定性，就是要提高压杆的临界应力。由计算临界应力的欧拉公式(9-4)可知，欲提高压杆的临界应力可从以下两方面考虑：

(1)合理地选用材料。

对于大柔度压杆，其临界应力 σ_{cr} 与材料的弹性模量 E 成正比，所以选用 E 值大的材料可提高压杆的稳定性。但在工程实际中，一般压杆均是由钢材制成的，由于各种类型的钢材的弹性模量 E 值均在200～240 GPa之间，差别不是很大。故用高强度钢代替普通钢做成压杆，对提高其稳定性意义不大。而对于中、小柔度杆，由经验公式可知，其临界应力与材料强度有关，所以选用高强度钢将有利于压杆的稳定性。

（2）减小压杆的柔度。

由临界应力公式可知，压杆的柔度越小，其临界应力越大。所以，减小柔度是提高压杆稳定性的主要途径。由式（9-3）的柔度计算公式可知，对于减小压杆柔度可从三方面考虑：

①选择合理的截面形状，增大截面的惯性矩。

在压杆横截面面积 A 一定时，应尽可能使材料远离截面形心，使其惯性矩 I 增大。这样可使其惯性半径 $i=\sqrt{I/A}$ 增大，则柔度值将减小。如图9-8（a）中，当面积相同时，空心圆截面要比实心圆合理；图9-8（b）中由四个等边角钢组成的截面，分散布置形式的组合截面要比集中布置形式的组合截面合理。但也不能为了增加截面的惯性矩而无限制地加大圆环截面的半径并减小其壁厚，这样将会由于压杆管壁过薄而发生局部折皱导致整体失稳；对于由型钢组合而成的压杆，应用缀条或板把分开放置的型钢联成一个整体以提高其整体稳定性，相关内容将在钢结构课程中介绍。

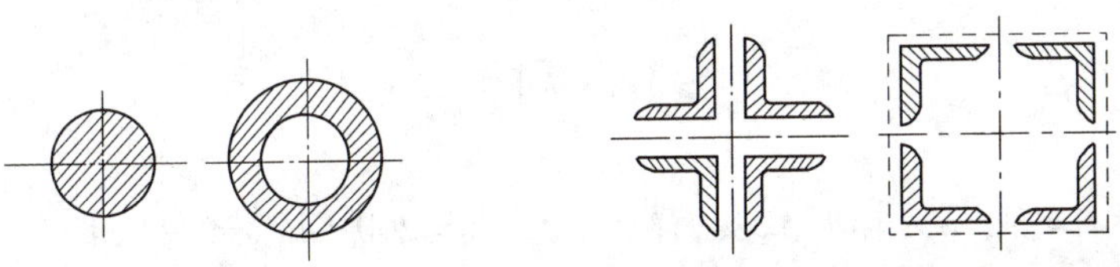

(a) 实心截面与空心截面　(b) 集中布置的组合截面和分散布置的组合截面

图9-8

另外，在以上述原则选择截面的同时，还应考虑到压杆在各纵向平面内应具有相同的稳定性，即应使压杆在各纵向平面内具有相同的柔度值。若杆端在各个弯曲平面内的约束性质相同，则应使截面各方向的惯性矩相同；若约束性质不同，则应使压杆在不同方向的柔度值尽量相等。

②减小压杆的长度。

在条件许可的情况下，可通过增加中间约束等方法来减小压杆的计算长度，这样可使压杆的柔度值明显减小，以达到提高压杆稳定性的目的。这也是提高稳定性的最有效的方法之一。

③改善压杆支承。

由表9-1可知，杆端约束刚性越强，压杆的长度系数越小，则其临界应力越大。所以，通过增加杆端支承刚性，亦可提高压杆的稳定性。

思考题

9-1 受压杆的强度问题和稳定性问题有何区别和联系?

9-2 试说明压杆的临界压力和临界应力的含义。其临界力是否与压杆所受作用力有关?

9-3 若将受压杆的长度增加一倍,其临界压力和临界应力将有何变化?若将圆截面压杆的直径增加一倍,其临界压力和临界应力的值又有何变化?

9-4 压杆的柔度反映了压杆的哪些因素?

9-5 一端固定、一端自由的压杆,其横截面如图 9-9 所示几种形状,问当压杆失稳时其横截面会绕哪一根轴转动?

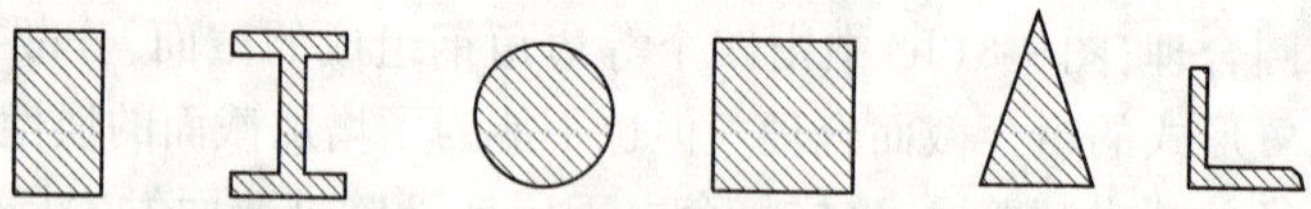

图 9-9

9-6 如果压杆横截面 $I_y > I_z$,那么杆件失稳时,横截面一定绕 z 轴转动而失稳吗?

习　题

9-1 细长压杆的两端为球形铰支,弹性模量 $E = 200$ GPa,试用欧拉公式计算临界力:

(1) 圆形截面:$d = 500$ mm,$l = 1$ m;

(2) 矩形截面:$h = 2b = 600$ mm,$l = 1.5$ m;

(3) 16 号工字钢,$l = 1$ m。

9-2 一根 $d = 500$ mm 的圆形截面压杆,材料的弹性模量 $E = 200$ GPa,比例极限 $\sigma_p = 200$ MPa,两端为球形铰支。试问压杆长度 l 为多少时即可应用欧拉公式计算临界力。

9-3 某钢材,已知其 $\sigma_p = 230$ MPa,$\sigma_s = 274$ MPa,$E = 200$ GPa,经验公式 $\sigma_{cr} = 338 - 1.22\lambda$。试计算 λ_p 和 λ_s 值,并绘制临界应力总图。

9-4 如图 9-10 所示一钢托架,已知 DC 杆的直径 $d = 50$ mm,材料为低碳钢,弹性模量 $E = 206$ GPa。试校核该压杆是否安全?

9-5 如图 9-11 所示结构,AB 杆为 16 号工字钢,BC 杆为直径 $d = 80$ mm 的圆截面杆,且已知材料的 $E = 205$ GPa,$\lambda_p = 90$,$\lambda_s = 50$,中长杆经验公式用 $\sigma_{cr} = 338 - 1.22\lambda$ 计算,强度许用应力 $[\sigma] = 140$ MPa。试求载荷 F 的许可值。

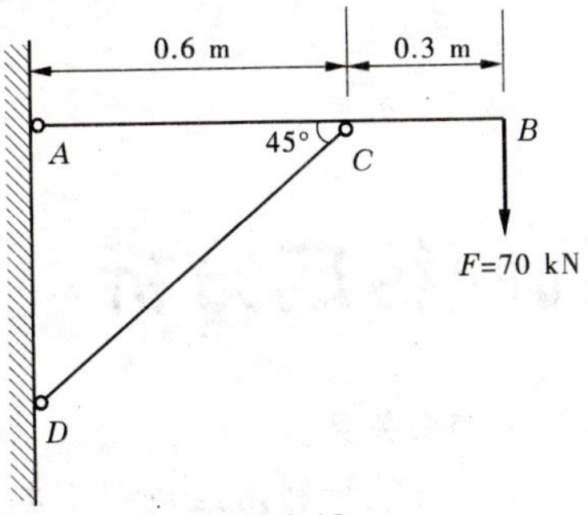

图 9-10

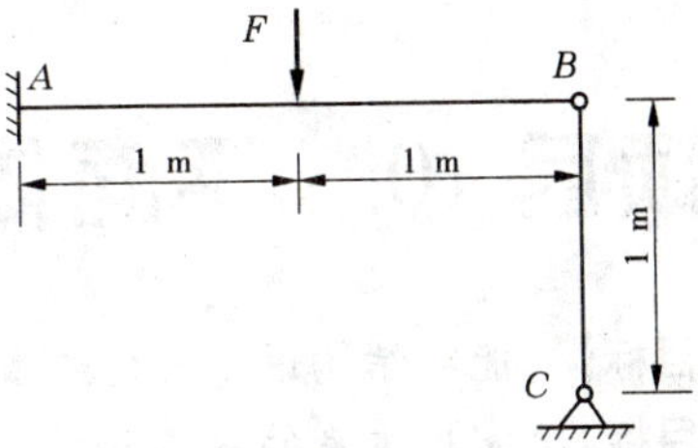

图 9-11

项目10 平面体系的几何组成分析

【能力目标】 能对结构进行几何组成分析,判别构件间相互关系。

【知识目标】 掌握体系的分类和特点;掌握结构组成规则;掌握利用组成规则判别结构的构造特点;掌握静定和超静定结构的判别方法。

任务1 概念与几何不变体系的简单组成规则

1 几何组成分析的目的

一个结构要能承受荷载作用,其几何组成应该合理,几何形状应该保持稳定不变。这也是结构力学研究的问题之一。

本项目只讨论若干杆件在同一平面内通过一定的联结方式组成平面杆件体系。在进行体系的几何组成分析时,忽略材料的变形,把各杆件看成刚性杆件,这是体系几何组成分析的前提。

如图10-1(a)所示体系,如不考虑材料的变形,受荷载作用后这种体系的几何形状和位置都不变。因此,我们把这种体系称为几何不变体系。如图10-1(b)所示体系,同理不考虑材料的变形,在荷载作用下体系的几何形状和位置发生了变化,这种体系称为几何可变体系,是不能承受荷载的。工程实际中只有几何不变体系才能作为结构使用。

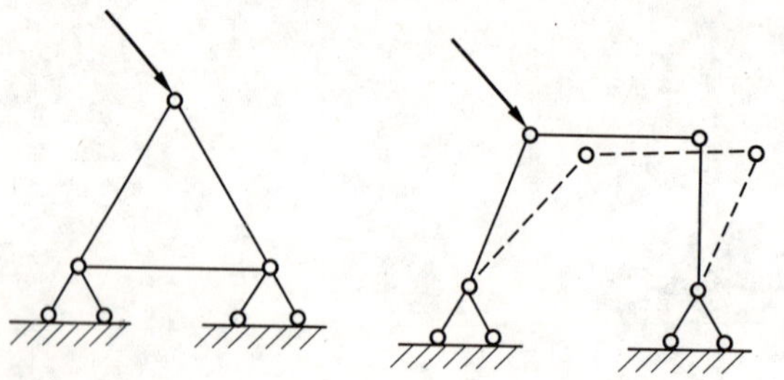

(a) (b)

图10-1

因此,进行体系的几何组成分析的目的是:

(1)确定体系是否为几何不变体系,能否作为结构进行使用。

(2)研究和应用几何不变体系的组成规则,使结构更加合理。

(3)区分体系是静定结构还是超静定结构,选择合适的计算方法。

2 几个重要概念

2.1 刚片

平面内的刚体称为刚片。在几何体系组成分析时,梁、链杆、几何不变体系、基础等都可以看成刚片。

2.2 自由度

体系在运动时,确定其位置所需的独立坐标数目称为自由度。如图 10-2(a)所示,平面内一个点只需 x 和 y 两个独立坐标来确定它的位置,因此一个点在平面内的自由度是 2;如图 10-2(b)所示,一个刚片在平面内,刚片上的任意一点 A 需要 x 和 y 两个坐标,但刚片可以绕点 A 自由转动,这时再用刚片上的任意一条直线 AB 的倾角 φ,就可以确定刚片在平面内的位置坐标,所以一个刚片在平面内的自由度是 3。

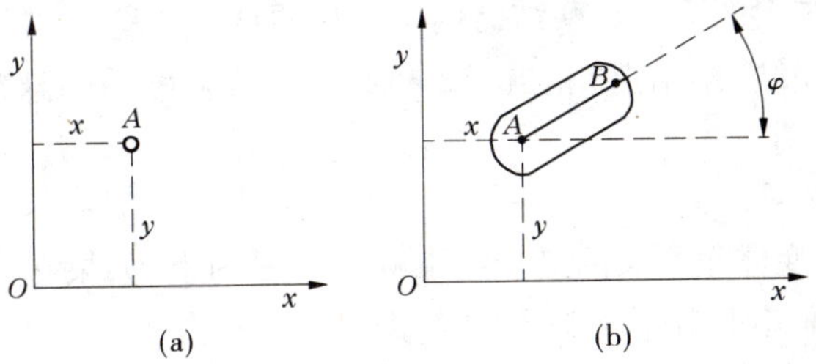

图 10-2

2.3 约束

体系内各部分之间及体系与基础之间的联结装置称为约束。约束会使体系内各部分之间的运动受到限制,体系的自由度相应就会减少。

2.3.1 链杆

两端用铰与其他物体相联结的刚性杆称为链杆,又叫二力杆。

如图 10-3(a)所示,链杆只限制与之相连刚片沿链杆两铰相连方向的运动,所以一个链杆相当于一个约束,刚片的自由度减少一个。

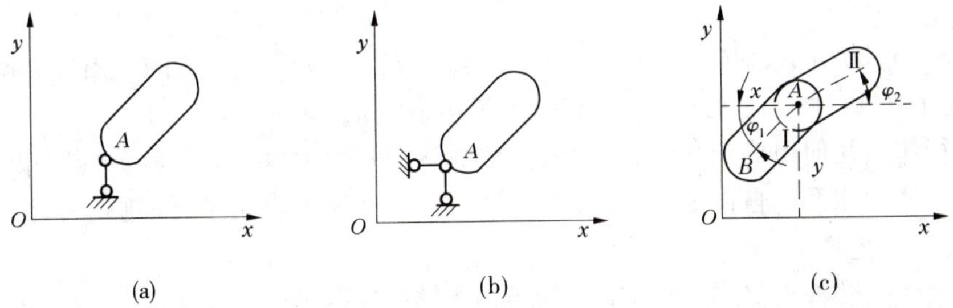

图 10-3

2.3.2 单铰

联结两个刚片的铰链称为单铰。

如图 10-3(c),两个刚片在相连前各有 3 个自由度,相连后刚片Ⅰ需要 3 个独立坐标 x、y、φ_1 确定它的位置,这时刚片Ⅱ只需 1 个独立坐标 φ_2 来确定它的位置,这时两个刚片通过铰链 A 构成的体系只有 4 个自由度,与相连前相比减少了 2 个。所以 1 个单铰相当于两个约束,与两个链杆的约束作用等效,如图 10-3(b)所示。

2.3.3 复铰

联结两个以上刚片的铰链称为复铰。

如图 10-4 所示,在刚片Ⅰ的铰链上依次加上刚片Ⅱ、刚片Ⅲ、…、刚片 n,每增加一个刚片,这个刚片的自由度就与联结前减少 2 个,依次类推,这 n 个刚片用一个铰链联结在一起,它们的自由度减少了 $2(n-1)$ 个。所以联结 n 个刚片的复铰相当于 $n-1$ 个单铰的约束作用。

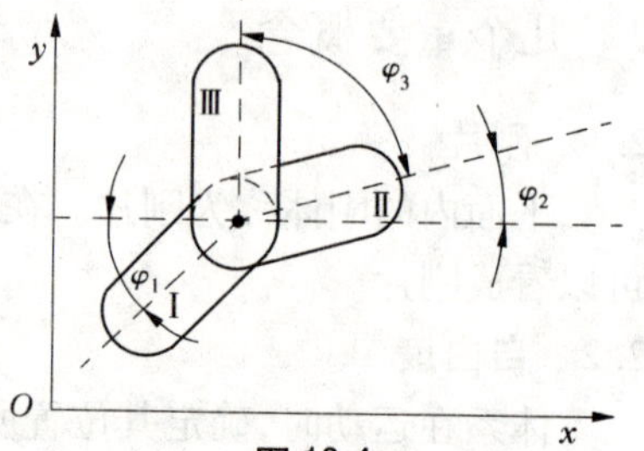

图 10-4

2.3.4 刚性联结

两个刚片通过刚结点联结在一起称为刚性联结,刚片联结后相互之间不能发生任何相对运动,构成一个扩大的刚片。联结后两个刚片的自由度是 3,与联结前相比,减少了 3 个。因此,一个刚性联结(刚结点)相当于 3 个约束。我们熟悉的悬臂梁的固定端就是刚片与基础之间刚性联结。

2.3.5 多余约束和必要约束

构成一个几何不变体系所需的最少约束称为必要约束,如果在一个体系中增加一个约束,而体系的自由度并不因此减少,则此约束为多余约束。

如图 10-5(a)所示,点 A 通过链杆①、②与基础相联结,点 A 被固定自由度,减少了 2 个,可见链杆①、②都是必要约束。

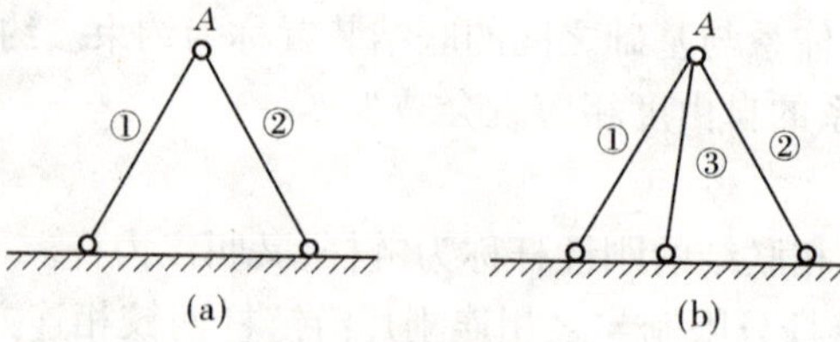

图 10-5

如图 10-5(b)所示,点 A 通过链杆①、②、③与基础相联结,点 A 的自由度只减少了 2 个,3 个链杆中只有两个是必要约束,有一个是多余约束。

在进行体系几何组成分析时,一定要分清哪些是必要约束,哪些是多余约束,因为只有必要约束才对体系的自由度有影响,而多余约束对体系的自由度无影响。

2.3.6 实铰和虚铰

联结刚片的链杆直接相交形成的铰链称为实铰,如图 10-6(a)所示,点 A 为两个链杆的实铰。

如图 10-6(b)所示,两个链杆的延长线交于点 A,这时点 A 就不是实铰,而是两个链杆的虚铰。点 A 也称为瞬心,因为它的位置随两个刚片的微小相对转动而发生变化,这种铰也称为瞬铰。图 10-6(c)为虚铰的另外一种形式,两个链杆相互平行,在无穷远处形成一个虚铰。实铰和虚铰的约束作用完全一样。

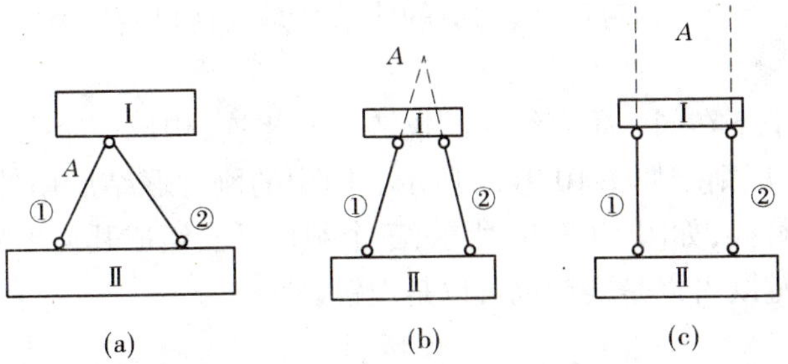

图 10-6

3 几何不变体系的组成规则

3.1 二元体规则

用两个不共线的链杆把一个点固定在刚片上的装置称为二元体。如图 10-7(a)所示，点 A 被链杆①、②固定在刚片Ⅰ上，刚片原来有 3 个自由度，增加点 A 而多了 2 个自由度，但是两个链杆又刚好减少 2 个自由度。所以，在一个体系上增加或减少一个二元体，不会改变原有体系的自由度，这称为二元体规则。

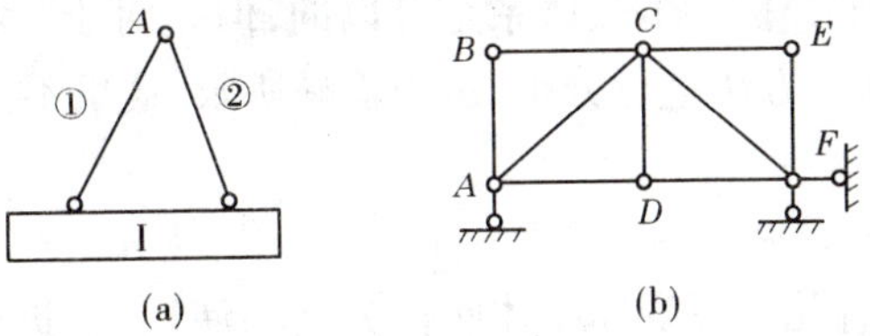

图 10-7

如图 10-7(b)所示，在原有体系上可以撤出二元体 $A-B-C$ 和 $C-E-F$，使得原有体系的几何组成分析问题变得简单。

3.2 两刚片规则

如果两个刚片用一个铰和一根不通过此铰的链杆相连，或两个刚片用三根不全平行也不交于同一点的链杆相连，构成一个无多余约束的几何不变体系，称为两刚片规则。如图 10-8 所示。

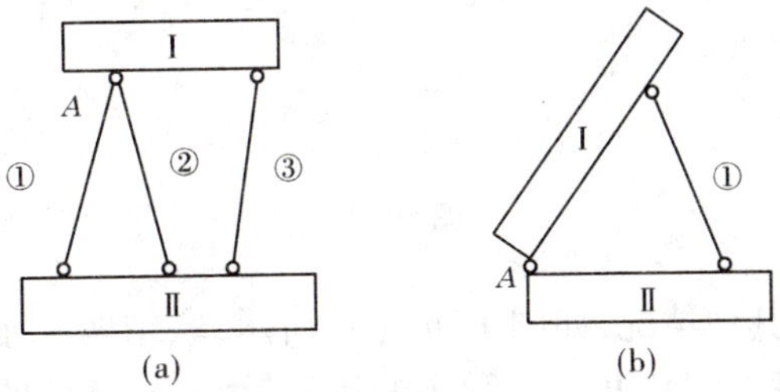

图 10-8

两个链杆的约束作用与一个铰的约束作用相同，如图 10-8(a)中的链杆①、②可用图 10-8(b)中的铰 A 来代替。如果联结两个刚片的三根链杆相交于同一点或相互之间完全平行，两个刚片就会产生相对运动，构成的体系就是几何可变体系。

3.3 三刚片规则

三个刚片用三个不在同一条直线上的铰链两两相连，构成一个无多余约束的几何不变体系，称为三刚片规则。如图 10-9(a)所示。图中的刚片联结所用的铰链 A、B、C 可以分别用两个链杆来替换，如图 10-9(b)所示，三个刚片仍然组成几何不变体系。同时也可看出联结使用的铰链既可以是实铰也可以是虚铰。

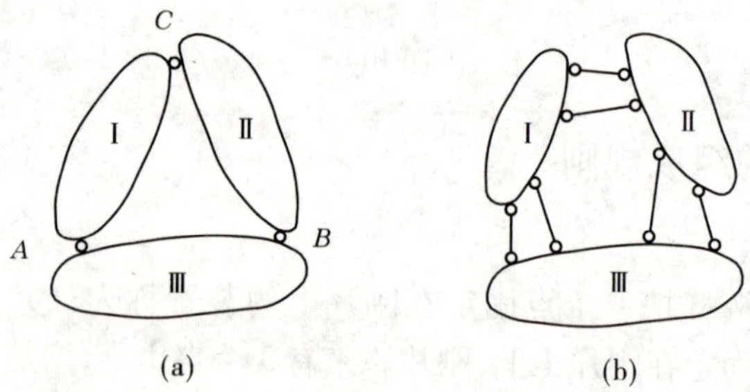

图 10-9

以上的三个规则对于分析大多数体系是可以的，但是对于一些复杂的体系进行分析时有其局限性，需要用其他方法进行分析，由于篇幅所限，这里不再介绍。

4 瞬变体系

前面我们介绍过只有几何不变体系才能作为结构使用，但进行结构几何组成分析时会遇到一种特殊的体系——瞬变体系。如图 10-10 所示，两个刚片通过铰 A 联结，同时它们又分别通过另外两个铰与基础相连，三个铰在同一条直线上。但当有荷载作用在体系上时，只有点 A 才能发生运动，如图 10-10(b)所示，当点 A 发生微小的位移到点 A'后，三个铰不再共线，由于两个刚片不产生变形，这时铰 A 不会再运动，体系变成几何不变的。我们把这种经过微小运动后变成几何不变的体系称为瞬变体系。它是几何可变体系的特殊情况，在工程中不能作为结构使用，因为此时两个刚片的内力会趋于无穷大。

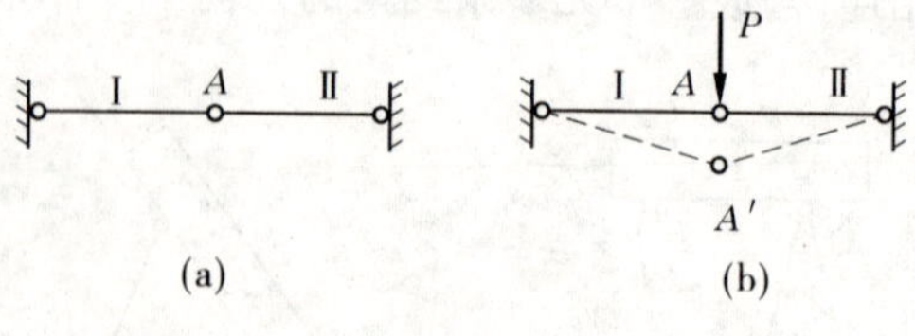

图 10-10

瞬变体系还有一些其他情况，如图 10-11(a)所示，联结两个刚片的三根链杆的延长线交于点 A，刚片Ⅰ相对于刚片Ⅱ发生微小的运动后，三根链杆的延长线就不会交于点 A，体系变成几何不变的。图 10-11(b)所示，两个刚片之间用三根相互平行且完全等长的链杆联结，这时两个刚片之间可以发生相对运动，体系是常变体系，如果三根链杆不完全等长，体系就是瞬变体系。读者可以自己分析。

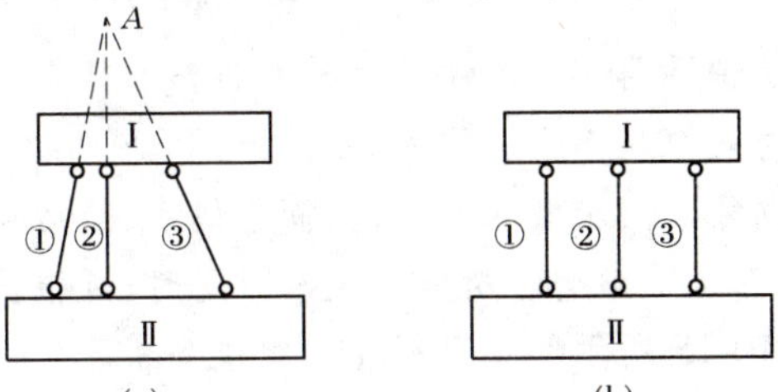

(a)　　(b)

图 10-11

任务 2　结构的几何组成分析示例

进行结构的几何组成分析时需要综合应用任务 1 所讲的三个基本规则，但同时应该注意：体系中的任意一个杆件、几何不变部分和基础都可以看成刚片；充分利用二元体规则对体系进行简化；已确定的几何不变部分可视为一个刚片。

【例 10-1】　试对图 10-12 所示体系进行几何组成分析。

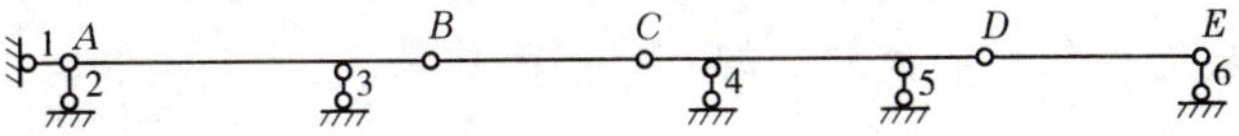

图 10-12

首先把基础看成刚片，刚片 AB 通过链杆 1、2、3 与之相连，符合两刚片规则，构成一扩大的刚片，把 BC 杆看成链杆，这一扩大的刚片与刚片 CD 通过链杆 4、5 及 BC 联结，同样符合两刚片规则，使得刚片进一步扩大；同理，刚片 DE 通过铰 D 和链杆 6 与扩大后的刚片相连。所以，体系是一个无多余约束的几何不变体系。

【例 10-2】　试对图 10-13 所示体系进行几何组成分析。

把 BCE 部分看成刚片，AB 和 CD 看成链杆，这时 BCE 与基础三根链杆相连，但是三根链杆的延长线交于点 O，所以体系是一个瞬变体系。

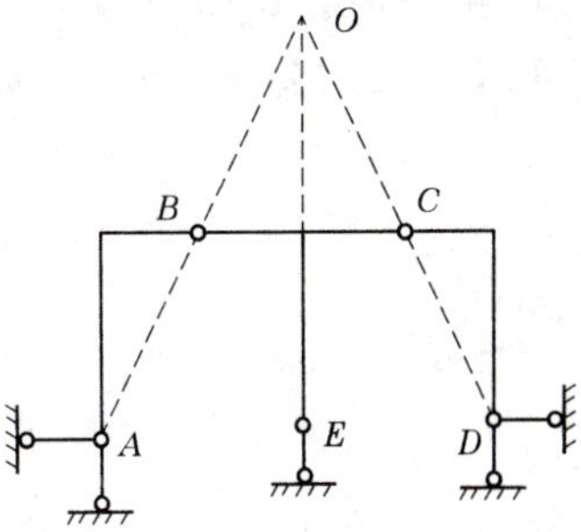

图 10-13

【例 10-3】　试对图 10-14 所示体系进行几何组成分析

先对基础以上的体系进行分析，AB、BC、AC 杆看成刚片，它们通过 A、B、C 三个不共线的铰构成一个无多

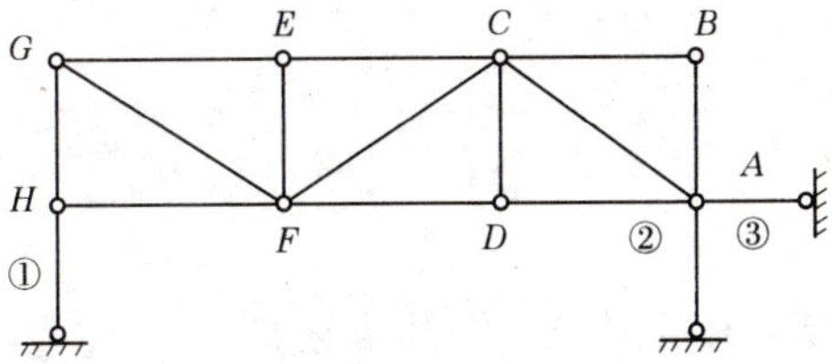

图 10-14

余约束的几何不变体系铰三角形，再依次增加二元体 $A-D-C$、$C-D-F$、$C-E-F$、$E-G-F$、$F-H-G$，逐渐扩大原有刚片，最后刚片再通过链杆 1、2、3 根据两刚片规则相连，所以体系是一个无多余约束的几何不变体系。

对于该体系的分析也可以依次撤除二元体，简化体系，最后得到一个无多余约束的铰三角形，对于体系的几何性质无影响。所以在规则应用时，可根据自己的理解灵活应用。

【例 10-4】 试对图 10-15 所示体系进行几何组成分析。

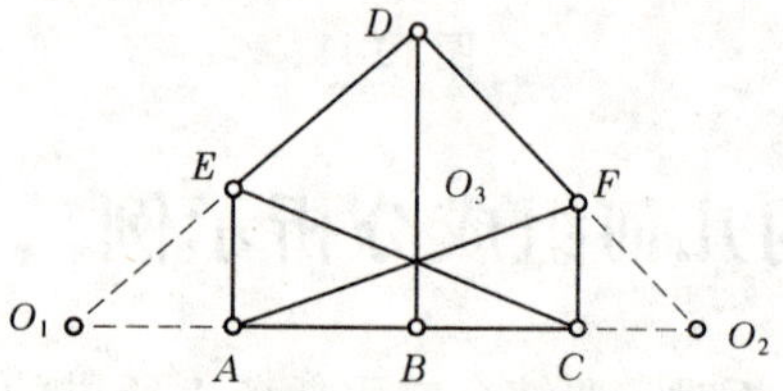

图 10-15

先把 AE、BD、CF 看成刚片，其余各杆看成链杆，AB 和 DE 延长线交于点 O_1，同理 BC 和 DF 延长线交于点 O_2，AF 和 CE 交于点 O_3，这三个点看成虚铰，它们不共线，符合三刚片规则，所以原体系是一个无多余约束的几何不变体系。

思考题

10-1　平面体系中任意两根链杆是否相当于在其交点处的一个虚铰？

10-2　如图 10-16(a)、(b) 中，$B-A-C$ 是否为二元体，$B-D-C$ 能否看成是二元体？

10-3　瞬变体系与可变体系各有何特征？为什么土木工程中要避免采用瞬变体系？

10-4　如图 10-17 所示因 A、B、C 三铰共线，所以是瞬变体系，这样分析正确吗？

10-5　何谓多余约束？如何确定多余约束的个数？

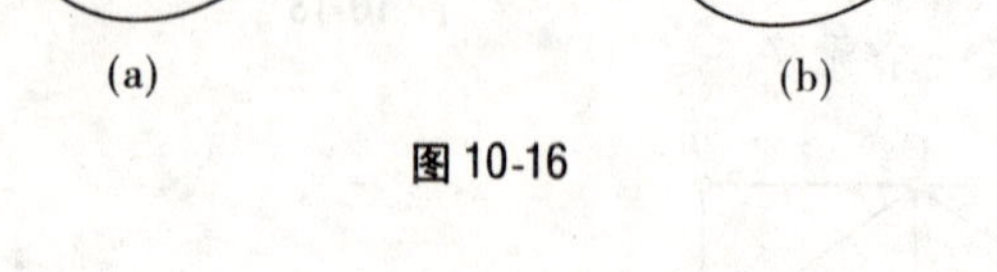

图 10-16

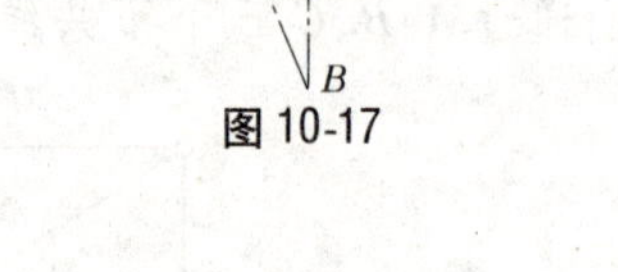

图 10-17

习　题

10-1　对图 10-18 所示各体系进行几何组成分析。

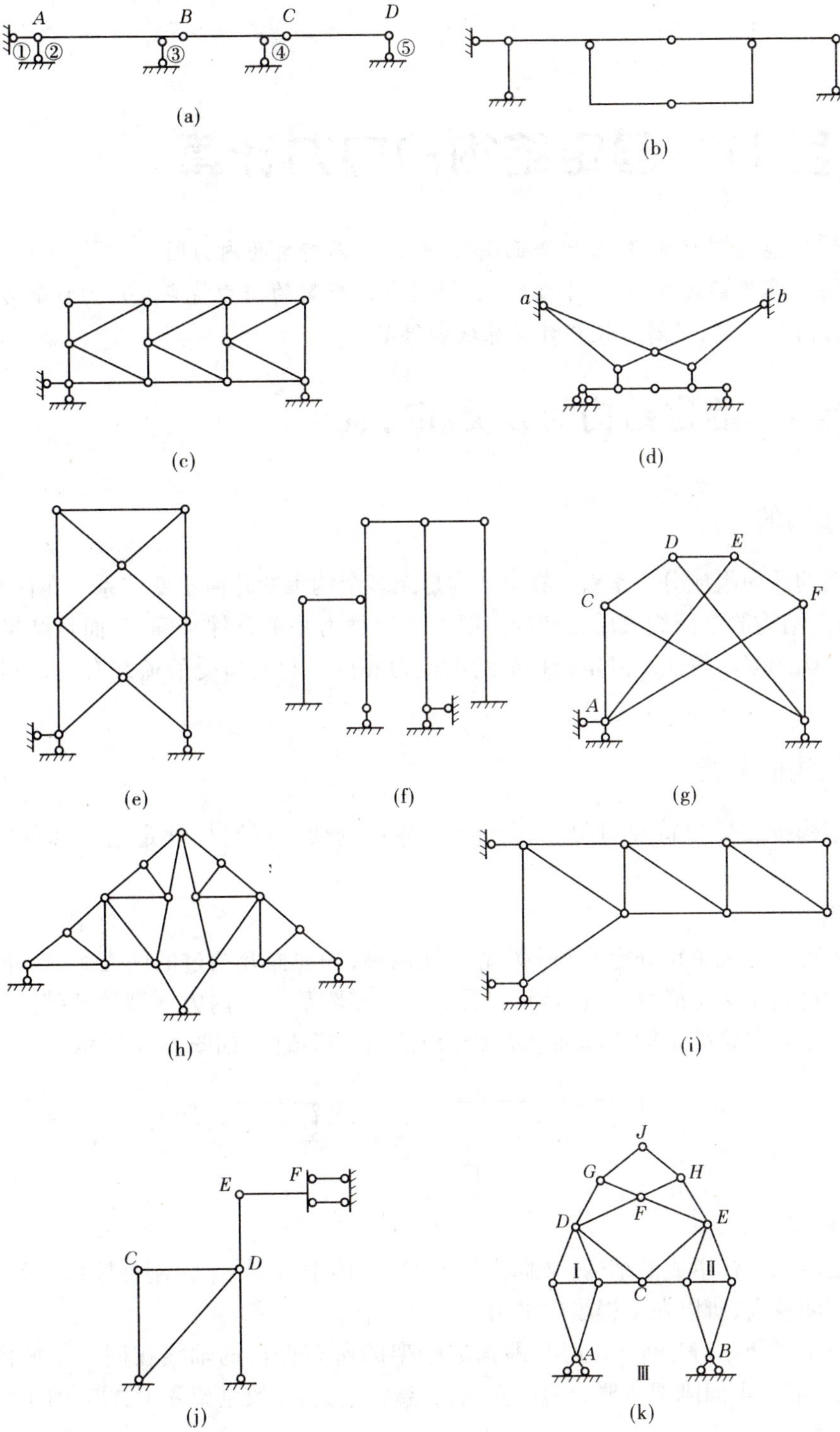

图 10-18

项目 11　静定结构的内力计算

【能力目标】 能绘制静定梁、静定平面刚架、静定平面桁架的内力图。

【知识目标】 掌握静定梁、静定平面刚架、静定平面桁架的内力特点及内力计算方法；熟练掌握内力图的绘制，了解三铰拱计算原理和思路。

任务 1　静定结构的分类和特征

1　静定结构的特征

从体系的几何组成分析来看，静定结构是无多余约束的几何不变体系。在任意荷载作用时，静定结构的全部约束反力和内力都可以用静力平衡条件来确定，而且结果唯一，这是静定结构的基本特征。静定结构的约束反力和内力只与所受的荷载有关，与其他因素无关。

2　静定结构的分类

静定结构按照受力特点可分为：静定梁、静定刚架、三铰拱、静定桁架和静定组合结构。

2.1　静定梁

静定梁可以分成单跨静定梁和多跨静定梁两种，如前面介绍过的简支梁、外伸梁、悬臂梁这三种都属于单跨静定梁，也是我们后面学习多跨静定梁内力计算的基础。多跨静定梁可看成是在单跨静定梁的基础上增加相应的约束形成的，如图 11-1 所示。

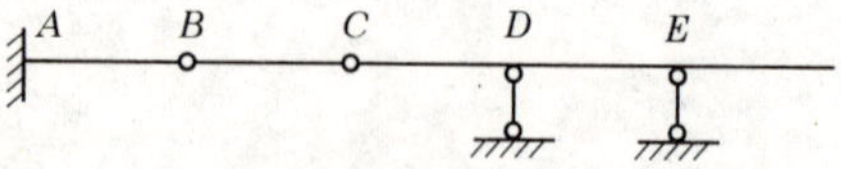

图 11-1

2.2　静定刚架

刚架是由梁和柱组成的结构，又称为框架，其结构中有刚结点(刚性联结点)。因为它的内部空间较大，所以在工程当中常用。

本项目主要介绍静定平面刚架，即构成刚架的所有杆件的轴线在同一平面内。如图 11-2所示，静定平面刚架主要分为简支刚架、悬臂刚架、三铰刚架和组合刚架四种。

2.3　三铰拱

拱结构的杆件轴线为曲线，在桥梁、房建、水工等建筑中常被使用。拱在竖向荷载作用时，支座会产生水平推力，和三铰刚架一样都属于推力结构，这是它与曲梁的区别所在。

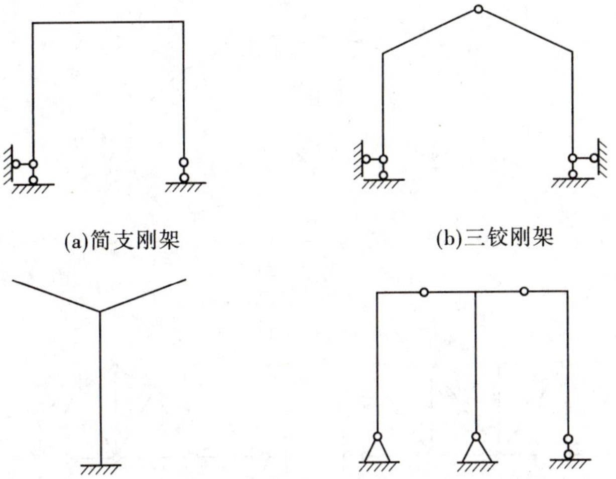

(a)简支刚架　(b)三铰刚架

(c)悬臂刚架　(d)组合刚架

图 11-2

拱结构常见形式主要有:无铰拱、两铰拱、三铰拱,前两种都是超静定结构,而三铰拱是静定结构。在工程中为了消除水平推力对支座的影响,常在两个支座之间设置拉杆,称为带拉杆的三铰拱,如图 11-3 所示。

在拱结构中,如图 11-4 所示,拱与基础的联结处称为拱脚(或称为拱趾),拱的最高点称为拱顶,两个拱脚之间的连线为起拱线,它们之间的水平距离称为跨度,拱顶到起拱线的竖向距离称为拱高,拱高与跨度的比 f/l 为高跨比,高跨比是对拱的力学性能有重要影响的几何参数,在工程中高跨比为 1 ~ 1/10。

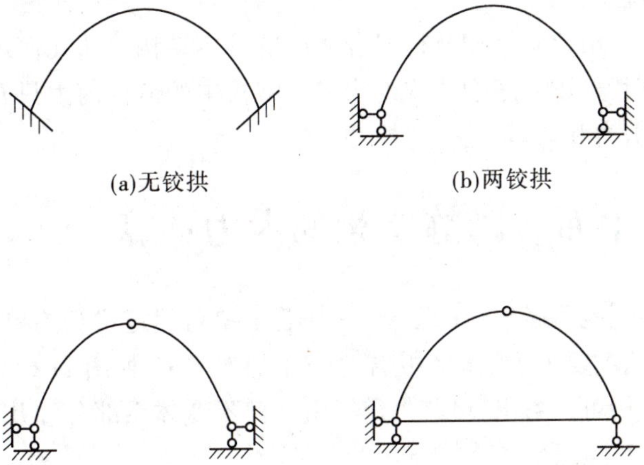

(a)无铰拱　(b)两铰拱

(c)三铰拱　(d)带拉杆的三铰拱

图 11-3

2.4　静定桁架

桁架是由若干根在其两端通过铰链联结而成的结构。静定桁架是静定结构,按照其几何组成分析可以分为简单桁架(见图 11-5(a)、(b))、联合桁架(见图 11-5(c))、复杂桁架(见图 11-5(d))。此外静定桁架还可以按照它的外形和在受到竖向荷载作用下是否产

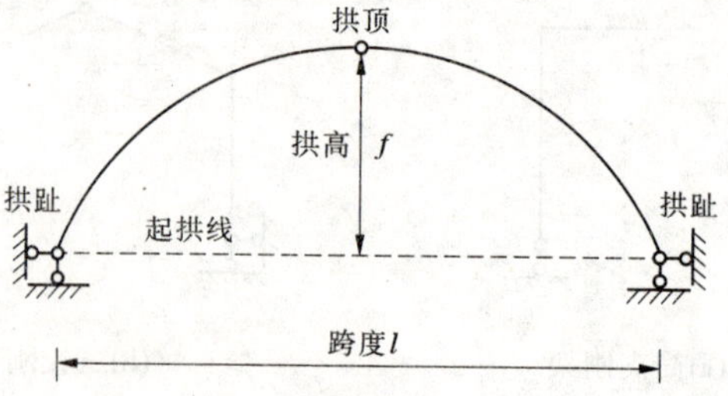

图 11-4

生水平推力来分类。

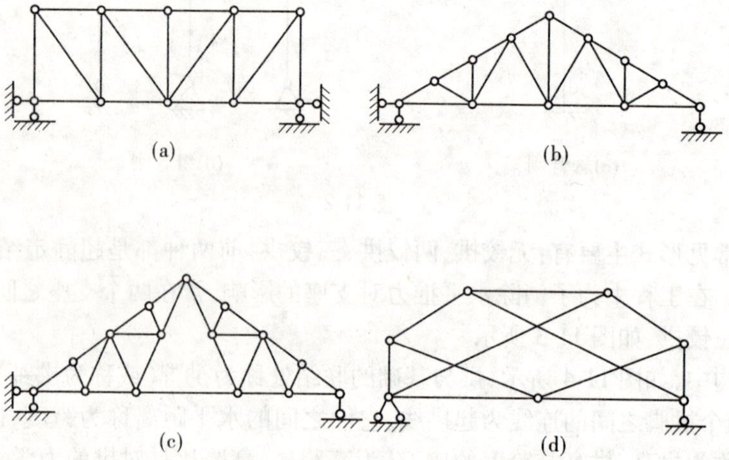

图 11-5

2.5 **静定组合结构**

静定组合结构指由梁式杆和链杆混合而成的静定结构。从几何组成分析来看，静定组合结构常按两刚片规则和三刚片规则构成。结构中的链杆内力只有轴力，梁式杆的内力一般包括轴力、剪力和弯矩，是受弯构件。

任务 2　平面多跨静定梁的内力计算

实际工程中为了能跨越较长的距离，常把若干单跨静定梁结构单元联结而成多跨静定梁。例如：桥梁的主要承重结构和房屋建筑中的木檀条，如图 11-6(a)、(d)所示。

从几何组成分析可以看出，多跨静定梁由几何不变体系部分和几何可变体系部分构成。

多跨静定梁的几何不变体系部分能够独立承受荷载而保持平衡，称为多跨静定梁基本部分，如图 11-6(b)中的 *AB* 部分。几何可变体系部分不能够独立承受荷载称为附属部分，如图 11-6(b)所示的 *BC*、*CD*、*DE* 部分，它们都需要依靠其他部分才能承受荷载并保持平衡。

在对多跨静定梁进行内力计算时，我们需要把它拆分成单跨梁各个解决，因此需要搞清楚各部分之间的相互依赖关系。按照几何组成次序，把多跨静定梁各部分之间相互依

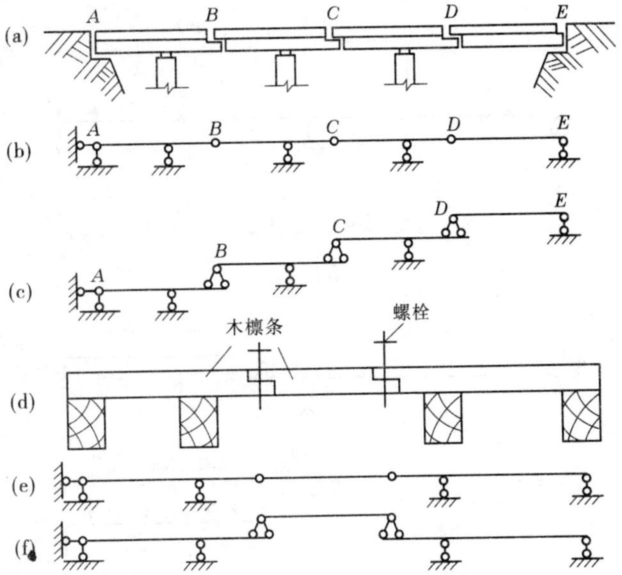

图 11-6

赖关系用图形来表示，称为层次图，如图 11-6(c)、(f) 所示。从层次图可以看出：一旦基本部分遭到破坏，附属部分的几何不变性也随之破坏；若附属部分遭到破坏，则对基本部分的几何不变性并无任何影响。在层次图中，基本部分画在最下层，各附属部分依次画在相邻基本部分上层。

在多跨静定梁的内力计算时，我们首先画出它的层次图，搞清楚力的传递关系，然后将多跨静定梁拆分成单跨静定梁，按照先基本部分，后附属部分的次序分别进行计算。因为荷载是从最上层的附属部分依次往下传递给基本部分的，所以对各部分进行计算时，要考虑依附于它的附属部分给它的作用，而不需要考虑其下层部分的荷载。绘制内力图时，把每一拆分出来的单跨梁的内力图单独画出以后，然后拼接在一起，就完成多跨静定梁的内力图绘制。

【例 11-1】 作图 11-7(a) 所示多跨静定梁的内力图。

解：(1) 如图 11-7(b) 所示层次图。

对梁进行几何组成分析可知，*AC* 部分为梁的基本部分，*CD* 部分为梁的附属部分。

(2) 求支座反力。

按照先附属后基本的次序，先把附属部分 *CD* 从静定多跨梁取出作为隔离体进行受力分析，如图 11-7(c) 所示，根据它的受力情况利用对称性可得 *C*、*D* 两处的支座反力：

$$F_C = F_D = 4\ \text{kN} \quad (\uparrow)$$

最后对基本部分 *AC* 进行受力分析，这时附属部分 *CD* 支座反力反向作用在基本部分 *AC* 上，如图 11-7(c)，利用平面力系的平衡条件可得方程：

$$\sum M_A = 0 \qquad F_B \times 5 - F'_C \times 6 - F \times 3 = 0$$

$$\sum Y = 0 \qquad F_A - F + F_B - F'_C = 0$$

得：

$$F_A = 5.2\ \text{kN} \quad (\uparrow)$$

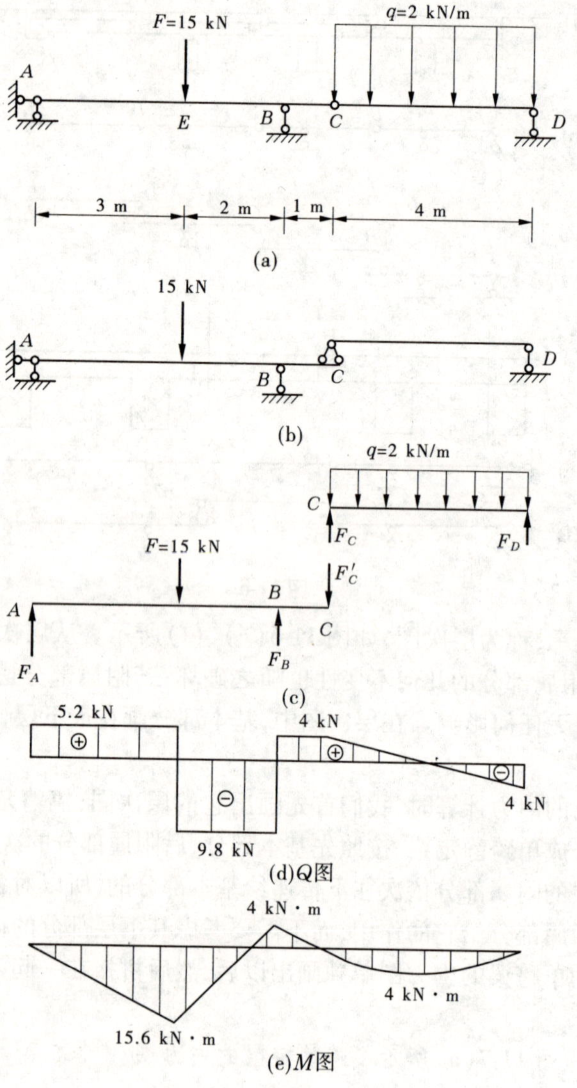

图 11-7

$$F_B = 13.8\ \text{kN}\quad (\uparrow)$$

(3)作内力图。

根据前面已经学过的单跨静定梁内力图的绘制方法,分别对 *AC* 部分和 *CD* 部分画出它们各自的内力图,然后拼接起来就是静定多跨梁的内力图,如图 11-7(d)、(e)所示。

从例 11-1 可以看出,多跨静定梁中联结各部分的铰处弯矩为零。因此,可以适当调整铰的位置而减小梁弯矩的峰值,从而节省材料。

任务 3 静定平面刚架的内力计算

刚架结构是由刚结点把各杆连接组成的。刚结点具有约束杆端相对转动的作用，能传递弯矩，可使各杆件之间的夹角保持不变 。刚架在受到荷载作用时，刚度大，弯矩分布较均匀，峰值较小，能节省材料。同时刚架还能形成较大的内部空间有利于利用，使用杆件少而制作方便。因而刚架结构在土木工程当中被广泛使用。本任务只讨论静定平面刚架的内力分析和计算，它是后面学习超静定刚架的基础。

静定平面刚架的内力有：弯矩 M、剪力 Q 和轴力 N。其内力计算的基本方法仍为截面法或直接法，各杆件的杆端内力，一般采用双下标的形式来表示，以明确杆件截面的内力，第一个下标表示内力所属截面，第二个下标表示该截面所在杆件的另一端。如 M_{AB} 表示 AB 杆 A 端截面的弯矩，Q_{BA} 表示 AB 杆 B 端截面的剪力。

用直接法求刚架内力时：某截面的弯矩在数值上等于该截面任意一侧刚架上所有外力对截面形心的力矩代数和；剪力在数值上等于该截面任意一侧刚架上所有外力在垂直于杆轴方向上的投影代数和；轴力在数值上等于该截面任意一侧刚架上所有外力在沿杆轴方向上的投影代数和。

静定平面刚架的轴力和剪力正负号规定与静定梁相同，轴力图和剪力图可画在杆件的任一侧，但必须标注正负号。弯矩图必须画在杆件的受拉侧，可以不标注正负号。

在绘制内力图时，先求出静定平面刚架各杆的杆端内力，再分别作出各杆的内力图，最后把它们拼接在一起构成刚架的内力图。

【例 11-2】 作出图 11-8 所示静定平面刚架的内力图。

解：对于图示悬臂刚架可以不用求出支座反力，利用截面法直接求出各杆的杆段内力。

取 CD 杆 D 端为脱离体，建立平衡方程，求 CD 杆 D 端内力。

由 $\sum M_D=0$ 得 $M_{DC}=0$

$\sum X=0$ 得 $Q_{DC}=-20$ kN

$\sum Y=0$ 得 $N_{DC}=0$

取 CD 杆为脱离体，建立平衡方程，求 CD 杆 C 端内力。

$\sum M_C=0$ 得 $M_{CD}=20\times 2=40(\text{kN}\cdot\text{m})$ （左侧受拉）

$\sum X=0$ 得 $Q_{CD}=-20$ kN

$\sum Y=0$ 得 $N_{CD}=0$

取结点 C 为脱离体，建平衡方程，求 CB 杆 C 端内力。

由 $\sum M_C=0$ 得 $M_{CB}=M_{CD}=20\times 2=40(\text{kN}\cdot\text{m})$ （上侧受拉）

$\sum X=0$ 得 $N_{CB}=-20$ kN （受压）

$\sum Y=0$ 得 $Q_{CB}=0$

取 CB 部分为脱离体，建平衡方程，求 CB 杆 B 端内力。

由 $\sum M_C=0$ 得 $M_{BC}=20\times 2+10\times 4\times 2=120(\text{kN}\cdot\text{m})$ （上侧受拉）

$\sum X=0$ 得 $N_{BC}=N_{CB}=-20$ kN （受压）

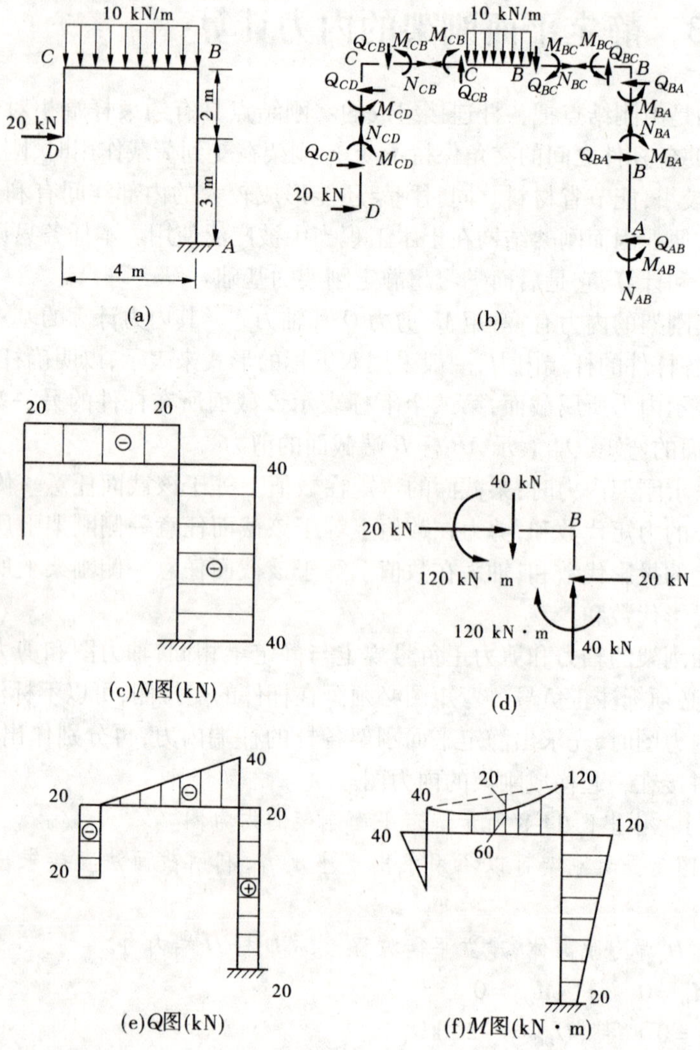

图11-8

$\sum Y=0$ 得 $Q_{BC}=-10\times4=-40$ kN

取结点 B 为脱离体,建平衡方程,求 BA 杆 B 端内力。

由 $\sum M_B=0$ 得 $M_{BA}=M_{BC}=20\times2+10\times4\times2=120(\text{kN}\cdot\text{m})$ (右侧受拉)

$\sum X=0$ 得 $Q_{BA}=20$ kN

$\sum Y=0$ 得 $N_{BA}=-10\times4=-40(\text{kN})$ (受压)

取 $DCBA$ 部分为脱离体,建平衡方程,求 BA 杆 A 端内力。

由 $\sum M_A=0$ 得 $M_{AB}=20\times3-10\times4\times2=-20(\text{kN}\cdot\text{m})$ (右侧受拉)

$\sum X=0$ 得 $Q_{AB}=20$ kN

$\sum Y=0$ 得 $N_{AB}=-10\times4=-40(\text{kN})$ (受压)

结果校核,取节点 B 为研究对象,作受力图,建平衡方程。

$$\sum M_B=M_{BA}-M_{AB}=120-120=0$$

$$\sum X = N_{BC} + Q_{BA} = -20 + 20 = 0$$

$$\sum Y = -N_{BA} + Q_{BC} = 40 - 40 = 0$$

校核内力计算无误，作刚架的内力图。

杆端内力计算完成后，应该先校核内力计算有无错误。可以取刚架当中的一个节点或一根杆件，根据内力计算结果把一个节点或一根杆件的受力图给出，看它是否满足平衡条件。如果内力计算结果没有错误，就可以绘制刚架的内力图。

【例 11-3】 作出图 11-9 所示静定平面刚架的内力图。

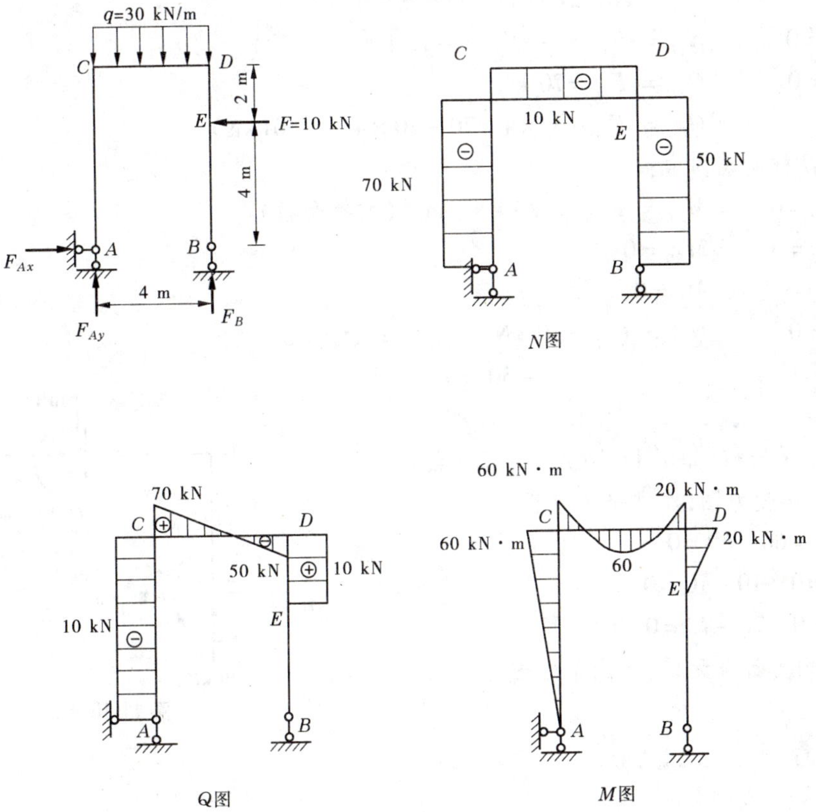

图 11-9

解：(1) 求支座反力。

对刚架列平衡方程：

由 $\sum M_A = 0 \qquad F_B \times 4 + F \times 4 - q \times 4 \times 2 = 0$

$\sum X = 0 \qquad F_{Ax} - F = 0$

$\sum Y = 0 \qquad F_{Ay} + F_B - q \times 4 = 0$

得：$F_{Ax} = 10\ \text{kN}\ (\rightarrow)$

$F_{Ay} = 70\ \text{kN}(\uparrow)$

$F_B = 50\ \text{kN}(\uparrow)$

(2) 杆端内力计算。

取 AC 部分为脱离体，建立平衡方程，求 AC 杆两端内力。

$\sum M_A = 0 \quad M_{AC} = 0$

$\sum M_C = 0 \quad M_{CA} = F_{Ax} \times 6 = 10 \times 6 = 60(\text{kN} \cdot \text{m})$ （左侧受拉）

$\sum X = 0 \quad Q_{AC} = Q_{CA} = -F_{Ax} = -10\ \text{kN}$

$\sum Y = 0 \quad N_{AC} = N_{CA} = -F_{Ay} = -70\ \text{kN}$ （受压）

同理求 CD 杆两端内力：

$\sum M_C = 0 \quad M_{CD} = F_{Ax} \times 6 = 10 \times 6 = 60(\text{kN} \cdot \text{m})$ （上侧受拉）

$\sum M_D = 0 \quad M_{DC} = F_{Ax} \times 6 - F_{Ay} \times 4 + q \times 4 \times 2 = 10 \times 6 - 70 \times 4 + 30 \times 4 \times 2$

$= 20(\text{kN} \cdot \text{m})$ （上侧受拉）

$\sum X = 0 \quad N_{CD} = N_{DC} = -F_{Ax} = -10\ \text{kN}$ （受压）

$\sum Y = 0 \quad Q_{CD} = F_{Ay} = 70\ \text{kN}$

$Q_{DC} = F_{Ay} - q \times 4 = 70 - 30 \times 4 = -50(\text{kN})$

求 DB 杆两端内力：

$\sum M_D = 0 \quad M_{DB} = F \times 2 = 20\ \text{kN} \cdot \text{m}$ （右侧受拉）

$\sum M_B = 0 \quad M_{BD} = 0$

$M_E = 0$

$\sum X = 0 \quad Q_{DE} = Q_{ED} = 10\ \text{kN} \qquad Q_{EB} = Q_{BE} = 0$

$\sum Y = 0 \quad N_{DB} = N_{BD} = -50\ \text{kN}$ （受压）

(3)结果校核，如图 11-10 所示，取节点 C 为研究对象，作受力图，建立平衡方程。

$\sum M_C = 60 - 60 = 0$

$\sum X = 0 \quad 10 - 10 = 0$

$\sum Y = 0 \quad 70 - 70 = 0$

校核内力计算无误，作刚架的内力图。

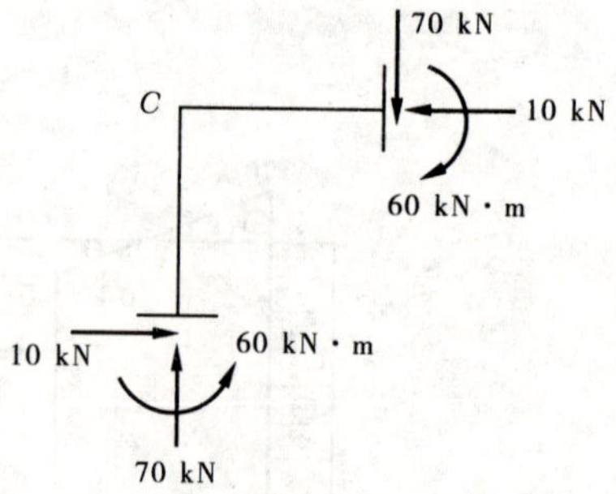

图 11-10

任务 4　三铰拱

由于水平推力的存在，拱的截面弯矩比相应的简支梁的弯矩要小得多，且拱主要承受压力。因此，拱可以采用抗拉强度低而抗压强度较高的砖、石、混凝土等材料来修建。在渡槽等水利工程中得到广泛应用。

本书只对拱当中的静定结构三铰拱进行讨论。为了便于分析计算三铰拱，我们以两拱趾在同一水平线的平拱（见图 11-11(a)）来说明，同时以相同跨度、相同荷载作用的简支梁（代梁）作对比（见图 11-11(b)）。

1　支座反力的计算

三铰拱的两端都是固定铰支座，因此有四个支座反力。除利用三铰拱整体平衡的三个方程外，还可以取半边拱为研究对象，建立中间铰处的力矩平衡方程（即 $\sum M_C = 0$），得到第四个方程。

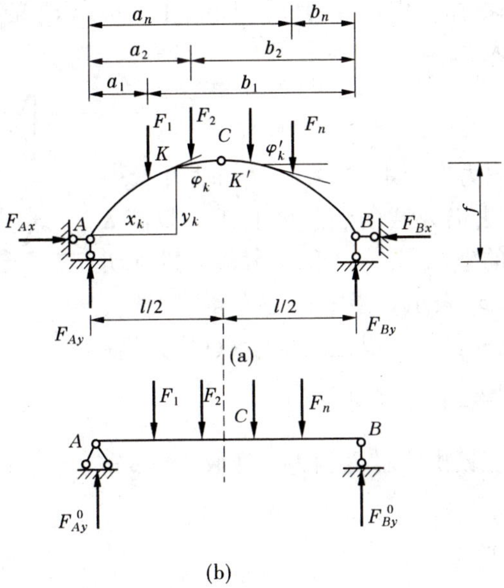

图 11-11

(1)对三铰拱整体建立平衡方程。

由 $\sum M_B = 0 \qquad F_1b_1 + F_2b_2 + \cdots + F_nb_n - F_{Ay}l = 0$

得
$$F_{Ay} = \frac{\sum F_ib_i}{l} \tag{a}$$

同理由 $\sum M_A = 0 \qquad F_1a_1 + F_2a_2 + \cdots + F_na_n - F_{By}l = 0$

得
$$F_{By} = \frac{\sum F_ia_i}{l} \tag{b}$$

由 $\sum X = 0 \qquad F_{Ax} = F_{Bx} = F_x$ （水平推力）

(2)取左半拱为隔离体,铰 C 为矩心,建立平衡方程。

由 $\sum M_C = 0 \qquad F_{Ay}\cdot\frac{l}{2} - F_1(\frac{l}{2} - a_1) - F_2(\frac{l}{2} - a_2) - F_{Ax}f = 0$

$$F_{Ax} = \frac{1}{f}[\ F_{Ay}\cdot\frac{l}{2} - F_1(\frac{l}{2} - a_1) - F_2(\frac{l}{2} - a_2)] \tag{c}$$

对于图 11-11(b)所示的代梁,可以得出它的两个支座反力 F^0_{Ay}、F^0_{By} 结果,与三铰拱比较,得:

$$F_{Ay} = F^0_{Ay} \qquad F_{By} = F^0_{By}$$

根据代梁截面 C 的弯矩 $M^0_C = F_{Ay}\cdot\frac{l}{2} - F_1(\frac{l}{2} - a_1) - F_2(\frac{l}{2} - a_2)$

得
$$F_{Ax} = F_{Bx} = \frac{M^0_C}{f} = F_x \tag{11-1}$$

式(11-1)就是竖向荷载作用下三铰拱的支座反力计算公式。该计算公式表明:在一定荷载作用下,当拱跨 l 和拱高 f 已确定时,M^0_C 和 f 的数值即定。所以,水平推力 F_x 的数值只决定于三个铰的位置，而与拱轴线的形状无关；水平推力 F_x 的大小与拱高 f 成反比，拱越扁平水平推力就越大。

2 内力计算

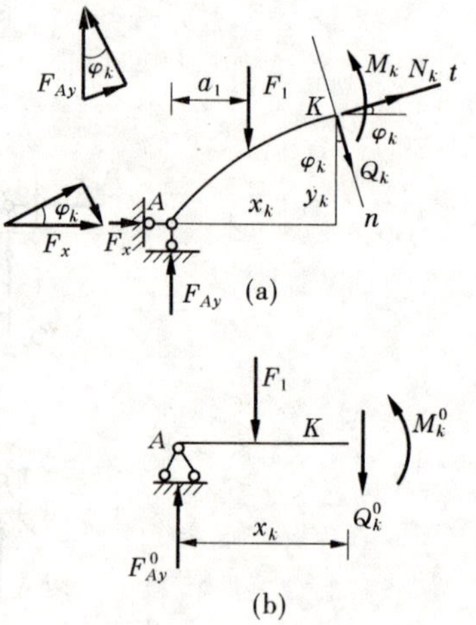

图 11-12

三铰拱任一截面的内力有弯矩 M、剪力 Q 和轴力 N。

内力计算的基本方法仍为截面法。拱上任一截面 K 的位置可用截面形心 K 的坐标(x_k, y_k)和 K 截面处拱轴切线与水平线所成的锐角 φ_k 表示。当截面在左半拱时，φ_k 取正号；在右半拱时，φ_k 取负号。以上几何参数可由拱轴方程 $y = f(x)$ 及其导数$\frac{\mathrm{d}y}{\mathrm{d}x} = \tan\varphi$ 求出。

如图 11-12(a)所示三铰拱 K 截面内力。现取 AK 部分为脱离体。

(1)弯矩计算公式。

由 $\sum M_k = 0$

$$F_{Ay}x_k - F_1(x_k - a_1) - F_x y_k - M_k = 0$$

$$M_k = F_{Ay}x_k - F_1(x_k - a_1) - F_x y_k$$

且相应水平梁上截面 K 的弯矩 $M_k^0 = F_{Ay}^0 x_k - F_1(x_k - a_1)$

根据

$$F_{Ay} = F_{Ay}^0$$

得

$$M_k = M_k^0 - F_x y_k \tag{d}$$

由式(d)可知三铰拱内任一截面的弯矩，由于水平推力的存在，三铰拱的弯矩比相应简支梁的弯矩要小。

(2)剪力的计算公式。

由 $\sum F_n = 0$

$$Q_k - F_{Ay}\cos\varphi_k + F_1\cos\varphi_k + F_x\sin\varphi_k = 0$$

得

$$Q_k = (F_{Ay}^0 - F_1)\cos\varphi_k - F_x\sin\varphi_k \tag{e}$$

$$Q_k = Q_k^0\cos\varphi_k - F_x\sin\varphi_k$$

(3)轴力的计算公式。

由 $\sum F_t = 0$

$$-N_k - F_{Ay}\sin\varphi_k + F_1\sin\varphi_k - F_x\cos\varphi_k = 0$$

得

$$N_k = -(F_{Ay}^0 - F_1)\sin\varphi_k - F_x\cos\varphi_k$$

$$N_k = -(Q_k^0\sin\varphi_k + F_x\cos\varphi_k)$$

竖向荷载作用下，两拱铰在同一水平线上的三铰拱，其内力计算公式归纳如下：

$$\left.\begin{aligned} M_k &= M_k^0 - F_x y_k \\ Q_k &= Q_k^0\cos\varphi_k - F_x\sin\varphi_k \\ N_k &= -(Q_k^0\sin\varphi_k + F_x\cos\varphi_k) \end{aligned}\right\} \tag{11-2}$$

3 内力图绘制

沿拱跨长或沿拱轴取若干截面,用式(11-2)求出各段截面内力,再以拱轴的水平投影或拱轴为基线,画出拱的内力图。拱内力图画法与梁基本相同。

【例 11-4】 试求如图 11-13 所示三铰拱 D 点的内力。已知拱轴为二次抛物线,拱轴方程为

$$y = \frac{4f}{l^2}x(l - x)$$

解:(1)求支座反力。

由式(11-1)可求得

$$F_{Ay} = F_{Ay}^0 = 70\ \text{kN}(\uparrow)$$

$$F_{By} = F_{By}^0 = 50\ \text{kN}(\uparrow)$$

$$F_{Ax} = F_{Bx} = \frac{M_C^0}{f} = 60\ \text{kN}(\rightarrow\leftarrow)$$

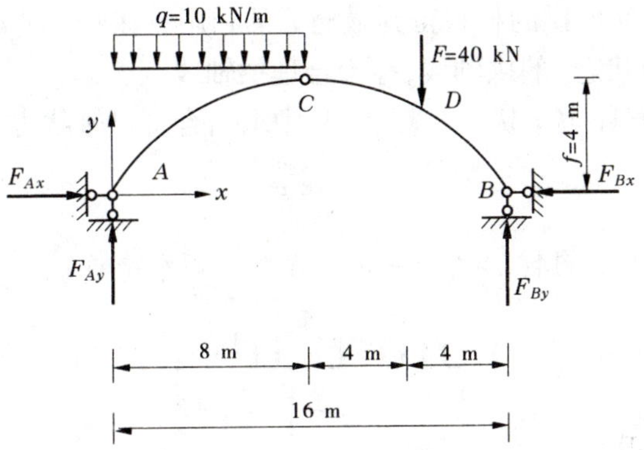

图 11-13

(2)内力计算。

求拱的内力,应用式(11-2)计算。

①截面的几何参数

由拱轴方程:

$$y = \frac{4f}{l^2}x(l - x) = x - \frac{x^2}{16}$$

可知

$$\tan\varphi_k = \frac{\mathrm{d}y}{\mathrm{d}x} = \frac{4f}{l^2}(l - 2x) = 1 - \frac{x}{8}$$

截面的几何参数见表 11-1。

②计算截面的内力值

按式(11-2),截面的弯矩值、剪力值和轴力值列于表 11-1 中。

表 11-1　三铰拱的内力计算

截面几何参数					Q^0 (kN)	M(kN·m)			Q(kN)			N(kN)		
x (m)	y (m)	tan	sin	cos		M^0	$F_x y$	M	$Q^0\cos$	$F_x\sin$	Q	$Q^0\sin$	$F_x\cos$	N
12	3.00	-0.50	-0.447	0.894	-10	200	180	20	-8.9	-26.8	17.9	4.5	53.6	-58.1
					-50				-44.7		-17.9	22.4		-76.0

4　三铰拱的合理轴线

三铰拱的截面上有弯矩、剪力、轴力，而弯矩使得拱是偏心受压构件，截面上的正应力分布不均匀。

由弯矩方程 $M = M^0 - F_x y$ 可以看出，当三铰拱的跨度和荷载已定时，代梁的 M^0 是一定的，拱的截面弯矩 M 将随 $F_x y$ 变化而改变，即与拱轴的曲线方程有关，所以可以选择一条适当的拱轴线，使得拱的任一截面上的弯矩为零而只承受轴向压力。此时，拱截面上的正应力均匀分布，从而使拱的材料得到最充分的利用。在竖向荷载作用下，使拱处于均匀受压状态（即无弯矩状态）的拱轴线，称为合理拱轴线。

令三铰拱的弯矩方程 $M = M^0 - F_x y = 0$，从中求出合理拱轴线方程

$$y = \frac{M^0}{F_x}$$

【例 11-5】　试求图 11-14(a)所示三铰拱在竖向均布荷载 q 作用下的合理拱轴线。

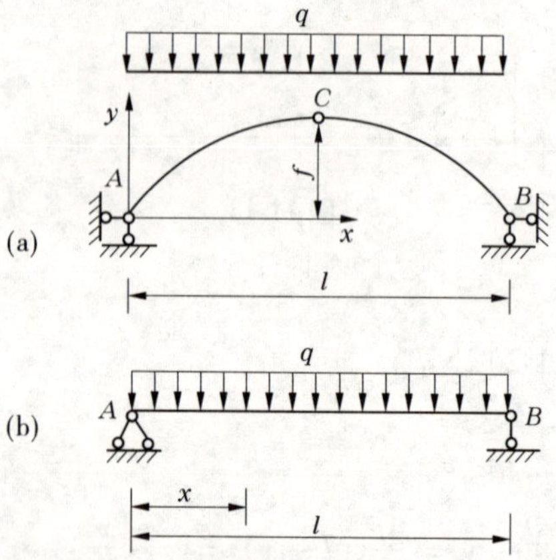

图 11-14

解： 取支座 A 为坐标原点，坐标系如图 11-14(a)所示。

代梁（见图 11-14(b)）的弯矩方程为

$$M^0 = \frac{1}{2}qlx - \frac{1}{2}qx^2$$

水平推力为

$$F_x = \frac{M_C^0}{f} = \frac{ql^2}{8f}$$

三铰拱的合理拱轴线方程为

$$y = \frac{M^0}{F_x} = \frac{\frac{1}{2}qlx - \frac{1}{2}qx^2}{\frac{ql^2}{8f}}$$

即

$$y = \frac{4f}{l^2}x(l - x)$$

可见,在沿跨长的竖向均布荷载作用下,三铰拱的合理拱轴线为二次抛物线。因此,在屋面结构中,常采用抛物线拱。

【例 11-6】 求如图 11-15(a)所示三铰拱受径向均布荷载作用时的合理拱轴线。

解:先假设受径向均布荷载时三铰拱处于无弯矩的状态,则各截面只有轴力,然后根据平衡条件推出合理拱轴线形式。

取三铰拱中一微段 AB,其弧长为 $\mathrm{d}s$,夹角为 $\mathrm{d}\varphi$,根据几何关系有 $r = \frac{\mathrm{d}s}{\mathrm{d}\varphi}$。

由于拱处于无弯矩状态,任一截面只有轴力(见图 11-15(b))。以曲率中心 O 点为矩心列力矩方程,$q\mathrm{d}s$ 的外荷载通过矩心,只有 N_a 和 N_b 有矩,得到

$$N_a \cdot r = N_b \cdot (r + \mathrm{d}r)$$

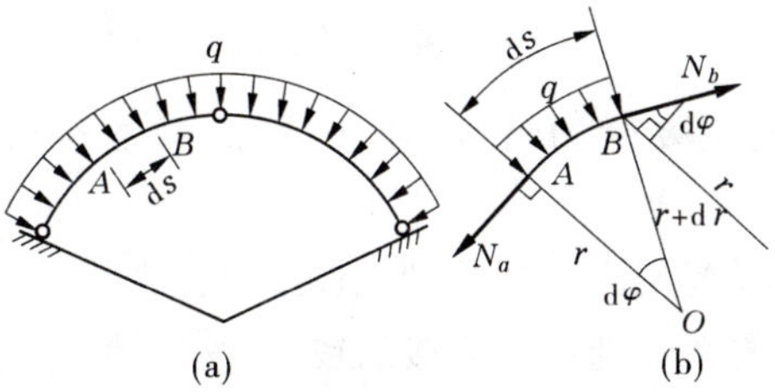

图 11-15

略去微量后得 $N_a = N_b$。说明此时三铰拱各截面轴力相等。设 $N_a = N_b = N_O$。

现把微段上所有的力对半径 r 列投影方程,由于取的是微段,可以认为 $q\mathrm{d}s$ 作用在微段中心。

由 $\sum F_r = 0$ $\qquad q\mathrm{d}s \cdot \cos\frac{\mathrm{d}\varphi}{2} + N \cdot \sin\mathrm{d}\varphi = 0$

因 $\mathrm{d}\varphi$ 是很微小的,所以 $\cos\frac{\mathrm{d}\varphi}{2} = 1$,$\sin\mathrm{d}\varphi = \mathrm{d}\varphi$,代入上式后得

$$q\mathrm{d}s + N \cdot \mathrm{d}\varphi = 0$$

则

$$\frac{N}{q} = -\frac{\mathrm{d}s}{\mathrm{d}\varphi} = -r$$

上式中由于 N 是不变化的,q 是常量,则 r 就是常量,说明拱的轴线为圆弧线,且轴力为数值为 $q \cdot r$ 的压力。因此,在水管、隧洞衬砌、涵洞等输水结构中常采用圆形截面,拱坝的轴线也常采用圆弧线。

应当指出,合理拱轴线是针对一种荷载而言的。当荷载改变时,合理拱轴线随之而变。因而,在实际工程中一般是以主要荷载作用下的合理拱轴线作为拱的设计轴线。

任务5 静定平面桁架的内力计算

桁架是由若干直杆在两端用铰链连接而成的一种结构。当荷载作用在各结点上时，各杆都是二力杆，杆件的截面内力只有轴力，截面上应力分布均匀，材料能得到充分的利用，结构自重较轻，所以，桁架多用在桥梁、屋架、水闸闸门构架、输电塔架及其他大跨度结构中。图11-16(a)所示为一屋架的示意图，图11-16(b)为它的结构计算简图。

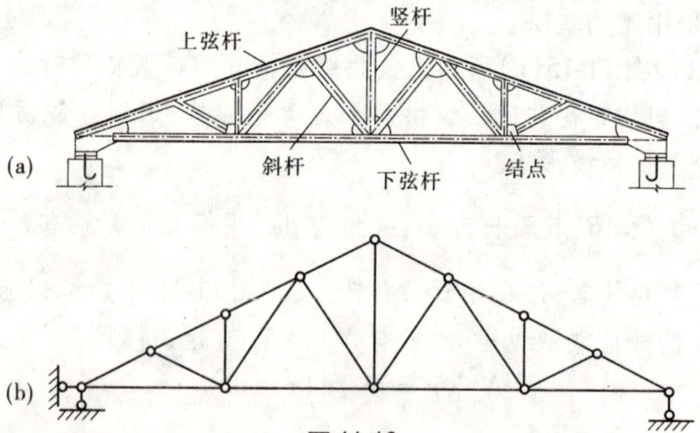

图 11-16

为了突出桁架结构的主要受力特征，便于计算，通常对桁架计算简图进行理想化处理。

(1)桁架的各结点都是光滑无摩擦的理想铰结点；

(2)各杆的轴线都是直线并通过所连接的铰心；

(3)荷载和支座反力都作用在结点上。

桁架内力计算的基本方法有结点法和截面法。

1 结点法

结点法是取桁架的结点为脱离体，作用在结点上的力组成一个平面汇交力系，利用平衡条件$\sum X=0$、$\sum Y=0$，最多可求出两个未知内力。所以使用结点法时，取为研究对象的结点，所连接的内力未知的杆件不应超过两根，才能避免解算联立方程，以使计算得到简化。计算时结点的选取顺序一般与其几何组成的顺序相反。

【例11-7】 用结点法计算图示静定平面桁架各杆的内力。

解： 由于图示桁架的结构和受到的荷载具有对称性，在结构的对称位置杆件的内力也具有对称性，所以对于类似桁架结构进行内力计算时，只需要计算桁架结构一半杆件的内力，可以减少计算工作量。

(1)求支座反力。

$$F_{Ax}=0 \qquad F_{Ay}=F_B=30\ \text{kN}$$

(2)遵循结点法，先选取结点A作为研究对象，进行受力分析，列平衡方程求与之相连未知内力杆件的内力。

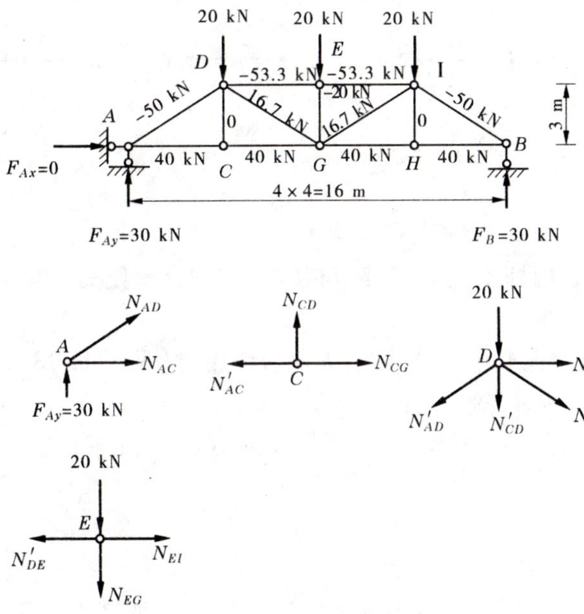

图 11-17

$$\sum X = 0 \qquad N_{AD} \times 4/5 + N_{AC} = 0$$

$$\sum Y = 0 \qquad N_{AD} \times 3/5 + F_{Ay} = 0$$

得 $N_{AD} = -50\ \text{kN}$ （受压） $N_{AC} = 40\ \text{kN}$ （受拉）

同理再取结点 C 作为研究对象。

$$\sum X = 0 \qquad N_{AC} - N_{CG} = 0$$

$$\sum Y = 0 \qquad N_{CD} = 0$$

得 $N_{CG} = 40\ \text{kN}$ （受拉） $N_{CD} = 0$

取结点 D 作为研究对象。

$$\sum X = 0 \quad N'_{DA} \times 4/5 - N_{DG} \times 4/5 - N_{DE} = 0$$

$$\sum Y = 0 \quad 20 + N'_{DA} \times 3/5 + N_{DG} \times 3/5 + N'_{DC} = 0$$

得 $N_{DG} = 16.7\ \text{kN}$ （受拉） $N_{DE} = -53.3\ \text{kN}$ （受压）

取结点 E 作为研究对象。

$$\sum X = 0 \quad N'_{DE} - N_{EI} = 0$$

$$\sum Y = 0 \quad 20 + N_{EG} = 0$$

得 $N_{EG} = -20\ \text{kN}$（受压） $N_{EI} = -53.3\ \text{kN}$（受压）

(3)结果校核。任意取一个结点看它是否满足平衡条件，对计算结果进行校核。

例 11-7 中 CD 杆、HI 杆轴力为零。桁架中内力为零的杆称为零杆。计算时能判断出零杆，可使计算得到简化，如图 11-18 所示情况。

(1)结点上连接二杆，无荷载作用时(见图 11-18(a))，二杆均为零杆。

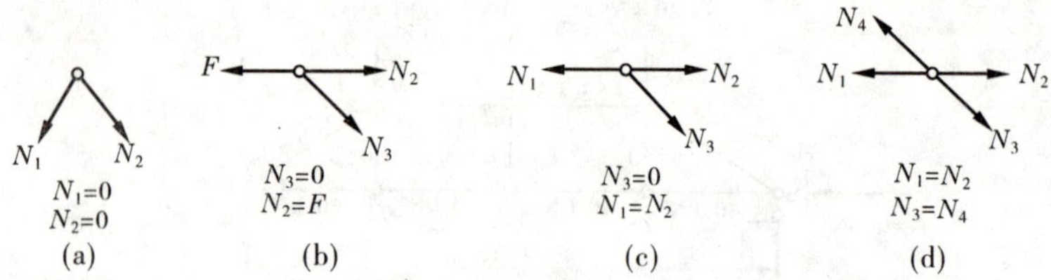

图 11-18

(2)结点上连接的二杆不共线,荷载与其中一杆共线,则另一杆为零杆(见图 11-18(b))。

(3)结点上连接三杆,其中二杆共线,无荷载作用时(见图 11-18(c)),则另一杆为零杆,并且共线两杆内力相等(等力杆)。

(4)结点上连接四杆无荷载作用时(见图 11-18(d)),如果杆轴两两共线相交,则共线的二杆内力相等。

2 截面法

截面法就是选择一适当的截面切断欲求内力的杆件,取截面一侧桁架的一部分为脱离体,作用在脱离体上的力构成一个平面任意力系,利用平衡条件$\sum X=0$、$\sum Y=0$、$\sum M=0$,最多可求出三个未知内力。所以使用截面法时,被切断的内力未知杆件不应该超过三根,且它们不相交于同一点,不全平行。对于只需要计算某几个指定杆的内力的桁架而言,截面法比结点法计算量少,方便。

【例 11-8】 求图 11-19 所示桁架结构中的 a、b、c 三杆的内力。

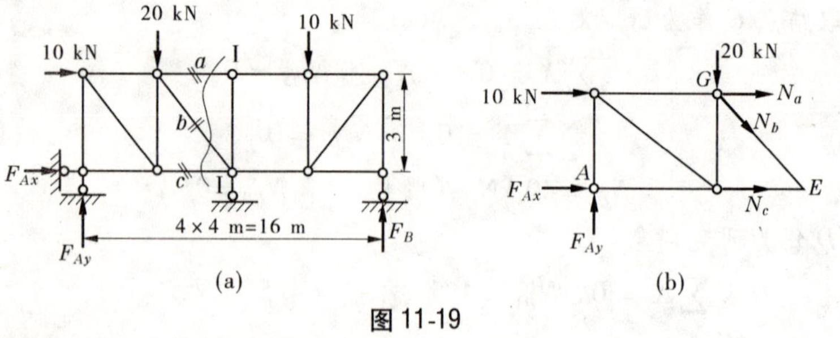

图 11-19

(1)求支座反力。

由
$$\sum M_A=0 \quad F_B\times 16-10\times 3-20\times 4-10\times 12=0$$
$$\sum X=0 \quad 10+F_{Ax}=0$$
$$\sum Y=0 \quad F_{Ay}+F_B-20-10=0$$

得 $F_{Ax}=-10(\text{kN})(\leftarrow)$ $\quad F_{Ay}=15.6(\text{kN})(\uparrow)$ $\quad F_B=14.4(\text{kN})(\uparrow)$

用截面Ⅰ—Ⅰ把待求内力的杆件 a、b、c 截断,取截面Ⅰ—Ⅰ左侧的刚架部分为隔离体,建平衡方程求内力。

$$\sum M_E=0 \quad -F_{Ay}\times 8-10\times 3+20\times 4-N_a\times 3=0$$
$$\sum M_G=0 \quad F_{Ax}\times 3-F_{Ay}\times 4+N_c\times 3=0$$

$$\sum Y = 0 \quad F_{Ay} - 20 - N_b \times 3/5 = 0$$

得　$N_a = 24.9$ kN(拉)　$N_c = 30.8$ kN(拉)　$N_b = -7.3$ kN(压)

由例 11-8 可以看出,每一个平衡方程中最好只包含一个未知力,以避免方程联解,为此,注意选择恰当的投影轴和力矩中心。取两个未知内力的交点为矩心,可由力矩方程求出第三个未知力;若多数未知力互相平行,则可取与该力相垂直的直线为投影轴,由投影方程求出第三个未知力。

对于某些特殊情况,截面截断的内力未知杆件虽然超过三根,但除一根杆外,其余各杆均汇交于一点或互相平行,由力矩方程或投影方程可求出,不与其他各杆交于同一点或全平行那根杆的内力。

如图 11-20(a)所示桁架,截面 I—I 共截断了包括杆件①在内的五根杆件,取除杆件①以外各杆的交点 C 为矩心,由 $\sum M_C = 0$ 可求出①杆内力 N_1;图 11-20 (b)所示桁架,截面 I—I 截断的各杆中,除①杆外,其余各杆相互平行,这时投影轴取垂直于相互平行各杆的方向,并由投影方程 $\sum X' = 0$ 求出①杆内力 N_1。

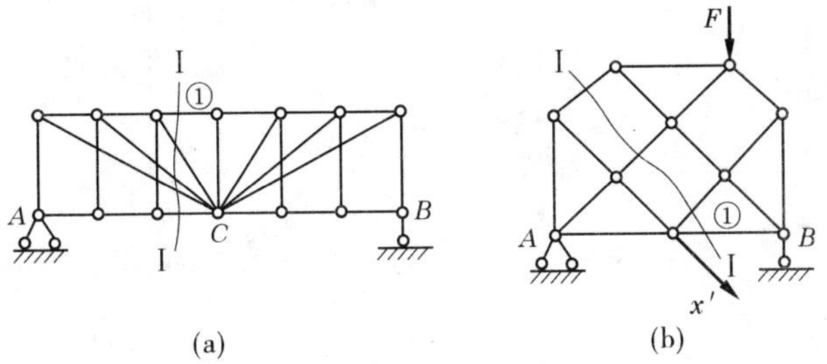

图 11-20

结点法和截面法应该视情况选取使用,对于一些较复杂的桁架,这两个方法可以联合使用。

思考题

11-1　如何区分多跨静定梁的基本部分和附属部分?当荷载作用在基本部分上时,其附属部分是否会产生内力?为什么?

11-2　为什么多跨静定梁的弯矩分布比同样跨度独立简支梁的弯矩分布均匀?

11-3　静定平面刚架一般分为哪几类?

11-4　在刚架的刚结点处内力图有何特点?

11-5　如何校核刚架内力图的正确性?

11-6　三铰拱式屋架为何都加有水平拉杆?

11-7　为什么说拱式结构充分发挥了脆性材料的特性?

11-8　什么是拱的合理轴线?

11-9　桁架结构为什么可以具有较大的跨度并能承受较大的荷载?

11-10　理想桁架应符合哪些假定?

11-11　怎样判断零杆和等力杆?

习 题

11-1 作图 11-21 所示静定平面多跨梁的内力图。

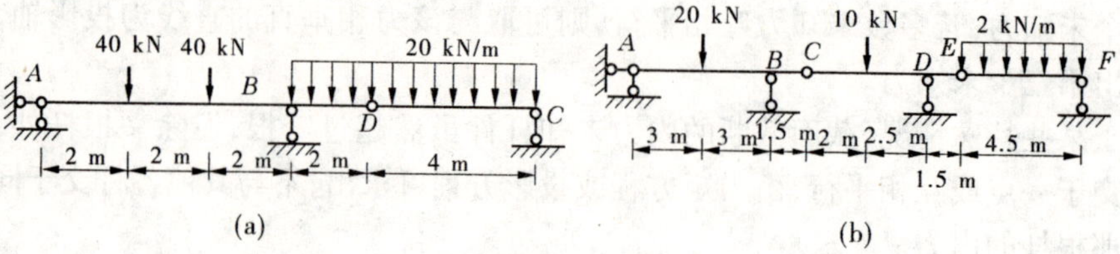

图 11-21

11-2 作图 11-22 所示静定平面刚架的内力图。

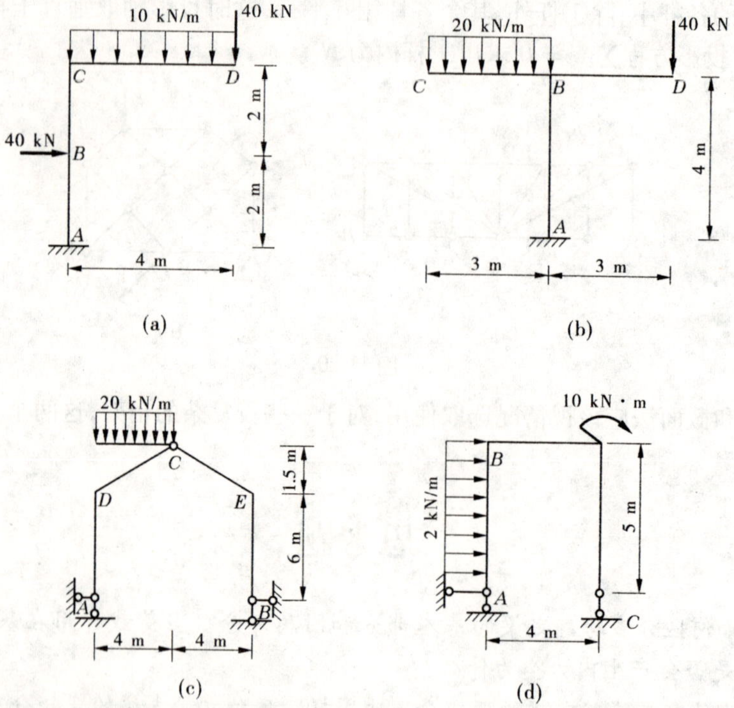

图 11-22

11-3 求图 11-23 所示三铰拱截面 E 的内力，三铰拱的拱轴线方程 $y=\frac{4f}{l^2}x(l-x)$。

11-4 用结点法求图 11-24 所示各桁架杆件的内力。

11-5 求图 11-25 所示各桁架中指定杆内力。

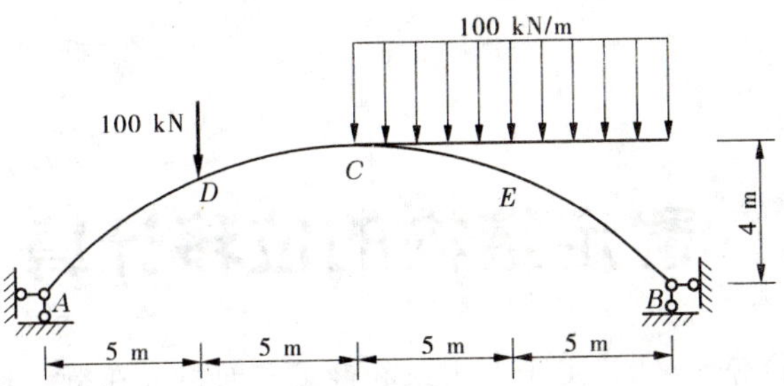

图 11-23

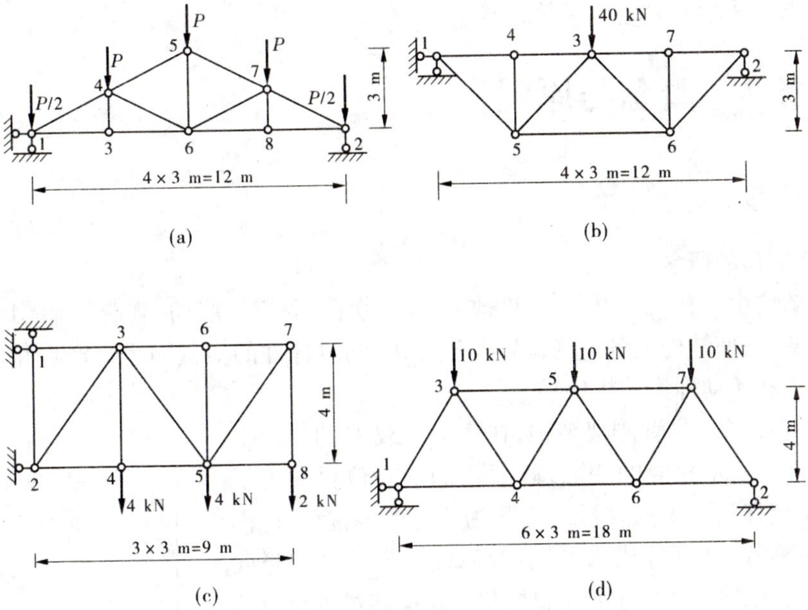

图 11-24

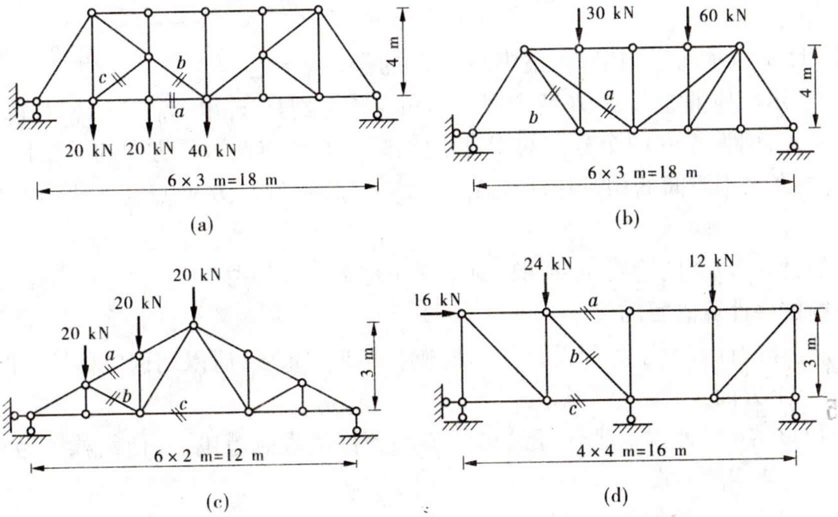

图 11-25

项目 12　静定结构的位移计算

【能力目标】 能计算静定梁、静定平面刚架和静定平面桁架在荷载作用下的位移。
【知识目标】 了解虚功原理;掌握虚设单位荷载法的原理;掌握静定平面桁架位移计算;熟练掌握图乘法计算梁和刚架的位移。

任务 1　概念与原理

1　结构位移

1.1　结构位移的概念

杆系结构由于在荷载、环境温度改变、支座沉降、材料的胀缩、制造误差等因素的作用下会发生变形,使结构上各点的位置发生变化,同时杆件的横截面也会产生相应转动,这些位置变化和转动称为结构位移。

如图 12-1 所示悬臂刚架结构,在集中荷载 F 的作用下产生图中虚线所示相应的变形,截面 A 的形心位置发生了变化,从 A 点移到了 A' 点,线段 AA' 称为 A 点的线位移,记作 Δ_A,而线位移 Δ_A 又可分成水平线位移 Δ_{Ax}(或 Δ_{AH})和竖向线位移 Δ_{Ay}(或 Δ_{AV})两个分量;同时,截面 A 又转过了相应的角度 φ_A,称为截面 A 的角位移。从位移定义来讲 Δ_A 和 φ_A 都是绝对位移。

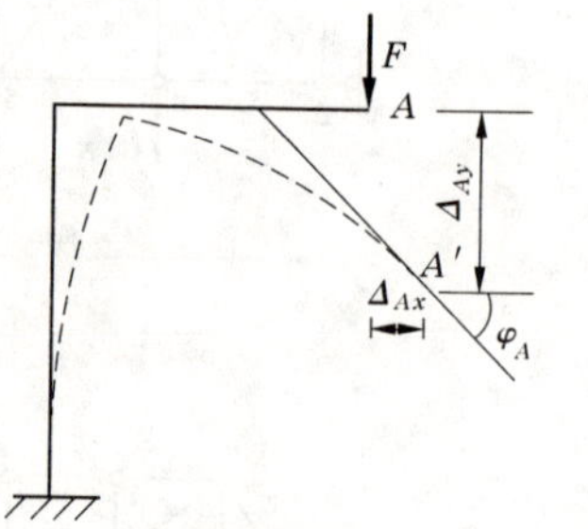

图 12-1

如图 12-2 所示简支刚架,在集中荷载 P 的作用下产生图中虚线所示相应的变形,A、B 两个截面的角位移分别是 φ_A 和 φ_B,它们相对转过的角度 $\varphi_{AB}=\varphi_A+\varphi_B$,称为 A、B 两个截面的相对角位移;C、D 两点在水平方向的线位移分别是 Δ_C 和 Δ_D,它们在水平方向的相对移动量 $\Delta_{CD}=\Delta_C+\Delta_D$,称为 C、D 两点在水平方向的相对线位移。

所以我们把以上的绝对位移和相对位移统称为广义位移。

1.2　结构位移计算的目的

结构位移的计算对于工程设计和工程施工都非常重要,所以结构位移计算的目的,主要有以下三个方面:

(1)校核结构的刚度。即保证结构位移在允许的限制范围内,使结构不致产生过大的变形,符合使用的要求。

(2)为超静定结构的内力分析计算打基础。

(3)在结构的制作、架设、养护过程中,需要预先知道结构的变形情况,以便采取相应

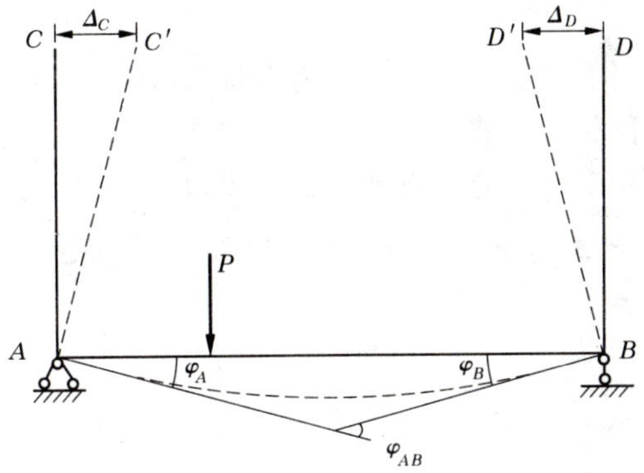

图 12-2

的施工措施。

2 虚功的概念

我们把作用在物体上的力与其作用点沿作用线方向位移的乘积称为功。如图 12-3(a)所示,设一个不变的力 F 作用在物体上,物体的位移为 Δ,力 F 的作用线与位移 Δ 之间的夹角为 φ,则力 F 所做的功为:

$$W = F\Delta\cos\varphi$$

如图 12-3(b)所示,物体受一力偶 $m = Fd$ 作用而转过一定的角度 φ,则力偶所做的功为:

$$W = m\varphi$$

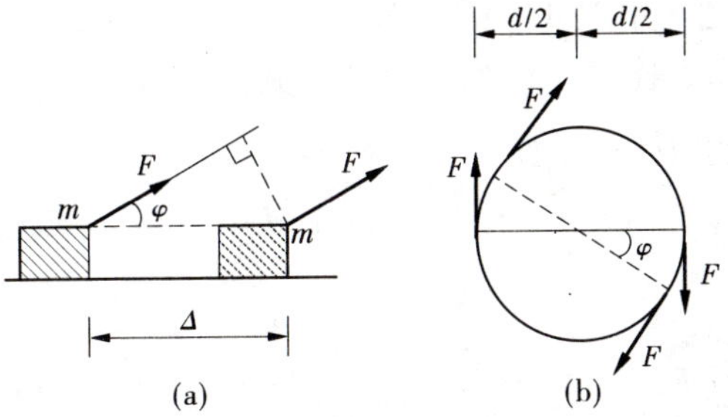

图 12-3

功包含了两个要素:力和位移。如果做功的力与位移彼此有关,则力做的功是实功。如果做功的力与位移彼此无关,即位移是由其他力或者其他因素产生的,则力做的功是虚功。结构中的某截面的一个线位移对应相应位置的一个集中力,一个角位移对应一个力偶,一个相对线位移对应一对力,一个相对角位移对应一对力偶,即一个广义位移对应一个广义力。

3 虚功原理

变形体系的虚功原理可以表述为:变形体在力系作用下处于平衡状态的充要条件是:对应任意的、微小的、可能的虚位移,外力所做的虚功,恒等于各微段上内力在相应变形上所做的内力虚功。即

$$W_{外} = W_{内} \tag{12-1}$$

变形体系在力系作用下处于平衡状态称为力状态(图 12-4 中实线部分);变形体系由于其他因素产生的虚位移称为位移状态(图 12-4 中虚线部分)。力状态下外力和内力在虚位移状态对应的位移和变形上分别作外力虚功和内力虚功。

$$W_{外} = F_1\Delta_1 + F_2\Delta_2 + \overline{F}_1C_1 + \overline{F}_2C_2 = \sum F\Delta + \sum \overline{F}C$$

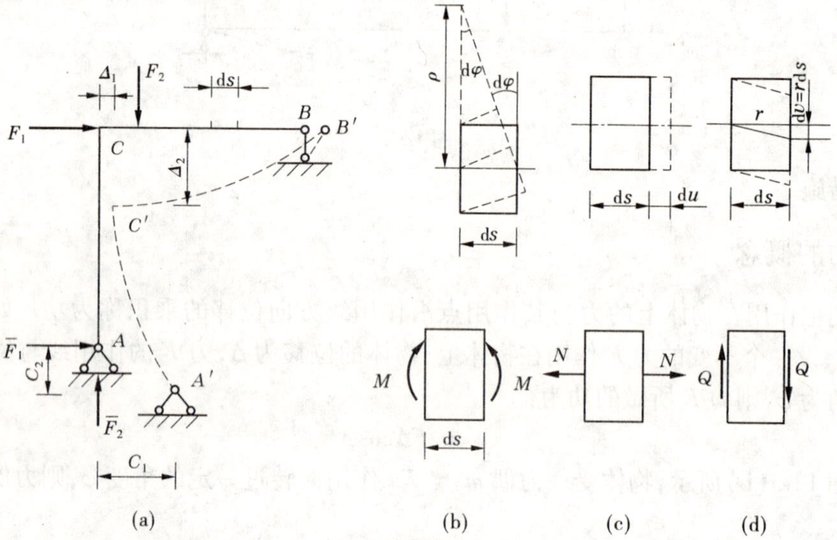

图 12-4

在图 12-4(a)所示结构中取 ds 微段,微段在荷载作用下的内力为 N、M、Q,其变形分别为轴向变形 du(见图 12-4(c))、弯曲变形 dφ(见图 12-4(b))和剪切变形 dv(见图 12-4(d)),可以证明内力虚功为:

$$W_{内} = \sum \int_0^l (N\mathrm{d}u + M\mathrm{d}\varphi + Q\mathrm{d}v)$$

由虚功原理得:

$$\sum F\Delta + \sum \overline{F}C = \sum \int_0^l (N\mathrm{d}u + M\mathrm{d}\varphi + Q\mathrm{d}v) \tag{12-2}$$

即虚功方程,其中 F、$\overline{F}$ 和 N、M、Q 是实际状态中的荷载、支座反力和三个内力;Δ、C 和 du、dφ、dv 是虚位移状态中相应的线位移、支座移动和变形。

虚功原理在应用时有两种情况,一种是在给定位移状态,虚设一个力,求未知位移,即虚力原理;另外一种是在给定的力状态,虚设一个位移,求未知力,即虚位移原理。

4 利用虚功原理计算结构位移

如图 12-5(a)所示刚架在受到荷载作用及支座 B 移动后,产生相应变形(图中虚线),如果需求任一指定截面 K 在任一指定方向 k—k 上的位移 Δ_{KF}(即 K 截面的位移 K—K'沿 k—k 方向的位移分量),此时利用虚功原理,沿待求位移 k—k 方向虚设一个单位力 F_K = 1,即虚拟状态,如图 12-5(b)所示。

在实际状态由原荷载产生的轴力、弯矩、剪力分别用 N_F、M_F、Q_F 表示;任意微段 ds 的

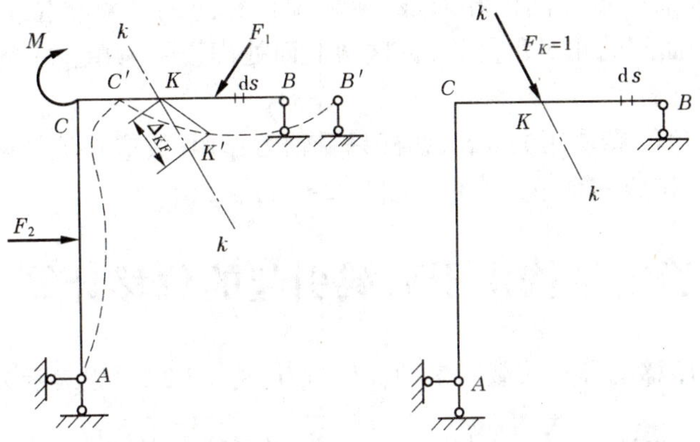

(a)位移状态(实际状态)　　(b)力状态(虚拟状态)

图 12-5

相应变形分别用 du_F、$d\varphi_F$、dv_F 表示；支座 B 的移动用 C 表示；虚拟状态中由虚设单位力 $F_K=1$ 产生的支座反力、轴力、弯矩、剪力分别用 $\overline{F}_K$、$\overline{N}_K$、$\overline{M}_K$ 和 $\overline{Q}_K$ 表示。由变形体虚功方程得

$$1\times\Delta_{KF}+\sum\overline{F}_KC=\sum\int\overline{N}_K du_F+\sum\int\overline{M}_K d\varphi_F+\sum\int\overline{Q}_K dv_F$$

整理后得

$$\Delta_{KF}=\sum\int\overline{N}_K du_F+\sum\int\overline{M}_K d\varphi_F+\sum\int\overline{Q}_K dv_F-\sum\overline{F}_KC \tag{12-3}$$

即结构位移计算的一般公式。如果结构上实际位移方向与虚设力 $F_K=1$ 方向一致，结果为正；反之，实际位移方向与虚设力 $F_K=1$ 方向相反。同时应该注意虚设单位力与所求的位移的对应关系，如图 12-6 所示。

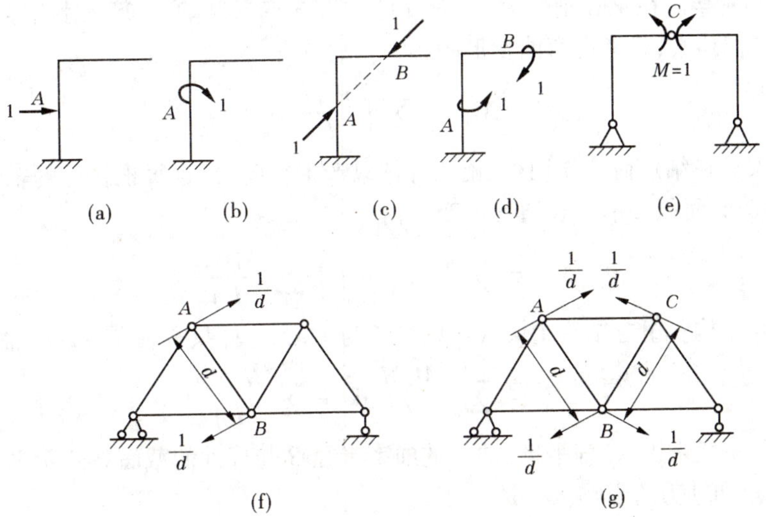

图 12-6

如果拟求结构某处位移是绝对线位移，在该处沿拟求线位移方向虚设相应的一个单位集中力(见图 12-6(a))。拟求位移是绝对角位移，虚设相应的一个单位集中力偶(见

图 12-6(b))。拟求某两点之间的相对线位移,虚设相应的一对单位平衡力(见图 12-6(c))。拟求某两截面间的相对角位移,在这两截面处虚设一对单位平衡力偶(如图 12-6(d)、(e))。

拟求桁架某杆角位移时,由于桁架各杆只受轴力作用,故应在该杆两端的结点上,各加一个集中力,使其构成一个单位力偶(见图 12-6(f)、(g))。

任务 2　静定结构由于荷载引起的位移计算

由于不考虑支座移动等非荷载因素,所以 $C=0$,式(12-3)可以表示为:

$$\Delta_{KF} = \sum\int \overline{N}_K \mathrm{d}u_F + \sum\int \overline{M}_K \mathrm{d}\varphi_F + \sum\int \overline{Q}_K \mathrm{d}v_F$$

式中:$\mathrm{d}u_F$、$\mathrm{d}\varphi_F$、$\mathrm{d}v_F$ 是实际结构在原荷载作用下在微段 ds 上产生的变形。对线弹性体有:

$$\mathrm{d}u_F = \frac{N_F \mathrm{d}s}{EA} \qquad \mathrm{d}\varphi_F = \frac{M_F \mathrm{d}s}{EI} \qquad \mathrm{d}v_F = \frac{kQ_F \mathrm{d}s}{GA}$$

式中:E、G 分别为材料的弹性模量和剪切弹性模量;A、I 分别为杆件的截面面积和惯性矩;k 为剪应力不均匀系数。

对于矩形截面,$k=1.2$;对于圆形截面,$k=10/9$;对于工字形截面,$k=A/A_j$(A_j 为腹板面积)。所以,得

$$\Delta_{KF} = \sum\int \frac{\overline{N}_K N_F}{EA}\mathrm{d}s + \sum\int \frac{\overline{M}_K M_F}{EI}\mathrm{d}s + \sum\int \frac{k\overline{Q}_K Q_F}{GA}\mathrm{d}s \tag{12-4}$$

在实际结构中,各内力项对不同结构类型的位移影响不同,根据结构的受力特点,抓住主要矛盾,忽略次要矛盾,在保证计算精度的前提下,得到各类结构位移计算的简化公式。

(1)梁和刚架。在梁和刚架中,一般杆件的轴向变形和剪切变形对位移的影响比较小,通常将它们略去,只考虑弯曲变形的影响。故有

$$\Delta_{KF} = \sum\int \frac{\overline{M}_K M_F}{EI}\mathrm{d}s \tag{12-5}$$

(2)桁架。在结点荷载作用下,桁架各杆只产生轴向力,且每根杆件的轴向力 $\overline{N}_K$、N_F 及杆件的横截面面积 A 沿杆长通常不变时,有

$$\Delta_{KF} = \sum\int \frac{\overline{N}_K N_F}{EA}\mathrm{d}s = \sum \frac{\overline{N}_K N_F l}{EA} \tag{12-6}$$

(3)组合结构。组合结构中梁式杆以受弯为主,二力杆只有轴向变形的轴力,有

$$\Delta_{KF} = \sum\int \frac{\overline{M}_K M_F}{EI}\mathrm{d}s + \sum \frac{\overline{N}_K N_F l}{EA} \tag{12-7}$$

(4)拱。一般来讲,在扁平拱(曲杆的曲率半径 R 与杆件的截面高度 h 之比 $R/h \geqslant 5$)中需考虑弯矩和轴力的影响。于是

$$\Delta_{KF} = \sum\int \frac{\overline{M}_K M_F}{EI}\mathrm{d}s + \sum\int \frac{\overline{N}_K N_F}{EA}\mathrm{d}s \tag{12-8}$$

【例 12-1】 计算图 12-7 所示悬臂刚架 A 点的水平位移 Δ_{Ax} 和转角 φ_{AF}(不考虑剪力

和轴力的影响)。

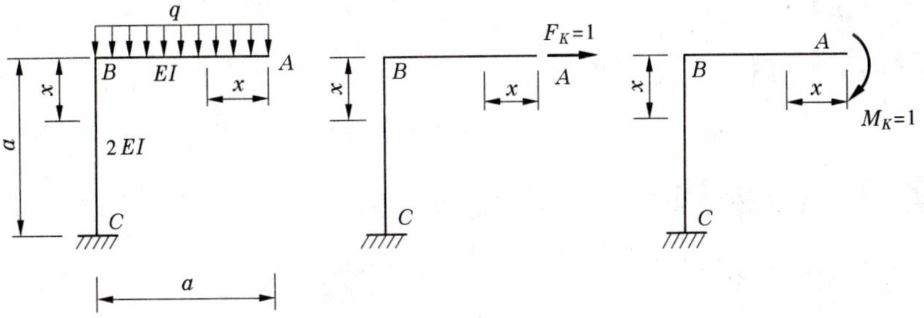

(a)　(b)　(c)

图 12-7

解:(1)沿待求位移方向虚设单位力,如图 12-7(b)、(c)所示。

(2)求 Δ_{Ax}。

图 12-7(b)以 A 点为原点,求 AB、BC 两杆的弯矩。

杆 AB:$M_F=-\dfrac{qx^2}{2}$　　杆 BC:$M_F=-\dfrac{qa^2}{2}$

杆 AB:$\overline{M}_K=0$　　杆 BC:$\overline{M}_K=-x$

$$\Delta_{Ax}=\int_0^a 0\times\left(-\frac{qx^2}{2}\right)\frac{dx}{EI}+\int_0^a(-x)\left(-\frac{qa^2}{2}\right)\frac{dx}{2EI}=\frac{qa^2}{4EI}\int_0^a x dx=\frac{qa^4}{8EI}(\rightarrow)$$

(3)求 φ_A。

以 A 点为原点,求 AB、BC 两杆的弯矩。

杆 AB:$\overline{M}_K=-1$　　杆 BC:$\overline{M}_K=-1$

$$\varphi_A=\int_0^a(-1)\left(-\frac{qx^2}{2}\right)\frac{dx}{EI}+\int_0^a(-1)\left(-\frac{qa^2}{2}\right)\frac{dx}{2EI}=\frac{q}{2EI}\int_0^a x^2 dx+\frac{qa^2}{4EI}\int_0^a dx$$

$$=\frac{qa^3}{6EI}+\frac{qa^3}{4EI}=\frac{5qa^3}{12EI}(\downarrow)$$

【例 12-2】 求图 12-8 所示桁架结点 C 的竖向位移 Δ_{Cy},已知各杆的横截面面积 A 及弹性模量 E 均为常数。

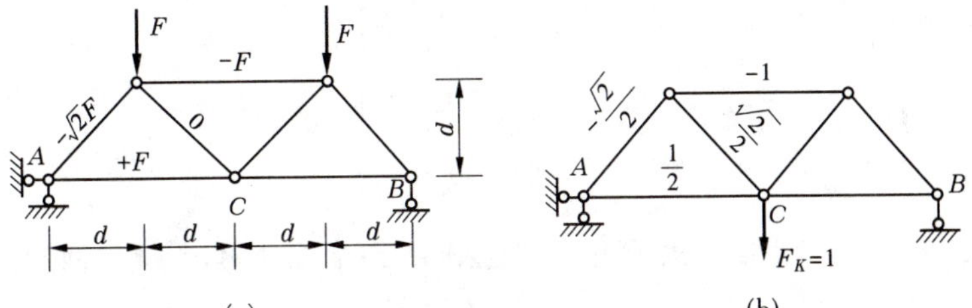

(a)　(b)

图 12-8

解:(1)沿结点 C 待求位移方向虚设单位力,如图 12-8(b)所示。

(2)计算各杆在原荷载和虚设单位力分别作用时的轴力。利用对称性,只需计算一半桁架的内力。

$$\Delta_{Cy} = \sum \frac{\overline{N}_K N_F l}{EA} = \frac{1}{EA}\left[2(-\sqrt{2}F)\left(\frac{-\sqrt{2}}{2}\right)\sqrt{2}d + 2F \times \frac{1}{2} \times 2d + (-F)(-1)2d\right]$$

$$= \frac{2Fd}{EA}(2+\sqrt{2}) = 6.83\frac{Fd}{EA}(\downarrow)$$

任务3　图乘法

求梁和刚架这种受弯为主的结构位移时，一般用公式(12-5)来计算。但要分别给出各杆在原荷载作用时的 M_F 方程和虚设单位力作用下的 $\overline{M}_K$ 方程，再逐段积分。当结构的杆件较多且荷载较为复杂时，计算非常麻烦，但如果结构中各杆件同时满足下列条件：①杆件为等截面直杆；② $\overline{M}_K$、M_F 图中至少有一个是直线图形，则可利用两个内力图的乘积来运算，即图乘法。

如图12-9所示。假设等截面直杆 $\overline{M}_K$ 图为直线图形，M_F 图为任意图形，$\overline{M}_K$ 图直线的倾角为 α。由图12-9可知 $\overline{M}_K = x\tan\alpha$。又因为 $ds = dx$，EI = 常数，得

$$\int \frac{\overline{M}_K M_F}{EI} ds = \frac{1}{EI}\int_A^B \overline{M}_K M_F dx = \frac{\tan\alpha}{EI}\int_A^B x M_F dx = \frac{\tan\alpha}{EI}\int_A^B x d\omega_F$$

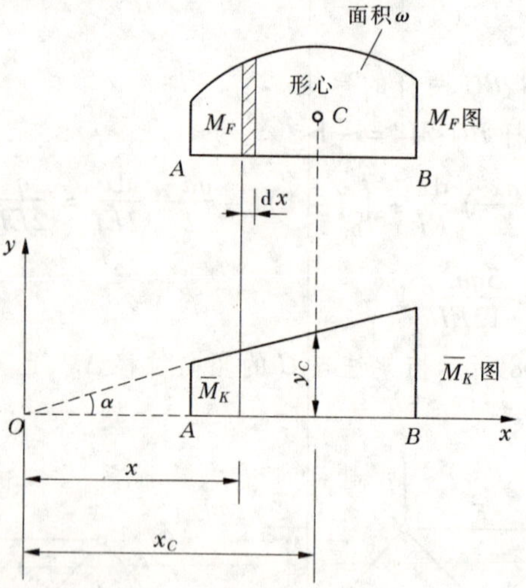

图12-9

设 $d\omega_F = M_F dx$，表示 M_F 图中 dx 微段的面积；$x d\omega_F$ 表示面积 $d\omega_F$ 对 y 轴的静矩；$\int_A^B x d\omega_F$ 表示整个 M_F 图的面积对 y 轴的静矩。

若以 ω_F 表示 M_F 图的面积，以 x_C 表示面积 ω_F 的形心 C 到 y 轴的距离，则由合力矩定理得

$$\int_A^B x d\omega_F = \omega_F x_C$$

所以，有

$$\int \frac{\overline{M}_K M_F}{EI}dx = \frac{\tan\alpha}{EI}\omega_F x_C = \frac{\omega_F y_C}{EI} \quad (12\text{-}9)$$

式中：y_C 表示 M_F 图形心 C 处对应于 $\overline{M}_K$ 图的竖距。在满足图乘法的三个条件的前提下，可用 $\frac{\omega_F y_C}{EI}$ 代替 $\int \frac{\overline{M}_K M_F}{EI}dx$ 的积分运算，这种方法称为图乘法。

应用图乘法时需注意以下几点：

(1)必须符合图乘法的应用条件。

(2) y_C 必须取自直线图形。$\overline{M}_K$ 图和 M_F 图均为直线图形时，$\overline{M}_K$ 图和 M_F 图可以互乘。

(3)当 $\overline{M}_K$ 和 M_F 同侧时，图乘结果为正号；反之为负。

在计算时我们会遇见各种图形，图12-10给出了常见的几种图形的面积和形心的位置。

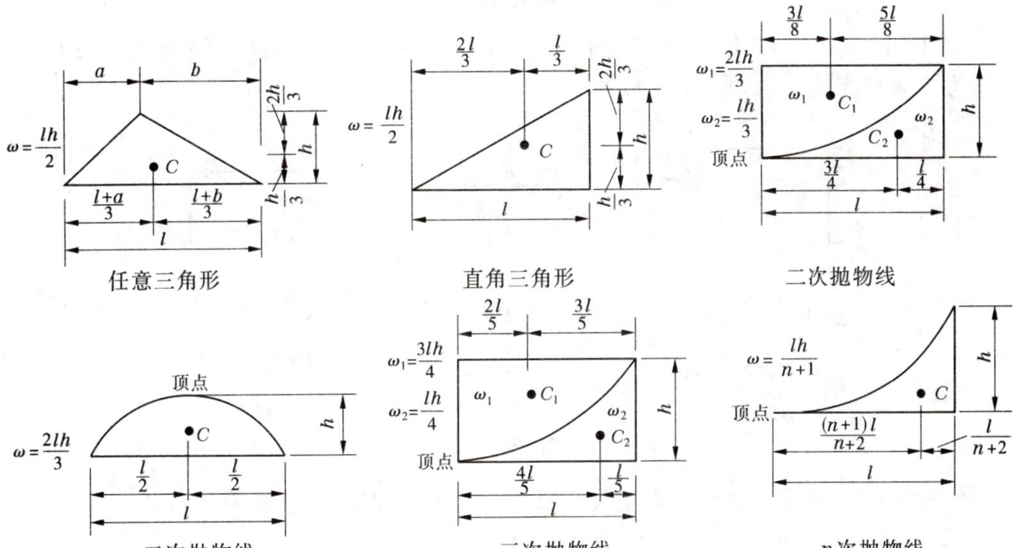

图12-10

在实际计算中，会遇到更为复杂的图形，这时，可将复杂的图形分解成几个简单的图形，图乘后再叠加。

同时，图乘法也适用于包含剪力和轴力的位移积分计算式，即：

$$\sum \int \frac{k\overline{Q}_K Q_F}{GA}ds = k\sum \frac{\omega_F y_C}{GA} \qquad \sum \int \frac{\overline{N}_K N_F}{EA}ds = \sum \frac{\omega_F y_C}{EA}$$

【例12-3】 求图12-11所示外伸梁 C 点的竖向位移 Δ_{Cy}。已知 EI = 常数。

解：在结点 C 沿待求位移方向虚设单位力，分别作出 M_F 和 $\overline{M}_K$ 图，如图12-11(b)、(c)所示。由图乘法，得

$$\Delta_{Cy} = \sum \frac{\omega_F y_C}{EI} = \frac{1}{EI}(\omega_1 y_1 + \omega_2 y_2 + \omega_3 y_3)$$

$$= \frac{1}{EI}\left[\left(\frac{1}{3}\times\frac{ql^2}{8}\times\frac{l}{2}\right)\times\frac{3l}{8} + \left(\frac{1}{2}\times\frac{ql^2}{8}\times l\right)\times\frac{l}{3} - \left(\frac{2}{3}\times\frac{ql^2}{8}\times l\right)\times\frac{l}{4}\right] = \frac{1}{128}\times\frac{ql^4}{EI}(\downarrow)$$

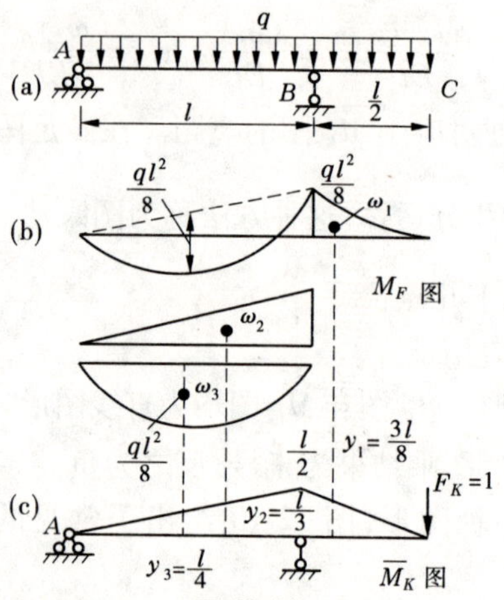

图 12-11

【例 12-4】　求图 12-12 所示刚架的结点 B 的水平位移，各杆为等截面直杆，EI = 常数，只考虑弯矩影响。

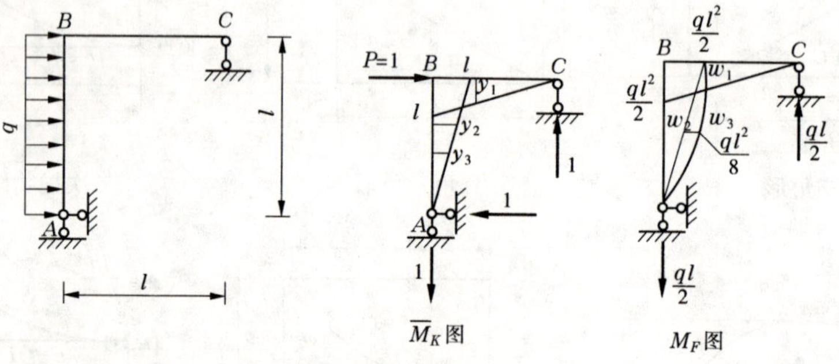

图 12-12

解：在结点 B 沿待求位移方向虚设单位力，作 M_F 和 $\overline{M}_K$ 图，由图乘法得

$$\Delta_{Bx} = \frac{1}{EI}\left(\frac{1}{2} \times \frac{1}{2}ql^2 \times l \times \frac{2}{3}l + \frac{1}{2} \times \frac{1}{2}ql^2 \times l \times \frac{2}{3}l + \frac{2}{3} \times \frac{1}{8}ql^2 \times l \times \frac{1}{2}l\right)$$

$$= \frac{3ql^4}{8EI}$$

任务 4　静定结构由于支座移动和温度变化产生的位移计算

1　支座移动引起的静定结构的位移

静定结构在支座移动时不产生任何内力和变形，因此内力虚功等于零。即

$$\Delta_{KC} = -\sum \overline{F}_K C \tag{12-10}$$

式中：$\sum \overline{F}_K C$ 为虚设状态的支座反力在实际支座位移上所作的虚功之和。当 $\overline{F}_K$ 与 C 的方向相同时，乘积 $\overline{F}_K C$ 为正，相反时为负。应注意，总和号 $\sum$ 前的负号不能漏掉。

【例 12-5】 图 12-13 所示静定刚架，如果支座 A 发生图 12-13(a)所示的位移：$a=1.0$ cm，$b=1.5$ cm。求 C 点的水平线位移 Δ_{Cx}、竖向线位移 Δ_{Cy} 及总位移 Δ。

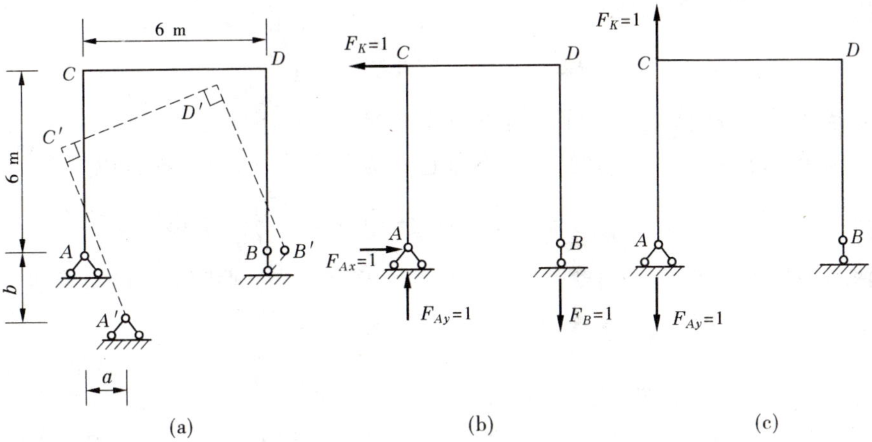

图 12-13

解：在 C 点分别虚设水平方向单位力 F_K（见图 12-13(b)）和竖直方向单位力 F_K（见图 12-13(c)），由式(12-10)得：

$$\Delta_{Cx}=-(1\times1.0-1\times1.5)=0.5(\text{cm})(\leftarrow)$$

$$\Delta_{Cy}=-1\times1.5=-1.5(\text{cm})(\downarrow)$$

$$\Delta=\sqrt{\Delta_{Cx}^2+\Delta_{Cy}^2}=\sqrt{0.5^2+(-1.5)^2}=1.58(\text{cm})$$

2 温度改变引起的静定结构位移

静定结构在温度发生变化时，杆件因自由变形而不产生内力。但材料的热胀冷缩将使结构发生变形而产生相应位移。

温度变化时静定结构的支座的移动 $C=0$，所以，由式(12-3)得

$$\Delta_{Kt}=\sum\int\overline{N}_K\mathrm{d}u_t+\sum\int\overline{M}_k\mathrm{d}\varphi_t+\sum\int\overline{Q}_K\mathrm{d}v_t$$

式中：$\overline{M}_K$、$\overline{Q}_K$、$\overline{N}_K$ 分别为虚设单位力产生的结构内力，$\mathrm{d}u_t$、$\mathrm{d}\varphi_t$、$\mathrm{d}v_t$ 分别为由温度改变而使 $\mathrm{d}s$ 产生的变形。

下面推导 $\mathrm{d}u_t$、$\mathrm{d}\varphi_t$、$\mathrm{d}v_t$ 的表达式。

为简化计算，假定温度沿杆件厚度 h 成直线规律变化，则变形后截面仍保持为一个平面。从结构的某一杆件上截取任意微段 $\mathrm{d}s$，如图 12-14 所示。设 $\mathrm{d}s$ 微段上侧的温度升高 t_1，下侧的温度升高 t_2，且 $t_1>t_2$，于是微段 $\mathrm{d}s$ 上下边缘纤维的伸长量分别为 $\alpha t_1\mathrm{d}s$ 和 $\alpha t_2\mathrm{d}s$（α 是材料线膨胀系数），设 h_1、h_2 分别表示截面形心轴线至上、下边缘的距离，t_0 表示轴线处温度的升高值。由比例关系知：

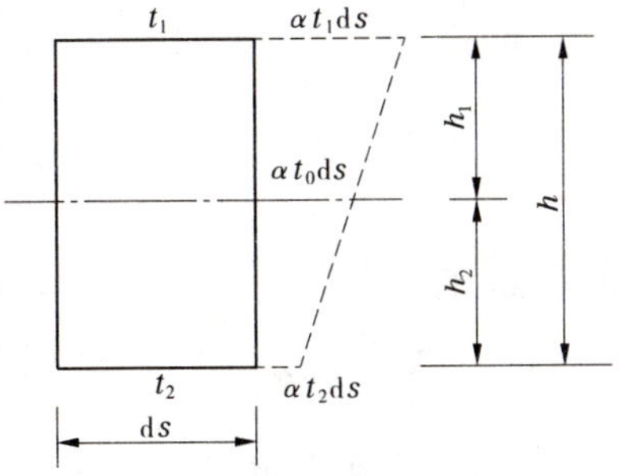

图 12-14

微段 ds 的轴向伸长量为：

$$du_t = \alpha t_0 ds$$

微段 ds 两侧的相对转角为：

$$d\varphi_t = \frac{\alpha t_1 ds - \alpha t_2 ds}{h} = \alpha \frac{\Delta t}{h} ds$$

式中：$\Delta t = t_1 - t_2$，表示杆件上、下侧温度改变之差。

因为温度沿杆轴方向均匀变化，并不引起剪切变形，故 $dv_t = 0$，综合以上得

$$\Delta_{Kt} = \sum(\pm)\alpha t_0 \int \overline{N}_K ds + \sum(\pm)\alpha \frac{\Delta t}{h} \int \overline{M}_K ds \tag{12-11}$$

如果结构各杆件沿全长温度改变相同且截面高度不变，则式(12-11)可写成：

$$\Delta_{Kt} = \sum(\pm)\alpha t_0 \omega_{\overline{N}_K} + \sum(\pm)\alpha \frac{\Delta t}{h} \omega_{\overline{M}_K} \tag{12-12}$$

式中：$\omega_{\overline{N}_K}$、$\omega_{\overline{M}_K}$分别为 $\overline{N}_K$ 图、$\overline{M}_K$ 图的面积。

注意：如果杆件截面对称于轴线，即 $h_1 = h_2 = h/2$，则 $t_0 = (t_1 + t_2)/2$。式中各项的正、负号，可按虚功符号确定，即若虚力状态中虚设内力的变形与温度改变所引起的变形方向一致时，取正号，反之取负号。计算时 t_0 和 Δt 及 $\omega_{\overline{N}_K}$、$\omega_{\overline{M}_K}$ 均以绝对值代入。同时不能略去轴向变形的影响。

【例 12-6】 求图 12-15 所示刚架 C 点的竖向位移 Δ_{Ct}。梁下侧和柱右侧温度升高 10 ℃，梁上侧和柱左侧温度无改变。各杆截面为矩形，截面高度 $h = 60$ cm，$a = 6$ m，$\alpha = 0.000\ 01$。

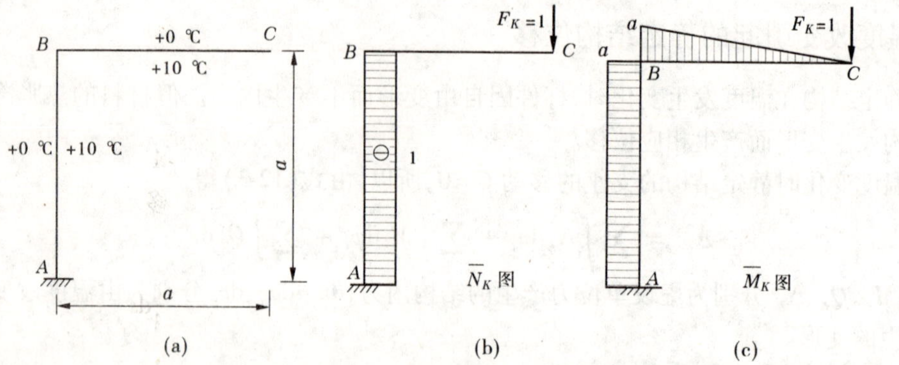

图 12-15

解：在 C 点虚设竖向单位力，作 $\overline{N}_K$ 图、$\overline{M}_K$ 图。

杆轴线处温度升高为：

$$t_0 = \frac{10 + 0}{2} = 5(℃)$$

代入式(12-12)得

$$\Delta_{Ct} = \sum(\pm)\alpha t_0 \omega_{\overline{N}_K} + \sum(\pm)\alpha \frac{\Delta t}{h} \omega_{\overline{M}_K} = -5\alpha a + \frac{-10\alpha}{h}\frac{3}{2}a^2 = -5\alpha a\left(1 + \frac{3a}{h}\right)$$

$$= -0.93\ \text{cm}(\uparrow)$$

若静定结构同时承受荷载、温度改变和支座移动的作用，则计算其位移的一般公

式为

$$\Delta = \sum\int\frac{\overline{N}_K N_F}{EA}ds + \sum\int\frac{\overline{M}_K M_F}{EI}ds + \sum\int\frac{k\overline{Q}_K Q_F}{GA}ds + \sum(\pm)\int\overline{N}_K\alpha t_0 ds + \sum(\pm)\int\alpha\overline{M}_K\frac{\Delta t}{h}ds - \sum\overline{F}C \tag{12-13}$$

任务 5 互等定理

1 功的互等定理

如图 12-16 所示，一个线性变形体系分别承受广义力 F_1、F_2 的作用，设图 12-16(a)为第一状态，图 12-16(b)为第二状态，图中 Δ_{12} 表示第二状态的广义力 F_2 引起的与广义力 F_1 相应位置的广义位移，Δ_{21} 表示第一状态的广义力 F_1 引起的与广义力 F_2 相应的广义位移。

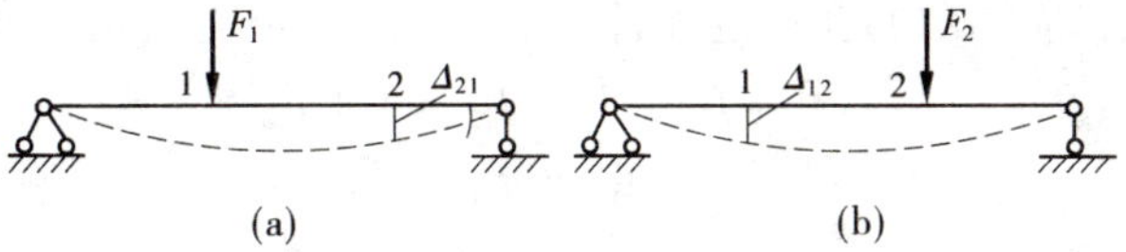

图 12-16

由虚功原理知，第一状态的外力 F_1 及内力 N_1、M_1、Q_1 在第二状态相应位移及变形上所做的外力虚功 $W_{外21}$ 及内力虚功 $W_{内21}$ 相等，即

$$F_1\Delta_{12} = \sum\int N_1\frac{N_2}{EA}ds + \sum\int M_1\frac{M_2}{EI}ds + \sum\int kQ_1\frac{Q_2}{GA}ds \tag{a}$$

同理，第二状态的外力 F_2 及内力 N_2、M_2、Q_2 在第一状态相应位移及变形上所做的外力虚功 $W_{外12}$ 与内力虚功 $W_{内12}$ 相等，即

$$F_2\Delta_{21} = \sum\int N_2\frac{N_1}{EA}ds + \sum\int M_2\frac{M_1}{EI}ds + \sum\int kQ_2\frac{Q_1}{GA}ds \tag{b}$$

显然，有

$$F_1\Delta_{12} = F_2\Delta_{21} \tag{12-14}$$

式(12-14)称为功的互等定理，即第一状态的外力在第二状态的位移上所做的虚功，等于第二状态的外力在第一状态的位移上所做的虚功。

2 位移互等定理

在图 12-17 中，设 $F_1 = F_2$，由功的互等定理知：$\Delta_{12} = \Delta_{21}$。

若 $F_1 = F_2 = 1$，则上式表示为：

$$\delta_{12} = \delta_{21} \tag{12-15}$$

式中：δ 为由单位力所引起的位移。即第二个单位力在第一个单位力方向上引起的位移

δ_{12}等于第一个单位力在第二个单位力方向上引起的位移δ_{21}。

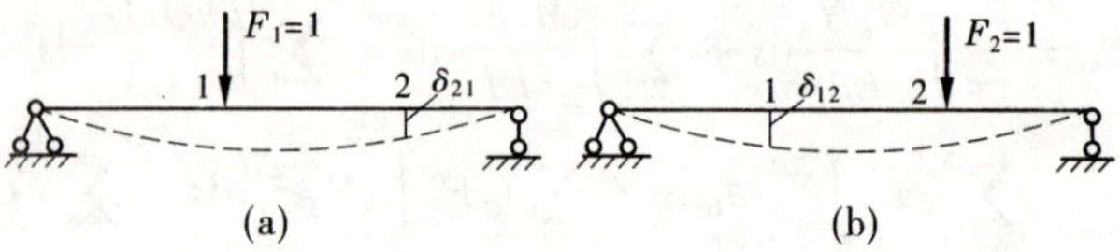

图 12-17

力 F_1、F_2 是广义力,则 δ_{21} 和 δ_{12} 是与其相应的广义位移。位移互等定理不仅适用于两个线位移之间的互等,也适用于两个角位移之间的互等,以及线位移与角位移之间的互等。

3 反力互等定理

图 12-18(a)中由于支座 1 处发生单位位移 $\Delta_1 = 1$,各支座将产生反力,设在支座 1 处产生的反力为 f_{11},在支座 2 处产生的反力为 f_{21}。在图 12-18(b)中由于支座 2 处发生单位位移 $\Delta_2 = 1$,在支座 1 处产生的反力为 f_{12},在支座 2 处产生的反力为 f_{22}。

对上述两种状态应用功的互等定理,得

$$f_{11} \times 0 + f_{21} \times 1 = f_{12} \times 1 + f_{22} \times 0$$

$$f_{12} = f_{21} \tag{12-16}$$

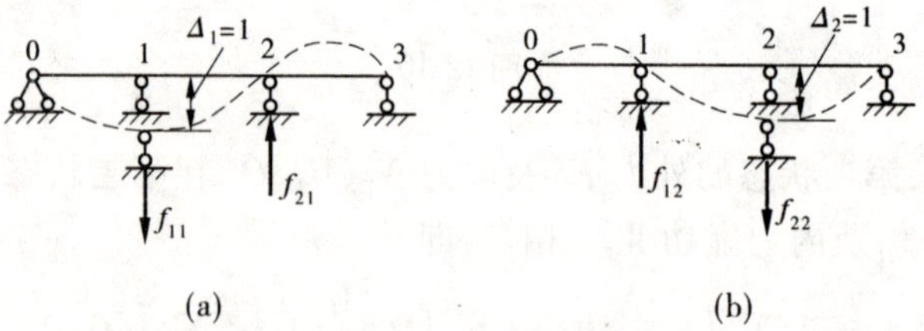

图 12-18

即反力互等定理,它表示支座 1 由于支座 2 的单位位移所引起的反力 f_{12},等于支座 2 由于支座 1 的单位位移所引起的反力 f_{21},并且量纲相同。

思考题

12-1　什么是线位移?什么是角位移?什么是相对位移?

12-2　什么叫实功?什么叫虚功?两者有何区别?

12-3　何谓虚位移?何谓虚力?它们各表示什么意义?

12-4　求位移时,根据什么方法虚设单位力?

12-5　什么叫图乘法?使用图乘法的条件是什么?

12-6　计算位移时得到的结果为负值,这是什么意思?

12-7　图 12-19 中各图图乘是否正确?如不正确,应如何改正?

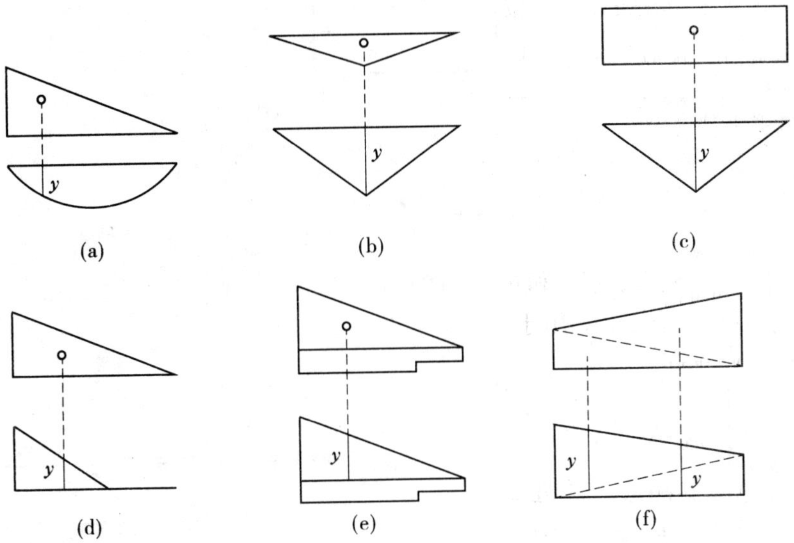

图 12-19

习 题

12-1 用位移公式计算图 12-20 所示各梁中 A 点的转角 φ_A 和 C 截面的竖向位移 Δ_{Cy}。$EI=$常数。

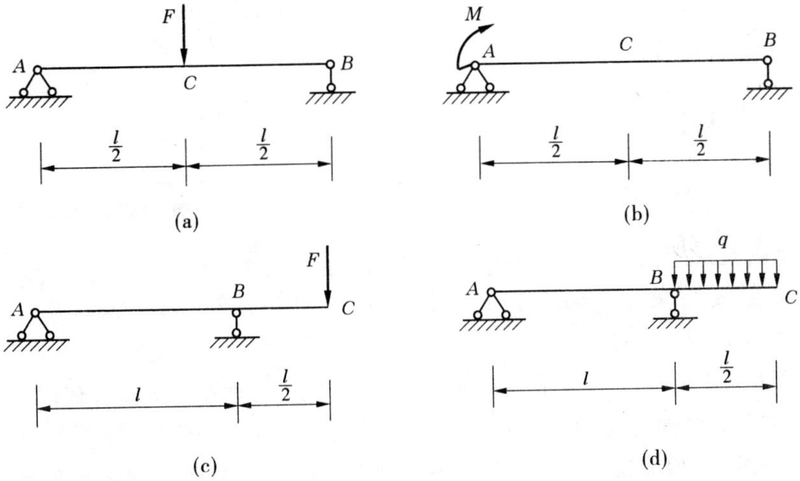

图 12-20

12-2 求图 12-21 所示结点 C 的竖向位移 Δ_{Cy}。各杆 EI 为常数。

12-3 用图乘法求图 12-22 所示结点 C 的水平位移。各杆 EI 为常数。

12-4 用图乘法求图 12-23 所示结点 B 的竖向位移和转角。各杆 EI 为常数。

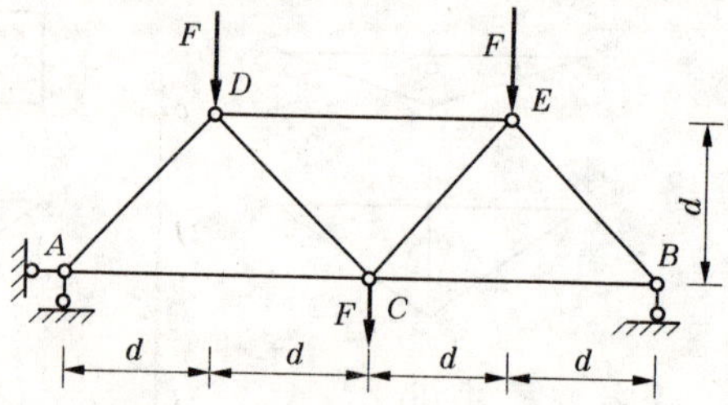

图 12-21

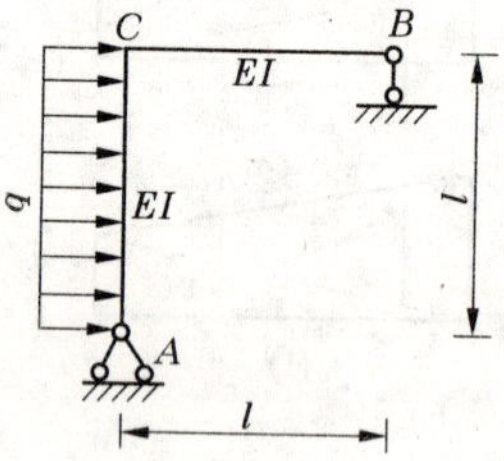

图 12-22

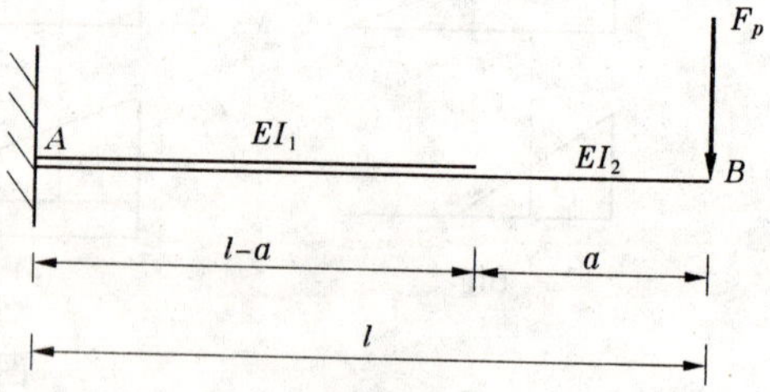

图 12-23

12-5　用图乘法求图 12-24 所示结点 A 的竖向位移和转角。各杆 EI 为常数。

12-6　用图乘法求图 12-25 所示结点 B 的转角。各杆 EI 为常数。

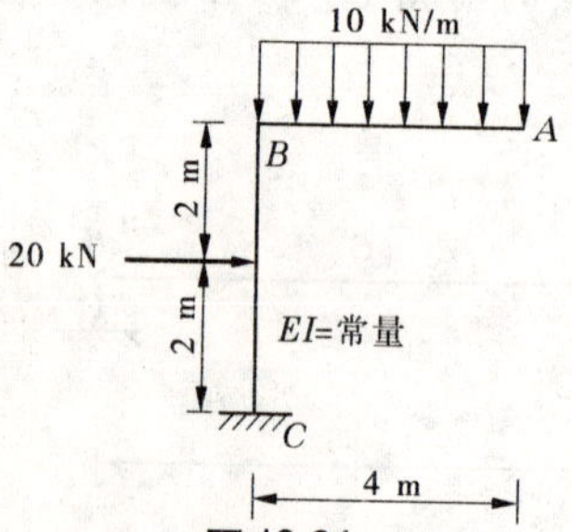

图 12-24

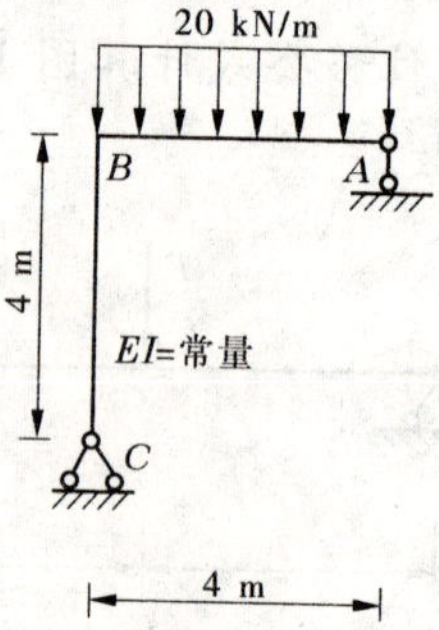

图 12-25

12-7　用图乘法求图 12-26 所示梁点 A 的挠度。

12-8　用图乘法求图 12-27 所示结构中 a 点的竖向位移。已知：$E = 2.1 \times 10^4$ kN/cm^2，$A = 12$ cm^2，$I = 3\ 600$ cm^4。

12-9　图 12-28 所示结构支座 B 发生水平位移为 a、竖向位移为 b。试求由此而产生的 A 截面的转角及 C 点的竖向位移。

12-10　如图 12-29 所示，设三铰刚架内部升温 30 ℃，材料的线膨胀系数为 α，各杆截面为矩形，截面高度 h 相同。求 C 点的竖向位移 Δ_{Cy}。

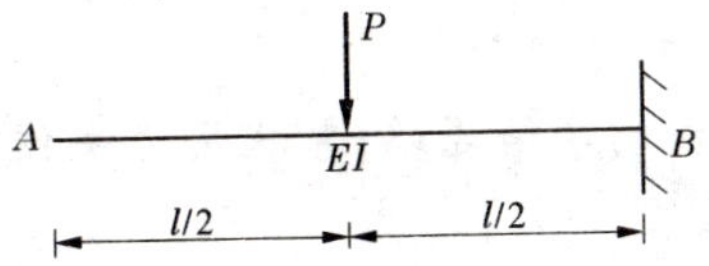

图 12-26

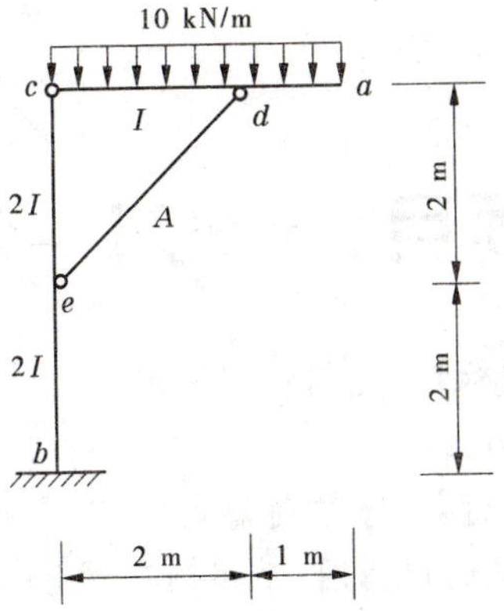

图 12-27

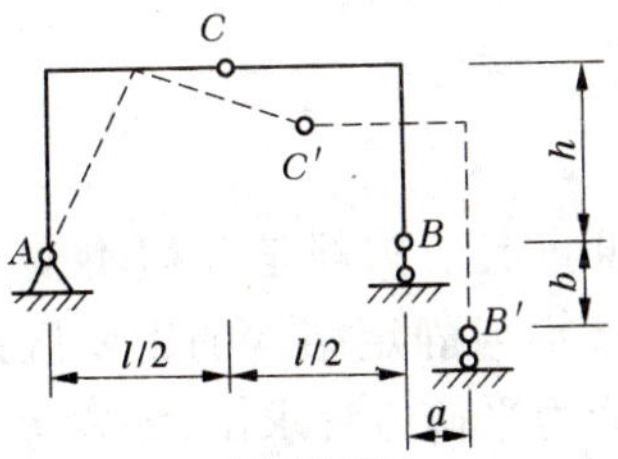

图 12-28

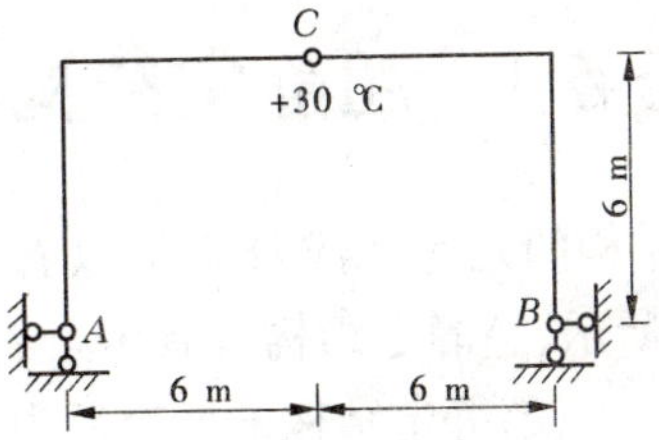

图 12-29

项目 13 力 法

【能力目标】 能判别超静定结构的超静定次数;能用力法绘制出简单超静定梁、刚架、桁架的内力图。

【知识目标】 掌握超静定次数的确定方法;掌握力法的求解思路;掌握用力法作简单超静定结构的内力图;掌握利用对称性简化计算的方法。

任务 1 超静定结构的概念

由结构的几何组成分析可以看出,超静定结构和静定结构都是几何不变体系。如图 13-1 所示,超静定结构具有多余约束,这是超静定结构与静定结构的主要区别。因为有多余约束,超静定结构的所有反力和内力不能全由静力平衡方程求出,需要考虑变形协调条件。但是多余约束能增加结构的强度和刚度,使得超静定结构在工程中得到大量应用。

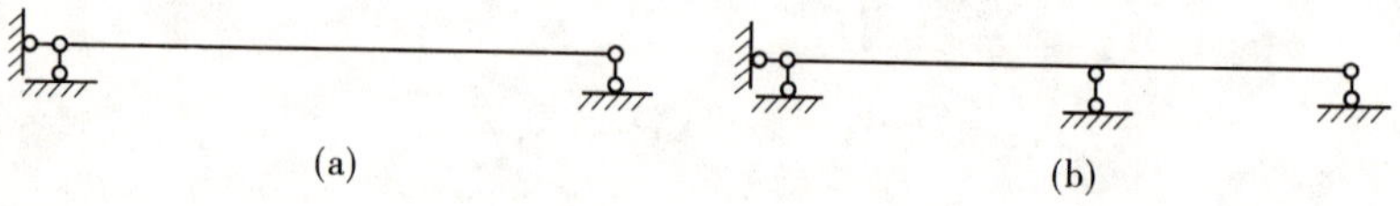

图 13-1

超静定结构中多余约束或未知多余约束反力的数目,称为超静定结构的超静定次数。即:超静定次数 = 多余约束个数。

确定超静定次数的方法是,解除结构中的多余约束,使之成为一个静定结构,解除多余约束的个数就是超静定次数。

在超静定结构中去除约束的方法,通常有以下几种情况:

(1)切断一个链杆或撤除链杆支座,相当于解除 1 个约束;

(2)撤除一个单铰或一个固定铰支座,相当于解除 2 个约束;

(3)切断一根梁式杆或撤除一个刚结点,或撤除一个固定端支座相当于解除 3 个约束;

(4)把刚结点改为单铰或者把固定端支座改为固定铰支座,相当于解除一个约束。

如图 13-1(b)所示的超静定梁,去掉中间一个链杆支座并代以一个多余未知力就变成了简支梁。将图 13-2(a)的铰 C 拆开,代之以 2 个未知约束反力 X_1 和 X_2,变成图 13-2(b)所示的两个悬臂刚架。把图 13-3(a)所示的超静定刚架,在 C 处切断一根梁式杆,代之以图 13-3(b)所示的 3 个未知约束反力,变成静定结构。

如图 13-4 所示,对同一个超静定结构,可以按照不同的方式解除多余约束,从而得到

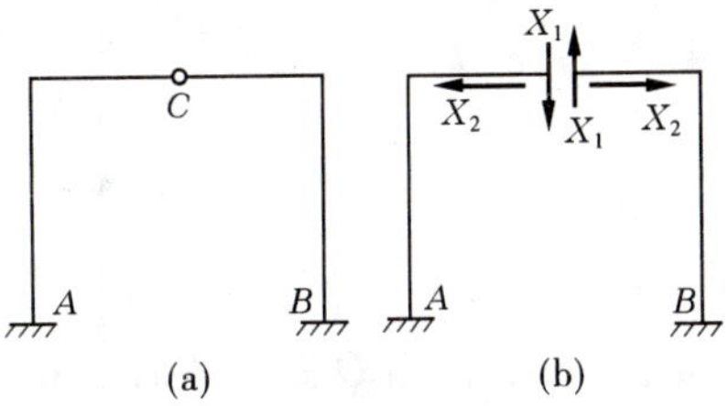

图 13-2

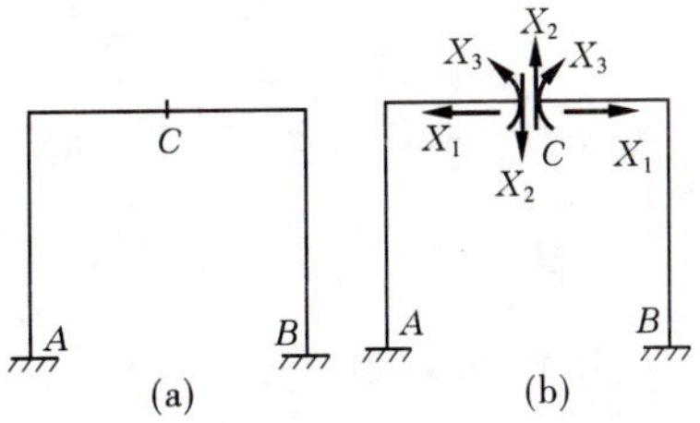

图 13-3

不同的静定结构。但解除多余约束的数目都相同。解除一个外部多余约束代之以一个多余未知力;解除一个内部多余约束,代之以一对多余未知力。

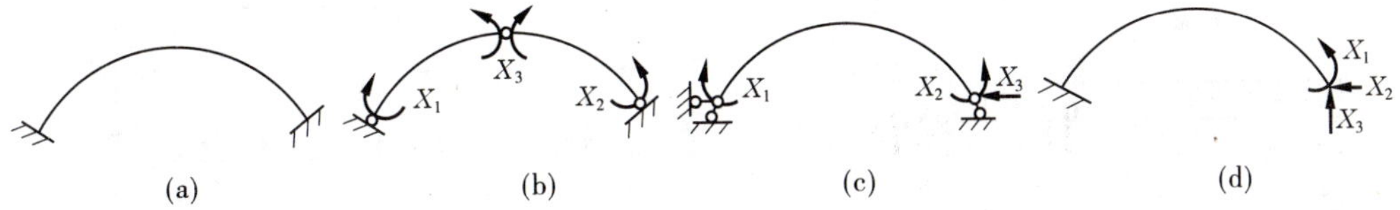

图 13-4

任务 2　力法的基本原理

力法求解超静定结构的基本思路是,解除超静定结构的多余约束,代之以多余未知约束力,把超静定结构变成静定结构,利用位移协调条件建立位移协调方程,求出多余约束反力;再用静力平衡方程解出其余约束反力或内力。

如图 13-5(a)所示的超静定梁(原结构),解除 B 处的链杆支座后,代之以多余未知约束力 X_1,得到的静定悬臂梁称为原结构的基本结构,多余未知力 X_1 称为力法的基本未知量,如图 13-5(b)所示。根据变形协调的条件可知,结构 B 处的位移,在原结构和基本结构中相等,$\Delta_1=0$。由叠加原理可建立如下方程:

$$\Delta_1 = \Delta_{11} + \Delta_{1F} \qquad (a)$$

式中:Δ_{11} 为在多余未知力 X_1 单独作用时,基本结构的 B 点沿 X_1 方向的位移;Δ_{1F} 表示在原有荷载单独作用时,基本结构的 B 点沿 X_1 方向的位移。如图 13-5(c)、(d)所示。

设 $\Delta_{11}=\delta_{11}X_1$,$\delta_{11}$ 表示 $X_1=1$ 单独作用时基本结构 B 点沿 X_1 方向的位移,如图 13-5(e)所示,则式(a)可写成:

$$\delta_{11}X_1 + \Delta_{1F} = 0 \qquad (13\text{-}1)$$

式(13-1)称为力法的典型方程。

方程中的系数 δ_{11} 和自由项 Δ_{1F},可按静定结构位移计算的方法求出。如图 13-5 所示,作基本结构在原有荷载作用时的 M_F 图和在单位力 $X_1=1$ 作用下的 $\overline{M}_1$ 图。利用图乘法,$\overline{M}_1$ 图自乘得到系数 δ_{11},M_F 图和 $\overline{M}_1$ 图图乘得到 Δ_{1F}。

$$\delta_{11} = \frac{1}{EI}\left(\frac{1}{2}l \times l\right) \times \left(\frac{2}{3}l\right) = \frac{l^3}{3EI}$$

$$\Delta_{1F} = -\frac{1}{EI}(\frac{1}{3} \times \frac{1}{2}ql^2 \times l) \times (\frac{3}{4}l) = -\frac{ql^4}{8EI}$$

代入力法典型方程(13-1),得

$$X_1 = -\frac{\Delta_{1F}}{\delta_{11}} = \frac{ql^4}{8EI} \times \frac{3EI}{l^3} = \frac{3}{8}ql(\uparrow)$$

求出 X_1 后利用已绘出的$\overline{M}_1$ 图和 M_F 图叠加作出 M 图,而后作出 Q 图和 N 图

$$M = \overline{M}_1 X_1 + M_F \tag{13-2}$$

如

$$M_a = \overline{M}_A X_1 + M_F = l \times \frac{3}{8}ql - \frac{1}{2}ql^2 = -\frac{1}{8}ql^2(\text{上拉})$$

作弯矩图如图 13-5(d)所示,同理再作出剪力图如图 13-5(e)所示。

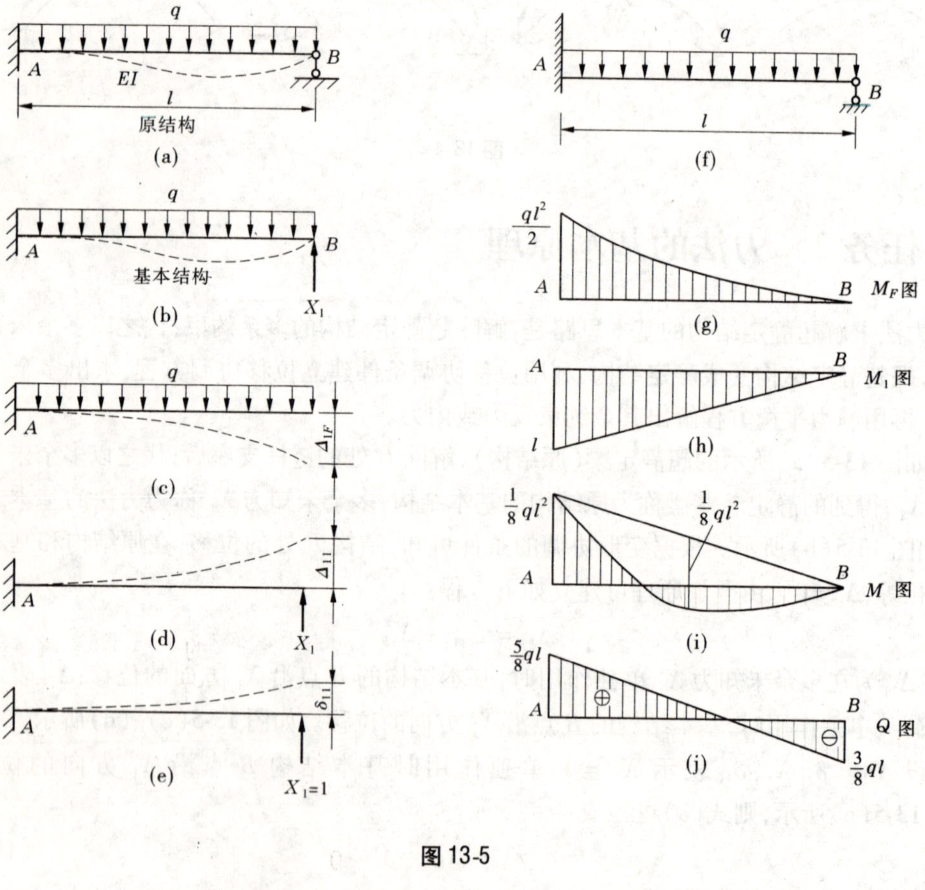

图 13-5

任务 3　力法的典型方程

通过一次超静定结构的计算,说明了力法的基本原理。现以图 13-6(a)所示的三次超静定结构为例,进一步说明运用力法计算多次超静定结构。

如图 13-6(a)所示为三次超静定刚架,分析时必须去掉它的三个多余约束。设去掉

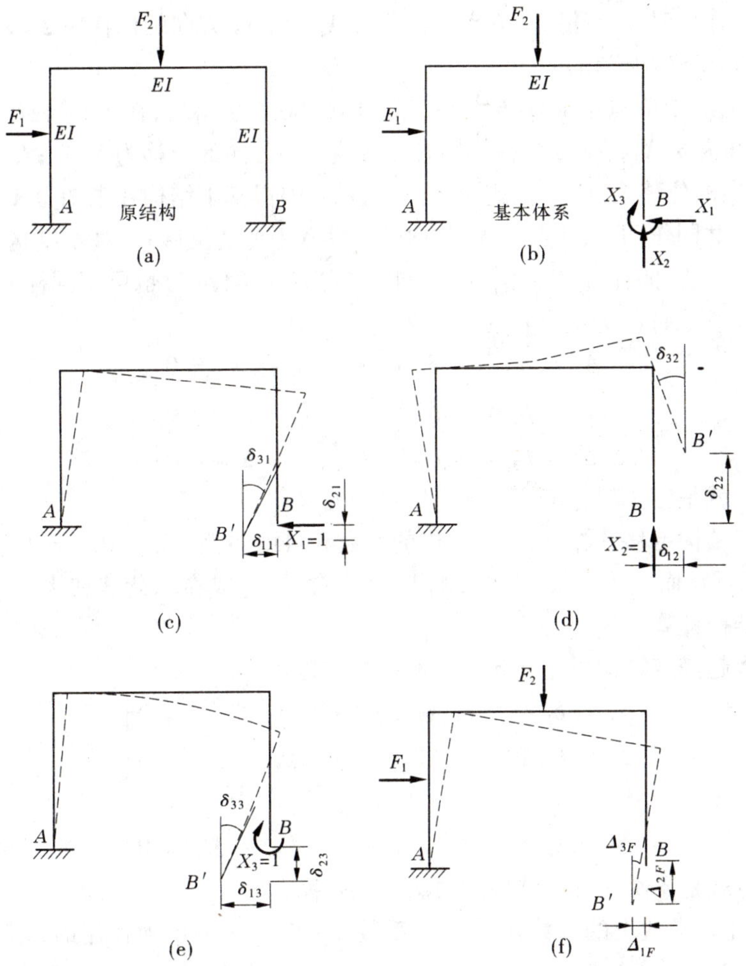

图 13-6

固定端支座 B，并以相应的多余未知力 X_1、X_2 和 X_3 代替所去掉的约束的作用，得到图 13-6(b)所示的基本结构。在原结构中由于 B 端为固定端，所以没有水平位移、竖向位移和角位移。因此，承受荷载 F_1、F_2 和三个多余未知力 X_1、X_2 和 X_3 作用的基本结构上，也必须保证同样的位移条件，即 B 点沿 X_1 方向的位移（水平位移）Δ_1、沿 X_2 方向的位移（竖向位移）Δ_2 和沿 X_3 方向的位移（角位移）Δ_3 都应等于零，即

$$\Delta_1 = 0, \quad \Delta_2 = 0, \quad \Delta_3 = 0$$

分别考虑 $X_1 = 1$、$X_2 = 1$、$X_3 = 1$ 和荷载作用下基本结构 B 点位移情况：

$X_1 = 1$ 单独作用时，B 点沿 X_1 方向的位移为 δ_{11}，沿 X_2 方向的位移为 δ_{21}，沿 X_3 方向的位移为 δ_{31}，如图 13-6(c)所示。

$X_2 = 1$ 单独作用时，B 点沿 X_1 方向的位移为 δ_{12}，沿 X_2 方向的位移为 δ_{22}，沿 X_3 方向的位移为 δ_{32}，如图 13-6(d)所示。

$X_3 = 1$ 单独作用时，B 点沿 X_1 方向的位移为 δ_{13}，沿 X_2 方向的位移为 δ_{23}，沿 X_3 方向

的位移为δ_{33},如图13-6(e)所示。

荷载单独作用时,B点沿X_1方向的位移为Δ_{1F},沿X_2方向的位移为Δ_{2F},沿X_3方向的位移为Δ_{3F},如图13-6(f)所示。

基本结构在X_1单独作用时,B点沿X_1方向的位移为$\delta_{11}X_1$;在X_2单独作用时,B点沿X_1方向的位移为$\delta_{12}X_2$;在X_3单独作用时,B点沿X_1方向的位移为$\delta_{13}X_3$;在荷载作用时,B点沿X_1方向的位移为Δ_{1F}。把这四项位移叠加,即得基本结构在未知力X_1、X_2、X_3作用和荷载F_1、F_2共同作用下,B点沿X_1方向的位移Δ_1(水平位移)。基本结构在B点沿X_2方向的位移Δ_2(竖向位移),B点沿X_3方向的位移Δ_3(角位移)也可用同样方法求得。于是反映B点位移条件的力法方程为

$$\left.\begin{aligned}\Delta_1 &= \delta_{11}X_1+\delta_{12}X_2+\delta_{13}X_3+\Delta_{1F}=0\\ \Delta_2 &= \delta_{21}X_1+\delta_{22}X_2+\delta_{23}X_3+\Delta_{2F}=0\\ \Delta_3 &= \delta_{31}X_1+\delta_{32}X_2+\delta_{33}X_3+\Delta_{3F}=0\end{aligned}\right\} \tag{13-3}$$

式(13-3)就是三次超静定结构的力法典型方程。

利用静定结构位移计算方法,方程中的系数和自由项就可以算出,通过解方程就可求出X_1、X_2和X_3,从而把原三次超静定结构(原结构)转化成在原荷载和X_1、X_2、X_3共同作用下的静定结构计算。

对于n次超静定结构可建立n个变形协调方程:

$$\left.\begin{aligned}\Delta_1 &= \delta_{11}X_1+\delta_{12}X_2+\cdots+\delta_{1n}X_n+\Delta_{1F}=0\\ \Delta_2 &= \delta_{21}X_1+\delta_{22}X_2+\cdots+\delta_{2n}X_n+\Delta_{2F}=0\\ &\vdots\\ \Delta_n &= \delta_{n1}X_1+\delta_{n2}X_2+\cdots+\delta_{nn}X_n+\Delta_{nF}=0\end{aligned}\right\} \tag{13-4}$$

式(13-4)就是n次超静定结构的力法典型方程。

方程中,主对角线上的系数δ_{ii}称为主系数,指当$X_i=1$单独作用时,基本结构沿X_i方向的位移。δ_{ii}与X_i方向一致,且$\delta_{ii}>0$。主对角线两侧的系数$\delta_{iz}(i\neq z)$称为副系数,表示当$X_z=1$单独作用时,基本结构沿X_i方向的位移。根据位移互等定理可知:$\delta_{iz}=\delta_{zi}$。自由项Δ_{iF}表示当原荷载单独作用时,基本结构沿X_i方向的位移。系数和自由项都根据静定结构的位移计算方法进行计算。解出多余未知力$X_1,X_2,\cdots,X_n$后,根据叠加原理求超静定结构的弯矩,作出弯矩图。

$$M=\overline{M}_1X_1+\overline{M}_2X_2+\cdots+\overline{M}_nX_n+M_F$$

运用力法计算超静定结构的步骤:

(1)解除多余约束,选择合适的基本结构,并确定力法基本未知量。

(2)根据位移变形协调条件,建立力法典型方程。

(3)利用静定结构位移计算方法求出力法典型方程的系数和自由项。

(4)解方程求基本未知量。

(5)用叠加原理作原结构的内力图。

【例13-1】 用力法计算图13-7所示的超静定梁,并作出内力图。

解:(1)解除原结构B处的多余约束,得到基本结构,确定基本未知量为X_1,如图13-7

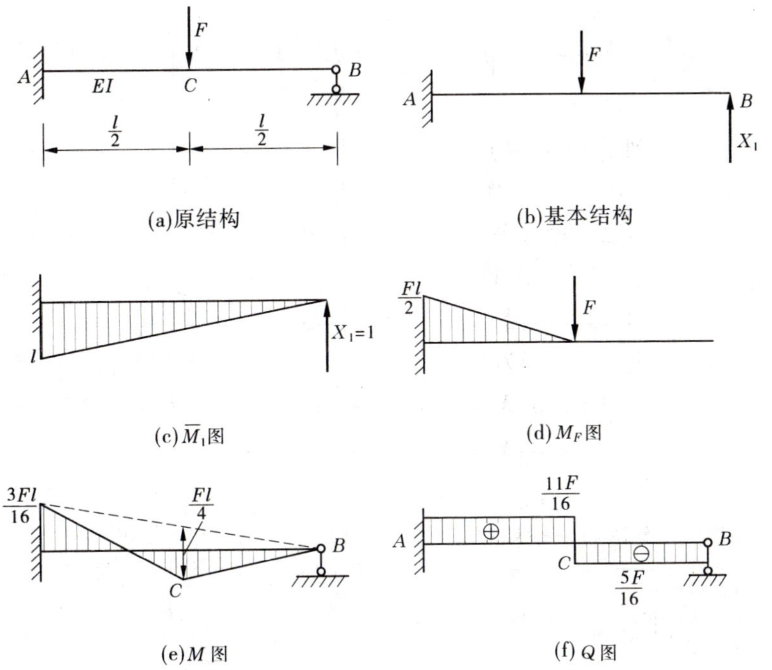

图 13-7

(b)所示。

(2)建立力法方程：

$$\delta_{11}X_1+\Delta_{1F}=0$$

(3)求系数 δ_{11} 和自由项 Δ_{1F}。

作基本结构的 $\overline{M}_1$ 图和 M_F 图，用图乘法计算系数 δ_{11} 和自由项 Δ_{1F}：

$$\delta_{11}=\frac{1}{EI}\times\left(\frac{1}{2}l\times l\right)\times\frac{2}{3}l=\frac{l^3}{3EI}$$

$$\Delta_{1F}=-\frac{1}{EI}\left(\frac{1}{2}\times\frac{1}{2}l\times\frac{1}{2}l\times\frac{1}{3}\times\frac{Fl}{2}+\frac{1}{2}l\times\frac{1}{2}l\times\frac{2}{3}\times\frac{Fl}{2}\right)=\frac{-5Fl^3}{48EI}$$

(4)求基本未知量 X_1：

$$X_1=-\frac{\Delta_{1F}}{\delta_{11}}=\frac{5Fl^3}{48EI}\times\frac{3EI}{l^3}=\frac{5F}{16}(\uparrow)$$

(5)绘出内力图。利用叠加原理 $M=\overline{M}_1X_1+M_F$ 画出弯矩图，如图 13-7(e)所示。

同理：利用 $Q=\overline{Q}_1X_1+Q_F$ 画出剪力图，如图 13-7(f)所示。

【例 13-2】 作图 13-8(a)所示超静定刚架的内力图，各杆 EI = 常数。

解：(1)解除 C 处的两个多余约束得到基本结构，基本未知量为 X_1 和 X_2，如图 13-8(b)所示。

(2)建立力法方程：

$$\delta_{11}X_1+\delta_{12}X_2+\Delta_{1F}=0$$
$$\delta_{21}X_1+\delta_{22}X_2+\Delta_{2F}=0$$

(3)计算系数和自由项。

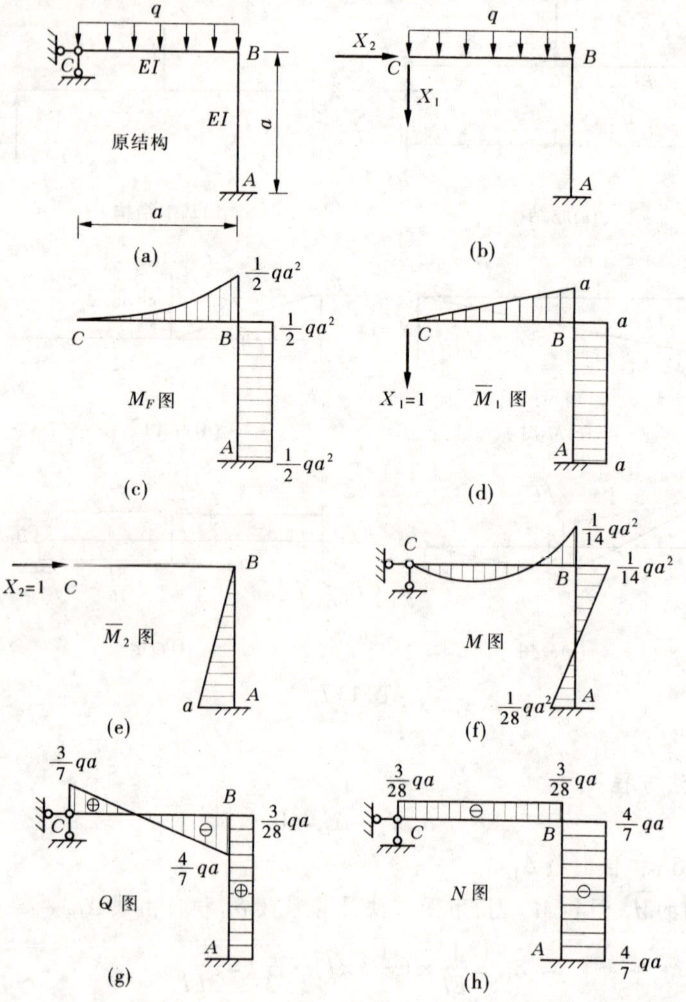

图 13-8

作基本结构的$\overline{M}_1$ 图、$\overline{M}_2$ 图及 M_F 图，用图乘法计算系数和自由项：

$$\delta_{11}=\frac{1}{EI}\left(\frac{1}{2}\times a^2\times\frac{2}{3}a+a\times a\times a\right)=\frac{4a^3}{3EI}$$

$$\delta_{22}=\frac{1}{EI}\left(\frac{1}{2}\times a^2\times\frac{2}{3}\times a\right)=\frac{a^3}{3EI}$$

$$\delta_{12}=\delta_{21}=-\frac{1}{EI}\left(\frac{1}{2}\times a^2\times a\right)=-\frac{a^3}{2EI}$$

$$\Delta_{1F}=\frac{1}{EI}\left(\frac{1}{3}\times\frac{qa^2}{2}\times a\times\frac{3}{4}a+\frac{qa^2}{2}\times a\times a\right)=\frac{5qa^4}{8EI}$$

$$\Delta_{2F}=-\frac{1}{EI}\left(\frac{1}{2}a^2\times\frac{qa^2}{2}\right)=-\frac{qa^4}{4EI}$$

(4) 求基本未知量 X_1 和 X_2：

解方程得：$X_1=-\frac{3}{7}qa(\uparrow)$　$X_2=\frac{3}{28}qa(\rightarrow)$

X_1 为负值，说明 C 支座的竖向约束反力的实际方向与假设的方向相反，应该向上。

（5）作内力图如图 13-8 所示。

任务4 对称性的利用

1 对称结构

如果结构形式、约束情况、材料特性及截面尺寸都关于某轴对称，这种结构称为对称结构。如图 13-9 所示，在竖向荷载作用下图 13-9（c）所示的桁架结构也可看成对称结构。

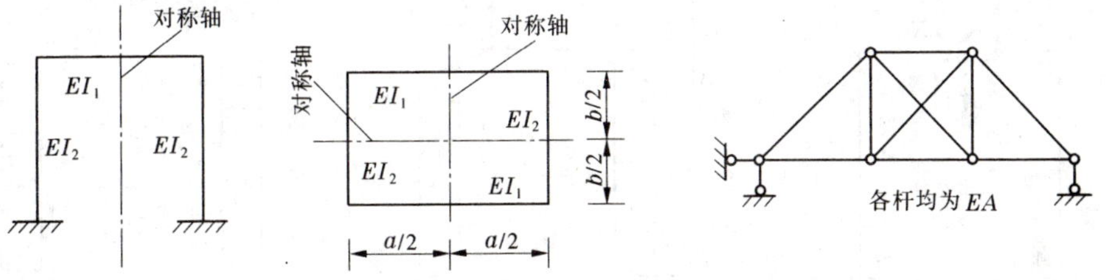

(a) (b) (c)

图 13-9

用力法计算对称结构时，利用其对称性可以简化计算。这时应选择对称的基本结构和对称与反对称的基本未知量，可使力法典型方程中的部分副系数为零，简化计算。

2 对称荷载

对称结构承受的任意荷载可分解为正对称荷载与反对称荷载，如图 13-10（b）、（c）所示。其力法方程为：

$$\left.\begin{aligned}\delta_{11}X_1+\delta_{12}X_2+\delta_{13}X_3+\Delta_{1F}=0\\\delta_{21}X_1+\delta_{22}X_2+\delta_{23}X_3+\Delta_{2F}=0\\\delta_{31}X_1+\delta_{32}X_2+\delta_{33}X_3+\Delta_{3F}=0\end{aligned}\right\}$$

（1）对称结构在正对称荷载作用下，只产生正对称的变形、反力和内力。由图 13-10 图乘得

$$\delta_{12}=\delta_{21}=0,\delta_{23}=\delta_{32}=0,\Delta_{2F}=0$$

由 $\Delta_2=\delta_{22}X_2=0$，且 $\delta_{22}\neq0$ 得反对称未知力 $X_2=0$。于是三次超静定的力法计算就变为二次的计算了，力法方程变成了两个，系数和自由项计算量都相应减少。

$$\left.\begin{aligned}\delta_{11}X_1+\delta_{13}X_3+\Delta_{1F}=0\\\delta_{31}X_1+\delta_{33}X_3+\Delta_{3F}=0\end{aligned}\right\}$$

（2）对称结构在反对称荷载作用下，只产生反对称的变形、反力和内力。由图 13-10 图乘得

$$\Delta_{1F}=\Delta_{3F}=0,\delta_{12}=\delta_{21}=0,\delta_{23}=\delta_{32}=0$$

从而正对称未知力 X_1、X_3 为零。力法方程变为只含 X_2 的一元方程。

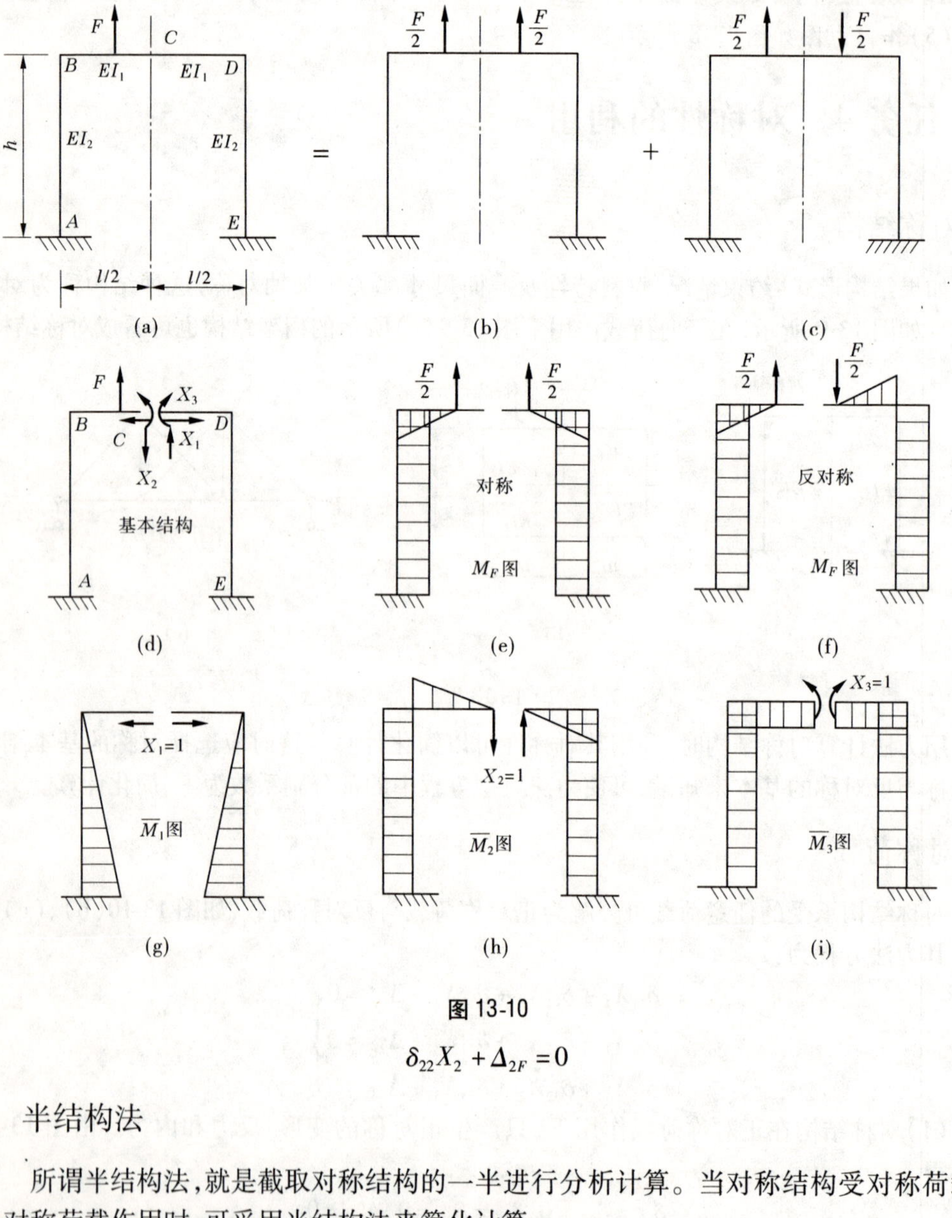

图 13-10

$$\delta_{22}X_2 + \Delta_{2F} = 0$$

3 半结构法

所谓半结构法，就是截取对称结构的一半进行分析计算。当对称结构受对称荷载或反对称荷载作用时，可采用半结构法来简化计算。

(1)奇数跨对称结构受正对称荷载作用。如图 13-11(a)、(c)所示，结构产生的内力和变形也对称。

取半结构计算时，依据位移相同、受力等效的原则，在对称截面 E 处可用一个定向支座来代替另一半结构的作用，如图 13-11(b)、(d)所示。

(2)奇数跨对称结构受反对称荷载作用。如图 13-11(e)、(g)所示，结构产生的变形也反对称。在对称截面 E 处没有竖向位移，但可以转动和沿水平侧移，该截面的弯矩和轴力为零，仅有反对称内力(剪力)。取半边结构计算时，可在对称截面 E 处用竖向链杆支座约束来代替，如图 13-11(f)、(h)所示。

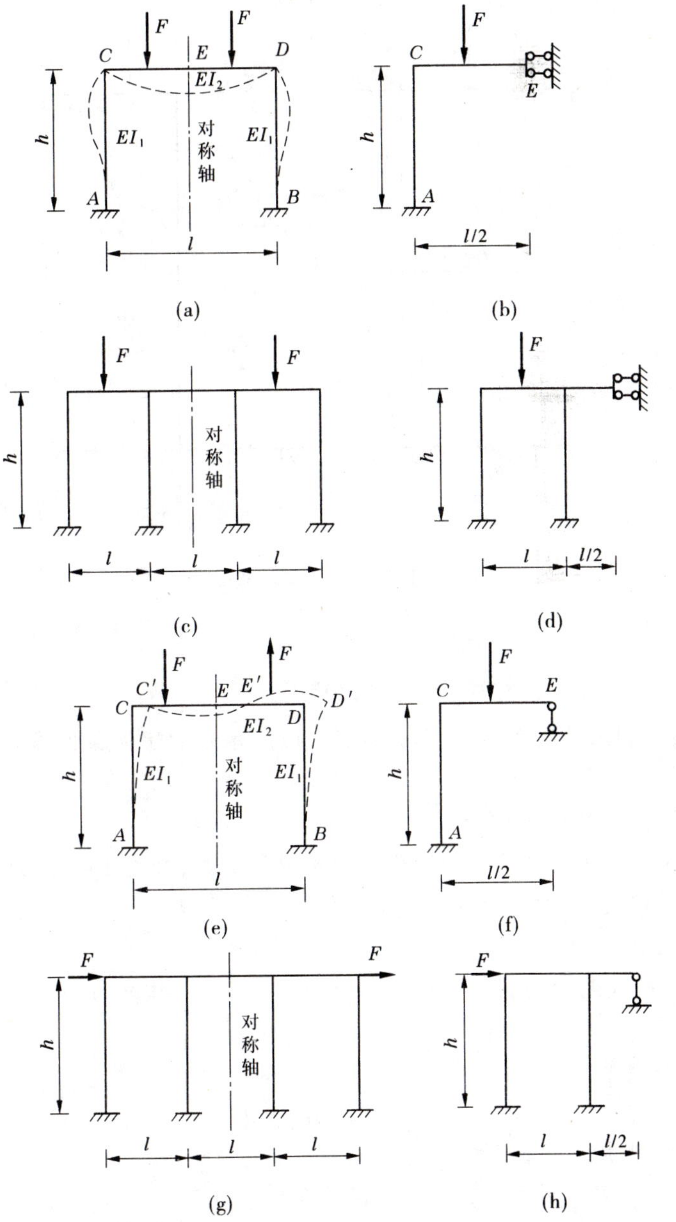

图 13-11

(3)偶数跨对称结构受正对称荷载作用。在对称截面 E 处不可能产生转角和水平侧移,若忽略中间柱的轴向微小变形,则 E 截面无任何位移,故可将 E 处视为固定端约束,如图 13-12(b)所示。

(4)偶数跨对称结构受反对称荷载作用时,中柱产生弯曲变形。当取半结构计算时,可将中间柱设想为由两根刚度各为$\dfrac{EI}{2}$的立柱组合而成,两柱顶端分别与柱两侧横梁刚性连接。如图 13-12(d)所示。

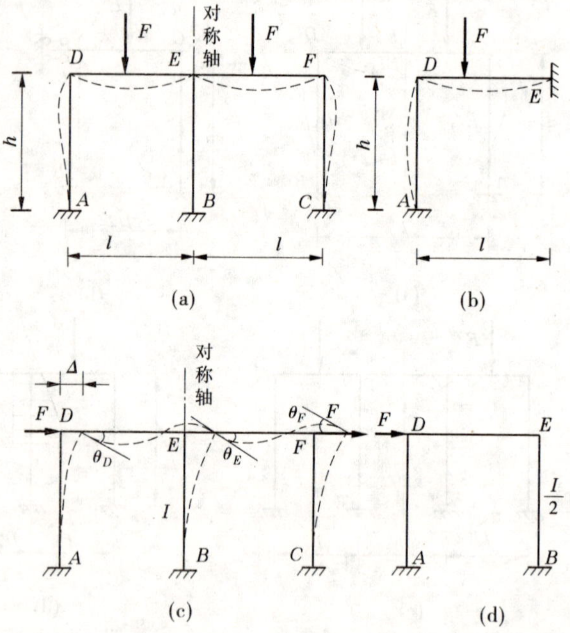

图 13-12

【例 13-3】 利用结构对称性作图 13-13(a)所示超静定刚架的弯矩图。已知各杆的 EI 为常数。

解:1. 取半结构及其基本结构

(1)分解荷载。荷载分解为对称荷载和反对称荷载,如图 13-13(b)、(c)所示。由于荷载与 CD 杆轴共线,在对称荷载作用下各杆均无弯矩和剪力。因此,只作反对称荷载作用下的弯矩图即可。

(2)取半结构及基本结构。在反对称荷载作用下,半结构为一次超静定悬臂刚架结构。支座反力 X_1 为基本未知量。

2. 建立力法典型方程

$$\delta_{11}X_1 + \Delta_{1F} = 0$$

3. 解方程求基本未知量

作 $\overline{M}_1$ 图和 M_F 图并图乘计算力法方程系数和自由项

$$\delta_{11} = \frac{1}{EI}\left(\frac{1}{2} \times 2 \times 2 \times \frac{4}{3} + 2 \times 4 \times 2\right) = \frac{56}{3EI}$$

$$\Delta_{1F} = -\frac{1}{EI}\left(\frac{1}{2} \times 4 \times 20 \times 2\right) = -\frac{80}{EI}$$

将 δ_{11}、Δ_{1F} 代入力法方程得

$$X_1 = 4.29\ \text{kN}$$

4. 作弯矩图

根据叠加原理作半结构的弯矩图,如图 13-13(h)所示。另一半结构弯矩图根据反对称荷载作用下的弯矩图规律画出。

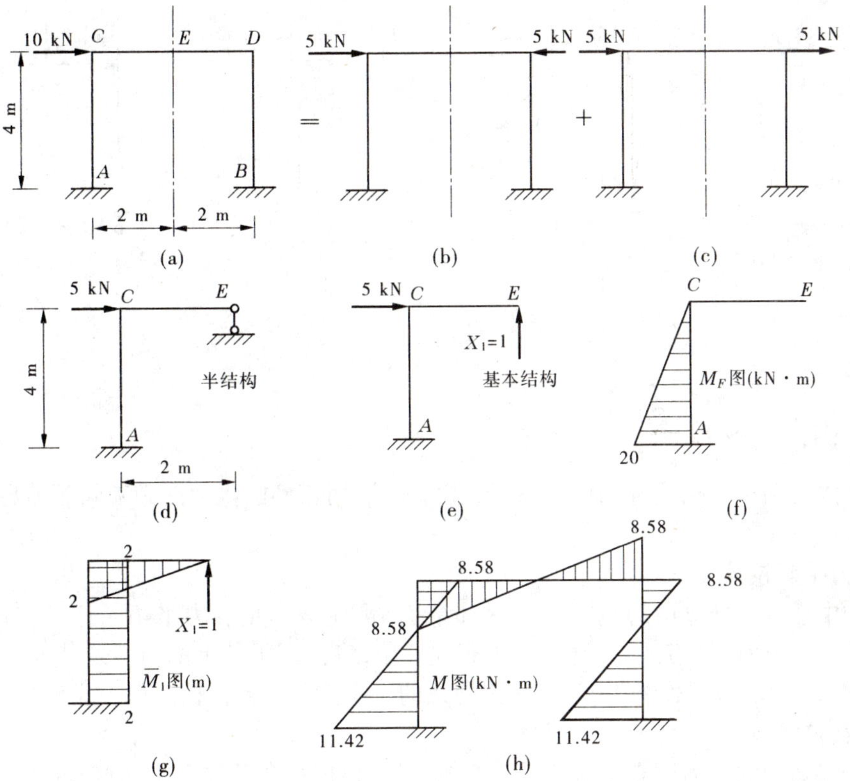

图 13-13

任务 5　超静定结构的位移计算和最后内力图的校核

1　超静定结构的位移计算

在进行超静定结构的位移计算时，由于基本结构在原荷载及多余未知力的共同作用下的受力情况和变形情况与原结构完全相同，故计算原结构的位移就可直接在基本结构上进行。这样，超静定结构的位移计算就转化为静定问题求解了。由于超静定结构的内力图并不因所取基本结构的不同而改变，因而，计算超静定结构位移时，可在任选一种便于计算的基本结构上建立虚设单位力状态。

如图 13-14(a)所示超静定结构，若要求 CB 杆中点 F 的竖向位移 Δ_{Fy}，可取图 13-14(c)、(d)中任一种基本结构建立虚设受力状态，作$\overline{M}$图，然后由图乘法求位移。明显用图 13-14(d)与(b)进行图乘计算更容易。

$$\Delta_{Fy} = -\frac{1}{EI}\left(\frac{1}{2}\times\frac{a}{4}\times a\right)\times\frac{1}{2}\times\frac{3}{88}Fa = -\frac{3Fa^3}{1\,408EI}(\uparrow)$$

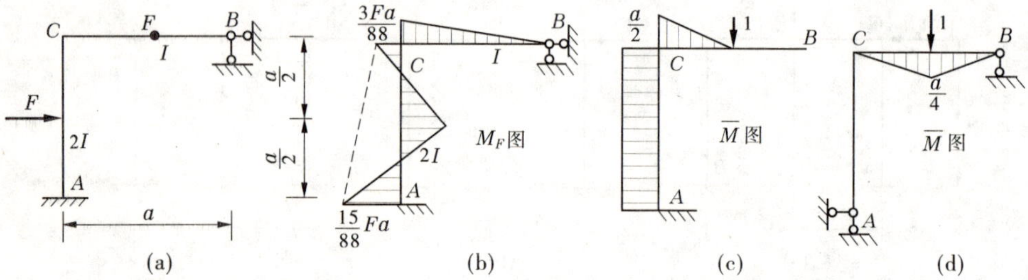

图 13-14

2　最后内力图校核

最后内力图是结构设计的依据，必须进行校核，而正确的内力图必须同时满足静力平衡条件和位移条件。

2.1　静力平衡校核

结构中任取一部分（结点、杆件或局部结构）都应该满足静力平衡条件。校核时，截取局部结构（一般取结点或一段杆件）为研究对象，将作用于其上的荷载及截面上的内力（从 M、Q、N 中取值）看作外力，列出相应力系的平衡方程进行校核。

2.2　位移校核

超静定结构的内力图是在多余未知力给出后，根据平衡条件而作，但是多余未知力是在原结构多余约束处的位移条件得到的，因此必须进行位移条件校核。即校核原结构各多余约束处已知的位移是否符合实际情况。超静定结构的位移计算，仍将虚设状态建立在静定基本结构上，原则上 n 个多余未知力应校核 n 个位移。为简化计算，使虚设状态的内力图尽量布满整个结构时，可用一个位移条件校核多个多余未知力。

任务 6　等截面单跨超静定梁的杆端内力

用力法可计算出各种因素作用下单跨超静定梁的内力，表 13-1 中列出了一些计算成果。这些成果不仅可以供设计时直接查用，而且超静定结构的其他计算方法也要使用。习惯上将杆端单位位移引起的杆端内力称为形常数，将荷载或温度变化产生的杆端内力称为载常数。表中 $i=\dfrac{EI}{l}$ 称为杆件的线刚度。

查表 13-1 时注意事项如下：

（1）杆端弯矩和剪力的正负规定为：杆端弯矩以顺时针转向为正，反之为负；杆端剪力的符号同前面一样，即使杆件产生顺时针转动趋势的为正，反之为负。

（2）当荷载或杆端位移方向与表 13-1 中情况相反时，其杆端内力的正负也应作相应的改变。

（3）在竖向荷载作用下，一端固定一端铰支的梁，不论其铰支座是可动铰支座还是固定铰支座，其杆端弯矩和剪力都是一样的，也应查同一个表。

表 13-1　单跨超静定梁杆端弯矩和杆端剪力计算成果（形常数和载常数）

编号	简图	弯矩图（绘于受拉边）	杆端弯矩值 M_{AB}	杆端弯矩值 M_{BA}	杆端剪力值 Q_{AB}	杆端剪力值 Q_{BA}
1	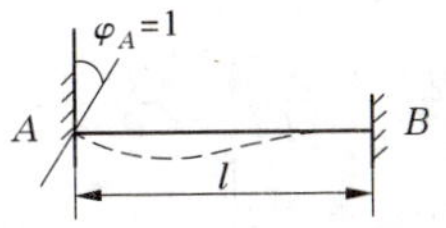	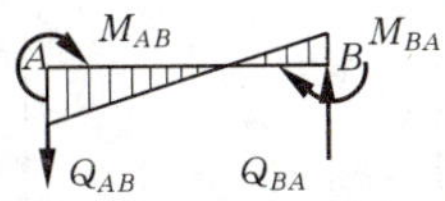	$\frac{4EI}{l}=4i$	$\frac{2EI}{l}=2i$（$i=\frac{EI}{l}$，以下同）	$-\frac{6EI}{l^2}=-\frac{6i}{l}$	$-\frac{6EI}{l^2}=-\frac{6i}{l}$
2	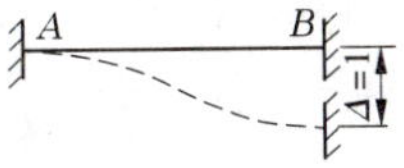	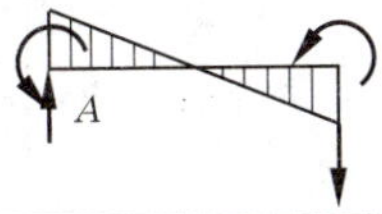	$-\frac{6EI}{l^2}=-\frac{6i}{l}$	$-\frac{6EI}{l^2}=-\frac{6i}{l}$	$\frac{12EI}{l^3}=\frac{12i}{l^2}$	$\frac{12EI}{l^3}=\frac{12i}{l^2}$
3	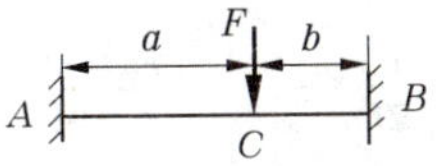	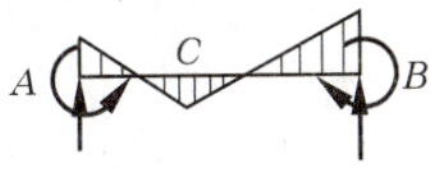	$-\frac{Fab^2}{l^2}$	$+\frac{Fa^2b}{l^2}$	$\frac{Fb^2}{l^2}(1+\frac{2a}{l})$	$-\frac{Fa^2}{l^2}(1+\frac{2b}{l})$
4	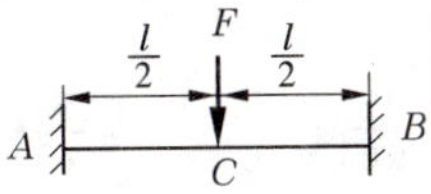	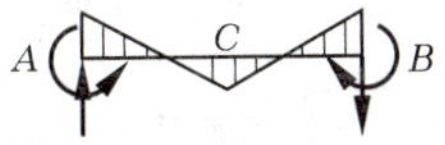	$-\frac{Fl}{8}$	$\frac{Fl}{8}$	$\frac{F}{2}$	$-\frac{F}{2}$
5	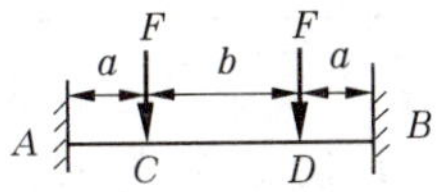	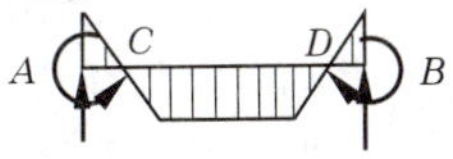	$-Fa(1-\frac{a}{l})$	$Fa(1-\frac{a}{l})$	F	$-F$
6	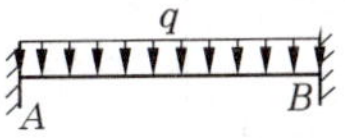	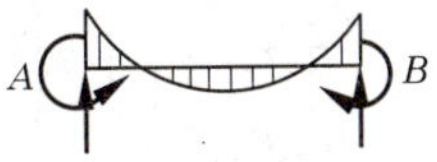	$-\frac{ql^2}{12}$	$\frac{ql^2}{12}$	$\frac{ql}{2}$	$-\frac{ql}{2}$
7	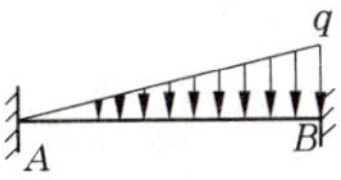		$-\frac{ql^2}{30}$	$\frac{ql^2}{20}$	$\frac{3ql}{20}$	$-\frac{7ql}{20}$
8	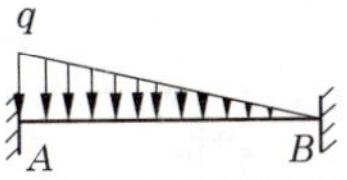	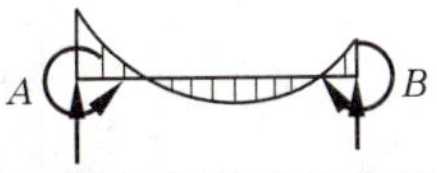	$-\frac{ql^2}{20}$	$\frac{ql^2}{30}$	$\frac{7ql}{20}$	$-\frac{3ql}{20}$
9	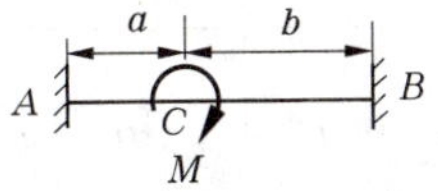	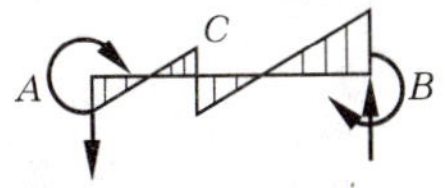	$\frac{Mb}{l^2}(2l-3b)$	$\frac{Ma}{l^2}(2l-3a)$	$-\frac{6ab}{l^3}M$	$-\frac{6ab}{l^3}M$
10	温度变化 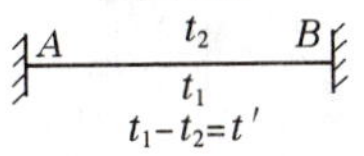	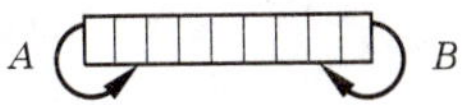	$-\frac{EI\alpha t'}{h}$ h——横截面高度 α——线膨胀系数	$\frac{EI\alpha t'}{h}$	0	0

续表 13-1

编号	简图	弯矩图（绘于受拉边）	杆端弯矩值		杆端剪力值	
			M_{AB}	M_{BA}	Q_{AB}	Q_{BA}
11	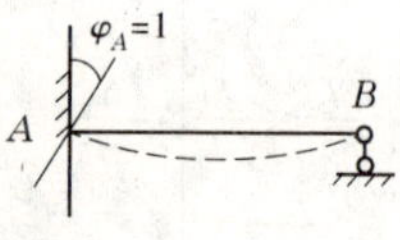	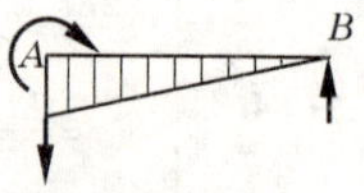	$\frac{3EI}{l}=3i$	0	$-\frac{3EI}{l^2}=-\frac{3i}{l}$	$-\frac{3EI}{l^2}=-\frac{3i}{l}$
12	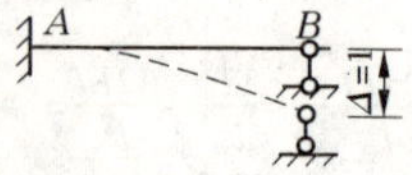	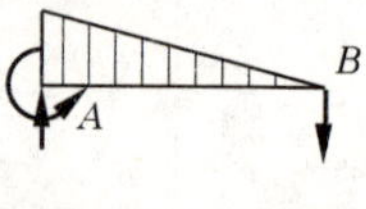	$-\frac{3EI}{l^2}=-\frac{3i}{l}$	0	$\frac{3EI}{l^3}=\frac{3i}{l^2}$	$\frac{3EI}{l^3}=\frac{3i}{l^2}$
13	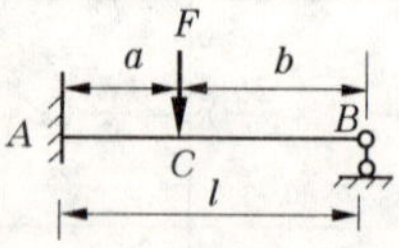	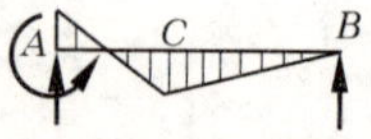	$-\frac{Fb(l^2-b^2)}{2l^2}$	0	$\frac{Fb(3l^2-b^2)}{2l^3}$	$-\frac{Fa^2(3l-a)}{2l^3}$
14	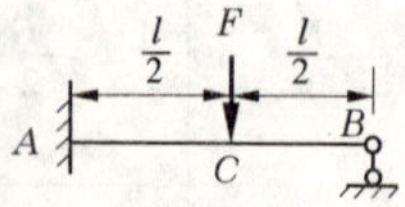	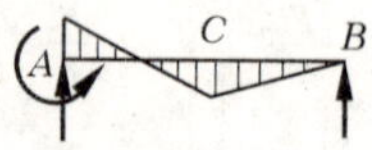	$-\frac{3Fl}{16}$	0	$\frac{11}{16}F$	$-\frac{5}{16}F$
15	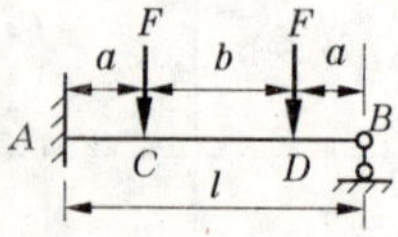	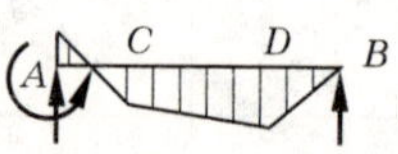	$-\frac{3Fa}{2}(1-\frac{a}{l})$	0	$F+\frac{3Fa(l-a)}{2l^2}$	$-F+\frac{3Fa(l-a)}{2l^2}$
16	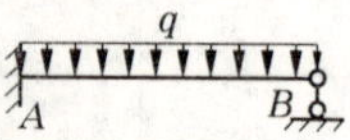	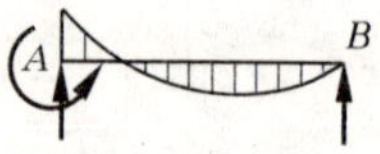	$-\frac{ql^2}{8}$	0	$\frac{5}{8}ql$	$-\frac{3}{8}ql$
17	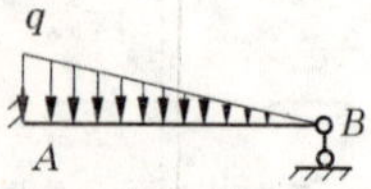	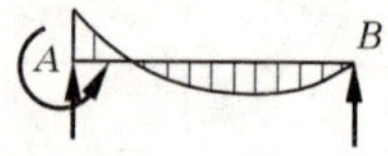	$-\frac{ql^2}{15}$	0	$\frac{2}{5}ql$	$-\frac{1}{10}ql$
18	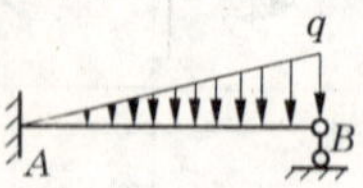	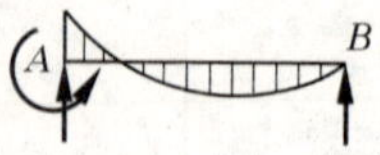	$-\frac{7ql^2}{120}$	0	$\frac{9}{40}ql$	$-\frac{11}{40}ql$
19	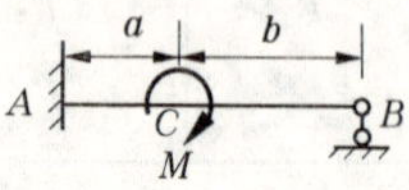	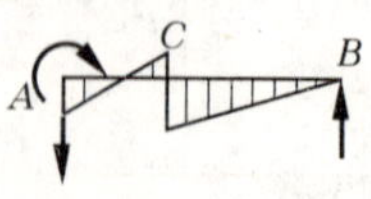	$\frac{M(l^2-3b^2)}{2l^2}$	0	$-\frac{3M(l^2-b^2)}{2l^3}$	$-\frac{3M(l^2-b^2)}{2l^3}$
20	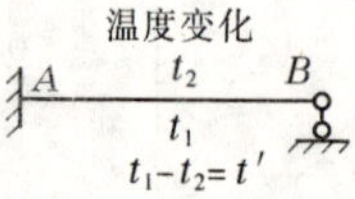	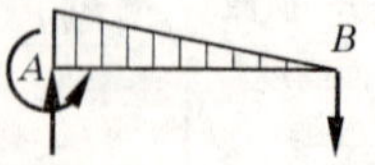	$-\frac{3EI\alpha t'}{2h}$ h——横截面高度 α——线膨胀系数	0	$\frac{3EI\alpha t'}{2hl}$	$\frac{3EI\alpha t'}{2hl}$

续表 13-1

编号	简图	弯矩图（绘于受拉边）	杆端弯矩值		杆端剪力值	
			M_{AB}	M_{BA}	Q_{AB}	Q_{BA}
21	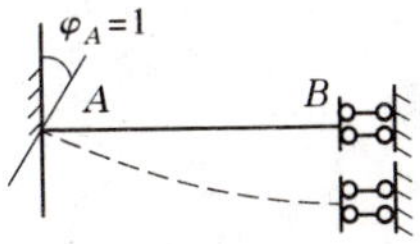	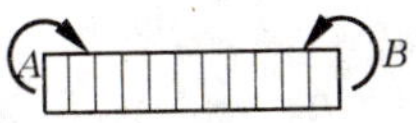	$\frac{EI}{l}=i$	$-\frac{EI}{l}=-i$	0	0

思考题

13-1　何谓超静定结构？如何确定超静定次数？

13-2　用力法解超静定结构的思路是什么？

13-3　力法方程的物理意义是什么？

13-4　静定结构与超静定结构在几何组成上有何区别？解法上有何不同？

13-5　如何判定结构为对称结构？在分析对称结构时如何简化计算？

习　题

13-1　确定图 13-15 所示各结构的超静定次数。

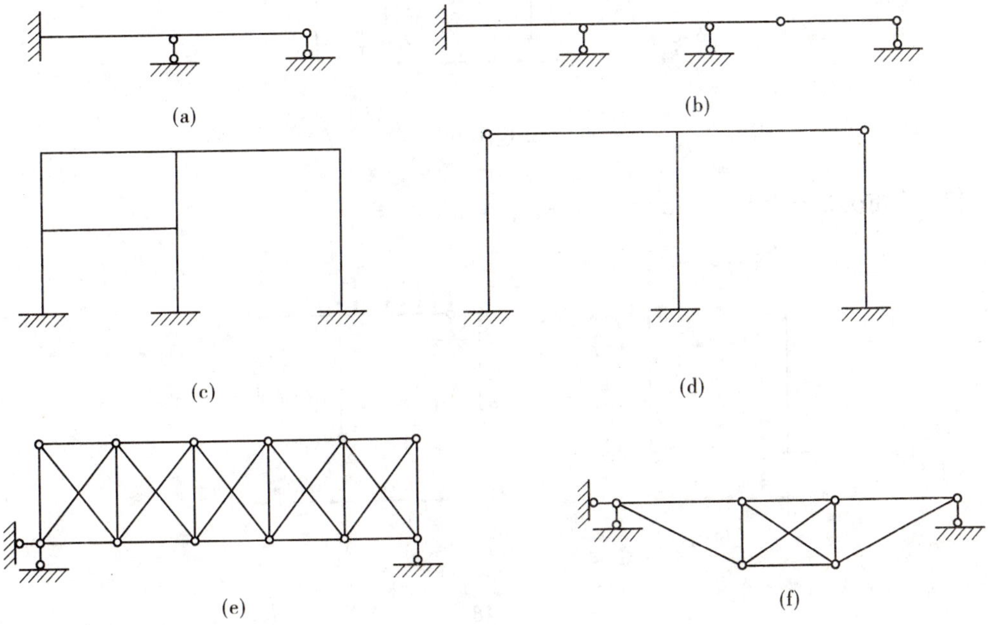

图 13-15

13-2　试用力法计算图 13-16 所示超静定梁，并绘出内力图。

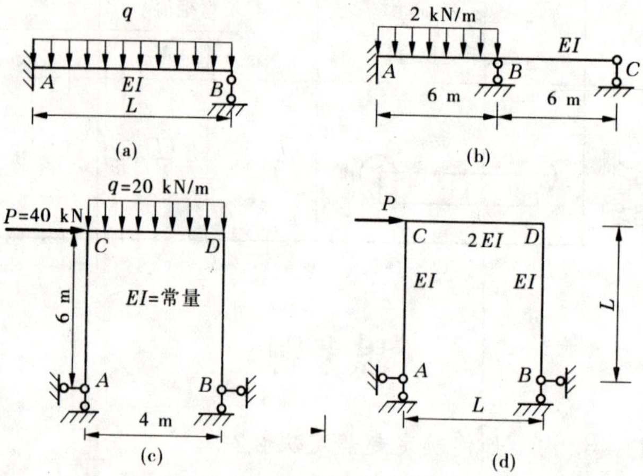

图 13-16

13-3　用力法计算图 13-17 所示刚架，并作出弯矩图。

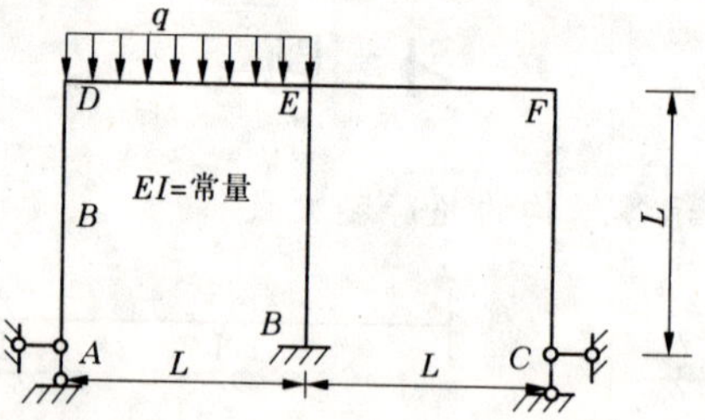

图 13-17

13-4　用力法计算图 13-18 所示刚架，并作出弯矩图。

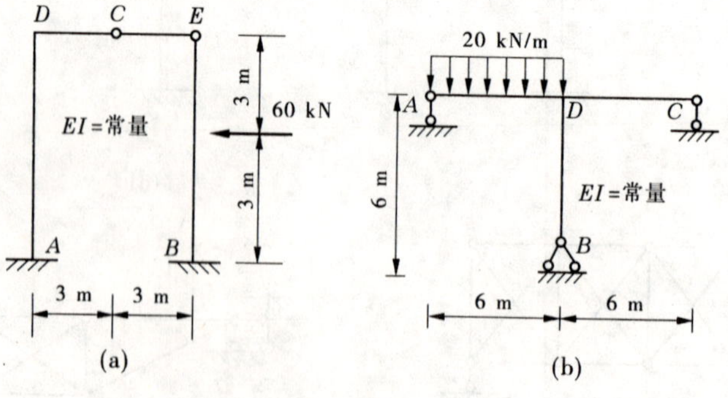

图 13-18

13-5　试求图 13-19 所示超静定桁架各杆的内力。各杆 EA 均相同。

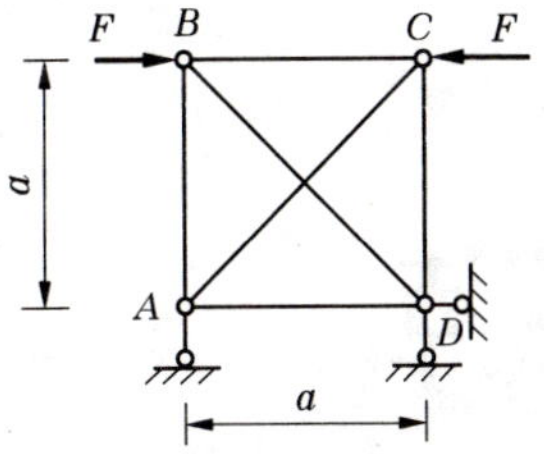

图 13-19

13-6 利用对称性计算图 13-20 所示结构，绘出弯矩图。

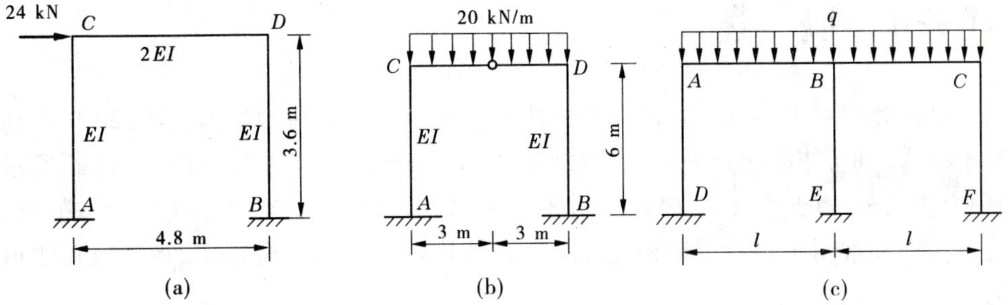

图 13-20

项目 14 位移法

【能力目标】 能利用位移法绘制出简单超静定梁、刚架的内力图。
【知识目标】 掌握位移法的基本原理、基本未知量、等截面单跨超静定梁的转角位移方程;掌握用位移法计算超静定梁和刚架。

任务 1 概 述

力法是计算超静定结构的一种基本方法。位移法则是另一种基本方法,20 世纪初钢筋混凝土结构问世,使高次超静定结构被广泛使用。对于这类结构,如图 14-1(a)所示刚架,如用力法求解,有四个多余未知力,计算繁复;如用位移法求解,则只有一个未知量,计算简捷。位移法常用于分析刚架和连续梁。在结构矩阵分析及电算中,矩阵位移法得到广泛的应用。

1 位移法的基本思路

力法和位移法是计算超静定结构的两种基本方法。力法以多余约束力作为基本未知量,将超静定结构转化为静定结构计算;而位移法则是以结点位移作为基本未知量,将结构的各杆转化为单跨超静定梁,利用力法的已有成果(见表 13-1)计算杆端内力,进而计算各截面的内力。

下面以图 14-1(a)所示结构为例来说明位移法的基本原理。假设各杆变形很小,略去轴向变形及杆长的变化,因此 B 点没有水平向和竖向的线位移,而结点 B 为刚性结点,杆件 BA、BC、BD 在结点 B 处发生相同的转角 θ_B,称为结点 B 的角位移,以顺时针转向为正。

如果将 B 结点附加约束看成是固定支座,则 BA 杆可看成 B 端固定、A 端铰支的单跨超静定梁,如图 14-1(b)所示;BC 杆可看成 B 端固定、C 端为定向支座的单跨超静定梁,如图 14-1(c)所示;BD 杆可看成 B 端固定、D 端也为固定的单跨超静定梁,如图 14-1(d)所示。

由前面所学的力法知识可知,若 θ_B 已知,则 BA 杆、BC 杆和 BD 杆的内力不难求出。为此,首先用 θ_B 和荷载 F 表示 BA 杆、BC 杆和 BD 杆的杆端内力。

查表 13-1 得
$$M_{BA}=3i\theta_B+\frac{3FL}{16}\quad M_{AB}=0$$
$$M_{BC}=i\theta_B\quad M_{CB}=-i\theta_B$$
$$M_{BD}=4i\theta_B\quad M_{DB}=2i\theta_B$$

然后取结点 B 为研究对象,如图 14-1(e)所示。建立结点 B 的力矩平衡条件

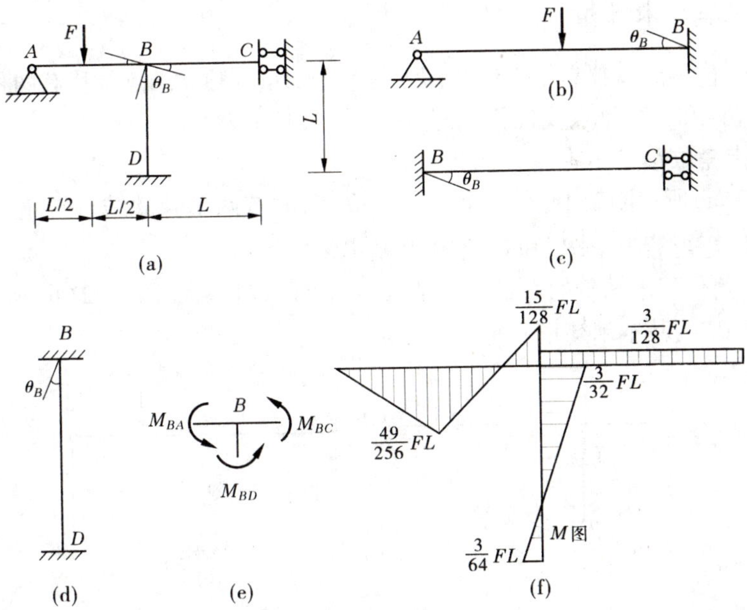

图 14-1

$\sum M_B = 0$,得

$$M_{BA} + M_{BC} + M_{BD} = 0$$

将杆端弯矩的计算式代入后,得

$$3i\theta_B + i\theta_B + 4i\theta_B + \frac{3FL}{16} = 0$$

称为位移法的基本方程,由此求出

$$\theta_B = -\frac{3FL}{128i}$$

将 θ_B 代回到各杆的计算式中,可计算出各杆的杆端的弯矩为

$$M_{BA} = \frac{15FL}{128} \quad M_{AB} = 0$$

$$M_{BC} = -\frac{3FL}{128} \quad M_{CB} = \frac{3FL}{128}$$

$$M_{BD} = -\frac{3FL}{32} \quad M_{DB} = -\frac{3FL}{64}$$

作弯矩图如图 14-1(f)所示。

综上所述,位移法的基本思路是:

(1)分析结构的结点位移情况,确定基本未知量。

(2)将结构的各杆拆分为单跨超静定梁,查表 13-1 列出各杆杆端弯矩的计算式。

(3)利用平衡条件建立位移法基本方程,求解基本未知量。

(4)将求出的基本未知量代回杆端弯矩的计算式计算各杆的杆端弯矩。

(5)作内力图。

2 位移法的基本未知量

如前所述,位移法以独立结点位移作为基本未知量。独立结点位移有两种,即独立结点角位移(转角)和独立结点线位移,现分述如下。

2.1 独立结点角位移

如图 14-2(a)所示刚架中,有两个刚结点 B、C,故有两个独立结点转角未知量 θ_B 和 θ_C,因铰结点的弯矩等于零,θ_A 和 θ_D 不作为基本未知量。

独立结点角位移未知量的数目等于结构刚结点的数目。如图 14-2(b)所示刚架中只有一个角位移 θ_B 为基本未知量。

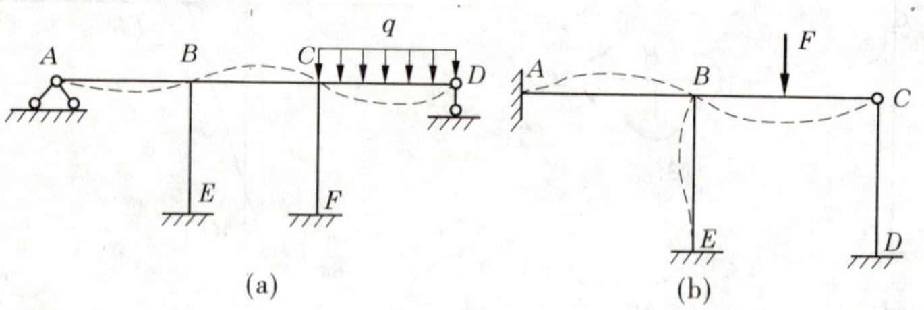

图 14-2

2.2 独立结点线位移

在计算独立结点线位移时,杆的轴向变形和剪切变形可以忽略,在弯曲变形是微小的这一前提下,假定各杆长度在变形前后不发生变化。即假设受弯直杆发生弯曲变形时,其两端结点间距不变。在此种情况下,需要明确独立的结点线位移个数通常有两种方法,现分述如下。

(1)直观确定法。对于一般刚架,独立结点线位移的数目可直接观察确定。如图 14-3(a)所示的刚架,若不考虑各杆长度变化,结点 C 和 D 没有竖向位移而只有水平位移 Δ_C 和 Δ_D,且 $\Delta_C=\Delta_D$,即该刚架只有一个独立的结点线位移 Δ。图 14-3(b)所示两层刚架的各结点均没有竖向位移而只有水平位移,且结点 C 和 D 的水平位移相同,可用 Δ_1 表示,结点 E 和 F 的水平位移相同,可用 Δ_2 表示。因此,这个刚架的独立结点线位移数目有 Δ_1 和 Δ_2 两个。一般而论,对于无侧向约束的多层刚架,独立结点线位移数目等于刚架的层数。

(2)铰化结点判定法。对于比较复杂的结构,常采用“铰化结点、增设链杆”的方法,即把结构中所有刚结点都改为铰结点,所有的固定支座都改为铰支座,从而得到一个相应的铰结体系。若该体系为几何不变体系,则原结构的各结点无结点线位移;若该体系为几何可变或瞬变体系,则在结点处增设链杆使其恰好成为几何不变体系,所增设的链杆数目就是原结构独立结点线位移数。

如图 14-3(b)所示刚架,铰化后成为几何可变体系,在结点 D、F 处分别增设水平链杆后成为几何不变体系,如图 14-3(c)所示。由此可知,该刚架有两个独立的结点线位移,分别在 CD、EF 所在的层,沿水平方向。

综上所述,位移法计算时,基本未知量的数目等于结构独立结点角位移和独立结点线

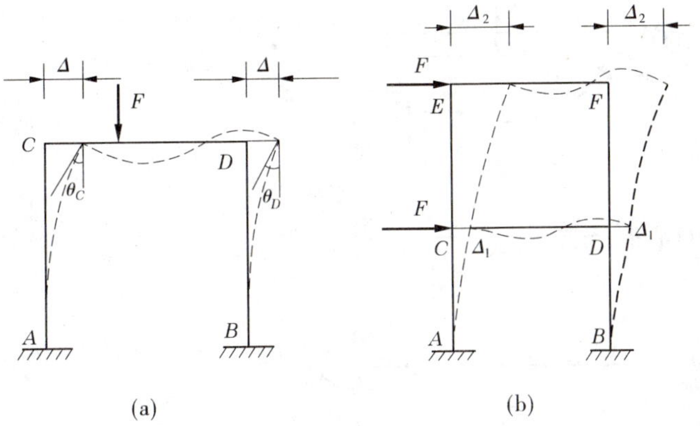

图 14-3

位移数目的总和。

任务 2　等截面直杆的转角位移方程

如前所述,位移法将整个结构划分为若干根单跨超静定梁,研究单跨超静定梁的力学性质,是位移法的基础。本任务内容就是分析三种基本形式的等截面直杆在荷载作用和杆件发生位移(角位移和线位移)时的转角位移方程。

杆端弯矩和剪力的正负号规定同表 13-1。

1　两端与其他杆件刚性连接的杆件的转角位移方程

图 14-4(a)所示为一两端与其他杆件刚性连接的杆件 AB,杆长为 L,抗弯刚度为 EI,其上承受荷载 F,并且两端发生转角和线位移。A 端转角以 θ_A 表示,B 端转角以 θ_B 表示,A、B 两端的相对线位移以 Δ_{AB} 表示。则其转角位移方程为

$$M_{AB}=4i\theta_A+2i\theta_B-\frac{6i}{L}\Delta_{AB}+M_{AB}^g$$

$$M_{BA}=2i\theta_A+4i\theta_B-\frac{6i}{L}\Delta_{AB}+M_{BA}^g$$

$$Q_{AB}=-\frac{6i}{L}\theta_A-\frac{6i}{L}\theta_B+\frac{12i}{L^2}\Delta_{AB}+Q_{AB}^g$$

$$Q_{BA}=-\frac{6i}{L}\theta_A-\frac{6i}{L}\theta_B+\frac{12i}{L^2}\Delta_{AB}+Q_{BA}^g$$

2　一端与其他杆件刚性连接,另一端为铰接杆件的转角位移方程

图 14-5 所示为一端与其他杆件刚性连接,另一端为铰接杆件 AB。杆长为 L,抗弯刚度为 EI,其上承受荷载 F, A 端转角以 θ_A 表示,A、B 两端的相对线位移以 Δ_{AB}表示,则其转角位移方程为

$$M_{AB}=3i\theta_A-\frac{3i}{L}\Delta_{AB}+M_{AB}^g$$

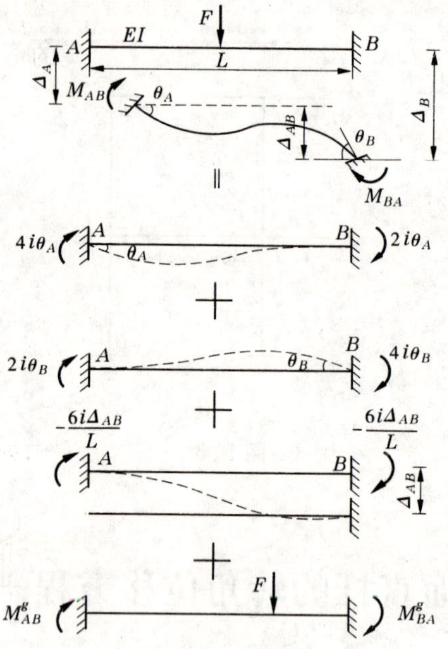

图 14-4

$$M_{BA}=0$$

$$Q_{AB}=-\frac{3i}{L}\theta_A+\frac{3i}{L^2}\Delta_{AB}+Q_{AB}^g$$

$$Q_{BA}=-\frac{3i}{L}\theta_A+\frac{3i}{L^2}\Delta_{AB}+Q_{BA}^g$$

3 一端与其他杆件刚性连接,另一端为定向连接杆件的转角位移方程

图 14-6 所示为一端与其他杆件刚性连接,另一端为定向连接杆件 AB。杆长为 L,抗弯刚度为 EI,其上承受荷载 F,A 端转角以 θ_A 表示,则其转角位移方程为

$$M_{AB}=i\theta_A+M_{AB}^g$$

$$M_{BA}=-i\theta_A+M_{BA}^g$$

$$Q_{AB}=Q_{AB}^g$$

$$Q_{BA}=Q_{BA}^g$$

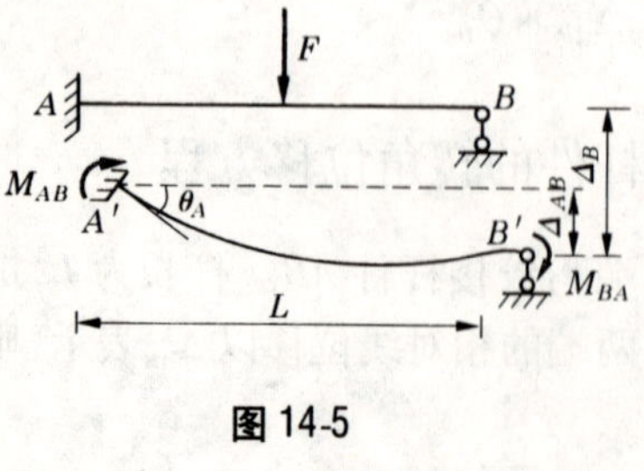

图 14-5

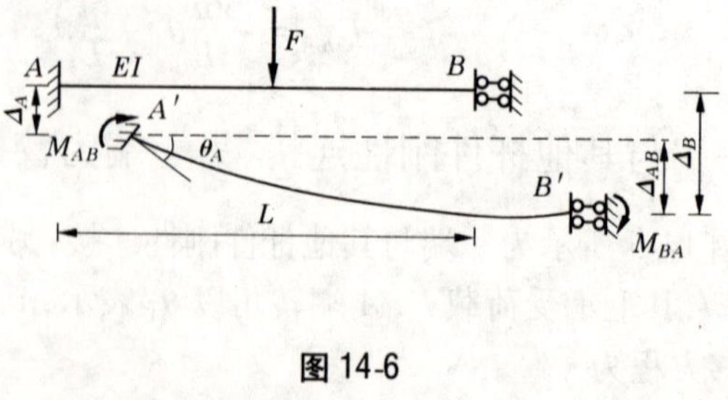

图 14-6

需要强调的是,前面转角位移方程虽然是根据两端固定或一端固定、一端铰支或一端

固定、一端为定向支座的梁推导出来的，但同样可以应用于刚架中承受有一定轴力的杆件。这是因为在小挠度的条件下，轴力与弯曲内力、弯曲变形之间的相互影响可以忽略不计。

任务 3　用位移法计算超静定结构

1　无侧移结构的计算

只有结点角位移而无结点线位移的结构称为无侧移结构。连续梁和无侧移刚架就属于此类结构。因为只有角位移，只需建立刚结点的力矩平衡方程就可以解出基本未知量，进而计算杆端弯矩绘制内力图。

【例 14-1】　试用位移法计算如图 14-7(a)所示梁的内力，并作内力图。EI 为常数。

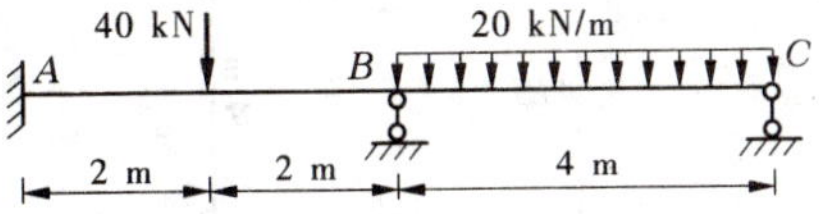

(a)

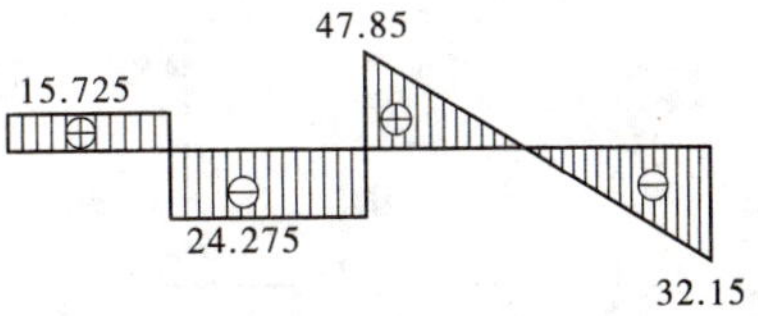

(b) Q 图(kN)

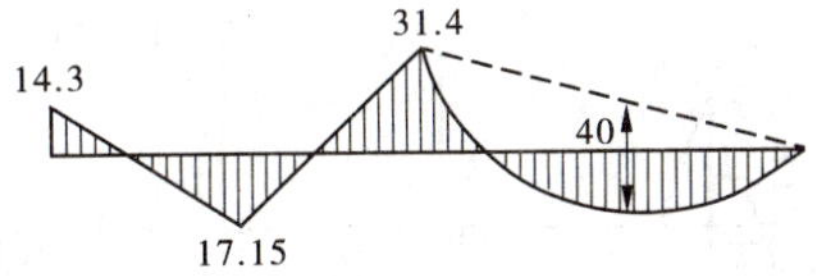

(c) M 图(kN · m)

图 14-7

解：(1)确定基本未知量。

在荷载作用下，只有刚结点 B 有转角，没有线位移，因此只有一个基本未知量 θ_B。

(2)写出各杆件的转角位移方程

$$M_{AB}=2i\theta_B-\frac{40\times4}{8}=2i\theta_B-20$$

$$M_{BA}=4i\theta_B+\frac{40\times4}{8}=4i\theta_B+20$$

$$M_{BC}=3i\theta_B-\frac{20\times4^2}{8}=3i\theta_B-40$$

(3)建立位移法基本方程求解未知量。取结点 B 平衡，$\sum M_B=0$，有

$$M_{BA}+M_{BC}=0$$

将 M_{BA}、M_{BC} 转角位移方程代入上式，有

$$4i\theta_B+20+3i\theta_B-40=0$$

$$\theta_B=\frac{20}{7i}$$

式中正号，说明 θ_B 是顺时针转向。

(4)计算杆端弯矩。

$$M_{AB}=2i\theta_B-20=2i\times\frac{20}{7i}-20=-14.3\ \text{kN}\cdot\text{m}$$

$$M_{BA}=4i\theta_B+20=4i\times\frac{20}{7i}+20=31.4\ \text{kN}\cdot\text{m}$$

$$M_{BC}=3i\theta_B-40=3i\times\frac{20}{7i}-40=-31.4\ \text{kN}\cdot\text{m}$$

(5)由各杆端弯矩，作剪力图如图 14-7(b)所示、弯矩图如 14-7(c)所示。

【例 14-2】 试用位移法计算如图 14-8(a)所示刚架，并作弯矩图。*EI* 为常数。

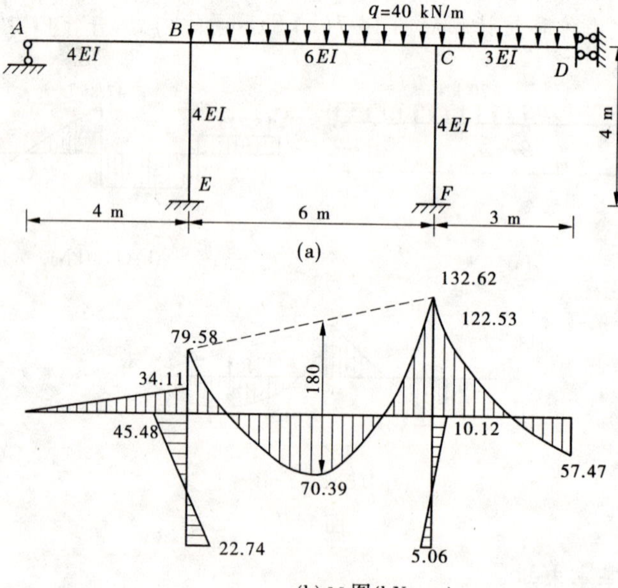

(a)

(b) M 图(kN·m)

图 14-8

解：(1)确定基本未知量。在荷载作用下，只有刚结点 B、C 有转角，没有线位移，因此有两个基本未知量 θ_B、θ_C。

(2)写出各杆件的转角位移方程。

设 $EI=1$，各杆线刚度为

$$i_{AB}=\frac{4EI}{4}=EI=1\quad i_{BC}=\frac{6EI}{6}=EI=1$$

$$i_{BE}=\frac{4EI}{4}=EI=1\quad i_{CD}=\frac{3EI}{3}=EI=1$$

$$i_{CF}=\frac{4EI}{4}=EI=1$$

$$M_{BA}=3i_{AB}\theta_B=3\theta_B$$

$$M_{BC}=4i_{BC}\theta_B+2i_{BC}\theta_C-\frac{40\times6^2}{12}=4\theta_B+2\theta_C-120$$

$$M_{BE}=4i_{BE}\theta_B=4\theta_B$$

$$M_{CB}=4i_{BC}\theta_C+2i_{BC}\theta_B+\frac{40\times6^2}{12}=4\theta_C+2\theta_B+120$$

$$M_{CF}=4i_{CF}\theta_C=4\theta_C$$

$$M_{CD}=i_{CD}\theta_C-\frac{40\times3^2}{3}=\theta_C-120$$

$$M_{DC}=-i_{CD}\theta_C-\frac{40\times3^2}{6}=-\theta_C-60$$

(3)建立位移法基本方程求解未知量。

取 B 结点 $\sum M_B=0 \quad M_{BA}+M_{BC}+M_{BE}=0$ (a)

取 C 结点 $\sum M_C=0 \quad M_{CB}+M_{CD}+M_{CF}=0$ (b)

将有关转角位移方程代入式(a)、式(b),有

$$3\theta_B+4\theta_B+2\theta_C-120+4\theta_B=0$$

$$2\theta_B+4\theta_C+120+4\theta_C+\theta_C-120=0$$

解出

$$\begin{cases}\theta_B=11.37\\ \theta_C=-2.53\end{cases}$$

(4)计算杆端弯矩。

$$M_{BA}=3\times11.37=34.11(\text{kN}\cdot\text{m})$$

$$M_{BC}=4\times11.37+2\times(-2.53)-120=-79.58(\text{kN}\cdot\text{m})$$

$$M_{BE}=4\times11.37=45.48(\text{kN}\cdot\text{m})$$

$$M_{CB}=4\times(-2.53)+2\times11.37+120=132.62(\text{kN}\cdot\text{m})$$

$$M_{CF}=4\times(-2.53)=-10.12(\text{kN}\cdot\text{m})$$

$$M_{CD}=-2.53-120=-122.53(\text{kN}\cdot\text{m})$$

$$M_{DC}=2.53-60=-57.47(\text{kN}\cdot\text{m})$$

(5)由各杆端弯矩,作弯矩图如14-8(b)所示。

2 有结点线位移结构

如果结构的结点有线位移,则称为有结点线位移结构。用位移法计算有结点线位移结构时,基本步骤与计算无结点线位移结构相同,其区别在于:

(1)在基本未知量中,含有结点线位移,故在写转角位移方程时要考虑线位移的影响。

(2)在建立基本方程时,与结构位移对应的平衡方程是截取线位移所在的层为研究对象,建立剪力平衡方程。因此,在写转角位移方程时要写出剪力转角位移方程。

【例14-3】 用位移法求如图14-9(a)所示刚架的内力,并作弯矩图。

解:(1)确定基本未知量。

该刚架在荷载作用下变形如图14-9(b)所示,显然未知量为刚结点 B 的转角 θ_B 和柱顶的水平线位移 Δ。

(2)写出各杆的转角位移方程。

弯矩方程:

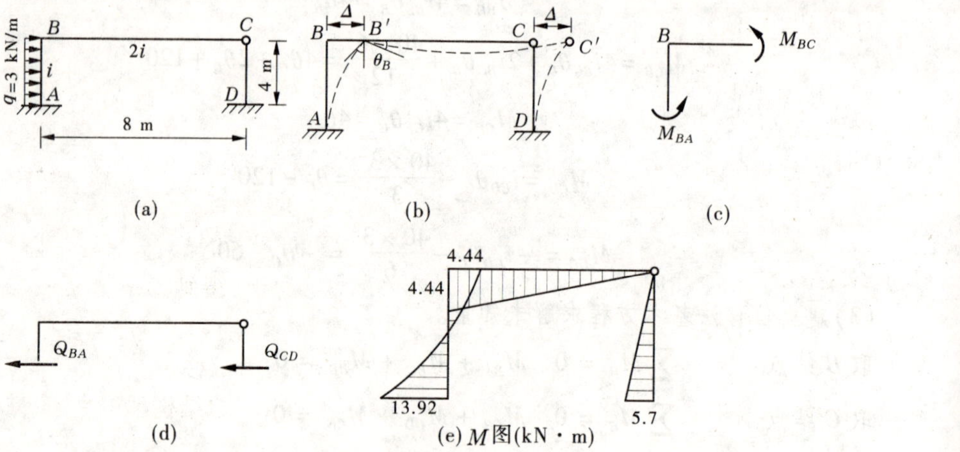

图 14-9

AB 杆
$$\begin{cases} M_{AB}=2i\theta_B-\dfrac{6i}{4}\Delta-\dfrac{3\times4^2}{12}=2i\theta_B-1.5i\Delta-4 \\ M_{BA}=4i\theta_B-\dfrac{6i}{4}\Delta+\dfrac{3\times4^2}{12}=4i\theta_B-1.5i\Delta+4 \end{cases}$$

BC 杆
$$\begin{cases} M_{BC}=3\times2i\theta_B=6i\theta_B \\ M_{CB}=0 \end{cases}$$

CD 杆
$$\begin{cases} M_{DC}=-0.75i\Delta \\ M_{CD}=0 \end{cases}$$

剪力方程：
$$Q_{BA}=-\frac{6i}{4}\theta_B+\frac{12i}{4^2}\Delta-\frac{3\times4}{2}=-1.5i\theta_B+0.75i\Delta-6$$

$$Q_{CD}=\frac{3i}{4^2}\Delta=0.1875i\Delta$$

(3)建立位移法基本方程求解未知量。

取 B 结点 $\sum M_B=0\quad M_{BA}+M_{BC}=0$ (a)

取 BC 杆 $\sum X=0\quad Q_{BA}+Q_{CD}=0$ (b)

将有关转角位移方程代入式(a)、式(b)后，有

$$4i\theta_B-1.5i\Delta+4+6i\theta_B=0$$

$$-1.5i\theta_B+0.75i\Delta-6+0.1875i\Delta=0$$

解出
$$\begin{cases} \theta_B=\dfrac{0.74}{i} \\ \Delta=\dfrac{7.6}{i} \end{cases}$$

(4)计算杆端弯矩。

$$M_{AB}=-13.92\ \text{kN}\cdot\text{m}\qquad M_{BA}=-4.44\ \text{kN}\cdot\text{m}$$

$$M_{BC}=4.44\ \text{kN}\cdot\text{m}\qquad M_{DC}=-5.7\ \text{kN}\cdot\text{m}$$

(5)由各杆端弯矩，作弯矩图如 14-9(e)所示。

3　力法与位移法的比较

(1)利用力法或位移法计算超静定结构时,都必须考虑静力平衡条件和变形协调条件才能确定结构的受力与变形状态。

(2)力法以多余未知力作为基本未知量,其数目等于结构的多余约束数目(即超静定次数)。位移法以结构独立的结点位移为基本未知量,其数目与结构的超静定次数无关。

(3)力法的基本结构是从原结构中去掉多余约束后得到的静定结构。位移法的基本结构是在原结构中加入附加约束,以控制结点的独立位移后得到的单跨超静定梁的组合体系。

(4)在力法中,求解基本未知量的方程是根据原结构的位移条件建立的,体现了原结构的变形协调。在位移法中,求解基本未知量的方程是根据原结构的平衡条件建立的,体现了原结构的静力平衡。

还需注意的是:力法只能求解超静定结构,而位移法还可以解算静定结构。对于超静定结构,当超静定次数多于结点位移数目时选用位移法较简单;而当超静定次数少于结点位移数目时选用力法较简单。因此,选用何种方法需视具体情况而定。

思考题

14-1　位移法的基本思路是什么?

14-2　位移法的基本未知量是什么?如何确定?

14-3　位移法能求解静定结构吗?

14-4　试比较利用力法与位移法求解超静定结构的异同点?

习　题

14-1　确定图 14-10 所示结构用位移法计算时的基本未知量数目。

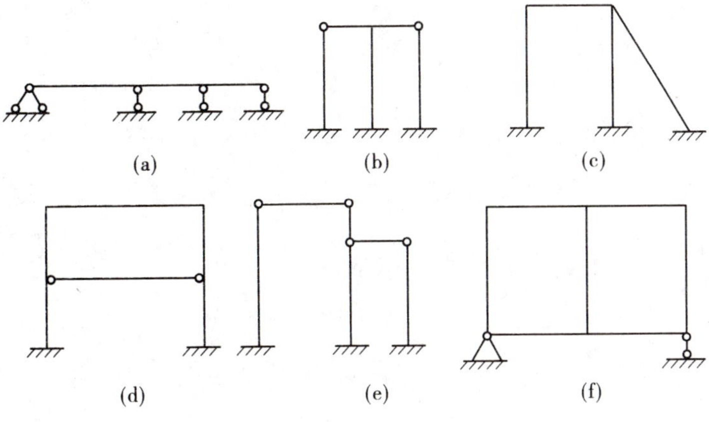

图 14-10

14-2 用位移法计算图 14-11 所示结构，并作 M 图。

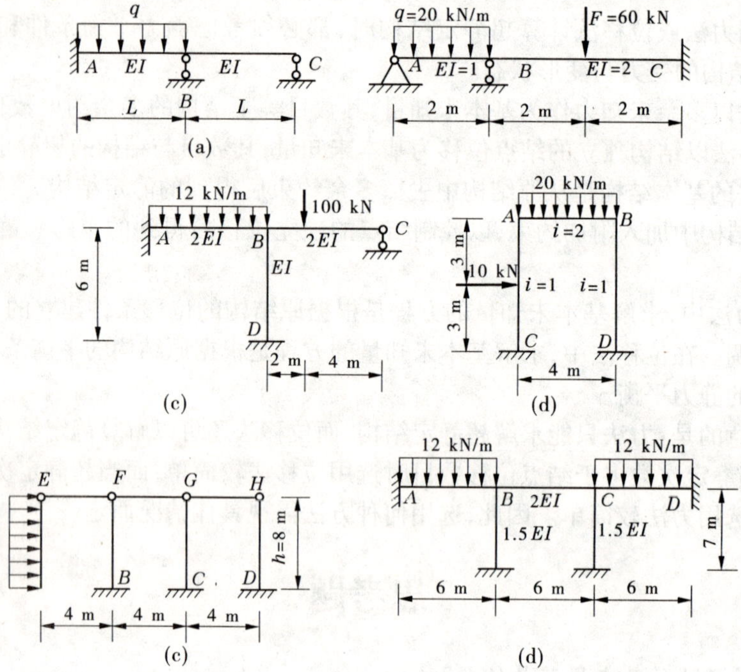

图 14-11

项目 15 力矩分配法

【能力目标】 能利用力矩分配法作出连续梁和无侧移刚架在荷载作用下的内力图。
【知识目标】 掌握力矩分配法的基本要素和基本思路;掌握力矩分配法计算连续梁和无侧移刚架的方法。

任务 1 概 述

力法和位移法是计算超静定结构的两种基本方法,其计算过程均需建立和求解以基本未知量表示的联立方程。当未知量的数目较多时,这项计算工作将十分繁重,且在求得基本未知量后,还需通过后续计算,才能求得杆端弯矩。因此,人们寻求简化计算的新途径,力图避免组成和求解联立方程。近年来已经提出了许多实用的计算方法,本项目将阐述其中的力矩分配法。

力矩分配法是在位移法的基础上发展起来的一种渐近解法,在计算过程中采用逐步修正的方法逼近其真解,计算结果的精确度随着计算轮次的增加而提高。力矩分配法不需要建立和求解联立方程,计算过程简单且规格化,能直接求出各杆杆端弯矩,便于掌握,适于手算,精度也可以满足工程要求,故在结构计算中常被采用。力矩分配法主要用于计算连续梁和无结点线位移刚架。

力矩分配法中杆端弯矩的正负号规定:对杆端以顺时针转动为正,反之为负;对结点以逆时针转动为正,反之为负。

任务 2 力矩分配法的基本原理

1 力矩分配法的基本概念

学习力矩分配法之前,首先对力矩分配法的几个基本要素:转动刚度、分配系数、传递系数等作如下阐述。

1.1 转动刚度

转动刚度表示杆端抵抗转动的能力。它在数值上等于使杆端产生一顺时针单位转角 $\theta=1$ 时,在该端所需施加的力矩。杆端的转动刚度以 S 表示。任一杆件 AB,其 A 端转动刚度用 S_{AB} 表示,其第一个下标表示施力端,即近端,第二个下标表示远端。它的数值依赖于杆的线刚度和杆件另一端的支承情况,对于远端不同支承时,等截面直杆的转动刚度为

远端固定　　　　$S_{AB}=4i$

远端铰支　　　　$S_{AB}=3i$

远端定向支座　　$S_{AB}=i$

如图 15-1(a)、(b)、(c)所示。

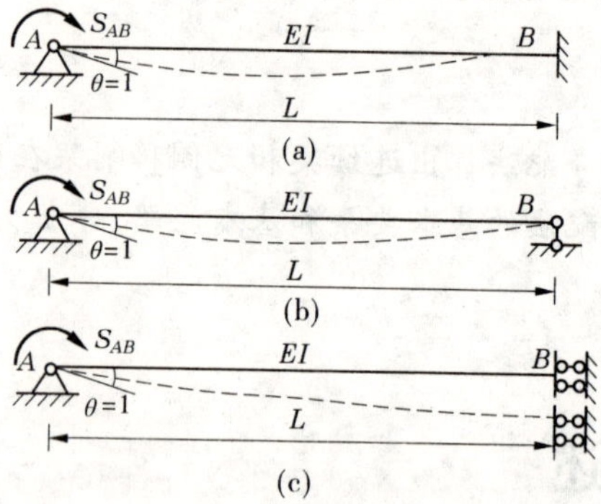

图 15-1

1.2　分配系数和分配弯矩

如图 15-2(a)所示刚架,其上各杆均为等截面直杆,只有一个刚结点 A,由位移法可知,该刚架只有一个未知量,即刚结点 A 的角位移 θ_A。当在结点 A 处施加一逆时针转向的约束力矩 M 时,刚架发生图中虚线所示的变形,即各杆的 A 端均发生转角 θ_A。由转动刚度的概念可得各杆的杆端弯矩为

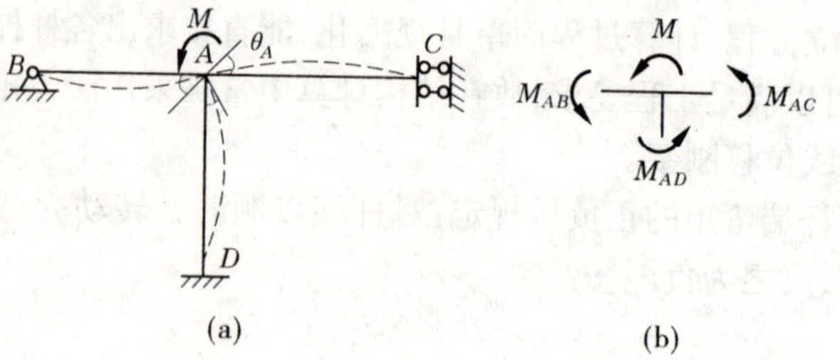

图 15-2

$$M_{AB}=S_{AB}\theta_A$$
$$M_{AC}=S_{AC}\theta_A$$
$$M_{AD}=S_{AD}\theta_A$$

取结点 A 为研究对象,如图 15-2(b)所示,由平衡条件得

$$\sum M_A=0\quad M+M_{AB}+M_{AC}+M_{AD}=0$$

代入相应的杆端弯矩表达式得

$$M+S_{AB}\theta_A+S_{AC}\theta_A+S_{AD}\theta_A=0$$
$$M=-(S_{AB}+S_{AC}+S_{AD})\theta_A$$

$$\theta_A = -\frac{M}{S_{AB} + S_{AC} + S_{AD}} = -\frac{M}{\sum_A S}$$

式中：$\sum_A S$ 为汇交于 A 点各杆转动刚度之和，将求得的 θ_A 代入各杆端弯矩得

$$M_{AB} = -\frac{S_{AB}}{\sum_A S}M$$

$$M_{AC} = -\frac{S_{AC}}{\sum_A S}M$$

$$M_{AD} = -\frac{S_{AD}}{\sum_A S}M$$

上式表明，各杆端所产生的杆端弯矩与该杆的转动刚度成正比。令

$$\mu_{Ai} = \frac{S_{Ai}}{\sum_A S} \quad (15\text{-}1)$$

式中：μ_{Ai} 为各杆在近端的分配系数。即各杆近端转动刚度与该结点所连接各杆转动刚度之和的比值。汇交于 A 点各杆端的分配系数间有如下的关系

$$\sum \mu_{Ai} = 1$$

则

$$M_{Ai}^{\mu} = -\mu_{Ai}M \quad (15\text{-}2)$$

由式(15-2)可见，施加于刚结点 A 的力矩 M，按各杆端的分配系数大小分配给各杆的近端，杆端弯矩 M_{Ai}^{μ} 称为分配弯矩。

1.3 传递系数与传递弯矩

如图 15-2(a)所示，当约束力矩加于结点 A 时，该结点发生转角 θ_A，于是各杆的近端和远端都产生弯矩，查表 13-1 得

$$M_{AB} = 3i_{AB}\theta_A \quad M_{BA} = 0$$

$$M_{AD} = 4i_{AD}\theta_A \quad M_{DA} = 2i_{AD}\theta_A$$

$$M_{AC} = i_{AC}\theta_A \quad M_{CA} = -i_{AC}\theta_A$$

将远端弯矩与近端弯矩的比值称为传递系数，用 C_{Ai} 表示。C_{Ai} 的大小随远端支承情况而异，对于等截面直杆，各种支承情形下的传递系数为

远端固定 $\qquad C_{Ai} = \frac{2i}{4i} = \frac{1}{2}$

远端铰支 $\qquad C_{Ai} = 0$

远端定向支座 $\qquad C_{Ai} = -1$

将远端弯矩称为传递弯矩，则

$$M_{iA}^{C} = C_{Ai}M_{Ai}^{\mu} \quad (15\text{-}3)$$

综上所述，对于只有一个刚结点的结构，若仅在刚结点上作用约束力矩，则该结点只产生一个角位移，计算过程分为两步：

(1)分配。将各杆的分配系数求出，计算近端的分配弯矩。

(2)传递。将所得分配弯矩乘以传递系数得到远端的传递弯矩。

这种方法称为力矩分配法。

2 力矩分配法的基本原理

力矩分配法可计算连续梁和无侧移刚架。如图 15-3(a)所示为只有一个刚结点的连续梁受荷载作用。

2.1 锁定状态

设想在荷载作用之前,在结点 B 处加上一个附加刚臂,它的作用是阻止 B 点转动。从而使支座 B 变成了一个"固定端支座",该连续梁就被分隔成了两根单跨超静定梁,然后将荷载作用于梁上,如图 15-3(b)所示。每根梁的固端弯矩由表 13-1 可查得

$$M_{AB}^{g}=-\frac{FL}{8}=-\frac{100\times4}{8}=-50(\text{kN}\cdot\text{m})$$

$$M_{BA}^{g}=\frac{FL}{8}=\frac{100\times4}{8}=50(\text{kN}\cdot\text{m})$$

$$M_{BC}^{g}=-\frac{qL^{2}}{8}=-\frac{20\times6^{2}}{8}=-90(\text{kN}\cdot\text{m})$$

$$M_{CB}^{g}=0$$

在结点 B 的 BA 端产生了 50 kN · m 的力偶矩,BC 端产生了 −90 kN · m 的力偶矩,显然不能平衡,而这种不平衡是因为附加了刚臂的约束引起的。将附加刚臂上产生的约束力矩定义为 M_B,其值为

$$M_{B}=M_{BA}^{g}+M_{BC}^{g}=50-90=-40(\text{kN}\cdot\text{m})$$

2.2 放松状态

原结点在结点 B 本来是可以转动的,因为附加了刚臂而不能转动,因此必须消除附加刚臂的作用。消除的方法是放松 B,即在结点 B 施加一个与 M_B 大小相等、转向相反的力偶矩,如图 15-3(c)所示,即

$$M=-M_{B}=40\ \text{kN}\cdot\text{m}$$

再按前面所讲的方法计算分配弯矩和传递弯矩。

$$S_{BA}=4i_{BA}=4\times\frac{EI}{4}=EI$$

$$S_{BC}=3i_{BC}=3\times\frac{EI}{6}=0.5EI$$

$$\mu_{BA}=\frac{S_{BA}}{S_{BA}+S_{BC}}=\frac{EI}{EI+0.5EI}=\frac{2}{3}$$

$$\mu_{BC}=\frac{S_{BC}}{S_{BA}+S_{BC}}=\frac{0.5EI}{EI+0.5EI}=\frac{1}{3}$$

BA 杆、BC 杆近端弯矩

$$M_{BA}^{\mu}=\frac{2}{3}\times40=26.67(\text{kN}\cdot\text{m})$$

$$M_{BC}^{\mu}=\frac{1}{3}\times40=13.33(\text{kN}\cdot\text{m})$$

BA 杆、*BC* 杆远端弯矩

$$M_{AB}^{C}=\frac{1}{2}\times 26.67=13.33(\text{kN}\cdot\text{m})$$

$$M_{CB}^{C}=0$$

2.3 叠加计算

图 15-3(a)的受力,应等于图 15-3(b)和图 15-3(c)所示两种情况的叠加,所以可以分别将各杆的固端弯矩、分配弯矩和传递弯矩代数相加,即得原结构的杆端弯矩,其最终弯矩图如图 15-3(d)所示。

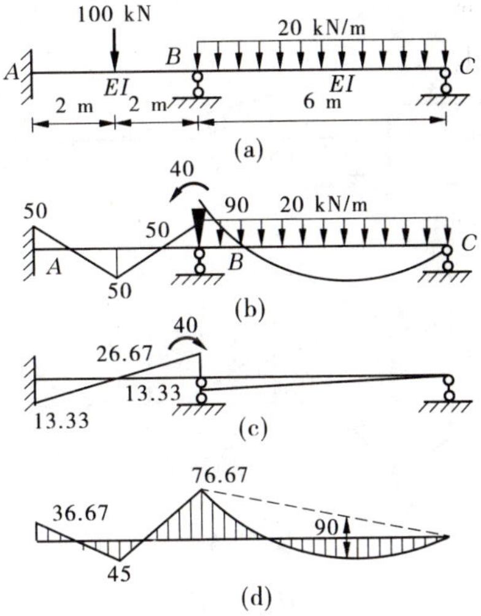

图 15-3

任务 3　力矩分配法的应用

1　具有单结点连续梁和无侧移刚架计算

计算步骤如下:

(1)锁定状态。在刚结点处加上阻止结点转动的附加刚臂,将其锁住,并离散成互不相干的单跨超静定梁。计算各杆端的固端弯矩和约束力矩。

(2)放松状态。放松附加刚臂,这相当于在结点 *B* 施加一个反向的约束力矩。计算此反向的约束力矩作用下各杆的近端弯矩(即分配弯矩)和远端弯矩(即传递弯矩)。

(3)叠加计算。将以上两步所得的杆端弯矩相叠加,即可得出最终弯矩。

对于只有一个结点角位移的结构,采用力矩分配法所得的内力结果和采用位移法所得的精确解是一致的。

【例 15-1】 试用力矩分配法计算如图 15-4(a)所示的等截面连续梁,并作内力图。

解:这是一个带悬臂部分的连续梁,由于 *CD* 为静定部分,其内力可直接由平衡条件求出,撤出此部分,并用作用在 *C* 结点上的力矩 $m=20$ kN · m 和力 $F=20$ kN 代之,从而归结为单结点的力矩分配。

(1)计算固端弯矩和约束力矩。

首先将刚结点 B 用一个附加刚臂锁住，得到锁定状态如图 15-4(b)所示。

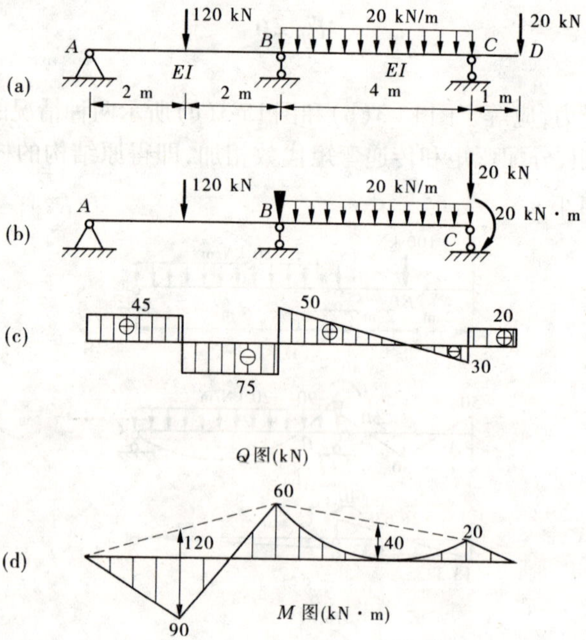

图 15-4

$$M_{AB}^{g}=0$$

$$M_{BA}^{g}=\frac{3FL}{16}=\frac{3\times120\times4}{16}=90(\text{kN}\cdot\text{m})$$

$$M_{BC}^{g}=-\frac{qL^{2}}{8}+\frac{m}{2}=-\frac{20\times4^{2}}{8}+\frac{20}{2}=-30(\text{kN}\cdot\text{m})$$

$$M_{CB}^{g}=20\ \text{kN}\cdot\text{m}$$

$$M_{B}=M_{BA}^{g}+M_{BC}^{g}=90-30=60(\text{kN}\cdot\text{m})$$

(2)计算 B 结点处的分配系数和传递系数

分配系数

$$S_{BA}=3i_{BA}=0.75EI$$

$$S_{BC}=3i_{BC}=0.75EI$$

$$\mu_{BA}=\frac{S_{BA}}{S_{BA}+S_{BC}}=\frac{0.75EI}{0.75EI+0.75EI}=0.5$$

$$\mu_{BC}=0.5$$

传递系数

$$C_{BA}=0$$

$$C_{BC}=0$$

(3)放松结点 B。在结点 B 处，约束力矩为

$$M_{B}=90-30=60(\text{kN}\cdot\text{m})$$

放松结点 B 相当于在 B 点加一个外力矩

$$-M_B = -60\ \text{kN}\cdot\text{m}$$

(4)分配与传递。

分配弯矩

$$M_{BA}^{\mu} = -60\times0.5 = -30(\text{kN}\cdot\text{m})$$

$$M_{BC}^{\mu} = -30\ \text{kN}\cdot\text{m}$$

传递弯矩

$$M_{AB}^{C} = 0$$

$$M_{CB}^{C} = 0$$

(5)叠加计算。将 AB 杆和 BC 杆两端的固端弯矩、分配弯矩或传递弯矩对应叠加，便可得到相应的杆端弯矩。如表 15-1 第四行所示，并在最终弯矩下面画双横线。

表 15-1 杆端弯矩计算

结点与杆端	*AB*		*BA*	*BC*		*CB*
分配系数与传递系数		← 0	0.5	0.5	0 →	
固端弯矩	0		90	-30		20
分配与传递	0	←	-30	-30	→	0
最终弯矩	0		60	-60		20

(6)作内力图如图 15-4(c)、(d)所示。

2 具有多个结点的连续梁和无侧移刚架的计算

对于具有两个以上结点的连续梁和无侧移的刚架，只要运用上述概念采用逐次渐近的办法，就可求出各杆杆端弯矩。

计算步骤如下：

(1)锁定状态。利用附加刚臂锁住全部刚结点，将其离散成互不相干的单跨超静定梁，求出各杆固端弯矩和各结点处的约束力矩。

(2)逐次放松。逐次放松被锁的各刚结点，即每次只有一个结点被放松，其余刚结点仍被锁住；对于结点甚多的结构，也可采用隔点放松的办法，这样可以提高计算效率。经过多次循环后，可使所有结点趋于平衡，逼近真实值。通常进行二三轮计算便能满足工程精度要求。

(3)叠加计算。将以上两步所得的杆端弯矩相叠加，即可得出最终弯矩。

【例 15-2】 试用力矩分配法求如图 15-5(a)所示连续梁的杆端弯矩，而后作弯矩图。

解：(1)计算各杆固端弯矩。

首先将刚性结点 B、C 用附加刚臂锁住，得到锁定状态如图 15-5(b)所示。

$$M_{AB}^g = -M_{BA}^g = -\frac{FL}{8} = -\frac{80 \times 8}{8} = -80(\text{kN} \cdot \text{m})$$

$$M_{BA}^g = 80 \text{ kN} \cdot \text{m}$$

$$M_{BC}^g = M_{CB}^g = 0$$

$$M_{CD}^g = -\frac{qL^2}{8} = -\frac{20 \times 8^2}{8} = -160(\text{kN} \cdot \text{m})$$

$$M_{DC}^g = 0$$

$$M_B = M_{BA}^g + M_{BC}^g = 80 \text{ kN} \cdot \text{m}$$

$$M_C = M_{CB}^g + M_{CD}^g = -160 \text{ kN} \cdot \text{m}$$

(2) 计算 ***B***、***C*** 结点处的分配系数和传递系数。

B 结点分配系数：

$$S_{BA} = 4i$$

$$S_{BC} = 4i$$

$$\mu_{BA} = \frac{S_{BA}}{S_{BA} + S_{BC}} = \frac{4i}{4i + 4i} = \frac{1}{2}$$

$$\mu_{BC} = \frac{S_{BC}}{S_{BA} + S_{BC}} = \frac{4i}{4i + 4i} = \frac{1}{2}$$

B 结点传递系数：

$$C_{BA} = \frac{1}{2}$$

$$C_{BC} = \frac{1}{2}$$

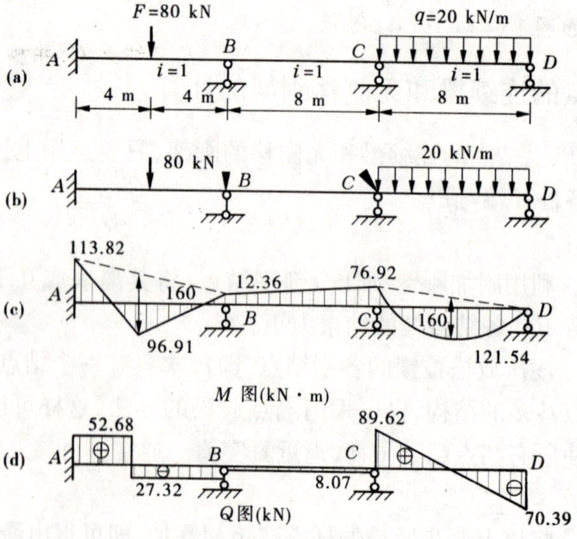

图 15-5

C 结点分配系数：

$$S_{CB} = 4i$$

$$S_{CD}=3i$$

$$\mu_{CB}=\frac{S_{CB}}{S_{CB}+S_{CD}}=\frac{4i}{4i+3i}=0.571$$

$$\mu_{CD}=\frac{S_{CD}}{S_{CB}+S_{CD}}=\frac{3i}{4i+3i}=0.429$$

C 结点传递系数

$$C_{CB}=\frac{1}{2}$$

$$C_{CD}=0$$

(3)逐次放松各结点,进行力矩的分配与传递。

①在结点 C 处进行一次力矩分配与传递。对于具有两个以上结点的结构,可按任意选定的秩序轮流放松结点,但是为了使计算收敛得快些,通常先放松约束力矩大的结点。故取结点 C 先放松。结点 C 的约束力矩为

$$M_C=-160\ \text{kN}\cdot\text{m}$$

将约束力矩反号后分配。

分配弯矩

$$M^{\mu}_{CB}=0.571\times[-(-160)]=91.36(\text{kN}\cdot\text{m})$$

$$M^{\mu}_{CD}=0.429\times[-(-160)]=68.64(\text{kN}\cdot\text{m})$$

传递弯矩

$$M^{C}_{BC}=91.36\times\frac{1}{2}=45.68(\text{kN}\cdot\text{m})$$

$$M^{C}_{CD}=0$$

通过上述运算,C 结点暂时平衡,在分配弯矩下画一横线。

②在结点 B 处进行一次力矩分配与传递。重新固定结点 C,并放松结点 B,并进行分配与传递。此时结点 B 的约束力矩为

$$M_B=80+45.68=125.68(\text{kN}\cdot\text{m})$$

将约束力矩反号后分配。

分配弯矩

$$M^{\mu}_{BA}=\frac{1}{2}\times(-125.68)=-62.84(\text{kN}\cdot\text{m})$$

$$M^{\mu}_{BC}=\frac{1}{2}\times(-125.68)=-62.84(\text{kN}\cdot\text{m})$$

传递弯矩

$$M^{C}_{AB}=(-62.84)\times\frac{1}{2}=-31.42(\text{kN}\cdot\text{m})$$

$$M^{C}_{CB}=(-62.84)\times\frac{1}{2}=-31.42(\text{kN}\cdot\text{m})$$

通过上述运算,B 结点暂时平衡,在分配弯矩下画一横线。

③进行第二轮计算。按照上述步骤,在结点 C 和结点 B 轮流进行第二次力矩分配与

传递,计算结果记入表 15-2 第 5 行和第 6 行。

④进行第三轮计算。按照上述步骤,在结点 C 和结点 B 轮流进行第三次力矩分配与传递,计算结果记入表 15-2 第 7 行和第 8 行。

经过三轮计算后,结点的约束力矩已经很小,结构已接近于实际的平衡状态,可以停止计算。

(4)叠加计算。将各杆杆端的固端弯矩、分配弯矩或传递弯矩对应叠加,便可得到相应的杆端弯矩。如表 15-2 第 9 行所示,并在最终弯矩下面画双横线。

(5)作弯矩图,如图 15-5(c)所示。

表 15-2　杆端弯矩计算

结点与杆端	AB	BA	BC		CB	CD	DC
分配与传递系数	$\frac{1}{2}$ ←	0.5	0.5	$\frac{1}{2}$ ↔	0.571	0.429	0 →
固端弯矩	-80	80	0		0	-160	0
结点 C 一次分配传递			45.68	←	91.36	68.64	→0
结点 B 一次分配传递	-31.42 ←	-62.84	-62.84	→	-31.42		
结点 C 二次分配传递			8.97	←	17.94	13.48	→0
结点 B 二次分配传递	-2.24 ←	-4.485	-4.485	→	-2.24		
结点 C 三次分配传递			0.64	←	1.28	0.96	→0
结点 B 三次分配传递	-0.16 ←	-0.32	-0.32				
最终弯矩	-113.82	12.36	-12.36		76.92	-76.92	0

【例 15-3】　试用力矩分配法计算图 15-6(a)所示无侧移刚架,并作弯矩图。

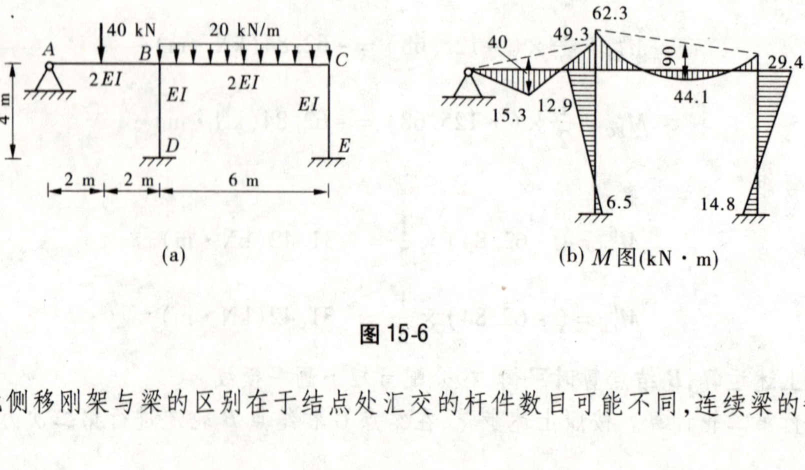

图 15-6

解:无侧移刚架与梁的区别在于结点处汇交的杆件数目可能不同,连续梁的每个刚结点处均为两杆相交，而刚架的结点处可能有三根或更多的杆件相交。因此，在进行力矩分配时应将结点约束力矩的反号力矩，按各杆端的力矩分配系数分配到靠近结点的各杆端（近端），然后按各杆传递系数分别传递到远端。

(1)计算各杆固端弯矩和约束力矩。

首先将刚性结点 B、C 用附加刚臂锁住，得到锁定状态。

$$M_{BA}^{g}=\frac{3FL}{16}=\frac{3\times40\times4}{16}=30(\text{kN}\cdot\text{m})$$

$$M_{BC}^{g}=-\frac{qL^{2}}{12}=-\frac{20\times6^{2}}{12}=-60(\text{kN}\cdot\text{m})$$

$$M_{CB}^{g}=\frac{qL^{2}}{12}=\frac{20\times6^{2}}{12}=60(\text{kN}\cdot\text{m})$$

$$M_{CE}^{g}=M_{EC}^{g}=0$$

$$M_{BD}^{g}=M_{DB}^{g}=0$$

$$M_{B}=M_{BA}^{g}+M_{BC}^{g}+M_{BD}^{g}=-30\ \text{kN}\cdot\text{m}$$

$$M_{C}=M_{CB}^{g}+M_{CE}^{g}=60\ \text{kN}\cdot\text{m}$$

(2)计算 B、C 结点处的分配系数和传递系数。

B 结点分配系数，设 $i=\frac{EI}{4}$，则

$$S_{BA}=3i_{BA}=3\times\frac{2EI}{4}=6i$$

$$S_{BC}=S_{CB}=4i_{BC}=4\times\frac{2EI}{6}=\frac{16}{3}i$$

$$S_{BD}=S_{CE}=4i_{BD}=4\times\frac{EI}{4}=4i$$

$$\sum_{B}S=S_{BA}+S_{BC}+S_{BD}=6i+\frac{16}{3}i+4i=\frac{46}{3}i$$

$$\mu_{BA}=\frac{S_{BA}}{\sum_{B}S}=\frac{6i}{\frac{46}{3}i}=0.391$$

$$\mu_{BC}=\frac{S_{BC}}{\sum_{B}S}=\frac{\frac{16}{3}i}{\frac{46}{3}i}=0.348$$

$$\mu_{BD}=\frac{S_{BD}}{\sum_{B}S}=\frac{4i}{\frac{46}{3}i}=0.261$$

C 结点分配系数：$\sum_{C}S=S_{CB}+S_{CE}=\frac{16}{3}i+4i=\frac{28}{3}i$

$$\mu_{CB}=\frac{S_{CB}}{\sum_{C}S}=\frac{\frac{16}{3}i}{\frac{28}{3}i}=0.571$$

$$\mu_{CE} = \frac{S_{CE}}{\sum_{C} S} = \frac{4i}{\frac{28}{3}i} = 0.429$$

B 结点传递系数

$$C_{BA} = 0 \quad C_{BC} = \frac{1}{2} \quad C_{BD} = \frac{1}{2}$$

C 结点分配系数

$$C_{CB} = \frac{1}{2} \quad C_{CE} = \frac{1}{2}$$

(3)逐次放松各结点，进行力矩的分配与传递。

①在结点 C 处进行一次力矩分配与传递。对于具有两个以上结点的结构，可按任意选定的秩序轮流放松结点，但是为了使计算收敛得快些，通常先放松约束力矩大的结点，故取结点 C 先放松。结点 C 的约束力矩为

$$M_C = 60 \text{ kN} \cdot \text{m}$$

将约束力矩反号后分配。

分配弯矩

$$M_{CB}^{\mu} = 0.571 \times (-60) = -34.3(\text{kN} \cdot \text{m})$$
$$M_{CE}^{\mu} = 0.429 \times (-60) = -25.8(\text{kN} \cdot \text{m})$$

传递弯矩

$$M_{BC}^{C} = (-34.2) \times \frac{1}{2} = -17.1(\text{kN} \cdot \text{m})$$

将其记入表 15-3 第 5 行内。通过上述运算，C 结点暂时平衡，在分配弯矩下画一横线。

②在结点 B 处进行一次力矩分配与传递。

重新固定结点 C，放松结点 B，并进行分配与传递。此时结点 B 的约束力矩为

$$M_B = 30 - 60 - 17.1 = -47.1(\text{kN} \cdot \text{m})$$

将约束力矩反号后分配。

分配弯矩

$$M_{BA}^{\mu} = -(-47.1) \times 0.391 = 18.4(\text{kN} \cdot \text{m})$$
$$M_{BC}^{\mu} = -(-47.1) \times 0.348 = 16.4(\text{kN} \cdot \text{m})$$
$$M_{BD}^{\mu} = -(-47.1) \times 0.261 = 12.3(\text{kN} \cdot \text{m})$$

传递弯矩

$$M_{AB}^{C} = 0$$

$$M_{CB}^{C} = 16.5 \times \frac{1}{2} = 8.2(\text{kN} \cdot \text{m})$$

将其记入表 15-3 第 6 行内。通过上述运算，B 结点暂时平衡，在分配弯矩下画一横线。

③进行第二轮计算。按照上述步骤，在结点 C 和结点 B 轮流进行第二次力矩分配与传递，计算结果记入表 15-3 第 7 行和第 8 行。

④进行第三轮计算。按照上述步骤，在结点 C 和结点 B 轮流进行第三次力矩分配与

传递，计算结果记入表 15-3 第 9 行。

经过三轮计算后，结点的约束力矩已经很小，结构已接近于实际的平衡状态，可以停止计算。

(4) 叠加计算。将各杆杆端的固端弯矩、分配弯矩或传递弯矩对应叠加，便可得到相应的杆端弯矩。如表 15-3 第 10 行所示，并在最终弯矩下面画双横线。其中：*BD*、*CE* 杆上因无荷载作用，故只有传递弯矩 $M_{DB}=\frac{1}{2}M_{BD}$、$M_{EC}=\frac{1}{2}M_{CE}$。

(5) 作弯矩图，如图 15-6(b) 所示。

表 15-3

结点	*A*	*B*			*C*		*D*	*E*
杆端	*AB*	*BA*	*BC*	*BD*	*CB*	*CE*	*DB*	*EC*
分配系数		0.391	0.348	0.261	0.571	0.429		
固端弯矩	0	30	-60	0	60	0	0	0
分配与传递			-17.1		-34.3	-25.7		
		18.4	16.4	12.3	8.2			
			-2.4		-4.7	-3.5		
		0.9	0.8	0.6	0.4			
					-0.2	-0.2		
最终弯矩	0	49.3	-62.3	12.9	29.4	-29.4	6.5	14.8

思考题

15-1 什么是转动刚度？如何确定？

15-2 分配系数与转动刚度有何关系？分配系数有何特点？

15-3 试比较力矩分配法与位移法的异同。

习 题

15-1 用力矩分配法计算图 15-7 所示连续梁和无侧移刚架，并作弯矩图。

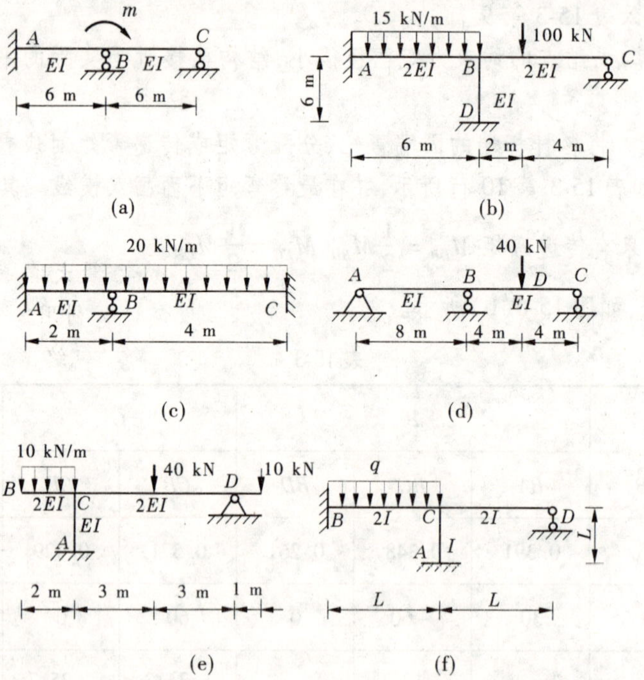

图 15-7

15-2　用力矩分配法计算图 15-8 所示连续梁和无侧移刚架,并作弯矩图。

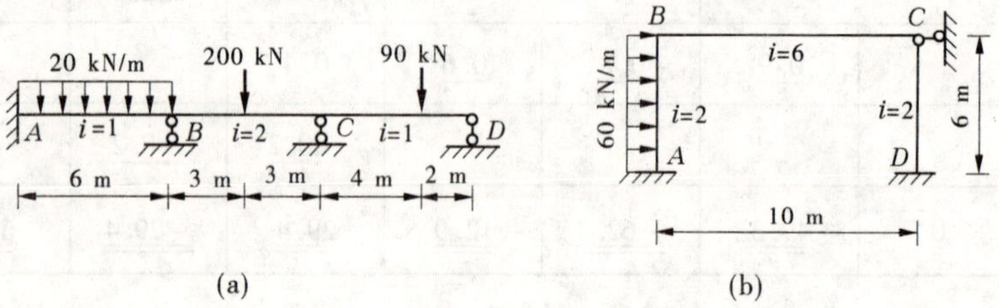

图 15-8

项目 16　静定结构的影响线

【能力目标】　能利用影响线确定最不利荷载位置并能确定绝对最大弯矩。

【知识目标】　掌握影响线意义；掌握静定梁影响线的绘制；掌握利用影响线确定在活载作用下的最不利荷载位置和梁的绝对最大弯矩；了解连续梁内力包络图的绘制。

任务 1　影响线的概念

1　工程中提出的问题

在前面各项目中，讨论了结构在固定荷载（恒载）作用下的计算问题。这类荷载的特点是：荷载大小不变，它们作用在结构上的位置也固定不变，所以结构的反力和内力是不变的。但在工程实际中，一般工程结构除承受固定荷载外，还会受到位置会变化的活荷载的作用。活荷载又可分为两类：一类是大小、方向不变，仅作用位置可以移动，称为移动荷载，如厂房中的吊车梁承受吊车荷载（见图 16-1），桥梁承受汽车、火车等荷载（见图 16-2）；另一类是时有时无，并且可任意布置的，称为定位（短期）荷载，如人群荷载，仓库中的储藏物、风荷载等。

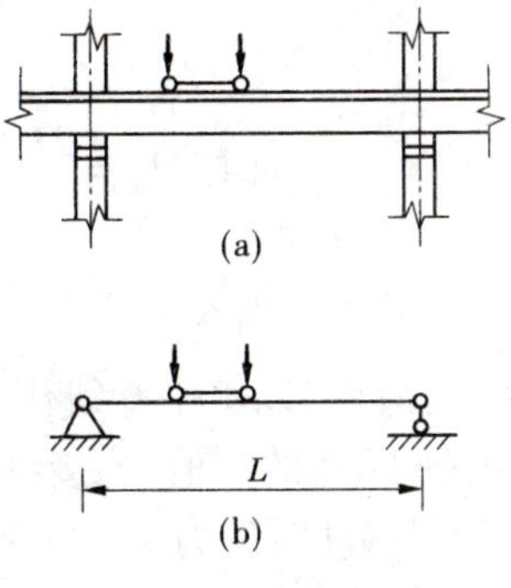

图 16-1

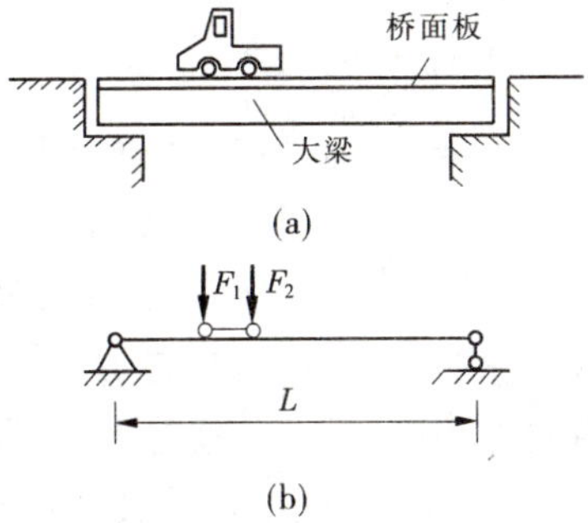

图 16-2

下面以图 16-1（b）的吊车梁为例，当吊车运行时，各轮压荷载的大小、方向及轮压间的距离均保持不变，随着轮压荷载沿吊车梁的移动，吊车梁的支座反力和各截面上的内力将发生变化。可见，在活荷载作用下，结构的支座反力和各截面的内力是随着荷载位置的移动而变化的。因此，当结构承受活荷载作用时，需要解决以下几个问题：

（1）荷载移动时，结构的支座反力和某截面上的内力是怎样变化的？其变化规律如何？

（2）当荷载到什么位置时，某指定量值（支座反力、内力等）有最大值产生？产生这一最大值的荷载位置称为该量值的最不利荷载位置，即求荷载对某一指定量值的最不利位置。

(3)结构上各截面的内力(如弯矩)的最大值和最小值的变化图形是怎样的?

求最不利荷载位置是为了绘制内力包络图,而包络图是设计和验算钢筋混凝土梁的依据。在确定某量值的最不利荷载位置时需知道该量值的变化规律,为解决这些问题,需借助于影响线这一工具。

2　影响线的概念

在工程实际中遇到的移动荷载通常是一组间距不变的竖向集中荷载,为方便起见,通常先研究一个单位集中荷载($F=1$)在结构上移动时某量值的变化规律,然后根据叠加原理就可较方便地解决多种移动荷载作用下该量值的变化规律。在单位移动荷载作用下,某量值的变化规律是用影响线来描述的。

图 16-3(a)所示一悬臂梁,当梁上有一单位集中力 $F=1$ 由梁的 A 端向 B 端移动时,其支座反力 M_B 是怎样变化的?

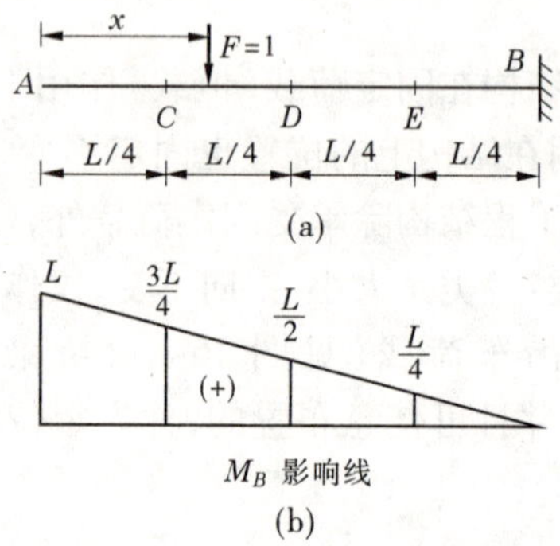

图 16-3

$F=1$ 在 A 点($x=0$)时,$M_B=L$;$F=1$ 在 C 点($x=\frac{L}{4}$)时,$M_B=\frac{3L}{4}$;$F=1$ 在 D 点($x=\frac{L}{2}$)时,$M_B=\frac{L}{2}$;$F=1$ 在 E 点($x=\frac{3L}{4}$)时,$M_B=\frac{L}{4}$;$F=1$ 在 B 点($x=L$)时,$M_B=0$。

在求得 $F=1$ 分别在 A、B、C、D、E 五个点处 M_B 的值后,以水平基线作横坐标 x,它代表 $F=1$ 的作用位置,纵坐标 y 代表与 $F=1$ 位置相应的 M_B 的数值,连接各纵坐标顶点所得到的图形,如图 16-3(b)所示,它反映了 $F=1$ 在梁上移动时反力 M_B 的变化规律。这个图形称为反力 M_B 的影响线。

综上所述,得出影响线的定义为:当一个方向不变的单位集中力 $F=1$ 在结构上移动时,表示结构某截面的某量值(反力、内力等)的变化规律,称为该量值的影响线。

作影响线的方法有静力法和机动法。本书只讨论静力法。

任务 2　静力法作单跨静定梁的影响线

静力法作某量值的影响线,与固定荷载作用下求其量值的方法基本相同,但要注意的是单位移动荷载位置的变化。据此,以单位移动荷载 $F=1$ 的作用位置 x 为变量,利用平衡条件建立所求量值与 x 间的关系，描述该关系的方程称为影响线方程。然后，根据方程作出影响线图。在作影响线图时规定：正号竖标画在基线上方，负号竖标画在基线下方，标出正负号。

下面以图 16-4(a)所示简支梁为例来说明静定梁影响线的作法。

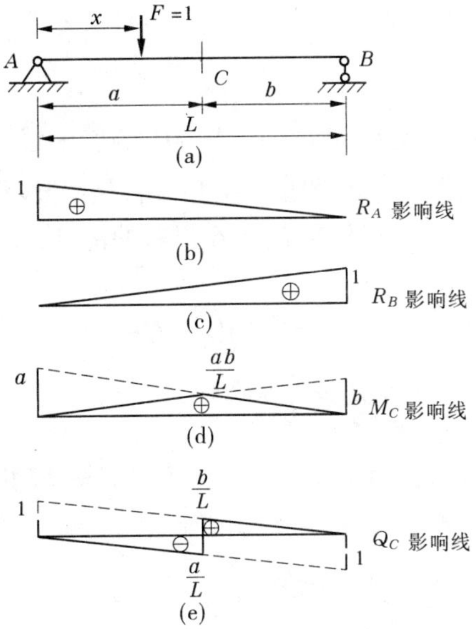

图 16-4

1　反力影响线

以梁的左端 A 为坐标原点，将 $F=1$ 作用于任一位置，用坐标 x 表示，假定反力的方向以向上为正，由平衡条件

$$\sum M_B = 0 \quad R_A L - F(L-x) = 0$$

$$R_A = \frac{L-x}{L} \quad (0 \leqslant x \leqslant L)$$

它就是反力 R_A 的影响线方程，是坐标 x 的一次函数，当

$$x=0, R_A=1$$

$$x=L, R_A=0$$

作出 R_A 的影响线如图 16-4(b)所示。

同理，由

$$\sum M_A = 0 \quad R_B L - Fx = 0$$

$$R_B = \frac{x}{L} \quad (0 \leqslant x \leqslant L)$$

得出 R_B 的影响线方程，其影响线如图 16-4(c)所示。

因 $F=1$ 是一个无单位的量，故反力影响线也无单位。

综上所述,可归纳出作影响线的步骤如下:

(1)选择适当的坐标原点,将单位移动荷载 $F=1$ 放在梁上任一位置,用坐标 x 表示。

(2)用平衡条件列出所求量值的影响线方程。

(3)根据所列出的影响线方程,作影响线。

2 内力影响线

2.1 弯矩影响线

作如图 16-4(a)所示简支梁截面 C 的弯矩 M_C 的影响线。为此,将坐标原点放在 A 处,由于 $F=1$ 移动到 C 点时,影响线图出现尖角,所以要分段作出。

AC 段:$F=1$ 在截面 C 以左移动,取截面 C 以右的部分(也可取左段)为研究对象,由平衡条件:

$$\sum M_C=0 \quad M_C-R_B b=0$$

$$M_C=\frac{x}{L}b \quad (0\leqslant x\leqslant a)$$

$x=0, M_C=0; x=a, M_C=\frac{ab}{L}$,由此作出 $F=1$ 在 AC 段移动时 M_C 的影响线,如图 16-4(d)所示。

CB 段:$F=1$ 在截面 C 以右移动,取截面 C 以左的部分(也可取右段)为研究对象,由平衡条件:

$$\sum M_C=0 \quad M_C-R_A a=0$$

$$M_C=\frac{L-x}{L}a \quad (a\leqslant x\leqslant L)$$

$x=a, M_C=\frac{ab}{L}; x=L, M_C=0$,由此作出 CB 段 M_C 的影响线如图 15-4(d)所示。

由图 16-4(d)知,M_C 影响线是由两条直线组成的,其两直线的交点(三角形顶点)与截面 C 的位置相对应,即相交点就在截面 C 的下边,其竖标为$\frac{ab}{L}$。

由于 $F=1$ 是一个无单位的量,故弯矩影响线的单位为长度单位。

2.2 剪力影响线

作如图 16-4(a)所示 C 截面的剪力影响线,同样取 A 点为坐标原点。

当 $F=1$ 在 AC 段移动时,取截面 C 以右的部分(也可取 AC 段)为研究对象,由 $\sum Y=0$,得

$$Q_C=-R_B=-\frac{x}{L} \qquad (0\leqslant x\leqslant a)$$

当 $F=1$ 在 CB 段移动时,取截面 C 以左的部分(也可取 CB 段)为研究对象,由 $\sum Y=0$,得

$$Q_C=R_A=\frac{L-x}{L} \quad (a\leqslant x\leqslant L)$$

由以上两式可知,Q_C 影响线的 AC 段直线与 R_B 的影响线相同,但符号相反,CB 段直

线与 R_A 的影响线相同，即可作出 Q_C 影响线，如图16-4(e)所示。

剪力影响线和反力影响线一样，其竖标也是一个无单位的量。

需要指出的是，影响线与内力图是两个截然不同的力学概念，初学者往往容易把它们混淆起来，必须区分清楚。两者的比较见表16-1。

表16-1 内力影响线与内力图的比较

项目	内力影响线	内力图
作用的荷载	单位荷载 $F=1$	实际荷载
荷载作用位置	荷载位置用 x 表示，是移动的	荷载位置是固定的
所求内力截面位置	所求内力截面位置是固定的（指定的）	所求内力截面位置是变化的，用 x 表示
竖标的物理意义	任一点处的竖标表示 $F=1$ 移到该点时，某指定截面产生的内力	任一点处的竖标表示实际荷载作用在固定位置时，在该点上产生的内力
绘图方法	正号影响线绘在基线上方，负号影响线绘在下方，标出正负号	弯矩图：绘在受拉一侧 剪力图：正剪力画在基线上方，负剪力画在下方，标出正负号
量纲	剪力 Q：无因次量 弯矩 M：[L]	剪力 Q：$[M][L][T]^{-2}$ 弯矩 M：$[M][L]^2[T]^{-2}$

【例16-1】 求图16-5(a)所示外伸梁的反力影响线，截面 C、D 的剪力、弯矩影响线。

解：(1)反力影响线。

将坐标原点设在支座 A 处，由平衡方程求得 R_A、R_B 的影响线方程为

$$R_A=\frac{L-x}{L}\quad(-d\leqslant x\leqslant L+e)$$

$$R_B=\frac{x}{L}\quad(-d\leqslant x\leqslant L+e)$$

可绘出 R_A、R_B 影响线如图16-5(b)、(c)所示。

(2)截面 C 的弯矩 M_C 和剪力 Q_C 的影响线。

当 $F=1$ 在截面 C 左边移动时，取截面 C 右半部分（CE 部分）为研究对象，由平衡方程列出 M_C 和 Q_C 的影响线方程为

$$\begin{cases}M_C=R_Bb=\dfrac{x}{L}\cdot b\\ Q_C=-R_B=-\dfrac{x}{L}\end{cases}\quad(-d\leqslant x\leqslant a)$$

当 $F=1$ 在截面 C 右边移动时，取截面 C 左半部分（FC 部分）为研究对象，由平衡方程列出 M_C 和 Q_C 的影响线方程为

$$\begin{cases} M_C = R_A a = \dfrac{L-x}{L}a \\ Q_C = R_A = \dfrac{L-x}{L} \end{cases} \quad (a \leqslant x \leqslant L+e)$$

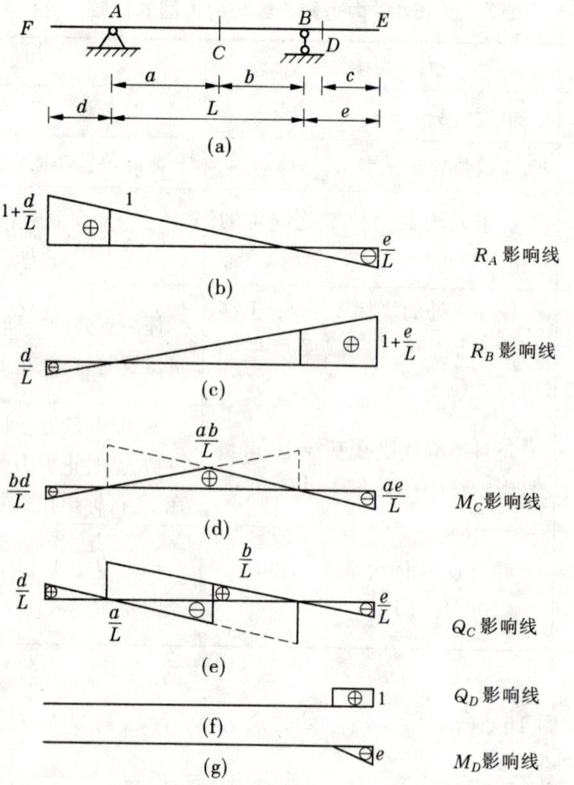

图 16-5

作出 M_C 和 Q_C 的影响线如图 16-5(d)、(e)所示。

(3)截面 D 的弯矩 M_D 和剪力 Q_D 的影响线。

为计算方便,取 D 为坐标原点,以 x_1 表示 $F=1$ 至原点 D 的距离,DE 方向为 x_1 的正方向。

当 $F=1$ 在截面 D 的左边移动时,对 M_D 和 Q_D 无影响,即 $M_D=0, Q_D=0$。

当 $F=1$ 在截面 D 的右边移动时,取截面 D 的右边部分(DE 部分)为研究对象,由平衡方程列出 M_D 和 Q_D 的影响线方程为

$$\begin{cases} M_D = -Fx_1 = -x_1 \\ Q_D = F = 1 \end{cases} \quad (0 \leqslant x_1 \leqslant c)$$

据此,可作出 M_D 和 Q_D 的影响线如图 16-5(f)、(g)所示。

从例 16-1 中可知,作外伸梁任一支座反力或简支部分任一截面的内力影响线时,可先作出简支段的影响线,然后将影响线向外伸部分延伸即得。如作外伸部分任一截面内力影响线,只须在该截面以外的外伸部分作出影响线,而该截面另一侧的影响线竖标均为零。

任务3 影响线的应用

前面已指出,影响线是研究移动荷载作用下结构内力计算的基本工具,应用它可以解决结构在移动荷载作用下两个方面的问题:①当实际的移动荷载在结构上的位置已知时,如何利用某量值的影响线求该量值的数值;②如何利用某量值的影响线确定移动荷载对该量值的最不利荷载位置。下面分别就这两方面的问题加以讨论。

1 利用影响线求某量值的数值

1.1 集中荷载作用

一组移动的集中荷载 F_1、F_2、F_3 作用于简支梁如图16-6(a)所示,现利用 Q_C 影响线求出这组荷载作用下截面 C 的剪力 Q_C 的值。为此,首先须作出 Q_C 影响线如图16-6(b)所示。设各荷载作用点的竖标依次为 y_1、y_2、y_3,根据影响线竖标的含义,并应用叠加原理,可求出该组集中荷载作用下 Q_C 的值为

$$Q_C = F_1y_1 + F_2y_2 + F_3y_3$$

一般情况下,设结构上承受一组集中荷载 $F_1, F_2, \cdots, F_n$ 的作用,结构上某量值 S 的影响线在各荷载作用点相应的竖标依次为 $y_1, y_2, \cdots, y_n$,该量值为

$$S = F_1y_1 + F_2y_2 + \cdots + F_ny_n = \sum F_iy_i \tag{16-1}$$

应用式(16-1)时,应注意影响线竖标 y_i 的正负,例如,图16-6(b)中的 y_1 为负值,y_2、y_3 为正值。

1.2 均布荷载作用

若梁上受移动均布荷载 q 作用,如图16-7(a)所示,利用 Q_C 影响线求截面 C 的剪力 Q_C 值。为此,首先作出 Q_C 影响线,如图16-7(b)所示。此时,可将均布荷载化成若干微段上的集中荷载 $q\mathrm{d}x$,在微段集中力 $q\mathrm{d}x$ 作用下截面 C 的剪力值为 $q\mathrm{d}x \cdot y$,式中 y 为 x 处影响线的竖标,因此在全部均布荷载作用下截面 C 的剪力值 Q_C 为

$$Q_C = \int_D^E q\mathrm{d}x \cdot y = q\int_D^E y\mathrm{d}x = q\int_D^E \mathrm{d}\omega = q\omega$$

式中:ω 为均布荷载长度范围内影响线的面积,在图16-7(b)中

$$\omega = -\omega_1 + \omega_2$$

同理,当梁上作用的均布荷载在各段有不同的值时,可逐段计算面积,然后求其代数和,即某量值为

$$S = \sum q_i\omega_i \tag{16-2}$$

在计算面积 ω_i 时,应注意影响线竖标的正负号。

【例16-2】 试利用影响线求图16-8(a)所示外伸梁在给定荷载作用下,C 截面的弯矩 M_C 和剪力 Q_C。

解:首先绘出 M_C 和 Q_C 的影响线,如图16-8(b)、(c)所示。

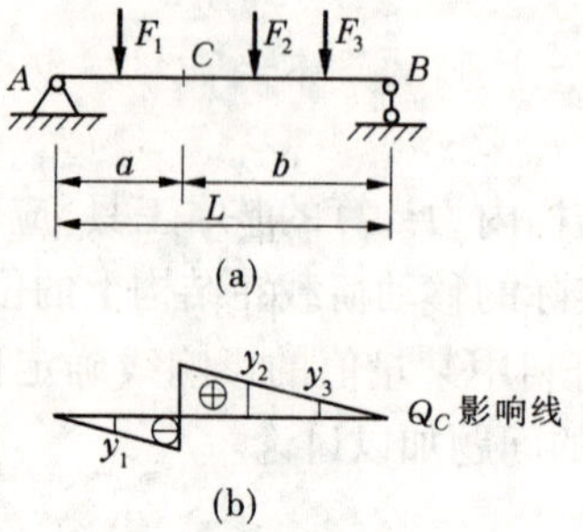

图 16-6

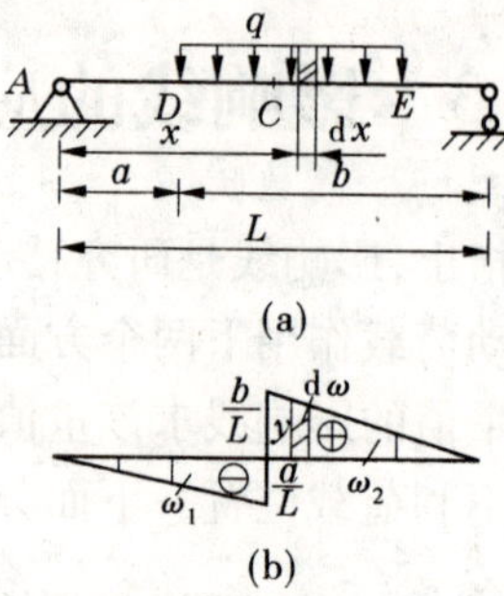

图 16-7

(1)求 M_C。

由图 15-8(b)可得

$$M_C = q(\omega_1 + \omega_2) + Fy_D = 10 \times [\frac{1}{2} \times 2 \times 4 + \frac{1}{2} \times (2+1) \times 2] - 10 \times 1 = 60(\text{kN} \cdot \text{m})$$

(2)求 Q_C。

由图 15-8(c)可得

$$Q_C = q(\omega_1 + \omega_2) + Fy_D = 10 \times [-\frac{1}{2} \times 4 \times \frac{1}{2} + \frac{1}{2} \times (\frac{1}{2} + \frac{1}{4}) \times 2] - 10 \times \frac{1}{4} = -5(\text{kN})$$

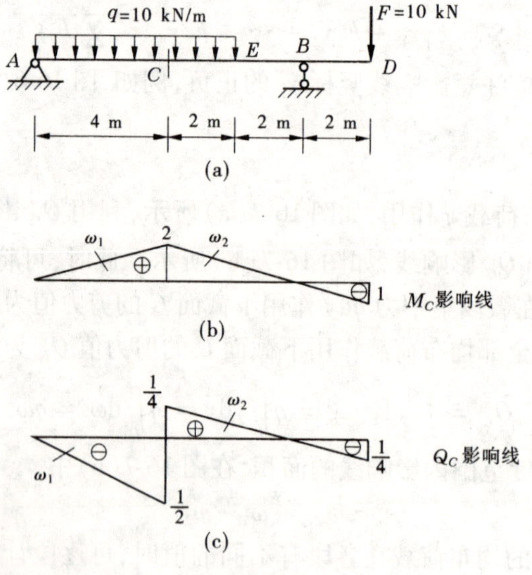

图 16-8

当移动荷载给定位置以后,就可按固定荷载计算。

2 最不利荷载位置的确定

影响线的主要用途是用来确定移动荷载作用下某量值 S 的最不利荷载位置,从而求出该量值 S 的最大值 $S_{\max}$(包括最大正值和最大负值,最大负值也称为最小值 $S_{\min}$)。下面就两种荷载类型来讨论。

2.1 移动均布荷载(例如人群荷载)

这类荷载可以任意分布,其分布长度可以是任意的,故最不利荷载位置很容易确定。由式(16-2)可知,当均布活荷载布满对应影响线正号面积的部分时,量值 S 产生最大值 S_{max};反之,当均布活荷载布满影响线负号面积部分,量值 S 产生最小值 S_{min}。

例如,求图 16-9(a)所示外伸梁截面 C 的弯矩最大值 M_{Cmax} 和最小值 M_{Cmin},相应的最不利荷载位置如图 16-9(c)、(d)所示。

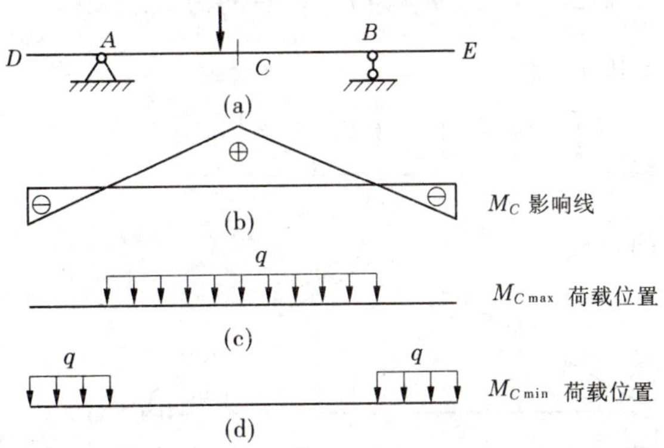

图 16-9

2.2 移动集中荷载

(1)一个移动集中荷载。当结构上只有一个移动集中荷载 F 时,其量值 S 的最不利荷载位置很容易确定。只要将 F 置于量值 S 影响线的竖标最大处,即为该量值的最不利荷载位置。

例如,求图 16-10(a)所示简支梁 C 截面的弯矩最大值 M_{Cmax},首先作出影响线,再将 F 置于 M_C 影响线的顶点处,如图 16-10(b)所示。即力 F 作用在 C 截面,由式(16-1),得弯矩 M_C 的最大值为 $M_{Cmax}=Fy_C$。

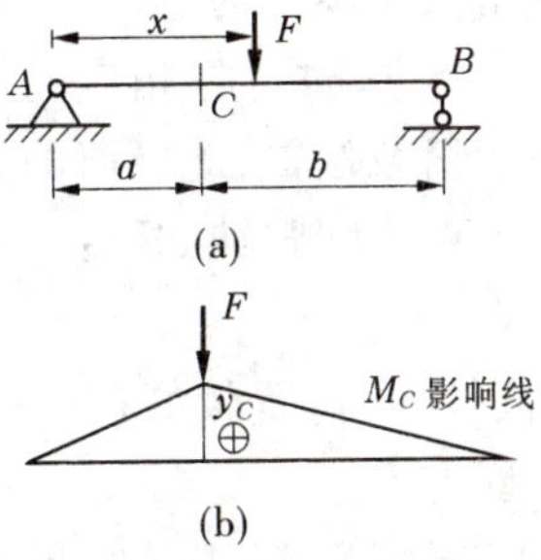

图 16-10

(2)一组移动集中荷载(行列荷载)。对于一组移动集中荷载,其最不利荷载位置的确定难度相对增大。下面仅就影响线为三角形的情况进行讨论。

图 16-11(a)、(b)分别表示间距不变的移动集中荷载和某值 S 的影响线。设 F_K 位于

S 影响线顶点时，量值 S 将产生极值，我们称 F_K 为临界荷载，此时 F_K 的作用位置为荷载的临界位置。那么，F_K 是否为临界荷载，则应由下式判别确定，即

$$\left.\begin{aligned}\frac{\sum F_{左}+F_K}{a} &\geqslant \frac{\sum F_{右}}{b}\\ \frac{\sum F_{左}}{a} &\leqslant \frac{F_K+\sum F_{右}}{b}\end{aligned}\right\} \tag{16-3}$$

式中：$\sum F_{左}$ 为 F_K 以左的荷载之和；$\sum F_{右}$ 为 F_K 以右的荷载之和。

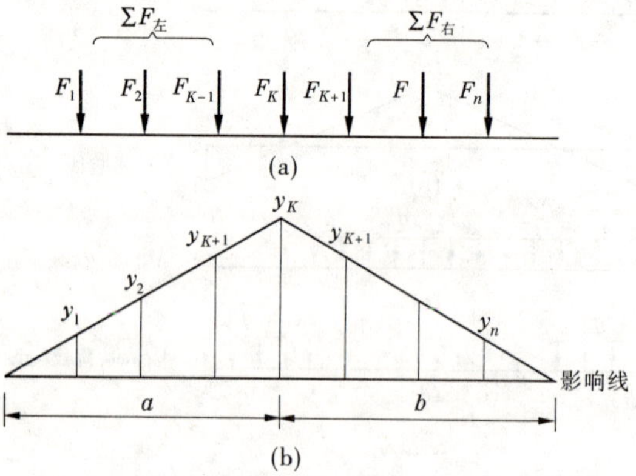

图 16-11

式(16-3)就是三角形影响线临界荷载的判别式。

在应用式(16-3)时须注意以下几个方面：

(1)式(16-3)只适用于三角形影响线，对竖标有突变的直角三角形影响线(如剪力影响线)不适用。

(2)与荷载的移动方向无关，即荷载可自左向右移，也可自右向左移动。

(3)在确定 F_K 时，只能把在影响线范围内的荷载代入计算。

(4)F_K 也可能发生在判别式由大于零变为等于零，或由等于零变为小于零的情况。

(5)有时临界荷载可能不止一个，这时可将相应的极值求出，看哪一个最大，产生最大极值的那个荷载位置就是最不利荷载位置，此极值即为量值 S 的最大值(最小值)。

现将确定最不利荷载位置的计算步骤归纳如下：

(1)作出所求量值 S 的影响线。

(2)从荷载组中选定一个数值较大、位置较好(集中荷载群的合力作用点左右)的集中荷载，使它位于影响线的顶点，称为 F_K。

(3)利用判别式(16-3)确定所选的 F_K 是否是临界荷载，若是，此荷载位置就是临界荷载位置。

(4)对每个临界位置可用式(16-1)求出 S 的一个极值，然后从中选出最大值或最小值。同时，也就确定了最不利荷载位置。

【例 16-3】 如图 16-12(a)所示一简支吊车梁，受两台吊车轮压作用，已知：$F_1=F_2=F_3=F_4=280$ kN，求跨中 C 截面的最大弯矩 $M_{C\max}$ 和最大剪力 $Q_{C\max}$。

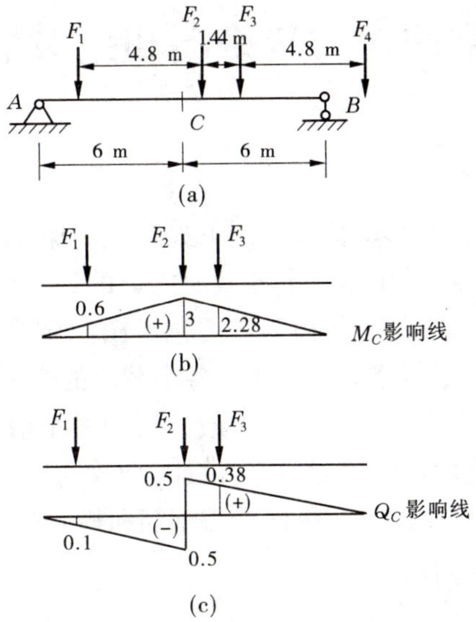

图 16-12

解:(1)求 $M_{C\max}$。

①作出 M_C 影响线如图 16-12(b)所示。

②判别临界荷载。

在本例中,因影响线对称,又因 $F_2=F_3$,所以,当 F_2 或 F_3 位于影响线顶点时 M_C 值相等,故只计算其中一个值。

设 $F_2=F_K$,将 F_2 置于 M_C 影响线顶点,如图 16-12(b)所示。由式(16-3)得

$$\frac{280+280}{6}>\frac{280}{6}$$

$$\frac{280}{6}<\frac{280+280}{6}$$

所以,F_2 是临界荷载。于是

$$\begin{aligned}M_{C\max}&=F_1y_1+F_2y_2+F_3y_3\\&=280\times(0.6+3+2.28)\\&=1\ 646.4(\text{kN}\cdot\text{m})\end{aligned}$$

(2)求 $Q_{C\max}$。

作出 Q_C 影响线如图 16-12(c)所示。由图可知,当 F_2 位于 Q_C 影响线正号顶点时为荷载的最不利位置,则

$$\begin{aligned}Q_{C\max}&=F_1y_1+F_2y_2+F_3y_3\\&=280\times(-0.1+0.5+0.38)\\&=218.4(\text{kN})\end{aligned}$$

注意:此时 F_2 是作用在截面 C 的右侧 $C_{右}$ 上,而不是作用在截面 C 上。

任务4　简支梁的内力包络图和绝对最大弯矩

1　简支梁的内力包络图

在任务3中，我们讨论了在移动荷载作用下如何求得梁上某一指定截面内力的最大值、最小值的方法。依此类推，可求出梁上各截面内力的最大值和最小值，再将这些最大值和最小值按同一比例连成曲线图形，称为内力包络图。显然，内力包络图有两种，即弯矩包络图和剪力包络图。弯矩包络图是由梁上各个截面的弯矩最大值和最小值分别连成的图线；剪力包络图是由梁上各个截面的剪力最大值和最小值分别连成的图线。内力包络图表示各个截面内力变化的极限值，是结构设计的主要依据。例如，在钢筋混凝土结构设计中，弯矩包络图和剪力包络图确定纵向受力钢筋和横向受力钢筋的配置。

内力包络图的绘制步骤为：

(1)将梁沿轴线分成若干等份；

(2)利用影响线求出每一等分点所在截面的内力最大值和最小值；

(3)将各等分截面的内力最大值和最小值分别用竖标标出，连成曲线，就得到所求的内力包络图。

例如，图16-13(b)、(c)就是图16-13(a)所示两台吊车梁的弯矩包络图和剪力包络图。

注意，简支梁的内力包络图与荷载有关，吊车的台数、规格不同，同一吊车梁的内力包络图也不相同。

2　绝对最大弯矩

由上面弯矩包络图知道，在简支梁所有各个截面的最大弯矩中，必然有一个是最大的值(即弯矩包络图中的最大竖标值)，该最大的弯矩值，称为绝对最大弯矩，记为M_{max}。

如图16-14所示简支梁在一组移动集中荷载作用下，求梁的绝对最大弯矩。由弯矩包络图知，绝对最大弯矩发生在靠近梁的跨中截面的邻近截面。因此，从荷载组中选取一个集中荷载放在梁的跨中截面，由公式(16-3)判别临界荷载F_K。

然后求出梁上实有荷载的合力R，将F_K与R对称地放在梁的跨中截面两侧，此时，F_K所在截面位置，如图16-14所示，就是产生绝对最大弯矩的截面位置。其绝对最大弯矩可按式(16-4)求出。

$$M_{max}=\frac{R}{4L}\left(\frac{L}{2}\mp\frac{a}{2}\right)^2-M_K=\frac{R}{4L}(L\pm a)^2-M_K \tag{16-4}$$

式中：R为梁上实有荷载的合力；a为合力R至F_K的距离，由合力矩定理(R对F_K点的力矩，等于梁上各力对F_K点力矩的代数和)确定；M_K为F_K以左所有作用在梁上的荷载对F_K作用点的力矩代数和。

公式右端小括号内正、负号的取舍：当R在F_K的右边时，取负号；当R在F_K的左边时，取正号。

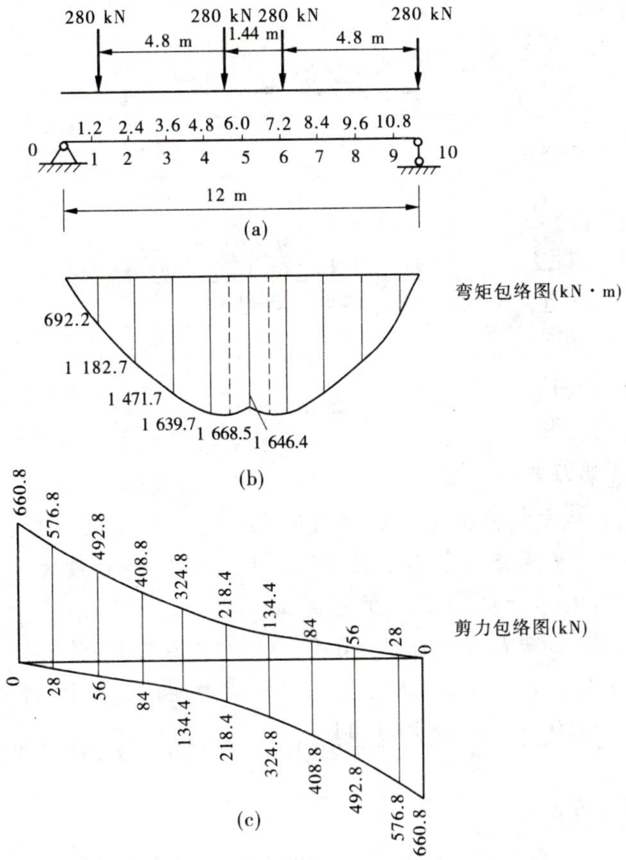

图 16-13

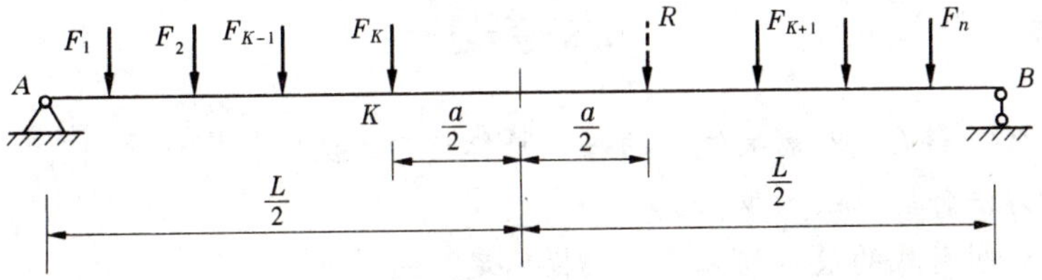

图 16-14

综上所述，归纳出计算绝对最大弯矩的步骤如下：

(1)用公式(16-3)判定使梁跨中截面产生最大弯矩的临界荷载 F_K；

(2)计算梁上实有荷载的合力 R，并由合力矩定理求出 a 值；

(3)移动荷载，使 F_K 与合力 R 对称梁的跨中截面，此时 F_K 所在截面即为产生绝对最大弯矩的截面；

(4)由式(16-4)计算绝对最大弯矩。

【例 16-4】 试求图 16-15(a)所示吊车梁(与例 16-3 相同)的绝对最大弯矩，$F_1 =$

$F_2 = F_3 = F_4 = 280$ kN。

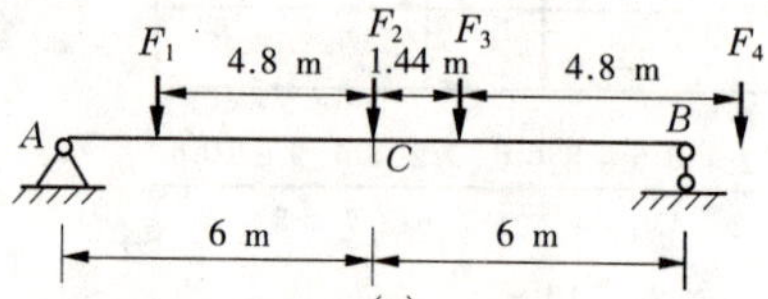

(a)

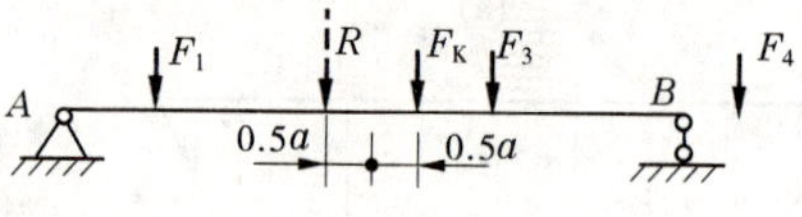

(b)

图 16-15

解:(1)确定临界荷载 F_K。

在例 16-3 中,已经求出使梁跨中 C 截面产生最大弯矩值的荷载为 F_2 或 F_3,因此 F_2 或 F_3 就是产生绝对最大弯矩的临界荷载。现以 F_2 为例求绝对最大弯矩。

(2)求合力 R 与临界荷载 F_2 之间的距离 a。

$$R = F_1 + F_2 + F_3 = 840\ \text{kN}(F_4\ \text{已离开梁上})$$

R 对 F_K 点的力矩,等于 F_1、$F_2(F_K)$、F_3 对 F_K 点力矩的代数和,即

$$a = \frac{280 \times 4.8 - 280 \times 1.44}{840} = 1.12(\text{m})(R\ \text{在}\ F_2\ \text{的左边})$$

(3)求绝对最大弯矩。

$$M_{\max} = \frac{840}{4 \times 12}(12 + 1.12)^2 - 280 \times 4.8 = 1\ 668.5(\text{kN} \cdot \text{m})$$

同理,可求得 F_3 为临界荷载时产生的绝对最大弯矩亦为 1 668.5 kN·m。

思考题

16-1 什么叫影响线?影响线中的每一竖标与内力图竖标有何异同?

16-2 静力法作影响线的步骤?

16-3 什么叫荷载的最不利位置?怎样确定?

16-4 影响线、内力包络图、内力图三者间有何区别?

16-5 什么是绝对最大弯矩?怎样计算?

习 题

16-1 试用静力法作图 16-16 所示梁中 Y_B、M_B、M_C 和 Q_C 的影响线。

16-2 试用影响线求图 16-17 所示外伸梁在固定荷载作用下的 R_A、M_C、Q_C 值。

16-3 试求图 16-18 所示简支梁在吊车荷载作用下截面 C 的最大弯矩 $M_{C\max}$、最大正剪力 $Q_{C\max}$ 和最大负剪力 $Q_{C\min}$。

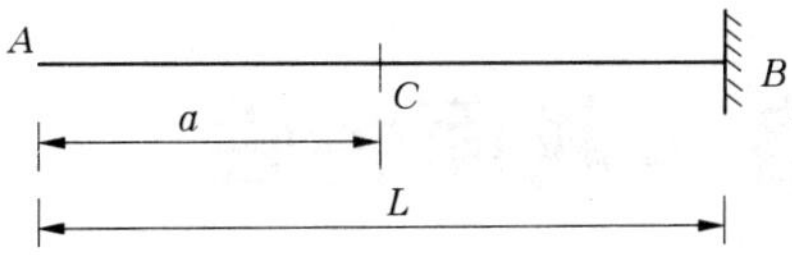

图 16-16

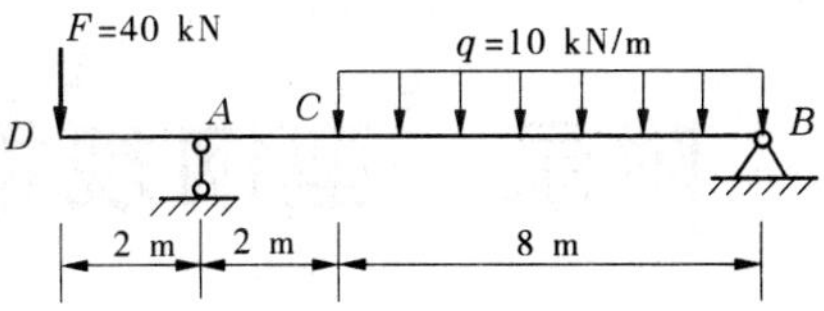

图 16-17

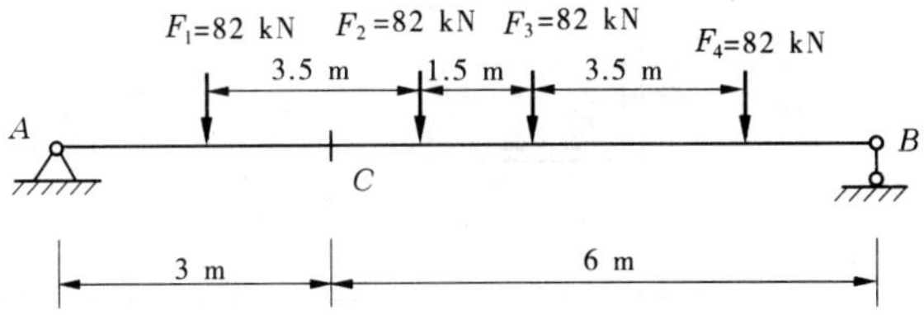

图 16-18

16-4 求图 16-19 所示简支梁在一组移动集中荷载作用下的绝对最大弯矩，并与跨中截面的最大弯矩作比较。

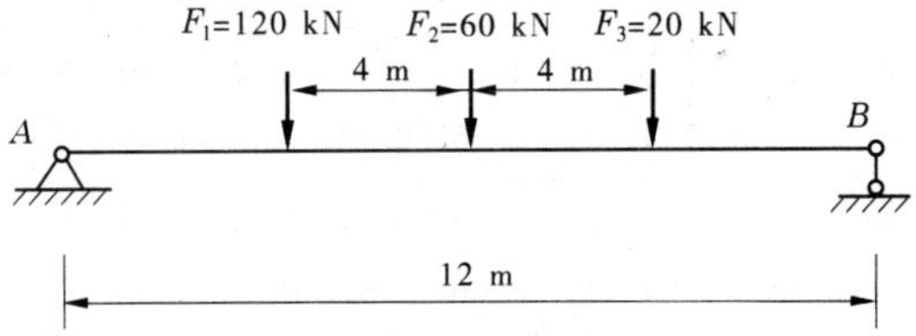

图 16-19

附录　型钢规格和截面特性

附表1　热轧等边角钢截面特性(按 GB 9787—88)

型号	单角钢 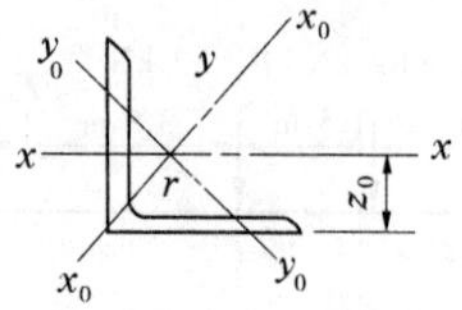										双角钢 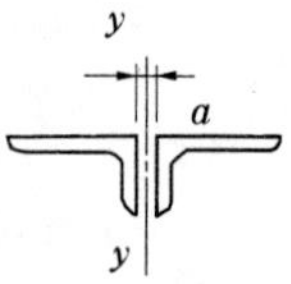			
	圆角 r	形心距 z_0	截面面积	质量	惯性矩 I_x	截面抵抗矩 W_x^{max}	截面抵抗矩 W_x^{min}	回转半径 i_x	回转半径 i_{x0}	回转半径 i_{y0}	i_y,当 a 为下列数值 6 mm	8 mm	10 mm	12 mm
	(mm)		(cm^2)	(kg/m)	(cm^4)	(cm^3)		(cm)			(cm)			
∟20×3	3.5	6.0	1.13	0.89	0.40	0.67	0.29	0.59	0.75	0.39	1.08	1.16	1.25	1.34
∟20×4		6.4	1.46	1.15	0.50	0.78	0.36	0.58	0.73	0.38	1.11	1.19	1.28	1.37
∟25×3	3.5	7.3	1.43	1.12	0.82	1.12	0.46	0.76	0.95	0.49	1.28	1.36	1.44	1.53
∟25×4		7.6	1.86	1.46	1.03	1.36	0.59	0.74	0.93	0.48	1.30	1.38	1.46	1.55
∟30×3	4.5	8.5	1.75	1.37	1.46	1.72	0.68	0.91	1.15	0.59	1.47	1.55	1.63	1.71
∟30×4		8.9	2.28	1.79	1.84	2.06	0.87	0.90	1.13	0.58	1.49	1.57	1.66	1.74
∟36×3		10.0	2.11	1.66	2.58	2.58	0.99	1.11	1.39	0.71	1.71	1.75	1.86	1.95
∟36×4		10.4	2.76	2.16	3.29	3.16	1.28	1.09	1.38	0.70	1.73	1.81	1.89	1.97
∟36×5		10.7	3.38	2.65	3.95	3.70	1.56	1.08	1.36	0.70	1.74	1.82	1.91	1.99
∟40×3	5	10.9	2.36	1.85	3.59	3.30	1.23	1.23	1.55	0.79	1.85	1.93	2.01	2.09
∟40×4		11.3	3.09	2.42	4.60	4.07	1.60	1.22	1.54	0.79	1.88	1.96	2.04	2.12
∟40×5		11.7	3.79	2.98	5.53	4.73	1.96	1.21	1.52	0.78	1.90	1.98	2.06	2.14
∟45×3		12.2	2.66	2.09	5.17	4.24	1.58	1.40	1.76	0.90	2.06	2.14	2.21	2.29
∟45×4		12.6	3.49	2.74	6.65	5.28	2.05	1.38	1.74	0.89	2.08	2.16	2.24	2.32
∟45×5		13.0	4.29	3.37	8.04	6.19	2.51	1.37	1.72	0.88	2.11	2.18	2.26	2.34
∟45×6		13.3	5.08	3.99	9.33	7.0	2.95	1.36	1.70	0.88	2.12	2.20	2.28	2.36
∟50×3	5.5	13.4	2.97	2.33	7.18	5.36	1.96	1.55	1.96	1.00	2.26	2.33	2.41	2.49
∟50×4		13.8	3.90	3.06	9.26	6.71	2.56	1.54	1.94	0.99	2.28	2.35	2.43	2.51
∟50×5		14.2	4.80	3.77	11.21	7.89	3.13	1.53	1.92	0.98	2.30	2.38	2.45	2.53
∟50×6		14.6	5.69	4.47	15.05	8.94	3.60	1.52	1.91	0.98	2.32	2.40	2.48	2.56
∟56×3	6	14.8	3.34	2.62	10.19	6.89	2.46	1.75	2.20	1.13	2.49	2.57	2.64	2.71
∟56×4		15.3	4.39	3.45	13.18	8.63	3.24	1.73	2.18	1.11	2.52	2.59	2.67	2.75
∟56×5		15.7	5.42	4.25	16.02	10.2	3.97	1.72	2.17	1.10	2.54	2.62	2.69	2.77
∟56×8		16.8	8.37	6.57	23.63	14.0	6.03	1.68	2.11	1.09	2.60	2.67	2.75	2.83

续附表 1

型号	单角钢 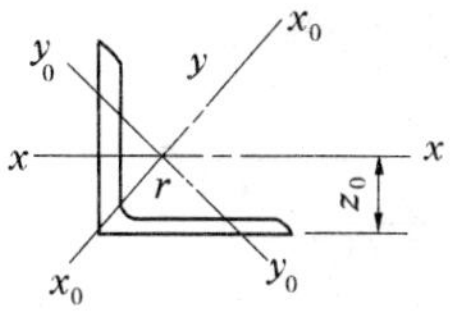										双角钢 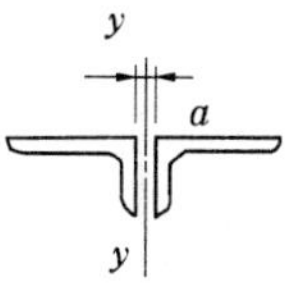			
	圆角 r	形心距 z_0	截面面积	质量	惯性矩 I_x	截面抵抗矩 W_x^{max}	截面抵抗矩 W_x^{min}	回转半径 i_x	回转半径 i_{x0}	回转半径 i_{y0}	i_y，当 a 为下列数值 6 mm	8 mm	10 mm	12 mm
	(mm)	(mm)	(cm^2)	(kg/m)	(cm^4)	(cm^3)	(cm^3)	(cm)	(cm)	(cm)	(cm)	(cm)	(cm)	(cm)
4		17.0	4.98	3.91	19.03	11.2	4.13	1.96	2.46	1.26	2.80	2.87	2.94	3.02
5		17.4	6.14	4.82	23.17	13.3	5.08	1.94	2.45	1.25	2.82	2.89	2.97	3.04
∟63×6	7	17.8	7.29	5.72	27.12	15.2	6.0	1.93	2.43	1.24	2.84	2.91	2.99	3.06
8		18.5	9.52	7.47	34.46	18.6	7.75	1.90	2.40	1.23	2.87	2.95	3.02	3.10
10		19.3	11.66	9.15	41.09	21.3	9.39	1.88	2.36	1.22	2.91	2.99	3.07	3.15
4		18.6	5.57	4.37	26.39	14.2	5.14	2.18	2.74	1.40	3.07	3.14	3.21	3.28
5		19.1	6.88	5.40	32.21	16.8	6.32	2.16	2.73	1.39	3.09	3.17	3.24	3.31
∟70×6	8	19.5	8.16	6.41	37.77	19.4	7.48	2.15	2.71	1.38	3.11	3.19	3.26	3.34
7		19.9	9.42	7.40	43.09	21.6	8.59	2.14	2.69	1.38	3.13	3.21	3.28	3.36
8		20.3	10.7	8.37	48.17	23.8	9.68	2.12	2.68	1.37	3.15	3.23	3.30	3.38
5		20.4	7.41	5.82	39.97	19.6	7.32	2.33	2.92	1.50	3.30	3.37	3.45	3.52
6		20.7	8.79	6.91	46.95	22.7	8.64	2.31	2.90	1.49	3.31	3.38	3.46	3.53
∟75×7	9	21.1	10.16	7.98	53.57	25.4	9.93	2.30	2.89	1.48	3.33	3.40	3.48	3.55
8		21.5	11.50	9.03	59.96	27.9	11.2	2.28	2.88	1.47	3.35	3.42	3.50	3.57
10		22.2	14.13	11.09	71.98	32.4	13.6	2.26	2.84	1.46	3.38	3.46	3.53	3.61
5		21.5	7.91	6.21	48.79	22.7	8.34	2.48	3.13	1.60	3.49	3.56	3.63	3.71
6		21.9	9.40	7.38	57.35	26.1	9.87	2.47	3.11	1.59	3.51	3.58	3.65	3.72
∟80×7	9	22.3	10.86	8.53	65.58	29.4	11.4	2.46	3.10	1.58	3.53	3.60	3.67	3.75
8		22.7	12.30	9.66	73.49	32.4	12.8	2.44	3.08	1.57	3.55	3.62	3.69	3.77
10		23.5	15.13	11.87	88.43	37.6	15.6	2.42	3.04	1.56	3.59	3.66	3.74	3.81
6		24.4	10.64	8.35	82.77	33.9	12.6	2.79	3.51	1.80	3.91	3.98	4.05	4.13
7		24.8	12.30	9.66	94.83	38.2	14.5	2.78	3.50	1.78	3.93	4.00	4.07	4.15
∟90×8	10	25.2	13.94	10.95	106.47	42.1	16.4	2.76	3.48	1.78	3.95	4.02	4.09	4.17
10		25.9	17.17	13.48	128.58	49.7	20.1	2.74	3.45	1.76	3.98	4.05	4.13	4.20
12		26.7	20.31	15.94	149.22	56.0	23.6	2.71	3.41	1.75	4.02	4.10	4.17	4.25

续附表 1

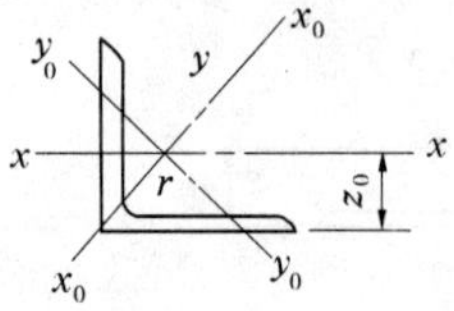

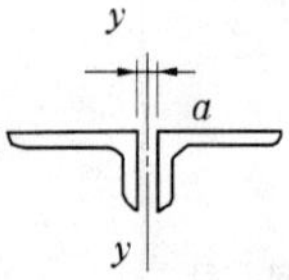

型号	圆角 r	形心距 z_0	截面面积	质量	惯性矩 I_x	截面抵抗矩 W_x^{max}	截面抵抗矩 W_x^{min}	回转半径 i_x	回转半径 i_{x0}	回转半径 i_{y0}	i_y,当 a 为下列数值 6 mm	8 mm	10 mm	12 mm
	(mm)		(cm^2)	(kg/m)	(cm^4)	(cm^3)		(cm)			(cm)			
∟100×6	12	26.7	11.93	9.37	114.95	43.1	15.7	3.10	3.90	2.00	4.30	4.37	4.44	4.51
7		27.1	13.80	10.83	131.86	48.6	18.1	3.09	3.89	1.99	4.31	4.39	4.46	4.53
8		27.6	15.64	12.28	148.24	53.7	20.5	3.08	3.88	1.98	4.34	4.41	4.48	4.56
10		28.4	19.26	15.12	179.51	63.2	25.1	3.05	3.84	1.96	4.38	4.45	4.52	4.60
12		29.1	22.80	17.90	208.90	71.9	29.5	3.03	3.81	1.95	4.41	4.49	4.56	4.63
14		29.9	26.26	20.61	236.53	79.1	33.7	3.00	3.77	1.94	4.45	4.53	4.60	4.68
16		30.6	29.63	23.26	262.53	89.6	37.8	2.98	3.74	1.94	4.49	4.56	4.64	4.72
∟110×7	12	29.6	15.20	11.93	177.16	59.9	22.0	3.41	4.30	2.20	4.72	4.79	4.86	4.92
8		30.1	17.24	13.53	199.46	64.7	25.0	3.40	4.28	2.19	4.75	4.82	4.89	4.96
10		30.9	21.26	16.69	242.19	78.4	30.6	3.38	4.25	2.17	4.78	4.86	4.93	5.00
12		31.6	25.20	19.78	282.55	89.4	36.0	3.35	4.22	2.15	4.81	4.89	4.96	5.03
14		32.4	29.06	22.81	320.71	99.2	41.3	3.32	4.18	2.14	4.85	4.93	5.00	5.07
∟125×8	14	33.7	19.75	15.50	297.03	88.1	32.5	3.88	4.88	2.50	5.34	5.41	5.48	5.55
10		34.5	24.37	19.13	361.67	105	40.0	3.85	4.85	2.48	5.38	5.45	5.52	5.58
12		35.3	28.91	22.69	423.16	120	41.2	3.83	4.82	2.46	5.41	5.48	5.56	5.63
14		36.1	33.37	26.19	481.65	133	54.2	3.80	4.78	2.45	5.45	5.52	5.60	5.67
∟140×10	14	38.2	27.37	21.49	514.65	135	50.6	4.34	5.46	2.78	5.98	6.05	6.12	6.19
12		39.0	32.51	25.52	603.58	155	59.8	4.31	5.43	2.76	6.02	6.09	6.16	6.23
14		38.9	37.56	29.49	688.81	173	68.7	4.28	5.40	2.75	6.05	6.12	6.20	6.27
16		40.6	42.54	33.39	770.24	190	77.5	4.26	5.36	2.74	6.09	6.16	6.24	6.31
∟160×10	16	43.1	31.50	24.73	779.53	180	66.7	4.98	6.27	3.20	6.78	6.85	6.92	6.99
12		43.9	37.44	29.39	916.58	208	79.0	4.95	6.24	3.18	6.82	6.89	6.96	7.02
14		44.7	43.30	33.99	1 048.36	234	90.9	4.92	6.20	3.16	6.85	6.92	6.99	7.07
16		45.5	49.07	38.52	1 175.08	258	103	4.89	6.17	3.14	6.89	6.96	7.03	7.10
∟180×12	16	48.9	42.24	33.16	1 321.35	271	101	5.59	7.05	3.58	7.63	7.70	7.77	7.84
14		49.7	48.90	38.38	1 514.48	305	116	5.56	7.02	3.56	7.66	7.73	7.81	7.87
16		50.5	55.47	43.54	1 700.99	338	131	5.54	6.98	3.55	7.70	7.77	7.84	7.91
18		51.3	61.96	48.63	1 875.12	365	146	5.50	6.94	3.51	7.73	7.80	7.87	7.94
∟200×14	18	54.6	54.64	42.89	2 103.55	387	145	6.20	7.82	3.98	8.47	8.53	8.60	8.67
16		55.4	62.01	48.68	2 366.15	428	164	6.18	7.79	3.96	8.50	8.57	8.64	8.71
18		56.2	69.30	54.40	2 620.64	467	182	6.15	7.75	3.94	8.54	8.61	8.67	8.75
20		56.9	76.51	60.05	2 867.30	503	200	6.12	7.72	3.93	8.56	8.64	8.71	8.78
24		58.7	90.66	71.17	3 338.25	570	236	6.07	7.64	3.90	8.65	8.73	8.80	8.87

附表 2　热轧不等边角钢截面特性（按 GB 9787—88）

单角钢

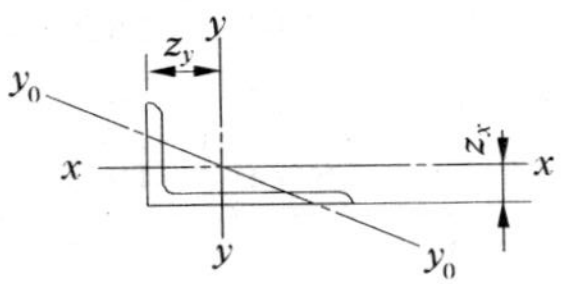

双角钢

双角钢

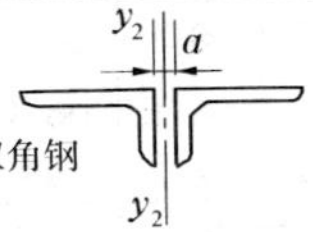

型　号	圆角 r	重心距 z_x	重心距 z_y	截面面积	质量	惯性矩 I_x	惯性矩 I_y	回转半径 i_x	回转半径 i_y	回转半径 i_{y0}	i_{y1}，当 a 为下列数值 6 mm	8 mm	10 mm	12 mm	i_{y2}，当 a 为下列数值 6 mm	8 mm	10 mm	12 mm
		(mm)		(cm^2)	(kg/m)	(cm^4)		(cm)			(cm)				(cm)			
∟25×16×3	3.5	4.2	8.6	1.16	0.91	0.22	0.78	0.44	0.70	0.34	0.84	0.93	1.02	1.11	1.40	1.48	1.57	1.65
∟25×16×4		4.6	9.0	1.50	1.18	0.27	0.77	0.43	0.88	0.34	0.87	0.96	1.05	1.14	1.42	1.51	1.60	1.68
∟32×20×3		4.9	10.8	1.49	1.17	0.46	1.53	0.55	1.01	0.43	0.97	1.05	1.14	1.22	1.71	1.79	1.88	1.96
∟32×20×4		5.3	11.2	1.94	1.52	0.57	1.93	0.54	1.00	0.42	0.99	1.08	1.16	1.25	1.74	1.82	1.90	1.99
∟40×25×3	4	5.9	13.2	1.89	1.48	0.93	3.08	0.70	1.28	0.54	1.13	1.21	1.30	1.38	2.06	2.14	2.22	2.31
∟40×25×4		6.3	13.7	2.47	1.94	1.18	3.93	0.69	1.26	0.54	1.16	1.24	1.32	1.41	2.09	2.17	2.26	2.34
∟45×28×3	5	6.4	14.7	2.15	1.69	1.34	4.45	0.79	1.44	0.61	1.23	1.31	1.39	1.47	2.28	2.36	2.44	2.52
∟45×28×4		6.8	15.1	2.81	2.20	1.70	5.69	0.78	1.42	0.60	1.25	1.33	1.41	1.50	2.30	2.38	2.46	2.55
∟50×32×3	5.5	7.3	16.0	2.43	1.91	2.02	6.24	0.91	1.60	0.70	1.38	1.45	1.53	1.61	2.49	2.56	2.64	2.72
∟50×32×4		7.7	16.5	3.18	2.49	2.58	8.02	0.90	1.59	0.69	1.40	1.48	1.56	1.64	2.52	2.59	2.67	2.75
∟56×36×3	6	8.0	17.8	2.74	2.15	2.92	8.88	1.03	1.80	0.79	1.51	1.58	1.66	1.74	2.75	2.83	2.90	2.98
∟56×36×4		8.5	18.2	3.59	2.82	3.76	11.45	1.02	1.79	0.79	1.54	1.62	1.69	1.77	2.77	2.85	2.93	3.01
∟56×36×5		8.8	18.7	4.42	3.47	4.49	13.86	1.01	1.77	0.78	1.55	1.63	1.71	1.79	2.80	2.87	2.96	3.04

续附表 2

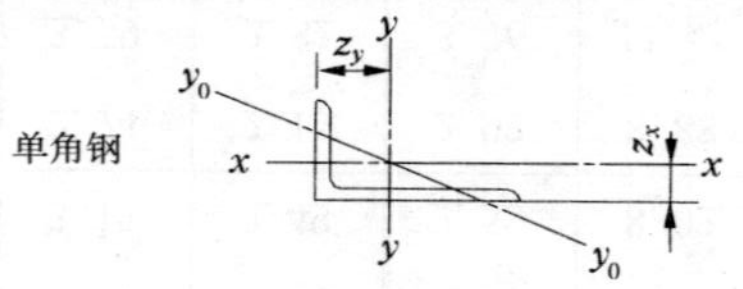

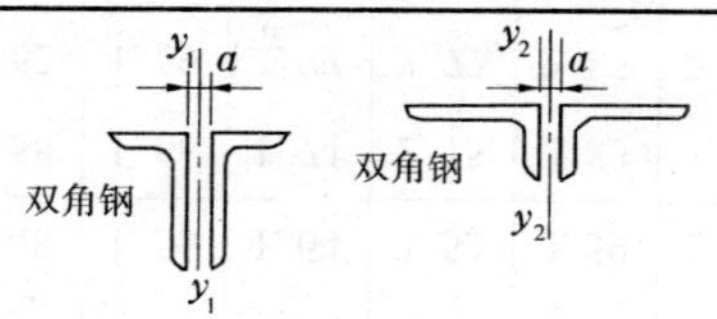

型号	圆角 r	重心距 z_x	重心距 z_y	截面面积	质量	惯性矩 I_x	惯性矩 I_y	回转半径 i_x	回转半径 i_y	回转半径 i_{y0}	i_{y1}，当 a 为下列数值 6 mm	8 mm	10 mm	12 mm	i_{y2}，当 a 为下列数值 6 mm	8 mm	10 mm	12 mm
		(mm)		(cm^2)	(kg/m)	(cm^4)		(cm)			(cm)				(cm)			
└63×40×4	7	9.2	20.4	4.06	3.18	5.23	16.49	1.14	2.02	0.88	1.67	1.74	1.82	1.90	3.09	3.16	3.24	3.32
└63×40×5		9.5	20.8	4.99	3.92	6.31	20.02	1.12	2.00	0.87	1.68	1.76	1.83	1.91	3.11	3.19	3.27	3.35
└63×40×6		9.9	21.2	5.91	4.64	7.29	23.36	1.11	1.98	0.86	1.70	1.78	1.86	1.94	3.13	3.21	3.29	3.37
└63×40×7		10.3	21.5	6.80	5.34	8.24	26.53	1.10	1.96	0.86	1.73	1.80	1.88	1.97	3.15	3.23	3.30	3.39
└70×45×4	7.5	10.2	22.4	4.55	3.57	7.55	23.17	1.29	2.26	0.98	1.84	1.92	1.99	2.07	3.40	3.48	3.56	3.62
└70×45×5		10.6	22.8	5.61	4.40	9.13	27.95	1.28	2.23	0.98	1.86	1.94	2.01	2.09	3.41	3.49	3.57	3.64
└70×45×6		10.9	23.2	6.65	5.22	10.62	32.54	1.26	2.21	0.98	1.88	1.95	2.03	2.11	3.43	3.51	3.58	3.66
└70×45×7		11.3	23.6	7.66	6.01	12.01	37.22	1.25	2.20	0.97	1.90	1.98	2.06	2.14	3.45	3.53	3.61	3.69
└75×50×5	8	11.7	24.0	6.13	4.81	12.61	34.86	1.44	2.39	1.10	2.05	2.13	2.20	2.28	3.60	3.68	3.76	3.83
└75×50×6		12.1	24.4	7.26	5.70	14.70	41.12	1.42	2.38	1.08	2.07	2.15	2.22	2.30	3.63	3.71	3.78	3.86
└75×50×8		12.9	25.2	9.47	7.43	18.53	52.39	1.40	2.35	1.07	2.12	2.10	2.27	2.35	3.67	3.75	3.83	3.91
└75×50×10		13.6	26.0	11.6	9.10	21.96	62.71	1.38	2.33	1.06	2.16	2.23	2.31	2.40	3.72	3.80	3.88	3.96
└80×50×5	8	11.4	26.0	6.88	5.01	12.82	41.96	1.42	2.56	1.10	2.02	2.09	2.17	2.24	3.87	3.95	4.02	4.10
└80×50×6		11.8	26.5	7.56	5.94	14.95	49.49	1.41	2.55	1.08	2.04	2.12	2.19	2.27	3.90	3.98	4.06	4.14
└80×50×7		12.1	26.9	8.72	6.85	16.96	56.16	1.39	2.54	1.08	2.06	2.13	2.21	2.28	3.92	4.00	4.08	4.15
└80×50×8		12.5	27.3	9.87	7.75	18.85	62.83	1.38	2.52	1.07	2.08	2.15	2.23	2.31	3.94	4.02	4.10	4.18

续附表2

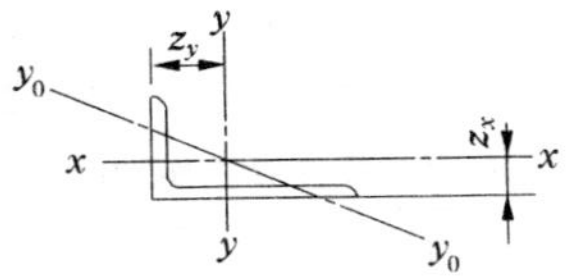

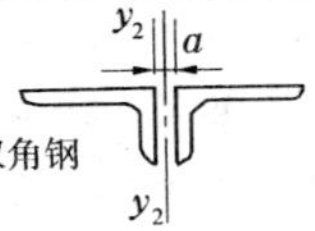

型号	圆角 r	重心距 z_x	重心距 z_y	截面面积	质量	惯性矩 I_x	惯性矩 I_y	回转半径 i_x	回转半径 i_y	回转半径 i_{y0}	i_{y1}，当 a 为下列数值 6 mm	8 mm	10 mm	12 mm	i_{y2}，当 a 为下列数值 6 mm	8 mm	10 mm	12 mm
		(mm)		(cm^2)	(kg/m)	(cm^4)		(cm)			(cm)				(cm)			
∟90×56×5	9	12.5	29.1	7.21	5.66	18.32	60.45	1.59	2.90	1.23	2.22	2.29	2.37	2.44	4.32	4.40	4.47	4.55
∟90×56×6		12.9	29.5	8.56	6.72	21.42	71.03	1.58	2.88	1.23	2.24	2.32	2.39	2.46	4.34	4.42	4.49	4.57
∟90×56×7		13.3	30.0	9.88	7.76	24.36	81.01	1.57	2.86	1.22	2.26	2.34	2.41	2.49	4.37	4.45	4.52	4.60
∟90×56×8		13.6	30.4	11.18	8.78	27.15	91.03	1.56	2.85	1.21	2.28	2.35	2.43	2.50	4.39	4.47	4.55	4.62
∟100×63×6	10	14.3	32.4	9.62	7.55	30.94	99.06	1.79	3.21	1.38	2.49	2.56	2.63	2.71	4.78	4.85	4.93	5.00
∟100×63×7		14.7	32.8	11.11	8.72	35.26	113.45	1.78	3.20	1.38	2.51	2.58	2.66	2.73	4.80	4.87	4.95	5.03
∟100×63×8		15.0	33.2	12.58	9.88	39.39	127.37	1.77	3.18	1.37	2.52	2.60	2.67	2.75	4.82	4.89	4.97	5.05
∟100×63×10		15.8	34.0	15.46	12.14	47.12	153.81	1.74	3.15	1.35	2.57	2.64	2.72	2.79	4.86	4.94	5.02	5.09
∟100×80×6		19.7	29.5	10.64	8.35	61.24	107.04	2.40	3.17	1.72	3.30	3.37	3.44	3.52	4.54	4.61	4.69	4.76
∟100×80×7		20.1	30.0	12.30	9.66	70.08	123.73	2.39	3.16	1.72	3.32	3.39	3.46	3.54	4.57	4.64	4.71	4.79
∟100×80×8		20.5	30.4	13.94	10.95	78.58	137.92	2.37	3.14	1.71	3.34	3.41	3.48	3.56	4.59	4.66	4.74	4.81
∟100×80×10		21.3	31.2	17.17	13.48	94.65	166.87	2.35	3.12	1.69	3.38	3.45	3.53	3.60	4.63	4.70	4.78	4.85
∟110×70×6		15.7	35.3	10.64	8.35	42.92	133.37	2.01	3.54	1.54	2.74	2.81	2.88	2.97	5.22	5.29	5.36	5.44
∟110×70×7		16.1	35.7	12.30	9.66	49.01	153.00	2.00	3.53	1.53	2.76	2.83	2.90	2.98	5.24	5.31	5.39	5.46
∟110×70×8		16.5	36.2	13.94	10.95	54.87	172.04	1.98	3.51	1.53	2.78	2.85	2.93	3.00	5.26	5.34	5.41	5.49
∟110×70×10		17.2	37.0	17.17	13.47	65.88	208.39	1.96	3.48	1.51	2.81	2.89	2.96	3.04	5.30	5.38	5.46	5.53
∟125×80×7	11	18.0	40.1	14.10	11.07	74.42	227.98	2.30	4.02	1.76	3.11	3.18	3.25	3.32	5.89	5.97	6.04	6.12
∟125×80×8		18.4	40.6	16.99	12.55	83.49	256.67	2.28	4.01	1.75	3.13	3.20	3.27	3.34	5.92	6.00	6.07	6.15
∟125×80×10		19.2	41.4	19.71	15.47	100.67	312.04	2.26	3.98	1.74	3.17	3.24	3.31	3.38	5.96	6.04	6.11	6.19
∟125×80×12		20.0	42.2	23.35	18.33	116.67	364.41	2.24	3.95	1.72	3.21	3.28	3.35	3.43	6.00	6.08	6.15	6.23

续附表2

单角钢

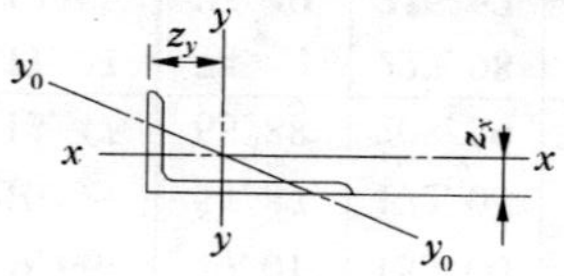

双角钢

双角钢

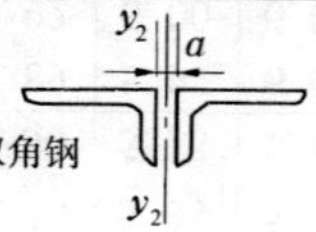

型号	圆角	重心距		截面面积	质量	惯性矩		回转半径			i_{y1}，当 a 为下列数值				i_{y2}，当 a 为下列数值			
	r	z_x	z_y			I_x	I_y	i_x	i_y	i_{y0}	6 mm	8 mm	10 mm	12 mm	6 mm	8 mm	10 mm	12 mm
	(mm)			(cm^2)	(kg/m)	(cm^4)		(cm)			(cm)				(cm)			
⌊140×90×8	12	20.4	45.0	18.04	14.16	120.69	365.64	2.59	4.50	1.98	3.49	3.56	3.63	3.70	6.58	6.65	6.72	6.79
⌊140×90×10		21.2	45.8	22.26	17.46	146.03	445.50	2.56	4.47	1.96	3.52	3.59	3.66	3.74	6.62	6.69	6.77	6.84
⌊140×90×12		21.9	46.6	26.40	20.72	169.79	521.59	2.54	4.44	1.95	3.55	3.62	3.70	3.77	6.66	6.74	6.81	6.89
⌊140×90×14		22.7	47.4	30.47	23.91	192.10	594.10	2.51	4.42	1.94	3.59	3.67	3.74	3.81	6.70	6.78	6.85	6.93
⌊160×100×10	13	22.8	52.4	25.32	19.87	206.03	668.69	2.85	5.14	2.19	3.84	3.91	3.98	4.05	7.56	7.63	7.70	7.78
⌊160×100×12		23.6	53.2	30.05	23.59	239.06	784.91	2.82	5.11	2.17	3.88	3.95	4.02	4.09	7.60	7.67	7.75	7.82
⌊160×100×14		24.3	54.0	34.71	27.25	271.20	896.30	2.80	5.08	2.16	3.91	3.98	4.05	4.12	7.64	7.71	7.79	7.86
⌊160×100×16		25.1	54.8	39.28	30.84	301.60	1 003.04	2.77	5.05	2.16	3.95	4.02	4.09	4.17	7.68	7.75	7.83	7.91
⌊180×110×10	14	24.4	58.9	28.37	22.27	278.11	956.25	3.13	5.80	2.42	4.16	4.23	4.29	4.36	8.47	8.56	8.63	8.71
⌊180×110×12		25.2	59.6	33.71	26.46	325.03	1 124.72	3.10	5.78	2.40	4.19	4.26	4.33	4.40	8.53	8.61	8.68	8.76
⌊180×110×14		25.9	60.6	38.97	30.59	369.55	1 286.91	3.08	5.75	2.39	4.22	4.29	4.36	4.43	8.57	8.65	8.72	8.80
⌊180×110×16		26.7	61.4	44.14	34.65	410.85	1 443.06	3.06	5.72	2.38	4.26	4.33	4.40	4.47	8.61	8.69	8.76	8.84
⌊200×125×12		28.3	65.4	37.91	29.76	483.16	1 570.90	3.57	6.44	2.74	4.75	4.81	4.88	4.95	9.39	9.47	9.54	9.61
⌊200×125×14		29.1	66.2	43.87	34.44	550.83	1 800.97	3.54	6.41	2.73	4.78	4.85	4.92	4.99	9.43	9.50	9.58	9.65
⌊200×125×16		29.9	67.0	49.74	39.05	616.44	2 023.35	3.52	6.38	2.71	4.82	4.89	4.96	5.03	9.47	9.54	9.62	9.69
⌊200×125×18		30.6	67.8	55.53	43.59	677.19	2 238.30	3.49	6.35	2.70	4.85	4.92	4.99	5.07	9.51	9.58	9.66	9.74

附表 3　热轧普通工字钢截面特性（按 GB 706—88 计算）

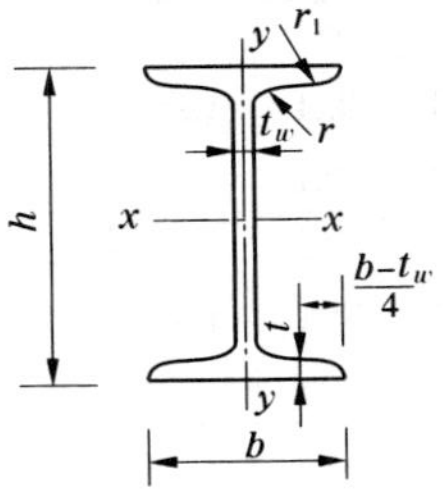

h——高度
b——翼缘宽度
t_w——腹板厚度
t——翼缘平均厚度
r——内圆弧半径
r_1——翼端圆弧半径

I——同惯性矩
W——截面抵抗矩
S——半截面面积矩
i——回转半径

型号	尺寸(mm)						截面面积	质量	x—x				y—y		
	h	b	t_w	t	r	r_1	(cm²)	(kg/m)	I_x (cm⁴)	W_x (cm³)	S_x (cm³)	i_x (cm)	I_y (cm⁴)	W_y (cm³)	i_y (cm)
10	100	68	4.5	7.6	6.5	3.3	14.33	11.25	245	49.0	28.2	4.14	32.8	9.6	1.51
12.6	126	74	5.0	8.4	7.0	3.5	18.10	14.21	488	77.4	44.4	5.19	46.9	12.7	1.61
14	140	80	5.5	9.1	7.5	3.8	21.50	16.88	712	101.7	58.4	5.75	64.3	16.1	1.73
16	160	88	6.0	9.9	8.0	4.0	26.11	20.50	1 127	140.9	80.8	6.57	93.1	21.1	1.89
18	180	94	6.5	10.7	8.5	4.3	30.74	24.13	1 669	185.4	106.5	7.37	122.9	26.2	2.00
20a	200	100	7.0	11.4	9.0	4.5	35.55	27.91	2 369	236.9	136.1	8.16	157.9	31.6	2.11
20b		102	9.0				39.55	31.05	2 502	250.2	146.1	7.95	169.0	33.1	2.07
22a	220	110	7.5	12.3	9.5	4.8	42.10	33.05	3 406	309.6	177.7	8.99	225.9	41.1	2.32
22b		112	9.5				46.50	36.50	3 583	325.8	189.8	8.78	240.2	42.9	2.27
25a	250	116	8.0	13.0	10.0	5.0	48.51	38.08	5 017	401.4	230.7	10.17	280.4	48.4	2.40
25b		118	10.0				53.51	42.01	5 278	422.2	246.3	9.93	297.3	50.4	2.36
28a	280	122	8.5	13.7	10.5	5.3	55.37	43.47	7 115	508.2	292.7	11.34	344.1	56.4	2.49
28b		124	10.5				60.97	47.86	7 481	534.4	312.3	11.08	363.8	58.7	2.44

续附表 3

型号	尺寸(mm)						截面面积 (cm^2)	质量 (kg/m)	x—x				y—y		
	h	b	t_w	t	r	r_1			I_x (cm^4)	W_x (cm^3)	S_x (cm^3)	i_x (cm)	I_y (cm^4)	W_y (cm^3)	i_y (cm)
a		130	9.5				67.12	52.69	11 080	692.5	400.5	12.85	459.0	70.6	2.62
32b	320	132	11.5	15.0	11.5	5.8	73.52	57.71	11 626	726.7	426.1	12.58	483.8	73.3	2.57
c		134	13.5				79.92	62.74	12 173	760.8	451.7	12.34	510.1	76.1	2.53
a		136	10.0				76.44	60.00	15 796	877.6	508.8	14.38	554.9	81.6	2.69
36b	360	138	12.0	15.8	12.0	6.0	83.64	65.66	16 574	920.8	541.2	14.08	583.6	84.6	2.64
c		140	14.0				90.84	71.31	17 351	964.0	573.6	13.82	614.0	87.7	2.60
a		142	10.5				86.07	67.56	21 714	1 085.7	631.2	15.88	659.9	92.9	2.77
40b	400	144	12.5	16.5	12.5	6.3	94.07	73.84	22 781	1 139.0	671.2	15.56	692.8	96.2	2.71
c		146	14.5				102.07	80.12	23 847	1 192.4	711.2	15.29	727.5	99.7	2.67
a		150	11.5				102.40	80.38	32 241	1 432.9	836.4	17.74	855.0	114.0	2.89
45b	450	152	13.5	18.0	13.5	6.8	111.40	87.45	33 759	1 500.4	887.1	17.41	895.4	117.8	2.84
c		154	15.5				120.40	94.51	35 278	1 567.9	937.7	17.12	938.0	121.8	2.79
a		158	12.0				119.25	93.61	46 472	1 858.9	1 084.1	19.74	1 121.5	142.0	3.07
50b	500	160	14.0	20.0	14.0	7.0	129.25	101.46	48 556	1 942.2	1 146.6	19.38	1 171.4	146.4	3.01
c		162	16.0				139.25	109.31	50 639	2 005.6	1 209.1	19.07	1 223.9	151.1	2.96
a		166	12.5				135.38	106.27	65 576	2 342.0	1 368.8	22.01	1 365.8	164.6	3.18
56b	560	168	14.5	21.0	14.5	7.3	146.58	115.06	68 503	2 446.5	1 447.2	21.62	1 423.8	169.5	3.12
c		170	16.5				157.78	123.85	71 430	2 551.1	1 525.6	21.28	1 484.8	174.7	3.307
a		176	13.0				154.59	121.36	94 004	2 984.3	1 747.4	24.66	1 702.4	193.5	3.32
63b	630	178	15.0	22.0	15.0	7.5	167.19	131.25	98 171	3 116.6	1 846.6	24.23	1 770.7	199.0	3.25
c		180	17.0				179.79	141.14	102 339	3 248.9	1 945.9	23.86	1 842.4	204.7	3.20

附表 4　热轧普通槽钢截面特性（按 GB 707—88 计算）

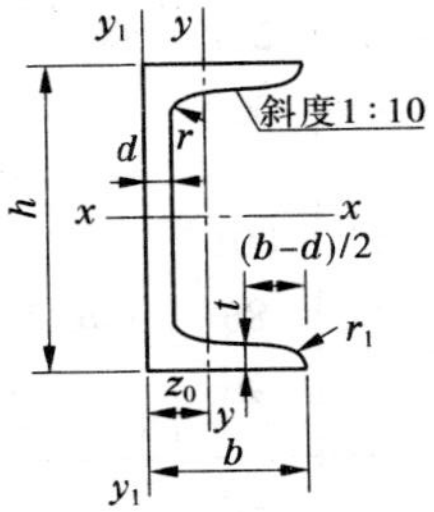

h——高度
b——翼缘宽度
d——腹板厚度
t——翼缘平均厚度
r——内圆弧半径
r_1——翼端圆弧半径

I——截面惯性矩
W——截面抵抗矩
S——半截面面积矩
i——回转半径
z_0——形心距离

型号	尺寸(mm)						截面面积	质量	x—x				y—y				y_1—y_1	z_0
	h	b	d	t	r	r_1	(cm²)	(kg/m)	I_x (cm⁴)	W_x (cm³)	S_x (cm³)	i_x (cm)	I_y (cm⁴)	W_{ymin} (cm³)	W_{ymax} (cm³)	i_y (cm)	I_{y1} (cm⁴)	(cm)
5	50	37	4.5	7.0	7.0	3.5	6.92	5.44	26.0	10.4	6.4	1.94	8.3	3.5	6.2	1.10	20.9	1.35
6.3	63	40	4.8	7.5	7.5	3.75	8.45	6.63	51.2	16.3	9.8	2.46	11.9	4.6	8.5	1.19	28.3	1.39
8	80	43	5.0	8.0	8.0	4.0	10.24	8.04	101.3	25.3	15.1	3.14	16.6	5.8	11.7	1.27	37.4	1.42
10	100	48	5.3	8.5	8.5	4.25	12.74	10.00	198.3	39.7	23.5	3.94	25.6	7.8	16.9	1.42	54.9	1.52
12.6	126	53	5.5	9.0	9.0	4.5	15.69	12.31	388.5	61.7	36.4	4.98	38.0	10.3	23.9	1.56	77.8	1.59
14a	140	58	6.0	9.5	9.5	4.75	18.51	14.53	563.7	80.5	47.5	5.52	53.2	13.0	31.2	1.70	107.2	1.71
14b		60	8.0				21.31	16.73	609.4	87.1	52.4	5.35	61.2	14.1	36.6	1.69	120.6	1.67
16a	160	63	6.5	10.0	10.0	5.0	21.95	17.23	866.2	108.3	63.9	6.28	73.4	16.3	40.9	1.83	144.1	1.79
16b		65	8.5				25.15	19.75	934.5	116.8	70.3	6.10	83.4	17.6	47.6	1.82	160.8	1.75
18a	180	68	7.0	10.5	10.5	5.25	25.69	20.17	1 272.7	141.4	83.5	7.04	98.6	20.0	52.3	1.96	189.7	1.88
18b		70	9.0				29.29	22.99	1 369.9	152.2	91.6	6.84	111.0	21.5	60.4	1.95	210.1	1.84
20a	200	73	7.0	11.0	11.0	5.5	28.83	22.63	1 780.4	178.0	104.7	7.86	128.0	24.2	63.8	2.11	244.0	2.01
20b		75	9.0				32.83	25.77	1 913.7	191.4	114.7	7.64	143.6	25.9	73.7	2.09	268.4	1.95

续附表4

型号	尺寸(mm) h	b	d	t	r	r_1	截面面积 (cm^2)	质量 (kg/m)	x—x I_x (cm^4)	W_x (cm^3)	S_x (cm^3)	i_x (cm)	y—y I_y (cm^4)	W_{ymin} (cm^3)	W_{ymax} (cm^3)	i_y (cm)	y_1—y_1 I_{y1} (cm^4)	z_0 (cm)
22a	220	77	7.0	11.5	11.5	5.75	31.84	24.99	2 393.9	217.6	127.6	8.67	157.8	28.2	75.1	2.23	289.2	2.10
22b		79	9.0				36.24	28.45	2 571.3	233.8	139.7	8.42	176.5	30.1	86.8	2.21	326.3	2.03
25a		78	7.0				34.91	27.40	3 359.1	268.7	157.8	9.81	175.9	30.7	85.1	2.24	324.8	2.07
25b	250	80	9.0	12.0	12.0	6.0	39.91	31.33	3 619.5	289.6	173.5	9.62	196.4	32.7	98.5	2.22	355.1	1.99
25c		82	11.0				44.91	35.25	3 880.0	310.4	189.1	9.30	215.9	34.6	110.1	2.19	388.6	1.96
28a		82	7.5				40.02	30.42	4 752.5	339.5	200.2	10.90	217.9	35.7	104.1	2.33	393.3	2.09
28b	280	84	9.5	12.5	12.5	6.25	45.62	35.81	5 118.4	365.6	219.8	10.59	241.5	37.9	119.3	2.30	428.5	2.02
28c		86	11.5				51.22	40.21	5 484.3	391.7	239.4	10.35	264.1	40.0	132.6	2.27	467.3	1.99
32a		88	8.0				48.50	30.07	7 510.6	469.4	276.9	12.44	304.7	46.4	136.2	2.51	547.5	2.24
32b	320	90	10.0	14.0	14.0	7.0	54.90	43.10	8 056.8	503.5	302.5	12.11	335.6	49.1	155.0	2.47	592.9	2.16
32c		92	12.0				61.30	48.12	8 602.9	537.7	328.1	11.85	365.0	51.6	171.5	2.44	642.7	2.13
36a		96	9.0				60.89	47.80	11 874.1	659.7	389.9	13.96	455.0	63.6	186.2	2.73	818.5	2.44
36b	360	98	11.0	16.0	16.0	8.0	68.09	50.45	12 651.7	702.9	422.3	13.63	496.7	66.9	209.2	2.70	880.5	2.37
36c		100	13.0				75.29	59.10	13 429.3	746.1	454.7	13.36	536.6	70.0	229.5	2.67	948.0	2.34
40a		100	10.5				75.04	58.91	17 577.7	878.9	524.4	15.30	592.0	78.8	237.6	2.81	1 057.9	2.49
40b	400	102	12.5	18.0	18.0	9.0	83.04	65.19	18 644.4	932.2	564.4	14.98	640.6	82.6	262.4	2.78	1 135.8	2.44
40c		104	14.5				91.04	71.47	19 711.0	985.6	604.4	14.71	687.8	86.2	284.4	2.75	1 220.3	2.42

参考文献

[1] 杨恩福,徐玉华. 工程力学[M]. 北京:中国水利水电出版社,2005.
[2] 李舒瑶,赵云翔. 工程力学[M]. 郑州:黄河水利出版社,2009.
[3] 凌卫宁,梁秋生. 建筑力学[M]. 北京:高等教育出版社,2009.
[4] 孙训方,方孝淑,关来泰. 材料力学[M]. 北京:高等教育出版社,2009.
[5] 黄绍平. 建筑力学[M]. 北京:中国水利水电出版社,2008.
[6] 沈养中. 工程力学[M]. 北京:高等教育出版社,2008.